编程改变生活

用Qt 6创建GUI程序 进阶篇·微课视频版

邢世通 编著

清华大学出版社

北京

内 容 简 介

本书以 Qt 6 的实际应用为主线，以理论基础为核心，引导读者渐进式地学习 Qt 6 的编程基础和实际应用。

本书共 12 章，分为 5 部分。第一部分（第 1 章和第 2 章）首先介绍了应用文件、缓存、路径的方法，然后介绍了基于项的控件；第二部分（第 3 章和第 4 章）介绍了基于模型/视图的控件，以及应用数据库的方法；第三部分（第 5～7 章）首先介绍了 Graphics/View 绘图框架，然后介绍了绘制二维图表、三维图表的方法；第四部分（第 8～11 章）介绍了创建网络程序、多媒体程序、打印机程序的方法，并介绍了其他常用类和技术；第五部分（第 12 章）介绍了使用 QML 和 Qt Quick 创建 GUI 程序的方法。

本书示例代码丰富，实用性和系统性较强，并配有视频讲解，助力读者透彻理解书中的重点、难点。本书既适合初学者入门，精心设计的案例对于工作多年的开发者也有参考价值，并可作为高等院校和培训机构相关专业的教学参考书。

版权所有，侵权必究。举报：010-62782989，beiqinquan@tup.tsinghua.edu.cn。

图书在版编目（CIP）数据

编程改变生活：用 Qt 6 创建 GUI 程序：进阶篇：微课视频版 / 邢世通编著. -- 北京：清华大学出版社，2025.1. -- ISBN 978-7-302-68009-3

Ⅰ. TP311.561

中国国家版本馆 CIP 数据核字第 20250U5G90 号

责任编辑：赵佳霓
封面设计：刘　键
责任校对：郝美丽
责任印制：杨　艳

出版发行：清华大学出版社
网　　址：https://www.tup.com.cn，https://www.wqxuetang.com
地　　址：北京清华大学学研大厦 A 座　　邮　编：100084
社 总 机：010-83470000　　邮　购：010-62786544
投稿与读者服务：010-62776969，c-service@tup.tsinghua.edu.cn
质量反馈：010-62772015，zhiliang@tup.tsinghua.edu.cn
课件下载：https://www.tup.com.cn，010-83470236

印 装 者：涿州汇美亿浓印刷有限公司
经　　销：全国新华书店
开　　本：186mm×240mm　　印　张：35.75　　字　数：806 千字
版　　次：2025 年 3 月第 1 版　　印　次：2025 年 3 月第 1 次印刷
印　　数：1～1500
定　　价：149.00 元

产品编号：108211-01

前 言
PREFACE

Qt 6 是一个跨平台、高效的 GUI 框架,应用广泛,功能强大。Qt 6 也是使用 C++开发 GUI 程序时最常用、最高效的一种技术。使用 Qt 6 开发的程序,可以运行在 Windows、Linux、macOS 等桌面系统上,也可以运行在 Android、iOS、嵌入式设备上。

也许会有人问:"既然 Qt 6 功能强大,是否需要非常多的时间才能学会这个 GUI 框架?",其实这样的担心是多余的。任何一个 GUI 框架都是帮助开发者提高开发效率的工具,Qt 6 也不例外。学习 Qt 6 的目的不是为了学习而学习,而是为了编写实用、稳定的 GUI 程序。如果我们用最短的时间掌握 Qt 6 的必要知识,然后持续地应用这些知识创建不同的 GUI 程序,则学习效率会非常高,而且会体会到 Qt 6 的强大之处,并且在实际开发中,既可以选择使用 qmake 构建系统,也可以选择使用 CMake 构建系统。

本书中有丰富的案例,将语法知识和编程思路融入大量的典型案例,带领读者学会 Qt 6,并应用 Qt 6 解决实际问题,从而提高自身的能力。

本书主要内容

本书共 12 章,可分为 5 部分。

第一部分(第 1 章和第 2 章)首先讲解了应用文件、路径、缓存相关类和处理方法,然后讲解了基于项的控件。使用基于项的控件可以处理列表数据、二维表格数据、树结构数据。

第二部分(第 3 章和第 4 章)首先讲解了基于模型/视图的控件,然后讲解了 Qt 6 处理数据库方法,重点讲解了处理 SQLite 和 MySQL 数据库的相关类和方法。

第三部分(第 5~7 章)主要讲解了使用 Graphics/View 框架绘图的相关类和方法,并介绍了绘制二维图表和三维图表的相关类和方法。第 7 章的实例使用 Qt 6 绘制三维图表,这是本书的一个难点,需要的必备知识比较多。

第四部分(第 8~11 章)主要讲解了 Qt 6 处理网络、多媒体、打印相关类和方法,并讲解了其他常用类和技术。

第五部分(第 12 章)主要讲解了使用 QML 和 Qt Quick 创建 GUI 程序的方法。

附录 A 介绍了根据可执行文件制作程序安装包的方法。读者可编写 C++代码、生成可执行文件,并制作程序安装包。

附录 B 介绍了 QApplication 类的常用方法。

阅读建议

本书是一本基础加实战的书籍，既有基础知识，又有丰富的典型案例。这些典型案例贴近工作、学习、生活，应用性强。

建议读者先掌握C++的基础知识和Qt 6必备的基础知识后，再阅读本书。本书中有些案例比较复杂，需要的必备知识较多。

第一部分的内容比较分散，读者可根据自己的应用需求，选择阅读该部分的内容。本书的后续章节会应用到该部分的内容。

第二部分的内容比较有规律，使用基于模型/视图的控件处理不同类型的数据，使用Qt 6处理不同类型的数据库。

第三部分属于比较有规律的部分，介绍了使用Qt 6绘制各种图形、二维图表、三维图表的相关类和方法。

第四部分属于比较分散的部分，读者可根据自己的应用需求，选择阅读该部分的内容。

第五部分属于比较有规律的部分，以案例的形式介绍了使用QML和Qt Quick创建GUI程序的方法，并介绍了根据可执行文件创建程序安装包的方法。

资源下载提示

素材(源码)等资源：扫描目录上方的二维码下载。

视频等资源：扫描封底的文泉云盘防盗码，再扫描书中相应章节的二维码，可以在线学习。

致谢

感谢我的家人、朋友，尤其感谢我的父母，由于你们的辛勤付出，我才可以全身心地投入写作工作。

感谢清华大学出版社赵佳霓编辑，在书稿的编写、出版过程中提供了非常多的建议，感谢参与本书出版的其他人员，没有你们的帮助，本书难以顺利出版。

感谢我的老师、同学，尤其感谢我的导师，在我的求学过程中，你们曾经给我很大的帮助。

感谢为这本书付出辛勤工作的每个人。由于编者水平有限，书中难免存在不妥之处，请读者见谅，并提出宝贵意见。

作　者
2024年12月

目录
CONTENTS

教学课件（PPT）

本书源码

第一部分

第1章 文件、路径与缓存（122min） ······ 3

- 1.1 使用 Qt 6 读写文件 ······ 3
  - 1.1.1 文件抽象类 QIODevice ······ 3
  - 1.1.2 字节数组类 QByteArray ······ 5
  - 1.1.3 使用 QFile 类读写文件 ······ 8
- 1.2 使用流方式读写文件 ······ 14
  - 1.2.1 文本流类 QTextStream ······ 14
  - 1.2.2 使用 QFile 和 QTextStream 读写文件 ······ 17
  - 1.2.3 数据流 QDataStream 类 ······ 19
  - 1.2.4 使用 QFile 和 QDataStream 读写二进制文件 ······ 21
  - 1.2.5 使用 QDataStream 读写类对象 ······ 24
- 1.3 文件信息与路径管理 ······ 24
  - 1.3.1 文件信息类 QFileInfo ······ 24
  - 1.3.2 路径管理类 QDir ······ 27
  - 1.3.3 文件和路径监视器类 QFileSystemWatcher ······ 31
- 1.4 临时数据 ······ 34
  - 1.4.1 临时文件类 QTemporaryFile ······ 34
  - 1.4.2 临时路径类 QTemporaryDir ······ 36
  - 1.4.3 存盘类 QSaveFile ······ 37
  - 1.4.4 缓存类 QBuffer ······ 39

1.5　小结 ……………………………………………………………………………… 41

　第2章　基于项的控件（🎥124min） ………………………………………………… 42

　　2.1　列表控件 QListWidget 及其项 QListWidgetItem ……………………………… 42
　　　　2.1.1　列表控件 QListWidget ……………………………………………………… 43
　　　　2.1.2　QListWidgetItem 类 ………………………………………………………… 49
　　　　2.1.3　典型应用 ……………………………………………………………………… 53
　　2.2　表格控件 QTableWidget 及其项 QTableWidgetItem …………………………… 56
　　　　2.2.1　表格控件 QTableWidget …………………………………………………… 56
　　　　2.2.2　QTableWidgetItem 类 ……………………………………………………… 64
　　　　2.2.3　使用表格控件处理 CSV 文件 ……………………………………………… 68
　　2.3　树结构控件 QTreeWidget 及其项 QTreeWidgetItem …………………………… 71
　　　　2.3.1　树结构控件 QTreeWidget …………………………………………………… 71
　　　　2.3.2　QTreeWidgetItem 类 ………………………………………………………… 73
　　　　2.3.3　使用 Qt Designer 创建树结构控件 ………………………………………… 77
　　2.4　用表格控件处理 Excel 文件 ……………………………………………………… 80
　　　　2.4.1　安装 Active Qt 模块 ………………………………………………………… 80
　　　　2.4.2　典型应用 ……………………………………………………………………… 81
　　2.5　小结 ……………………………………………………………………………… 85

第 二 部 分

　第3章　基于模型/视图的控件（🎥72min） ………………………………………… 89

　　3.1　模型/视图简介 …………………………………………………………………… 89
　　　　3.1.1　Model/View/Delegate 框架 ………………………………………………… 89
　　　　3.1.2　数据模型 Model ……………………………………………………………… 89
　　　　3.1.3　视图控件 View ……………………………………………………………… 90
　　　　3.1.4　代理控件 Delegate …………………………………………………………… 91
　　　　3.1.5　数据项索引 QModelIndex …………………………………………………… 91
　　　　3.1.6　抽象数据模型 QAbstractItemModel ………………………………………… 92
　　　　3.1.7　应用例题 ……………………………………………………………………… 95
　　3.2　QStringListModel 与 QListView 的用法 ………………………………………… 96
　　　　3.2.1　文本列表模型 QStringListModel …………………………………………… 96
　　　　3.2.2　列表视图控件 QListView …………………………………………………… 97
　　　　3.2.3　应用例题 ……………………………………………………………………… 100
　　3.3　QFileSystemModel 与 QTreeView 的用法 ……………………………………… 109

3.3.1　文件系统模型 QFileSystemModel ………………………………………… 109
　　　3.3.2　树视图控件 QTreeView …………………………………………………… 111
　　　3.3.3　典型应用 …………………………………………………………………… 114
　3.4　QStandardItemModel 与 QTableView 的用法 ……………………………………… 120
　　　3.4.1　标准数据模型 QStandardItemModel ……………………………………… 121
　　　3.4.2　表格视图控件 QTableView ………………………………………………… 125
　　　3.4.3　典型应用 …………………………………………………………………… 127
　3.5　QItemSelectionModel 与 QStyledItemDelegate 的用法 …………………………… 141
　　　3.5.1　选择模型 QItemSelectionModel …………………………………………… 141
　　　3.5.2　代理控件 QStyledItemDelegate …………………………………………… 143
　　　3.5.3　典型应用 …………………………………………………………………… 145
　3.6　小结 ……………………………………………………………………………………… 156

第4章　数据库（88min） ………………………………………………………………… 157

　4.1　使用 Qt 6 操作数据库 ………………………………………………………………… 157
　　　4.1.1　应用 Qt SQL 模块 …………………………………………………………… 157
　　　4.1.2　数据库连接类 QSqlDatabase ……………………………………………… 158
　　　4.1.3　数据库查询类 QSqlQuery ………………………………………………… 160
　　　4.1.4　操作 SQLite 数据库 ………………………………………………………… 162
　4.2　操作 MySQL 数据库 ………………………………………………………………… 168
　　　4.2.1　安装 MySQL 数据库的集成开发环境 …………………………………… 168
　　　4.2.2　安装 MySQL Connector/ODBC …………………………………………… 175
　　　4.2.3　操作数据表 ………………………………………………………………… 180
　4.3　数据库查询模型类 QSqlQueryModel ……………………………………………… 190
　　　4.3.1　QSqlQueryModel 类 ………………………………………………………… 190
　　　4.3.2　典型应用 …………………………………………………………………… 191
　4.4　数据库表格模型类 QSqlTableModel ……………………………………………… 194
　　　4.4.1　QSqlTableModel 类 ………………………………………………………… 194
　　　4.4.2　记录类 QSqlRecord ………………………………………………………… 197
　　　4.4.3　字段类 QSqlField …………………………………………………………… 198
　　　4.4.4　典型应用 …………………………………………………………………… 199
　4.5　关系表格模型类 QSqlRelationalTableModel ……………………………………… 207
　　　4.5.1　QSqlRelationalTableModel 类 ……………………………………………… 207
　　　4.5.2　数据映射类 QSqlRelation ………………………………………………… 208
　　　4.5.3　典型应用 …………………………………………………………………… 208
　4.6　小结 ……………………………………………………………………………………… 214

第 三 部 分

第 5 章 Graphics/View 绘图 (77min) — 217

5.1 Graphics/View 简介 — 217
- 5.1.1 Graphics/View 绘图框架 — 217
- 5.1.2 Graphics/View 的坐标系 — 218
- 5.1.3 典型应用 — 219

5.2 Graphics/View 相关类 — 224
- 5.2.1 图像视图类 QGraphicsView — 225
- 5.2.2 图像场景类 QGraphicsScene — 229
- 5.2.3 图形项类 QGraphicsItem — 233
- 5.2.4 标准图形项 — 244

5.3 代理控件和图形控件 — 254
- 5.3.1 代理控件类 QGraphicsProxyWidget — 254
- 5.3.2 图形控件类 QGraphicsWidget — 258
- 5.3.3 图形控件布局类 — 260
- 5.3.4 图形效果类 — 267

5.4 小结 — 273

第 6 章 绘制二维图表 (139min) — 274

6.1 图表视图和图表 — 274
- 6.1.1 绘制简单的折线图 — 274
- 6.1.2 图表视图类 QChartView — 276
- 6.1.3 图表类 QChart — 277

6.2 数据序列 — 279
- 6.2.1 数据序列抽象类 QAbstractSeries — 279
- 6.2.2 绘制 XY 图(折线图、散点图、样条曲线图) — 280
- 6.2.3 绘制面积图 — 287
- 6.2.4 绘制饼图 — 290
- 6.2.5 绘制条形图 — 295
- 6.2.6 绘制蜡烛图 — 302
- 6.2.7 绘制箱形图 — 306

6.3 绘制极坐标图表 — 311
- 6.3.1 极坐标图表类 QPolarChart — 311
- 6.3.2 应用例题 — 311

6.4 设置图表的坐标轴 ……………………………………………………………… 313
    6.4.1 抽象坐标轴类 QAbstractAxis ……………………………………… 314
    6.4.2 数值坐标轴类 QValueAxis …………………………………………… 316
    6.4.3 对数坐标轴类 QLogValueAxis ……………………………………… 317
    6.4.4 条形图坐标轴类 QBarCategoryAxis ………………………………… 320
    6.4.5 条目坐标轴类 QCategoryAxis ……………………………………… 323
    6.4.6 时间坐标轴类 QDateTimeAxis ……………………………………… 326

6.5 设置图表的图例 …………………………………………………………………… 329
    6.5.1 图例类 QLegend ……………………………………………………… 329
    6.5.2 图例标志类 QLegendMarker ………………………………………… 330

6.6 小结 ………………………………………………………………………………… 335

第7章 绘制三维图表(🎬 129min) …………………………………………………… 336

7.1 Qt Data Visualization 子模块概述 ……………………………………………… 336
    7.1.1 三维图表类 …………………………………………………………… 337
    7.1.2 三维数据序列类 ……………………………………………………… 337
    7.1.3 三维坐标轴类 ………………………………………………………… 338
    7.1.4 绘制一个简单的三维图表 …………………………………………… 338
    7.1.5 三维图表抽象类 QAbstract3DGraph ………………………………… 340
    7.1.6 三维场景类 Q3DScene 和三维相机类 Q3DCamera ………………… 344
    7.1.7 三维坐标类 QVector3D ……………………………………………… 350
    7.1.8 三维主题类 Q3DTheme ……………………………………………… 354
    7.1.9 三维数据序列抽象类 QAbstract3DSeries …………………………… 358

7.2 绘制三维散点图 …………………………………………………………………… 360
    7.2.1 三维散点图表类 Q3DScatter ………………………………………… 361
    7.2.2 三维散点数据序列类 QScatter3DSeries …………………………… 361
    7.2.3 三维散点数据代理类 QScatterDataProxy …………………………… 362
    7.2.4 典型应用 ……………………………………………………………… 364

7.3 绘制三维曲面图、三维地形图 …………………………………………………… 366
    7.3.1 三维曲面图表类 Q3DSurface ………………………………………… 366
    7.3.2 三维曲面数据序列类 QSurface3DSeries …………………………… 367
    7.3.3 三维曲面数据代理类 QSurfaceDataProxy ………………………… 368
    7.3.4 绘制三维曲面图 ……………………………………………………… 370
    7.3.5 绘制三维地形图 ……………………………………………………… 372

7.4 绘制三维柱形图 …………………………………………………………………… 375
    7.4.1 三维柱形图表类 Q3DBars …………………………………………… 375

7.4.2 三维柱形数据序列类 QBar3DSeries ·············· 376
7.4.3 三维柱形数据代理类 QBarDataProxy ·············· 377
7.4.4 应用例题 ·············· 379
7.5 设置坐标轴 ·············· 381
7.5.1 三维坐标轴抽象类 QAbstract3DAxis ·············· 381
7.5.2 三维数值坐标轴类 QValue3DAxis ·············· 382
7.5.3 三维条目坐标轴类 QCategory3DAxis ·············· 386
7.6 小结 ·············· 388

第四部分

第8章 网络（100min） ·············· 391

8.1 主机信息查询 ·············· 391
8.1.1 主机信息类 QHostInfo ·············· 391
8.1.2 网络接口类 QNetworkInterface ·············· 399
8.2 TCP 通信 ·············· 402
8.2.1 QTcpServer 类 ·············· 403
8.2.2 QTcpSocket 类 ·············· 404
8.2.3 TCP 服务器端程序设计 ·············· 407
8.2.4 TCP 客户端程序设计 ·············· 412
8.3 UDP 通信 ·············· 417
8.3.1 QUdpSocket 类 ·············· 417
8.3.2 单播、广播程序设计 ·············· 419
8.3.3 UDP 组播程序设计 ·············· 424
8.4 基于 HTTP 的通信 ·············· 430
8.4.1 HTTP 请求类 QNetworkRequest ·············· 430
8.4.2 HTTP 网络操作类 QNetworkAccessManager ·············· 432
8.4.3 HTTP 响应类 QNetworkReply ·············· 434
8.4.4 典型应用 ·············· 437
8.5 小结 ·············· 440

第9章 多媒体（67min） ·············· 441

9.1 多媒体模块概述 ·············· 441
9.2 播放音频 ·············· 443
9.2.1 QMediaPlayer 类 ·············· 443
9.2.2 QAudioOutput 类 ·············· 448

- 9.2.3 创建 MP3 音频播放器 ······ 449
- 9.2.4 QSoundEffect 类 ······ 452
- 9.2.5 创建 WAV 音频播放器 ······ 453
- 9.3 录制音频 ······ 456
  - 9.3.1 媒体捕获器类 QMediaCaptureSession ······ 456
  - 9.3.2 媒体录制类 QMediaRecorder ······ 457
  - 9.3.3 创建音频录制器 ······ 459
- 9.4 播放视频 ······ 462
  - 9.4.1 使用 QVideoWidget 类播放视频 ······ 462
  - 9.4.2 使用 QGraphicsVideoItem 类播放视频 ······ 466
- 9.5 应用摄像头 ······ 471
  - 9.5.1 摄像头设备类 QCameraDevice ······ 472
  - 9.5.2 摄像头控制接口类 QCamera ······ 475
  - 9.5.3 摄像头拍照类 QImageCapture ······ 481
  - 9.5.4 应用摄像头拍照 ······ 483
  - 9.5.5 媒体格式类 QMediaFormat ······ 485
  - 9.5.6 应用摄像头录像 ······ 487
- 9.6 小结 ······ 491

第 10 章 应用打印机（48min） 492

- 10.1 打印机信息与打印机 ······ 492
  - 10.1.1 打印机信息类 QPrinterInfo ······ 492
  - 10.1.2 打印机类 QPrinter ······ 495
  - 10.1.3 打印窗口界面 ······ 500
  - 10.1.4 打印控件内容 ······ 503
- 10.2 打印对话框、打印预览对话框、打印预览控件 ······ 504
  - 10.2.1 打印对话框类 QPrintDialog ······ 504
  - 10.2.2 打印预览对话框类 QPrintPreviewDialog ······ 507
  - 10.2.3 打印预览控件类 QPrintPreviewWidget ······ 510
- 10.3 PDF 文档生成器 ······ 512
- 10.4 小结 ······ 514

第 11 章 其他类和技术（49min） 515

- 11.1 QAxObject 类 ······ 515
  - 11.1.1 常用方法 ······ 515
  - 11.1.2 读写 Word 文件 ······ 516

	11.1.3　读写 Excel 文件	520
11.2	QAxWidget 类	521
	11.2.1　常用方法	521
	11.2.2　典型应用	522
11.3	QRandomGenerator 类	524
11.4	多语言界面	525
	11.4.1　基本步骤	525
	11.4.2　静态方法 tr() 的应用	526
	11.4.3　典型应用	527
11.5	串口编程	536
	11.5.1　QSerialPortInfo 类	536
	11.5.2　QSerialPort 类	537
11.6	小结	538

第五部分

第12章　QML 与 Qt Quick（▶ 9min） 541

12.1	QML 与 Qt Quick 的关系	541
	12.1.1　QML 简介	541
	12.1.2　Qt Quick 简介	541
	12.1.3　Qt Quick 和 Qt Widgets 的窗口界面对比	542
12.2	应用 QML	542
	12.2.1　使用 Python 调用 QML 文件	543
	12.2.2　QML 的事件处理	547
12.3	小结	548

附录 A	根据可执行文件制作程序安装包	549
附录 B	QApplication 类的常用方法	555

第一部分

第 1 章 文件、路径与缓存

在标准 C++中，可以使用 ofstream 类打开文本文件，可以使用 ifstream 类创建、写入文本文件。如果要处理复杂的二进制文件，标准 C++提供的方法实现起来比较麻烦。Qt 6 提供了一套功能完整的进行文件读写操作的类，以及对路径、缓存操作的类。本章将介绍使用 Qt 6 处理文件、路径、缓存的方法。

1.1 使用 Qt 6 读写文件

在 Qt 6 中，可以使用 QFile 类对文件进行读写操作，该类提供了对文件读写的方法。QFile 的父类为 QFileDevice，该类提供了文件交互操作的底层能力。QFileDevice 的父类为 QIODevice，该类是所有输入、输出设备的基础类。文件操作相关类的继承关系如图 1-1 所示。

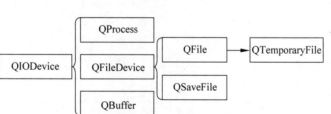

图 1-1 文件操作相关类的继承关系

利用 QIODevice 的子类进行读写数据时，返回值或参数值通常是 QByteArray 类型的数据，因此有必要介绍字节数据 QByteArray 类的用法。

1.1.1 文件抽象类 QIODevice

在 Qt 6 中，QIODevice 类是所有文件操作或数据读写类的基类，该类提供了读数据、写数据的接口函数。QIODevice 类是抽象类，不能直接使用 QIODevice 类中的方法对数据进行读写。开发者可以使用 QIODevice 子类（例如 QFile、QBuffer）的继承的方法对数据进行读写。

在 Linux 系统中，由于所有的外围设备都被当作文件来处理，所以文件也可以当作一种设备来处理。QIODevice 类的常用方法见表 1-1。

表 1-1　QIODevice 类的常用方法

方法及参数类型	说　　明	返回值的类型
close()	关闭设备	
currentReadChannel()	获取当前的读取通道	int
currentWriteChannel()	获取当前的写入通道	int
open(QIODevice::OpenMode m)	打开设备，若成功，则返回值为 true	bool
isOpen()	获取设备是否已经打开	bool
setOpenMode(QIODevice::OpenMode)	打开设备后，重新设置打开模式	
setTextModeEnabled(bool)	设置是否为文本模式	
read(int maxSize)	读取指定数量的字节数据	QByteArray
readAll()	读取所有数据	QByteArray
readLine(int maxSize=0)	按行读取数据	QByteArray
getChar(char * c)	读取一个字符，并存储到 c 中	bool
ungetChar(char c)	将字符重新存储到设备中	
peek(int maxSize)	读取指定数量的字节	QByteArray
write(char * data, int maxSize)	写入字节数组，并返回实际写入的字节数量	int
write(char * data)	同上	int
write(QByteArray &data)	同上	int
putChar(char c)	写入一个字符，若成功，则返回值为 true	bool
setCurrentReadChannel(int)	设置当前的读取通道	
setCurrentWriteChannel(int)	设置当前的写入通道	
readChannelCount()	获取读取数据的通道数量	int
writeChannelCount()	获取写入数据的通道数量	int
canReadLine()	获取是否可以按行读取	bool
bytesToWrite()	获取缓存中等待写入的字节数量	int
bytesAvailable()	获取可读取的字节数量	int
setErrorString(QString &str)	设置设备的出错信息	
errorString()	获取设备的出错信息	QString
isReadable()	获取设备是否为可读	bool
isSequential()	获取设备是否为顺序设备	bool
isTextModeEnabled()	获取设备是否能以文本方式读写	bool
isWritable()	获取设备是否可写入	bool
atEnd()	获取是否已经到达设备的末尾	bool
seek(int pos)	将当前位置设置到指定值	bool
pos()	获取当前位置	int
reset()	重置设备，并回到起始位置，若成功，则返回值为 true	bool
startTransaction()	对随机设备，记录当前位置；对顺序设备，在内部复制读取的数据以便恢复数据	
rollbackTransaction()	回到调用 startTransaction() 的位置	
commitTransaction()	对顺序设备，丢弃记录的数据	

续表

方法及参数类型	说　明	返回值的类型
isTransactionStarted()	获取是否已经开始记录位置	bool
size()	获取随机设备的字节数或顺序设备的bytesAvailable()值	int
skip(int maxSize)	跳过指定数量的字节,并返回实际跳过的字节数	int
waitForBytesWritten(int msecs)	对于缓存设备,该方法需要将数据写入设备中或经过msecs毫秒后返回值	bool
waitForReadyRead（int msecs）	当有数据可以读取前或经过msecs毫秒前会阻止设备的运行	bool

在实际编程中,QIODevice 类的子类(例如 QFile、QBuffer)可以使用 open(QIODeviceBase::OpenMode m)打开设备,其参数值为 QIODeviceBase::OpenMode 的枚举常量,如果要设置多个参数值,则可以使用"|"连接参数值。QIODeviceBase::OpenMode 的枚举常量见表 1-2。

表 1-2　QIODeviceBase::OpenMode 的枚举常量

枚 举 常 量	说　明
QIODeviceBase::NotOpen	还未打开
QIODeviceBase::ReadOnly	以只读方式打开
QIODeviceBase::WriteOnly	以只写方式打开,若文件不存在,则创建新文件
QIODeviceBase::ReadWrite	以读写方式打开,若文件不存在,则创建新文件
QIODeviceBase::Append	以追加方式打开,新增加的内容将被追加到文件末尾
QIODeviceBase::Truncate	以重写方式打开,当写入新的数据时会将原有数据清除,指针指向文件开头
QIODeviceBase::Text	当读取数据时,将行结束符换成\n,当写入数据时将行结束符换成本地格式,例如 Win32 平台上的\r\n
QIODeviceBase::Unbuffered	不使用缓存
QIODeviceBase::NewOnly	创建和打开新文件,仅适用于 QFile 设备,如果文件存在,则打开将失败。该模式为只写方式
QIODeviceBase::ExistingOnly	与 NewOnly 相反,当打开文件时,如果文件不存在,则会出现错误,仅适用于 QFile 设备

1.1.2　字节数组类 QByteArray

使用 QIODevice 的子类进行读写数据时,返回值或参数值通常是 QByteArray 对象。可以使用 QByteArray 类创建字节数组对象,字节数组对象用于存储二进制数据,如果要确定二进制数据要表示的内容,则需要使用程序的解析方式。如果采用合适的字符编码方式,则字符串和字节数组可以相互转换,例如可使用 QString 类的构造函数将字节数组转换为字符串,代码如下:

```
QString(const QByteArray &ba)
```

QByteArray 类位于 Qt 6 的 Qt Core 子模块下,其构造函数如下:

```
QByteArray()
QByteArray(const char *data,int size=-1)
QByteArray(int size,char ch)
QByteArray(int size,Qt::Initialization)
QByteArray(const QByteArray &other)
```

其中,data 表示字符串;size 表示存储的字节数;ch 表示字符。

在实际编程中,使用 QByteArray 类的 append(const char * str)、append(char ch)方法可以将字符串或字符添加到 QByteArray 对象中,并返回包含该字符串或字符的 QByteArray 对象。

QByteArray 类的常用方法见表 1-3。

表 1-3 QByteArray 类的常用方法

方法及参数类型	说　明	返回值的类型
[static]fromBase64(QByteArray &ba,QByteArray::Base64Options ops=QByteArray::Base64Encoding)	从 Base64 编码中解码	QByteArray
[static] fromBase64Encoding(QByteArray &ba,QByteArray::Base64Options ops=QByteArray::Base64Encoding)	同上	QByteArray::FromBase64Result
[static]fromHex(QByteArray &hex)	从十六进制数据中解码	QByteArray
[static]fromPercentEncoding(QByteArray &input,char percent='%')	从百分号编码中解码	QByteArray
[static]fromRawData(char *data,int size)	用前 size 个原生字节构建字节数组	QByteArray
[static]number(double n,format='g',int precision=6)	将浮点数转换为科学记数法数据	QByteArray
[static]number(int n,int base=10)	将整数转换为 base 进制数据	QByteArray &
append(QByteArray &ba)	在末尾添加数据	QByteArray &
append(char ch)、append(char * str)	在末尾添加文本数据	QByteArray &
append(int count,char ch)	在末尾添加 count 次文本数据	QByteArray &
append(const char * str,int len)	在末尾添加数据	QByteArray &
at(int i)	根据索引获取数据	char
chop(int n)	从末尾移除 n 字节	
chopped(int len)	获取从末尾移除 len 字节后的字节数组	QByteArray
clear()	清空所有字节	
contains(QByteArrayView bv)	获取是否包含指定的字节数组	bool
contains(char ch)	获取是否包含指定的字符	bool
count(QByteArrayView bv)	获取包含的字节数组的个数	int
count(char ch)	获取包含的字符的个数	

续表

方法及参数类型	说　　明	返回值的类型
size()、length()	获取长度	int
data()	获取字节串	char *
endsWith(QByteArrayView bv)	获取末尾是否为指定的字节数组	bool
endsWith(char ch)	获取末尾是否为指定的字符	bool
startsWith(QByteArrayView bv)	获取起始是否为指定的字节数组	bool
startsWith(char ch)	获取起始是否为指定的字符	bool
fill(char ch,int size=-1)	将数组的每个数据填充为指定的字符,长度为 size	QByteArray &
indexOf(QByteArrayView bv,int from=0)	获取索引	int
indexOf(char ch,int from=0)	同上	int
insert(int i, QByteArray &data)	根据索引在指定位置插入字节数组	QByteArray &
insert(int i,char * s)	在指定的位置插入文本数据	QByteArray &
insert(int i,char ch)	在指定位置插入字符	QByteArray &
insert(int i,int count,char ch)	在指定的位置插入 count 份文本数据	QByteArray &
isEmpty()	如果长度为 0,则返回值为 true,否则返回值为 false	bool
isNull()	如果内容为空,则返回值为 true,否则返回值为 false	bool
isLower()	如果全部为小写字母,则返回值为 true	bool
isUpper()	如果全部为大写字母,则返回值为 true	bool
lastIndexOf(QByteArrayView bv,int from=-1)	获取最后的索引	int
lastIndexOf(char ch,int from=-1)	同上	int
mid(int pos,int len=-1)	从指定的位置获取指定长度的数据	QByteArray
length()	获取长度,与 size()相同	int
prepend(QByteArray &ba)	在起始位置添加数据	QByteArray &
prepend(char * str)	同上	QByteArray &
prepend(char * str,int len)	同上	QByteArray &
remove(int pos,int len)	从指定位置移除指定长度的数据	QByteArray &
repeated(int times)	获取重复 times 次的数据	QByteArray
replace(int pos,int len,QByteArrayView after)	在指定的位置用数据替换指定长度的数据	QByteArray &
replace(int pos,int len,char * after,int alen)	同上	QByteArray &
replace(QByteArrayView before, QByteArrayView after)	用数据替换指定的数据	QByteArray &
replace(char * before,QByteArrayView af)	同上	QByteArray &

续表

方法及参数类型	说　明	返回值的类型
resize(int size)	调整长度,如果长度小于现有长度,则后面的数据会被丢弃	
setNum(float n,char format='g',int precision=6)	将浮点数转换成科学记数法数据	QByteArray &
setNum(int n,int base=10)	将整数转换为指定进制的数据	QByteArray &
split(char sep)	用分隔符将字节数组分割成列表	QList\<QByteArray\>
squeeze()	释放不存储数据的内存	
toBase64（QByteArray::Base64Options ops=QByteArray::Base64Encoding)	转换成 Base64 编码	QByteArray
toDouble(bool * ok=nullptr)	转换为双精度浮点数	double
toFloat(bool * ok=nullptr)	转换为浮点数	float
toHex(char separator='\0')	转换成十六进制,separator 表示分隔符	QByteArray
toInt(bool * ok=nullptr,base=10)	根据进制转换成整数,base 可以取 2~36 的整数或 0,若取值为 0,则根据以下规则自动确定基数:如果数据以 0x 开始,则 base 为 16;如果数据以 0b 开始,则 base 为 2;如果数据以 0 开始,则 base 为 8,其他情况 base 为 10	int
toLong(bool * ok=nullptr,base=10)		long
toLongLong(bool * ok=nullptr,base=10)		qlonglong
toShort(bool * ok=nullptr,base=10)		short
toUInt(bool * ok=nullptr,base=10)		uint
toULong(bool * ok=nullptr,base=10)		ulong
toULongLong(bool * ok=nullptr,base=10)		qulonglong
toUShort(bool * ok=nullptr,base=10)		ushort
toPercentEncoding(QByteArray &Exclude,QByteArray &include,char percent='%')	转换成百分比编码,Exclude 和 include 都为 QByteArray 数据	QByteArray
toLower()	转换成小写字母	QByteArray
toUpper()	转换成大写字母	QByteArray
simplified()	移除内部、开始、末尾处的空格和转义字符,例如\t、\n、\v、\f、\r	QByteArray
trimmed()	移除两端的空格和转义字符	QByteArray
left(int len)	从左侧获取指定长度的数据	QByteArray
right(int len)	从右侧获取指定长度的数据	QByteArray
truncate(int pos)	截取前 int 个字符数据	

注意：QByteArray 数据非常适合用于网络传输,而且可以用来存储图片、音频等二进制数据。

1.1.3　使用 QFile 类读写文件

在 Qt 6 中,使用 QFile 类创建文件对象。使用文件对象可以对文本文件进行读写操作,也可以对二进制文件进行读写操作,而且可以与 QTextStream、QDataStream 类一起使用。

QFile 类位于 Qt 6 的 Qt Core 子模块下,其构造函数如下:

```
QFile()
QFile(const QString &name)
QFile(const std::filesystem::path &name)
QFile(parent:QObject)
QFile(const QString &name,QObject * parent)
QFile(const std::filesystem::path &name,QObject * parent)
```

其中,parent 表示父对象指针,即指向父对象的指针;name 表示要打开的文件路径,文件路径的分隔符可以为"/"或"\\"。

QFile 类的常用方法见表 1-4。

表 1-4　QFile 类的常用方法

方法及参数类型	说　　明	返回值的类型
[static]setPermissions(QString &fileName, QFileDevice::Permission)	设置权限,若成功,则返回值为 true	bool
[static]exists()	获取用 fileName() 返回的文件名是否存在	bool
[static]exists(QString &fileName)	获取指定的文件是否存在	bool
[static]copy(QString &newName)	将打开的文件复制到新文件中,若成功,则返回值为 true	bool
[static]copy(QString &fileName, QString &newName)	将指定的文件复制到新文件中,若成功,则返回值为 true	bool
[static]remove()	移除打开的文件,移除前先关闭文件,若成功,则返回值为 true	bool
[static]remove(QString &fileName)	移除指定的文件,若成功,则返回值为 true	bool
[static]rename(QString &newName)	重命名,重命名前先关闭文件,若成功,则返回值为 true	bool
[static] rename(QString &oldName, QString &newName)	重命名指定的文件,若成功,则返回值为 true	bool
open(QIODeviceBase::OpenMode mode)	按照指定的方式打开文件,若成功,则返回值为 true	bool
setFileName(QString &name)	设置文件路径和名称	
fileName()	获取文件名称	QString
flush()	将缓存中的数据写入文件中	
atEnd()	判断是否到达文件末尾	bool
reset()	返回文件的开始位置,若成功,则返回值为 true	bool
close()	关闭设备	

在实际编程中,可以使用 QFile 类的方法打开纯文本文件,包括 TXT 文件(后缀名为 .txt)、C++ 的代码文件(后缀名为 .cpp 或 .h)。HTML 文件和 XML 文件也是纯文本文件,但读取之后需要对内容进行解析才能显示其记录的内容。

【实例 1-1】　创建一个窗口,该窗口包含一个纯文本控件、一个菜单、两个菜单命令。

一个菜单命令可以打开纯文本文件,另一个菜单命令可以保存纯文本文件,操作步骤如下:

(1) 使用 Qt Creator 创建一个模板为 Qt Widgets Application 的项目,将该项目命名为 demo1,并保存在 D 盘的 Chapter1 文件夹下;在向导对话框中选择基类 QMainWindow,不勾选 Generate form 复选框。

(2) 编写 mainwindow.h 文件中的代码,代码如下:

```
/* 第1章 demo1 mainwindow.h */
#ifndef MAINWINDOW_H
#define MAINWINDOW_H

#include <QMainWindow>
#include <QPlainTextEdit>
#include <QMenuBar>
#include <QMenu>
#include <QAction>
#include <QStatusBar>
#include <QFileDialog>
#include <QByteArray>
#include <QDir>

class MainWindow : public QMainWindow
{
    Q_OBJECT
public:
    MainWindow(QWidget *parent = nullptr);
    ~MainWindow();
private:
    QMenuBar *menuBar;
    QMenu *fileMenu;
    QAction *actionOpen, *actionSave;
    QStatusBar *status;
    QPlainTextEdit *plainText;
private slots:
    void action_open();
    void action_save();
};
#endif //MAINWINDOW_H
```

(3) 编写 mainwindow.cpp 文件中的代码,代码如下:

```
/* 第1章 demo1 mainwindow.cpp */
#include "mainwindow.h"

MainWindow::MainWindow(QWidget *parent):QMainWindow(parent)
{
    setGeometry(300,300,580,280);
    setWindowTitle("QFile、QByteArray");
    //创建菜单栏、菜单、动作
    menuBar = new QMenuBar(this);
    fileMenu = menuBar->addMenu("文件");
    actionOpen = fileMenu->addAction("打开文本文件");
```

```cpp
    actionSave = fileMenu->addAction("保存文本文件");
    setMenuBar(menuBar);
    //创建多行纯文本控件
    plainText = new QPlainTextEdit();
    setCentralWidget(plainText);
    //创建状态栏
    status = statusBar();
    //使用信号/槽
    connect(actionOpen,SIGNAL(triggered()),this,SLOT(action_open()));
    connect(actionSave,SIGNAL(triggered()),this,SLOT(action_save()));
}

MainWindow::~MainWindow() {}

void MainWindow::action_open(){
    QString curPath = QDir::currentPath();          //获取程序当前目录
    QString filter = "文本文件(*.txt);;程序文件(*.h *.cpp);;所有文件(*.*)";
    QString title = "打开文本文件";                   //文件对话框的标题
    QString fileName = QFileDialog::getOpenFileName(this,title,curPath,filter);
    if(fileName.isEmpty())
        return;
    QFile file(fileName);
    plainText->clear();
    if(file.exists() == false)
        return;
    if(!file.open(QIODevice::ReadOnly|QIODevice::Text))
        return;
    QByteArray allLines = file.readAll();           //读取文件的全部内容
    QString text(allLines);
    file.close();
    plainText->setPlainText(text);
    status->showMessage("打开文件成功!");
}

void MainWindow::action_save(){
    QString curPath = QDir::currentPath();          //获取程序当前目录
    QString filter = "文本文件(*.txt);;程序文件(*.h *.cpp);;所有文件(*.*)";
    QString title = "保存文本文件";                   //文件对话框的标题
    QString fileName = QFileDialog::getSaveFileName(this,title,curPath,filter);
    if(fileName.isEmpty())
        return;
    QFile file(fileName);
    if(!file.open(QIODevice::WriteOnly|QIODevice::Text))
        return;
    QString str = plainText->toPlainText();         //获取纯文本框中的内容
    QByteArray bytes = str.toUtf8();                //转换为字节数组对象,采用 UTF-8 编码
    file.write(bytes,bytes.length());               //将数据写入文件
    file.close();
    status->showMessage("文件保存成功!");
}
```

(4) 其他文件保持不变,运行结果如图 1-2 所示。

在实际编程中,可以使用 QFile 类的方法保存、打开十六进制文件(后缀名为.hex),但不能打开其他程序保存的十六进制文件。

【**实例 1-2**】 创建一个窗口,该窗口包含一个纯文本控件、一个菜单、两个菜单命令。一个菜单命令可以打开十六进制文件,另一个菜单命令可以保存十六进制文件,操作步骤如下:

图 1-2 项目 demo1 的运行结果

(1) 使用 Qt Creator 创建一个模板为 Qt Widgets Application 的项目,将该项目命名为 demo2,并保存在 D 盘的 Chapter1 文件夹下;在向导对话框中选择基类 QMainWindow,不勾选 Generate form 复选框。

(2) 编写 mainwindow.h 文件中的代码,代码如下:

```
/* 第 1 章 demo2 mainwindow.h */
#ifndef MAINWINDOW_H
#define MAINWINDOW_H

#include <QMainWindow>
#include <QPlainTextEdit>
#include <QMenuBar>
#include <QMenu>
#include <QAction>
#include <QStatusBar>
#include <QFileDialog>
#include <QByteArray>
#include <QDir>

class MainWindow : public QMainWindow
{
    Q_OBJECT
public:
    MainWindow(QWidget *parent = nullptr);
    ~MainWindow();
private:
    QMenuBar *menuBar;
    QMenu *fileMenu;
    QAction *actionOpen, *actionSave;
    QStatusBar *status;
    QPlainTextEdit *plainText;
private slots:
    void action_open();
    void action_save();
};
#endif //MAINWINDOW_H
```

(3) 编写 mainwindow.cpp 文件中的代码,代码如下:

```cpp
/* 第1章 demo2 mainwindow.cpp */
#include "mainwindow.h"

MainWindow::MainWindow(QWidget *parent):QMainWindow(parent)
{
    setGeometry(300,300,580,280);
    setWindowTitle("QFile、QByteArray");
    //创建菜单栏、菜单、动作
    menuBar = new QMenuBar(this);
    fileMenu = menuBar->addMenu("文件");
    actionOpen = fileMenu->addAction("打开十六进制文件");
    actionSave = fileMenu->addAction("保存十六进制文件");
    setMenuBar(menuBar);
    //创建多行纯文本控件
    plainText = new QPlainTextEdit();
    setCentralWidget(plainText);
    //创建状态栏
    status = statusBar();
    //使用信号/槽
    connect(actionOpen,SIGNAL(triggered()),this,SLOT(action_open()));
    connect(actionSave,SIGNAL(triggered()),this,SLOT(action_save()));
}

MainWindow::~MainWindow() {}

void MainWindow::action_open(){
    QString curPath = QDir::currentPath();              //获取程序当前目录
    QString filter = "Hex文件(*.hex);;所有文件(*.*)";
    QString title = "打开Hex文件";                      //文件对话框的标题
    QString fileName = QFileDialog::getOpenFileName(this,title,curPath,filter);
    if(fileName.isEmpty())
        return;
    QFile file(fileName);
    plainText->clear();
    if(file.exists() == false)
        return;
    if(!file.open(QIODevice::ReadOnly))
        return;
    while(!file.atEnd()){
        QByteArray line = file.readLine();              //逐行读取数据
        QByteArray byte = QByteArray::fromHex(line);    //从十六进制数据中解码
        QString str = QString(byte);                    //将字节数组对象转换为字符串
        plainText->appendPlainText(str);
    }
    file.close();
    status->showMessage("打开文件成功!");
}

void MainWindow::action_save(){
```

```
QString curPath = QDir::currentPath();        //获取程序当前目录
QString filter = "Hex 文件(*.hex);;所有文件(*.*)";
QString title = "保存 Hex 文件";               //文件对话框的标题
QString fileName = QFileDialog::getSaveFileName(this,title,curPath,filter);
if(fileName.isEmpty())
    return;
QFile file(fileName);
if(!file.open(QIODevice::WriteOnly))
    return;
QString str = plainText->toPlainText();       //获取纯文本框中的内容
QByteArray byte = str.toUtf8();               //将字符串转换为字节数组对象
QByteArray hex = byte.toHex();                //转换为 Hex 编码的字节数组对象
file.write(hex);
file.close();
status->showMessage("保存文件成功!");
}
```

(4) 其他文件保持不变,运行结果如图 1-3 所示。

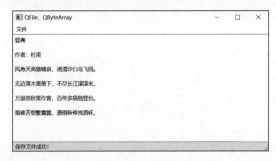

图 1-3 项目 demo2 的运行结果

1.2 使用流方式读写文件

在 Qt 6 中,可以使用流方式读写文件,也就是使用 QFile 类和 QTextStream 类结合的方式读写纯文本文件,使用 QFile 类和 QDataStream 类结合的方式读写二进制文件。

1.2.1 文本流类 QTextStream

在 Qt 6 中,可以使用 QTextStream 类创建文本流对象。可以将文本流对象连接到 QIODevice 或 QByteArray 创建的对象上,既可将文本数据写入 QIODevice 或 QByteArray 创建的对象上,也可以从 QIODevice 或 QByteArray 创建的对象上读取文本数据,如同管道中的水流。

QTextStream 类位于 Qt 6 的 Qt Core 子模块下,其构造函数如下:

```
QTextStream()
QTextStream(QIODevice * device)
QTextStream(QFile * fileHandle,QIODeviceBase::OpenMode mode = QIODevice::ReadWrite)
QTextStream(QString * string,QIODeviceBase::OpenMode mode = QIODevice::ReadWrite)
```

```
QTextStream(QByteArray * array1,QIODeviceBase::OpenMode mode = QIODevice::ReadWrite)
QTextStream(QByteArray &array2,QIODeviceBase::OpenMode mode = QIODevice::ReadWrite)
```

其中,device 表示 QIODevice 类及其子类创建的对象指针;fileHandle 表示 QFile 类创建的对象指针;string 表示 QString 类创建的对象指针;array1 表示 QByteArray 类创建的对象指针;array2 表示 QByteArray 类创建的实例对象。

QTextStream 类虽然没有专门的写入数据的方法,但可以使用"<<"插入操作符写入各种类型的数据,插入操作符的左边为 QTextStream 对象,插入操作符的右边为要输入的数据,可以是字符串、整数、浮点数。如果要写入多个数据,则可以把多个"<<"写入同一行中,示例代码如下:

```
textStreamObj << 10 << 3.14 << "Welcome"<< "\n";
```

QTextStream 类可以使用">>"提取操作符提取各种类型的数据,提取操作符的左边为 QTextStream 对象,提取操作符的右边为存储数据的变量,示例代码如下:

```
textStreamObj >> value;
```

读者可在 Qt 6 的帮助文档中查看 QTextStream 类重载操作符"<<"和">>"的各种参数类型。QTextStream 类的常用方法见表 1-5。

表 1-5 QTextStream 类的常用方法

方法及参数类型	说　明	返回值的类型
flush()	将缓存中的数据写到设备中	
setDevice(QIODevice * device)	设置操作的设备	
device()	获取设备	QIODevice *
setEncoding(QStringConverter::Encoding)	设置文本流的编码	
encoding()	获取编码	QStringConverter::Encoding
setAutoDetectUnicode(bool)	设置是否自动识别编码,如果能识别,则替换现有编码	
setGenerateByteOrderMark(bool)	如果设置为 true 并且编码为 UTF,则在写入数据前会先写入 BOM(Byte Order Mark)	
setFieldWidth(int width)	设置数据流的宽度,如果值为 0,则宽度是数据的宽度	
fieldWidth()	获取数据流的宽度	int
setFieldAlignment(QTextStream::FieldAlignment)	设置数据在数据流内的对齐方式	
fieldAlignment()	获取对齐方式	QTextStream::FieldAlignment
setPadChar(QChar ch)	设置对齐时域内的填充字符	
padChar()	获取填充字符	QChar
setIntegerBase(int)	设置读整数的进位制	
integerBase()	获取进位值	int
setNumberFlags(QTextStream::NumberFlag)	设置整数和浮点数的标识	

续表

方法及参数类型	说　明	返回值的类型
numberFlags()	获取数值数据的标识	QTextStream::NumberFlag
setRealNumberNotation(QTextStream::RealNumberNotation)	设置浮点数的标记方法	
realNumberNotation()	获取浮点数的标记方法	QTextStream::RealNumberNotation
setRealNumberPrecison(int)	设置浮点数的小数数位	
realNumberPrecison()	获取精度	int
setStatus(QTextStream::Status)	设置状态	
status()	获取状态	QTextStream::Status
resetStatus()	重置状态	
read(int maxLen)	读取指定数据的长度	QString
readAll()	读取所有数据	QString
readLine(int maxLength=0)	按行读取数据，maxLength 表示一次允许读的最大长度	QString
seek(int pos)	定位到指定位置，若成功，则返回值为 true	bool
pos()	获取位置	int
atEnd()	获取是否还有可读取的数据	bool
skipWhiteSpace()	忽略空字符，直到非空字符到达末尾	
reset()	重置除字符串和缓冲之外的其他设置	

在表 1-5 中，QStringConverter::Encoding 的枚举常量见表 1-6。

表 1-6　QStringConverter::Encoding 的枚举常量

枚 举 常 量	枚 举 常 量	枚 举 常 量
QStringConverter::Utf8	QStringConverter::Utf16BE	QStringConverter::Utf32BE
QStringConverter::Utf16	QStringConverter::Utf32	QStringConverter::Latin1
QStringConverter::Utf16LE	QStringConverter::Utf32LE	QStringConverter::System

在表 1-5 中，QTextStream::FieldAlignment 的枚举常量为 QTextStream::AlignLeft（左对齐）、QTextStream::AlignRight（右对齐）、QTextStream::Alignment（居中）、QTextStream::AlignAccountingStyle(居中，数值的符号位靠左)。

QTextStream::RealNumberNotion 的枚举常量为 QTextStream::ScientificNotation(科学记数法)、QTextStream::FixedNotation(固定小数位)、QTextStream::SmartNotation(根据情况选择合适的方法)。

QTextStream::Status 的枚举常量为 QTextStream::OK(文本流正常)、QTextStream::ReadPastEnd(读取过末尾)、QTextStream::ReadCorruptData(读取了有问题的数据)、QTextStream::WriteFailed(不能写入数据)。

在表 1-5 中，QTextStream::NumberFlag 的枚举常量见表 1-7。

表 1-7 QTextStream::NumberFlag 的枚举常量

枚 举 常 量	说　　明
QTextStream::ShowBase	以进制为前缀，例如 16("0x")、8("0")、2("0b")
QTextStream::ForcePoint	强制显示小数点
QTextStream::ForceSign	强制显示正负号
QTextStream::UppercaseBase	将进制显示成大写，例如"0X""0B"
QTextStream::UppercaseDigits	表示 10～15 的字母用大写

1.2.2　使用 QFile 和 QTextStream 读写文件

【实例 1-3】　创建一个窗口，该窗口包含一个多行纯文本控件、一个菜单、两个菜单命令。一个菜单命令可以打开文本文件，另一个菜单命令可以保存文本文件，需使用 QFile 类和 QTextStream 类，操作步骤如下：

（1）使用 Qt Creator 创建一个模板为 Qt Widgets Application 的项目，将该项目命名为 demo3，并保存在 D 盘的 Chapter1 文件夹下；在向导对话框中选择基类 QMainWindow，不勾选 Generate form 复选框。

（2）编写 mainwindow.h 文件中的代码，代码如下：

```cpp
/* 第 1 章 demo3 mainwindow.h */
#ifndef MAINWINDOW_H
#define MAINWINDOW_H

#include <QMainWindow>
#include <QPlainTextEdit>
#include <QMenuBar>
#include <QMenu>
#include <QAction>
#include <QStatusBar>
#include <QFileDialog>
#include <QTextStream>
#include <QStringConverter>
#include <QDir>

class MainWindow : public QMainWindow
{
    Q_OBJECT
public:
    MainWindow(QWidget * parent = nullptr);
    ~MainWindow();
private:
    QMenuBar * menuBar;
    QMenu * fileMenu;
    QAction * actionOpen, * actionSave;
```

```cpp
    QStatusBar * status;
    QPlainTextEdit * plainText;
private slots:
    void action_open();
    void action_save();
};
#endif //MAINWINDOW_H
```

(3) 编写 mainwindow.cpp 文件中的代码,代码如下:

```cpp
/* 第 1 章 demo3 mainwindow.cpp */
#include "mainwindow.h"

MainWindow::MainWindow(QWidget * parent):QMainWindow(parent)
{
    setGeometry(300,300,580,280);
    setWindowTitle("QFile、QTextStream");
    //创建菜单栏、菜单、动作
    menuBar = new QMenuBar(this);
    fileMenu = menuBar->addMenu("文件");
    actionOpen = fileMenu->addAction("打开文件");
    actionSave = fileMenu->addAction("保存文件");
    setMenuBar(menuBar);
    //创建多行纯文本控件
    plainText = new QPlainTextEdit();
    setCentralWidget(plainText);
    //创建状态栏
    status = statusBar();
    //使用信号/槽
    connect(actionOpen,SIGNAL(triggered()),this,SLOT(action_open()));
    connect(actionSave,SIGNAL(triggered()),this,SLOT(action_save()));
}

MainWindow::~MainWindow() {}

void MainWindow::action_open(){
    QString curPath = QDir::currentPath();              //获取程序当前目录
    QString filter = "文本文件(*.txt);;所有文件(*.*)";
    QString title = "打开文本文件";                      //文件对话框的标题
    QString fileName = QFileDialog::getOpenFileName(this,title,curPath,filter);
    if(fileName.isEmpty())
        return;
    QFile file(fileName);
    plainText->clear();
    if(file.exists() == false)
        return;
    if(!file.open(QIODevice::ReadOnly|QIODevice::Text))
        return;
    QTextStream reader(&file);
    reader.setEncoding(QStringConverter::Utf8);
    reader.setAutoDetectUnicode(true);                  //自动检测 Unicode
```

```
    QString str = reader.readAll();              //读取所有数据
    plainText->appendPlainText(str);
    file.close();
    status->showMessage("打开文件成功!");
}
void MainWindow::action_save(){
    QString curPath = QDir::currentPath();       //获取程序当前目录
    QString filter = "文本文件(*.txt);;所有文件(*.*)";
    QString title = "保存文本文件";                //文件对话框的标题
    QString fileName = QFileDialog::getSaveFileName(this,title,curPath,filter);
    if(fileName.isEmpty())
        return;
    QFile file(fileName);
    if(!file.open(QIODevice::WriteOnly|QIODevice::Text))
        return;
    QString str = plainText->toPlainText();      //获取纯文本框中的内容
    QTextStream writer(&file);
    writer.setEncoding(QStringConverter::Utf8);
    writer << str;                                //写入数据
    file.close();
    status->showMessage("文件保存成功!");
}
```

（4）其他文件保持不变，运行结果如图 1-4 所示。

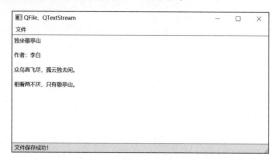

图 1-4　项目 demo3 的运行结果

1.2.3　数据流 QDataStream 类

在 Qt 6 中，使用 QDataStream 类创建数据流对象。使用数据流对象可以读写二进制数据，也可以读写二进制网络通信数据。二进制数据具体表示的内容意义由读写方法和后续的编码确定，数据流的读写与具体的操作系统无关。

QDataStream 类位于 Qt 6 的 Qt Core 子模块下，其构造函数如下：

```
QDataStream()
QDataStream(QIODevice *device)
QDataStream(QByteArray *array1,QIODeviceBase::OpenMode mode)
QDataStream(const QByteArray &array2)
```

其中，device 表示数据流对象连接的 QIODevice 类及其子类创建的对象指针；array1 表示数据流对象连接的 QByteArray 指针；array2 表示数据流对象连接的 QByteArray 对象。

QDataStream 类虽然没有专门的写入数据的方法，但可以使用"<<"插入操作符写入各种类型的数据，插入操作符的左边为 QDataStream 对象，插入操作符的右边为要输入的数据，可以是字符串、整数、浮点数。如果要写入多个数据，则可以把多个"<<"写入同一行中，示例代码如下：

```
dataStreamObj << 10 << 3.14 << "Welcome" << "\n";
```

QDataStream 类可以使用">>"提取操作符提取各种类型的数据，提取操作符的左边为 QDataStream 对象，提取操作符的右边为存储数据的变量，示例代码如下：

```
dataStreamObj >> value;
```

读者可在 Qt 6 的技术文档中查看 QDataStream 类重载操作符"<<"和">>"的各种参数类型。

1. QDataStream 类的常用方法

QDataStream 类的常用方法见表 1-8。

表 1-8 QDataStream 类的常用方法

方法及参数类型	说明	返回值的类型
abortTransaction()	放弃对数据库的记录	
atEnd()	获取是否还有数据可读	bool
setDevice(QIODevice * d)	设置设备	
setByteOrder(QDataStream::ByteOrder)	设置字节序	
byteOrder()	获取字节序	QDataStream::ByteOrder
setFloatingPointPrecision(QDataStream::FloatingPointPrecision)	设置读写浮点数的精度	
setStatus(QDataStream::Status)	设置状态	
status()	获取状态	QDataStream::Status
resetStatus()	重置状态	
setVersion(int)	设置版本号	
version()	获取版本号	int
skipRawData(int len)	跳过原生数据，返回跳过的字节数	int
startTransaction()	开启记录一个数据块起点	
commitTransaction()	完成数据块，若成功，则返回值为 true	bool
rollbackTransaction()	回到数据库的记录点	

在表 1-8 中，QDataStream::FloatingPointPrecision 的枚举常量为 QDataStream::SinglePrecision(单精度浮点数)、QDataStream::DoublePrecision(双精度浮点数)。

QDataStream::ByteOrder 的枚举常量为 QDataStream::BigEndian(默认值,大端字节序)、QDataStream::LittleEndian(小端字节序)。大端字节序表示高位字节在前,低位字节在后；小端字节序表示低位字节在前,高位字节在后。内存中的字节序与 CPU 类型、操作系统有关，Intel x86 和 AMD 的处理器采用的是小端字节序，而 MIPS 和 UNIX 采用的是大端字节序。

2. 设置版本号

在 QDataStream 类中，使用 setVersion(int v) 方法可设置版本号，使用 version() 方法获取版本号，不同版本号的数据存储格式会有不同，因此建议设置版本号。具体的版本号见表 1-9。

表 1-9　QDataStream 类的版本号

版　本　号	版　本　号
QDataStream::Qt_1_0	QDataStream::Qt_3_3
QDataStream::Qt_2_0	QDataStream::Qt_4_0～QDataStream::Qt_4_9
QDataStream::Qt_3_0	QDataStream::Qt_5_0～QDataStream::Qt_5_15
QDataStream::Qt_3_1	QDataStream::Qt_6_0～QDataStream::Qt_6_6

3. 原始数据的读写方法

QDataStream 类中读写原始数据的方法见表 1-10。

表 1-10　QDataStream 类中读写原始数据的方法

方法及参数类型	说　　明	返回值的类型
readRawData(char *s, int len)	读取原始数据	int
writeRawData(char *s, int len)	写入原始数据	int

1.2.4　使用 QFile 和 QDataStream 读写二进制文件

【实例 1-4】　创建一个窗口，该窗口包含一个多行纯文本控件、一个菜单、两个菜单命令。一个菜单命令可以打开数据类型为字符串型的二进制文件，另一个菜单命令可以保存数据类型为字符串型的二进制文件，需使用 QFile 类和 QDataStream 类，操作步骤如下：

（1）使用 Qt Creator 创建一个模板为 Qt Widgets Application 的项目，将该项目命名为 demo4，并保存在 D 盘的 Chapter1 文件夹下；在向导对话框中选择基类 QMainWindow，不勾选 Generate form 复选框。

（2）编写 mainwindow.h 文件中的代码，代码如下：

```
/* 第1章 demo4 mainwindow.h */
#ifndef MAINWINDOW_H
#define MAINWINDOW_H

#include <QMainWindow>
#include <QPlainTextEdit>
#include <QMenuBar>
#include <QMenu>
#include <QAction>
#include <QStatusBar>
#include <QFileDialog>
#include <QDataStream>
#include <QString>
#include <QDir>
```

```cpp
class MainWindow : public QMainWindow
{
    Q_OBJECT
public:
    MainWindow(QWidget *parent = nullptr);
    ~MainWindow();
private:
    QMenuBar *menuBar;
    QMenu *fileMenu;
    QAction *actionOpen, *actionSave;
    QStatusBar *status;
    QPlainTextEdit *plainText;
private slots:
    void action_open();
    void action_save();
};
#endif //MAINWINDOW_H
```

(3) 编写 mainwindow.cpp 文件中的代码，代码如下：

```cpp
/* 第1章 demo4 mainwindow.cpp */
#include "mainwindow.h"

MainWindow::MainWindow(QWidget *parent):QMainWindow(parent)
{
    setGeometry(300,300,580,280);
    setWindowTitle("QFile、QDataStream");
    //创建菜单栏、菜单、动作
    menuBar = new QMenuBar(this);
    fileMenu = menuBar->addMenu("文件");
    actionOpen = fileMenu->addAction("打开二进制文件");
    actionSave = fileMenu->addAction("保存二进制文件");
    setMenuBar(menuBar);
    //创建多行纯文本控件
    plainText = new QPlainTextEdit();
    setCentralWidget(plainText);
    //创建状态栏
    status = statusBar();
    //使用信号/槽
    connect(actionOpen,SIGNAL(triggered()),this,SLOT(action_open()));
    connect(actionSave,SIGNAL(triggered()),this,SLOT(action_save()));
}

MainWindow::~MainWindow() {}

void MainWindow::action_open(){
    QString curPath = QDir::currentPath();          //获取程序当前目录
    QString filter = "二进制文件(*.bin);;所有文件(*.*)";
    QString title = "打开二进制文件";                //文件对话框的标题
    QString fileName = QFileDialog::getOpenFileName(this,title,curPath,filter);
```

```cpp
    if(fileName.isEmpty())
        return;
    QFile file(fileName);
    plainText->clear();
    if(file.exists() == false)
        return;
    if(!file.open(QIODevice::ReadOnly|QIODevice::Text))
        return;
    QDataStream reader(&file);
    reader.setVersion(QDataStream::Qt_6_6);
    reader.setByteOrder(QDataStream::BigEndian);
    QString value;
    while(reader.atEnd() == false){
        reader >> value;                    //读取数据流中的数据
        plainText->appendPlainText(value);
    }
    file.close();
    status->showMessage("打开文件成功!");
}

void MainWindow::action_save(){
    QString curPath = QDir::currentPath();        //获取程序当前目录
    QString filter = "二进制文件(*.bin);;所有文件(*.*)";
    QString title = "保存二进制文件";              //文件对话框的标题
    QString fileName = QFileDialog::getSaveFileName(this,title,curPath,filter);
    if(fileName.isEmpty())
        return;
    QFile file(fileName);
    if(!file.open(QIODevice::WriteOnly|QIODevice::Text))
        return;
    QString str = plainText->toPlainText();    //获取纯文本框中的内容
    QDataStream writer(&file);
    writer.setVersion(QDataStream::Qt_6_6);
    writer.setByteOrder(QDataStream::BigEndian);
    writer << str;                             //向数据流中写入数据
    file.close();
    status->showMessage("文件保存成功!");
}
```

（4）其他文件保持不变，运行结果如图1-5所示。

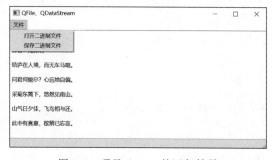

图1-5 项目demo4的运行结果

在项目 demo4 中，如果要写入 char * 字符串，则对应的代码如下：

```
char * value = str.toLocal8bit().data()
writer << value
```

QDataStream 的流写入操作符支持 char * 字符串，它根据结束符"\0"判断一个字符串的末尾，char * 字符串采用 Latin1 编码，因此一个字符占用 1 字节，所以不支持中文字符。

1.2.5 使用 QDataStream 读写类对象

在 Qt 6 中，某些类定义了流操作符（插入操作符、提取操作符），因此这些类对象可以被 QDataStream 序列化为预定义编码的二进制数据，例如 QVariant、QFont、QColor。

其中 QVariant 定义的流操作符如下：

```
QDataStream & operator <<(QDataStream &s, const QVariant &value)
QDataStream & operator >>(QDataStream &s, QVariant &value)
```

而且可以使用 QVariant 类的静态方法将其他类的对象转换为 QVariant 对象，其静态方法如下：

```
QVariant fromValue(const T &value)
QVariant fromValue(T &&value)
```

并且可以使用 QVariant 类的 canConvert() 方法检查 QVariant 类中是否包含 QMetaType 对象；若包含该对象，则可通过 QVariant::value() 方法将其检索出来。这两种方法如下：

```
template< typename T > bool canConvert(QMetaType type)
template< typename T > T value() const
```

1.3 文件信息与路径管理

在 Qt 6 中，使用 QFileInfo 类可以提取文件的信息，使用 QDir 类可以提取路径和文件信息，使用 QFileSystemWatcher 类可以监听文件和路径。

1.3.1 文件信息类 QFileInfo

8min

在 Qt 6 中，使用 QFileInfo 类创建文件信息对象，使用文件信息对象可以获取文件的信息，包括路径、文件大小、文件权限、后缀名。

QFileInfo 类位于 Qt 6 的 Qt Core 子模块下，其构造函数如下：

```
QFileInfo()
QFileInfo(const QString &file)
QFileInfo(const QFileDevice &file)
QFileInfo(const QDir &dir, const QString &file)
QFileInfo(std::filesystem::path &file)
QFileInfo(const QDir &dir, const std::filesystem::path &file)
```

其中，file 表示要获取文件信息的文件路径；最后一个构造函数表示使用 QDir 路径下的 file

文件创建文件信息对象。

QFileInfo 类的常用方法见表 1-11。

表 1-11 QFileInfo 类的常用方法

方法及参数类型	说　　明	返回值的类型
[static]exists(QString &file)	获取指定的文件是否存在	bool
[static]exists()	获取文件是否存在	bool
setFile(QFileDevice &file)	设置需要获取文件信息的文件	
setFile(QString &file)	同上	
setFile(QDir &dir, QString &file)	同上	
setFile(std::filesystem::path &file)	同上	
setCaching(bool)	设置是否需要缓存	
refresh()	重新获取文件信息	
absoluteDir()	获取绝对路径	QDir
absoluteFilePath()	获取绝对路径和文件名	QString
absolutePath()	获取绝对路径	QString
baseName()	获取第 1 个 "." 之前的文件名	QString
completeBaseName()	获取最后 1 个 "." 之前的文件名	QString
suffix()	获取后缀名，包括 "."	QString
completeSuffix()	获取第 1 个 "." 之前的文件名，含后缀名	QString
fileName()	获取文件名，包含后缀名，不含路径	QString
path()	获取路径，不含文件名	QString
filePath()	获取路径和文件名	QString
canonicalPath()	获取绝对路径，路径中不含链接符号以及多余的 ".." 和 "."	QString
canonicalFilePath()	获取绝对路径和文件名，路径中不含链接符号和多余的 ".." 和 "."	QString
birthTime()	获取创建时间，如果是快捷文件，则返回目录文件的创建时间	QDateTime
lastModified()	获取最后一次修改的日期和时间	QDateTime
lastRead()	获取最后一次读取的日期和时间	QDateTime
dir()	获取父类的路径	QDir
group()	获取文件所在的组	QString
groupId()	获取文件所在的组的 ID	int
isAbsolute()	获取是否为绝对路径	bool
isDir()	获取是否为路径	bool
isExecutable()	获取是否为可执行文件	bool
isFile()	获取是否为文件	bool
isHidden()	获取是否为隐藏文件	bool
isReadable()	获取文件是否可读	bool
isRelative()	获取使用的路径是否为相对路径	bool

续表

方法及参数类型	说　　明	返回值的类型
isRoot()	获取是否为根路径	bool
isShortcut()	获取是否为快捷方式或快捷链接	bool
isSymLink()	获取是否为链接符号或快捷方式	bool
isSymbolicLink()	获取是否为链接符号	bool
isWritable()	获取文件是否为可写文件	bool
makeAbsolute()	转换成绝对路径,若返回值为 false,则表示已经是绝对路径	bool
owner()	获取文件的所有者	QString
ownerId()	获取文件所有者的 ID	int
size()	获取按字节计算的文件大小	int
symLinkTarget()	获取被链接文件的绝对路径	QString

【实例 1-5】 使用 QFileInfo 类的方法获取并打印某个文件的扩展名、创建时间、文件所有者 ID、文件的大小(单位为字节),操作步骤如下:

(1) 使用 Qt Creator 创建一个模板为 Qt Console Application 的项目,将该项目命名为 demo5,并保存在 D 盘的 Chapter1 文件夹下。

(2) 编写 main.cpp 文件中的代码,代码如下:

```
/* 第 1 章 demo5 main.cpp */
#include <QCoreApplication>
#include <QFileInfo>
#include <QDebug>

int main(int argc, char *argv[])
{
    QCoreApplication a(argc, argv);
    QFileInfo info("D:/Chapter1/001.txt");
    qDebug()<<"扩展名: "<< info.suffix();
    qDebug()<<"创建时间: "<< info.birthTime();
    qDebug()<<"文件所有者 ID: "<< info.ownerId();
    qDebug()<<"文件的大小: "<< info.size();
    return a.exec();
}
```

(3) 运行结果如图 1-6 所示。

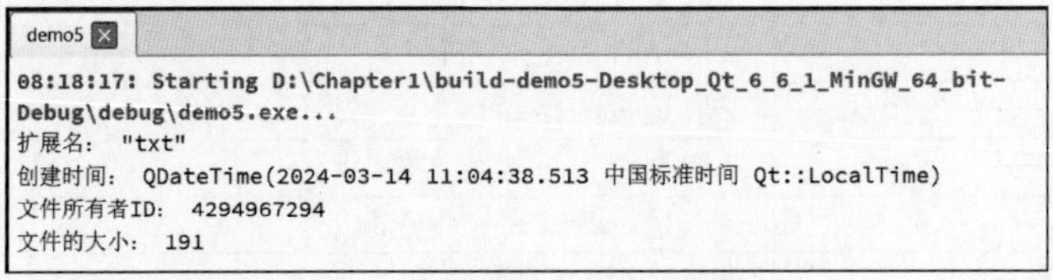

```
demo5
08:18:17: Starting D:\Chapter1\build-demo5-Desktop_Qt_6_6_1_MinGW_64_bit-
Debug\debug\demo5.exe...
扩展名:  "txt"
创建时间:  QDateTime(2024-03-14 11:04:38.513 中国标准时间 Qt::LocalTime)
文件所有者ID:  4294967294
文件的大小:  191
```

图 1-6　项目 demo5 的运行结果

1.3.2 路径管理类 QDir

在 Qt 6 中，使用 QDir 类创建路径管理对象，可以使用路径管理对象获取某个路径下的文件或文件路径列表，也可以删除文件、重命名文件。

14min

QDir 类位于 Qt 6 的 Qt Core 子模块下，其构造函数如下：

```
QDir(const QString &path)
QDir(const QString &path, const QString &nameFilter, QDir::SortFlags sort =
SortFlags(Name|IgnoreCase), QDir::Filters filters = AllEntries)
QDir(const std::filesystem::path &path)
QDir(const std::filesystem::path &path, const QString &nameFilter, QDir::
SortFlags sort = SortFlags(Name|IgnoreCase), QDir::Filters filters = AllEntries)
```

其中，path 表示路径；nameFilter 表示名称过滤器；sort 表示排序规则，参数值为 QDir::SortFlags 的枚举常量；filters 表示属性过滤器，参数值为 QDir::Filter 的枚举常量。

QDir::SortFlags 的枚举常量为 QDir::Name、QDir::Time、QDir::Size、QDir::Type、QDir::Unsorted、QDir::NoSort、QDir::DirsFirst、QDir::DirsLast、QDir::Reversed、QDir::IgnoreCase、QDir::LocaleAware。

QDir::Filter 的枚举常量见表 1-12。

表 1-12 QDir::Filter 的枚举常量

枚举常量	说明	枚举常量	说明
QDir::Dirs	列出满足条件的路径	QDir::AllEntries	所有路径、文件、驱动器
QDir::AllDirs	所有路径	QDir::Readable	可读文件
QDir::Files	文件	QDir::Writable	可写文件
QDir::Drives	驱动器	QDir::Executable	可执行文件
QDir::NoSymLinks	没有链接文件	QDir::Modified	可修改文件
QDir::NoDot	没有"."	QDir::Hidden	隐藏文件
QDir::NoDotDot	没有".."	QDir::System	系统文件
QDir::NoDotAndDotDot	没有"."和".."	QDir::CaseSensitive	区分大小写

在 Qt 6 中，QDir 类的某些功能与 QFileInfo 类相同。QDir 类的常用方法见表 1-13。

表 1-13 QDir 类的常用方法

方法及参数类型	说明	返回值的类型
[static]root()	获取根路径	QDir
[static]rootPath()	获取根路径	QString
[static]separator()	获取路径分隔符	QChar
[static]setCurrent(QString &path)	设置程序当前工作路径	bool
[static]current()	获取程序当前工作路径	QDir
[static]currentPath()	获取程序当前绝对工作路径	QString
[static]temp()	获取系统临时路径	QDir
[static]tempPath()	获取系统临时路径	QString

续表

方法及参数类型	说　　明	返回值的类型
[static]fromNativeSeparators(QString &pathName)	获取使用"/"分割的路径	QString
[static]toNativeSeparators(QString &pathName)	转换成本机系统使用的分隔符分割的路径	QString
[static]home	获取系统的用户路径	QDir
[static]homePath()	获取系统的用户路径	QString
[static]isAbsolutePath(QString &path)	获取指定的路径是否为绝对路径	bool
[static]isRelativePath(QString &path)	获取指定的路径是否为相对路径	bool
[static]listSeparator()	获取多个路径之间的分隔符,Windows系统为";",UNIX系统为":"	QChar
[static]cleanPath(QString &path)	获取移除多余符号后的路径	QString
[static]drives()	获取根文件信息列表	QFileInfoList
[static]setSearchPaths(QString &prefix, QStringList &searchPaths)	设置搜索路径	
isAbsolute()	获取是否为绝对路径	bool
setPath(QString &path)	设置路径	
setPath(std::filesystem::path &path)		
path()	获取路径	QString
absoluteFilePath(QString &fileName)	获取指定文件的绝对路径	QString
absolutePath()	获取绝对路径	QString
canonicalPath()	获取不包含"."和".."的路径	QString
cd(QString &dirName)	更改路径,若路径存在,则返回值为true	bool
cdUp()	从当前工作路径上移一级路径,如果新路径存在,则返回值为true	bool
count()	获取文件和路径的数量	int
dirName()	获取最后一级的目录或文件名	QString
setNameFilters(QStringList &nameFilters)	设置entryList()、entryInfoList()使用的名称过滤器,可使用"*"和"?"通配符	
setFilter(QDir::Filter)	设置属性过滤器	
setSorting(QDir::SortFlags)	设置排序规则	
entryList(QStringList name,QDir::Filters filters,QDir::SortFlags sort)	根据过滤器和排序规则,获取路径下的所有文件信息和子路径信息	QStringList
entryList(QDir::Flters filters,QDir::SortFlags sort)		QStringList
entryInfoList(QStringList &name,QDir::Filters filters,QDir::SortFlags sort)		QFileInfoList
entryInfoList(QDir::Filters filters,QDir::SortFlags sort)		QFileInfoList
exists()	获取文件或路径是否存在	bool

续表

方法及参数类型	说　　明	返回值的类型
exists(QString &name)	获取指定的文件或路径是否存在	bool
isRelative()	获取是否为相对路径	bool
isRoot()	获取是否为根路径	bool
isEmpty(fQDir::Filters filters = Filters(AllEntries|NoDotAndDotDot))	获取是否为空路径	bool
isReadable()	获取是否为可读文件	bool
makeAbsolute()	切换到绝对路径	bool
mkdir(QString &dirName)	创建子路径,若路径已存在,则返回值为 false	bool
mkpath(QString &dirPath)	创建多级路径,若成功,则返回值为 true	bool
refresh()	重新获取路径信息	
relativeFilePath(QString &fileName)	获取相对路径	QString
remove(QString &fileName)	移除文件,若成功,则返回值为 true	bool
removeRecursively()	移除路径和路径下的文件、子路径	bool
rename(QString &oldName, QString &newName)	重命名文件或路径,若成功,则返回值为 true	bool
rmdir(QString &dirName)	移除路径,若成功,则返回值为 true	bool
rmpath(QString &dirPath)	移除路径和空的父路径,若成功,则返回值为 true	bool

【实例1-6】 创建一个窗口,该窗口包含1个多行纯文本控件、1个菜单、两个菜单命令。其中1个菜单命令可以选择文件路径,并在多行纯文本控件下列举显示路径下的文件名、文件大小、创建日期、修改日期;另1个菜单命令可以关闭窗口,操作步骤如下:

(1) 使用 Qt Creator 创建一个模板为 Qt Widgets Application 的项目,将该项目命名为 demo6,并保存在 D 盘的 Chapter1 文件夹下;在向导对话框中选择基类 QMainWindow,不勾选 Generate form 复选框。

(2) 编写 mainwindow.h 文件中的代码,代码如下:

```
/* 第1章 demo6 mainwindow.h */
#ifndef MAINWINDOW_H
#define MAINWINDOW_H

#include <QMainWindow>
#include <QPlainTextEdit>
#include <QMenuBar>
#include <QMenu>
#include <QAction>
#include <QFileDialog>
#include <QStatusBar>
#include <QFileInfoList>
#include <QFileInfo>
#include <QDir>
```

```cpp
class MainWindow : public QMainWindow
{
    Q_OBJECT
public:
    MainWindow(QWidget * parent = nullptr);
    ~MainWindow();
private:
    QMenuBar * menuBar;
    QMenu * fileMenu;
    QAction * actionOpen, * actionClose;
    QStatusBar * status;
    QPlainTextEdit * plainText;
private slots:
    void action_open();
};
#endif //MAINWINDOW_H
```

(3) 编写 mainwindow.cpp 文件中的代码,代码如下:

```cpp
/* 第1章 demo6 mainwindow.cpp */
#include "mainwindow.h"

MainWindow::MainWindow(QWidget * parent):QMainWindow(parent)
{
    setGeometry(300,300,580,280);
    setWindowTitle("QDir");
    //创建菜单栏、菜单、动作
    menuBar = new QMenuBar(this);
    fileMenu = menuBar->addMenu("文件");
    actionOpen = fileMenu->addAction("打开路径");
    actionClose = fileMenu->addAction("关闭");
    setMenuBar(menuBar);
    //创建多行纯文本控件
    plainText = new QPlainTextEdit();
    setCentralWidget(plainText);
    //创建状态栏
    status = statusBar();
    //使用信号/槽
    connect(actionOpen,SIGNAL(triggered()),this,SLOT(action_open()));
    connect(actionClose,SIGNAL(triggered()),this,SLOT(close()));
}

MainWindow::~MainWindow() {}

void MainWindow::action_open(){
    QString curPath = QDir::currentPath();                    //获取程序当前目录
    QString caption = "选择路径";
    QString path = QFileDialog::getExistingDirectory(this,caption,curPath);
    if(path.isEmpty())
        return;
    QDir dir1(path);
    dir1.setFilter(QDir::Files);                              //只显示文件
```

```
    if(dir1.exists() == false)
        return;
    QFileInfoList infoList = dir1.entryInfoList();           //获取文件信息列表
    int num = infoList.count();                              //获取文件数量
    if(num == 0)
        return;
    QString msg = "选择路径: " + QDir::toNativeSeparators(path) + ",该路径下有" + QString::
number(num) + "个文件";
    status->showMessage(msg);                                //状态栏显示信息
    plainText->clear();
    QString line1 = QDir::toNativeSeparators(path) + "下的文件如下: ";
    plainText->appendPlainText(line1);
    for(int i = 0;i < infoList.size();i++){
        QFileInfo info = infoList.at(i);
        QString name = info.fileName();
        int size = info.size();
        QString sizeStr = QString::number(size);
        QString birthTime = info.birthTime().toString();
        QString modifiedTime = info.lastModified().toString();
        QString string = "文件名: " + name + ",文件大小: " + sizeStr + ",创建日期: " + birthTime + ",
修改日期: " + modifiedTime;
        plainText->appendPlainText(string);
    }
}
```

（4）其他文件保持不变，运行结果如图 1-7 所示。

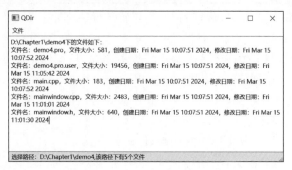

图 1-7　项目 demo6 的运行结果

1.3.3　文件和路径监视器类 QFileSystemWatcher

在 Qt 6 中，使用 QFileSystemWatcher 类创建文件和路径监视器对象，可以使用文件和路径监视器对象监视文件和路径，当被监视的文件或路径发生改变（如修改、添加、删除或重命名等事件）时会发送信号。

QFileSystemWatcher 类位于 Qt 6 的 Qt Core 子模块下，其构造函数如下：

```
QFileSystemWatcher(QObject * parent = nullptr)
QFileSystemWatcher(const QStringList &paths,QObject * parent = nullptr)
```

其中，parent 表示 QObject 类及其子类创建的对象指针；paths 表示被监视的文件或路径列表。

QFileSystemWatcher类的常用方法见表1-14。

表1-14 QFileSystemWatcher类的常用方法

方法及参数类型	说　　明	返回值的类型
addPath(QString &path)	添加被监视的路径或文件，若成功，则返回值为true	bool
addPaths(QStringList &paths)	添加被监视的路径或文件列表，返回值为没有添加成功的路径和文件列表	QStringList
directories()	获取被监视的路径列表	QStringList
files()	获取被监视的文件列表	QStringList
removePath(QString &path)	将被监视的文件或路径从监视器中移除，若成功，则返回值为true	bool
removePaths(QStringList &paths)	移除被监视的路径或文件，返回值为没有移除成功的路径和文件列表	QStringList

QFileSystemWatcher类的信号见表1-15。

表1-15 QFileSystemWatcher类的信号

信号及参数类型	说　　明
directoryChanged(QString &path)	当被监视的路径发生改变(添加、删除文件或文件夹)时，发送信号
fileChanged(QString &fileName)	当被监视的文件发生改变(修改、重命名、删除文件)时，发送信号

【实例1-7】　创建一个窗口，该窗口包含1个多行纯文本控件、1个菜单、两个菜单命令。其中一个菜单命令可以选择文件路径，当该文件发生改变(重命名、删除、修改)时多行纯文本控件显示提示信息；另一个菜单命令可以关闭窗口，操作步骤如下：

(1) 使用Qt Creator创建一个模板为Qt Widgets Application的项目，将该项目命名为demo7，并保存在D盘的Chapter1文件夹下；在向导对话框中选择基类QMainWindow，不勾选Generate form复选框。

(2) 编写mainwindow.h文件中的代码，代码如下：

```
/* 第1章 demo7 mainwindow.h */
#ifndef MAINWINDOW_H
#define MAINWINDOW_H

#include <QMainWindow>
#include <QPlainTextEdit>
#include <QMenuBar>
#include <QMenu>
#include <QAction>
#include <QStatusBar>
#include <QFileDialog>
#include <QFileSystemWatcher>
#include <QString>
#include <QFileInfo>
#include <QDir>
```

```cpp
class MainWindow : public QMainWindow
{
    Q_OBJECT
public:
    MainWindow(QWidget * parent = nullptr);
    ~MainWindow();
private:
    QMenuBar * menuBar;
    QMenu * fileMenu;
    QAction * actionOpen, * actionClose;
    QStatusBar * status;
    QPlainTextEdit * plainText;
    QFileSystemWatcher * watcher;
private slots:
    void action_open();
    void file_changed(QString fileName);
};
#endif //MAINWINDOW_H
```

(3) 编写 mainwindow.cpp 文件中的代码，代码如下：

```cpp
/* 第1章 demo7 mainwindow.cpp */
#include "mainwindow.h"

MainWindow::MainWindow(QWidget * parent):QMainWindow(parent)
{
    setGeometry(300,300,580,280);
    setWindowTitle("QFileSystemWatcher");
    //创建菜单栏、菜单、动作
    menuBar = new QMenuBar(this);
    fileMenu = menuBar->addMenu("文件");
    actionOpen = fileMenu->addAction("添加被监视的文件路径");
    actionClose = fileMenu->addAction("关闭");
    setMenuBar(menuBar);
    //创建多行纯文本控件
    plainText = new QPlainTextEdit();
    setCentralWidget(plainText);
    //创建状态栏
    status = statusBar();
    //创建文件和路径监视器
    watcher = new QFileSystemWatcher(this);
    //使用信号/槽
    connect(actionOpen,SIGNAL(triggered()),this,SLOT(action_open()));
    connect(actionClose,SIGNAL(triggered()),this,SLOT(close()));
    connect(watcher,SIGNAL(fileChanged(QString)),this,SLOT(file_changed(QString)));
}

MainWindow::~MainWindow() {}

void MainWindow::action_open(){
    QString curPath = QDir::currentPath();          //获取程序当前目录
```

```
    QString caption = "选择文件";
    QString filter = "所有文件(*.*)";
    QString fileName = QFileDialog::getOpenFileName(this,caption,curPath,filter);
    if(fileName.isEmpty())
        return;
    QFileInfo info(fileName);
    if(info.isFile() == false)
        return;
    watcher->addPath(fileName);
    status->showMessage("添加文件路径成功");
}

void MainWindow::file_changed(QString fileName){
    QString str = "路径为" + fileName + "的文件被修改";
    plainText->appendPlainText(str);
}
```

（4）其他文件保持不变，运行结果如图1-8所示。

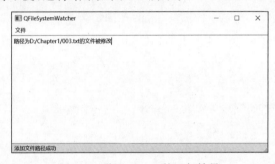

图1-8　项目demo7的运行结果

1.4　临时数据

在应用程序时，通常会产生临时数据，包括临时文件、临时路径、缓存。如果产生的临时数据比较大，而且超过了内存容量，则可以使用Qt 6提供的临时数据类处理此类问题。Qt 6提供的临时数据类有临时文件类QTemporaryFile、临时路径类QTemporaryDir、存盘类QSaveFile、缓存类QBuffer。

1.4.1　临时文件类QTemporaryFile

在Qt 6中，使用QTempararyFile类创建临时文件对象，使用临时文件对象可存储程序在运行的过程中产生的大量数据，而且不会覆盖现有文件。QTemporaryFile类是QFile类的子类，其继承关系图如图1-1所示。

QTemoraryFile类位于Qt 6的Qt Core子模块下，其构造函数如下：

```
QTemporaryFile()
QTemporaryFile(QObject * parent)
```

```
QTemporaryFile(const QString &templateName)
QTemporaryFile(const QString &templateName,QObject * parent)
```

其中,parent 表示 QObject 类及其子类创建的对象指针;templateName 表示文件名,可以使用模板名,也可以自己指定文件名。

如果开发者使用模板名称,则模板名称包括 6 个或 6 个以上的大写字母 X,后缀名可以自己指定,示例代码如下:

```
QTemporaryFile temp1("XXXXXX1.aaa")
QTemporaryFile temp2("ABXXXXXXC.bbb")
```

如果开发者自己指定文件名,则临时文件名是在原有文件名的基础上添加新的扩展名;如果指定了父对象,则使用应用程序的名称(用 app.setApplicationName(QString &name)设置)加上新的扩展名作为临时文件名。

如果使用了模板名或指定了文件名,则临时文件存放在当前路径下,可使用 QDir::currentPath()方法获取。如果没有使用模板名并且没有指定文件名,则临时文件存放在系统的临时路径下,可使用 QDir::tempPath()获取系统临时路径。

QTemporaryFile 类继承了 QIODevice 类的大部分方法,其独有的方法见表 1-16。

表 1-16 QTempararyFile 类的独有方法

方法及参数类型	说　　明	返回值的类型
[static]CreateNativeFile(QFile &file)	创建一个本地文件	QTemporaryFile *
[static]CreateNativeFile(QString &name)	创建一个本地文件	QTemporaryFile *
open()	创建并打开临时文件,使用读写方式(QIODevice::ReadWrite)	bool
fileName()	获取临时文件名和路径	QString
setAutoRemove(bool)	设置是否自动删除临时文件	
autoRemove()	获取是否自动删除临时文件	bool
setFileTemplate(QString &name)	设置临时文件的模板	
fileTemplate()	获取临时文件的模板	QString

【实例 1-8】 应用模板名创建一个临时文件,向该文件中写入数据,打印该临时文件的文件名,操作步骤如下:

(1) 使用 Qt Creator 创建一个模板为 Qt Console Application 的项目,将该项目命名为 demo8,并保存在 D 盘的 Chapter1 文件夹下。

(2) 编写 main.cpp 文件中的代码,代码如下:

```
/* 第1章 demo8 main.cpp */
#include<QCoreApplication>
#include<QTemporaryFile>
#include<QByteArray>
#include<QDebug>

int main(int argc, char * argv[])
{
```

```
    QCoreApplication a(argc, argv);
    QTemporaryFile temporary("XXXXXX.aaa");
    QByteArray byte1;
    byte1.insert(0,"hello world");
    if(temporary.open()){
        temporary.write(byte1);
        qDebug()<< temporary.fileName();
    }
    return a.exec();
}
```

(3) 运行结果如图 1-9 所示。

```
09:56:45: Starting D:\Chapter1\build-demo8-Desktop_Qt_6_6_1_MinGW_64_bit-
Debug\debug\demo8.exe...
"D:/Chapter1/build-demo8-Desktop_Qt_6_6_1_MinGW_64_bit-Debug/uEHMAZ.aaa"
```

图 1-9 项目 demo8 的运行结果

1.4.2 临时路径类 QTemporaryDir

在 Qt 6 中,使用 QTemporaryDir 类创建临时路径对象。使用临时路径对象可存储程序在运行的过程中产生的临时路径。QTemporaryDir 类位于 Qt 6 的 Qt Core 子模块下,其构造函数如下:

```
QTemporaryDir()
QTemporaryDir(const QString &templatePath)
```

其中,templatePath 表示模板名,如果模板中有路径,则是相对于当前的工作路径;如果模板中含有"XXXXXX",则必须放到路径名称的末尾,"XXXXXX"表示临时路径的动态部分。

如果开发者不使用模板名创建临时路径,则使用应用程序的名称(用 app.setApplicationName(QString &name)方法获取)和随机名作为路径名称,随机路径保存到系统默认的路径(用 Dir::tempPath()方法获取)下。

QTemporaryDir 类的常用方法见表 1-17。

表 1-17 QTemporaryDir 类的常用方法

方法及参数类型	说明	返回值的类型
autoRemove()	获取是否自动移除路径	bool
path()	获取创建的临时路径	QString
isValid()	获取临时路径是否创建成功	bool
errorString()	如果临时路径创建不成功,则返回出错信息	QString
filePath(QString &fileName)	获取临时路径中的文件的路径	QString
setAutoRemove(bool)	设置是否自动移除临时路径	
remove()	移除临时路径	bool
swap(QTemporaryDir &other)	交换临时路径	

【实例 1-9】 使用两种方法创建临时路径对象,并打印各自的临时路径,操作步骤如下:

(1) 使用 Qt Creator 创建一个模板为 Qt Console Application 的项目,将该项目命名为 demo9,并保存在 D 盘的 Chapter1 文件夹下。

(2) 编写 main.cpp 文件中的代码,代码如下:

```
/* 第 1 章 demo9 main.cpp */
#include <QCoreApplication>
#include <QTemporaryDir>
#include <QDebug>

int main(int argc, char *argv[])
{
    QCoreApplication a(argc, argv);
    QTemporaryDir dir1;
    QTemporaryDir dir2("abcXXXXXX");
    if(dir1.isValid())
        qDebug()<< dir1.path();
    if(dir2.isValid())
        qDebug()<< dir2.path();
    return a.exec();
}
```

(3) 程序的运行结果如图 1-10 所示。

图 1-10 项目 demo9 的运行结果

1.4.3 存盘类 QSaveFile

在 Qt 6 中,使用 QSaveFile 类创建存盘对象。使用存盘对象可以保存文本文件和二进制文件,并且在写入操作失败时不会导致已经存在的数据丢失。QSaveFile 类为 QFileDevice 类的子类,其继承关系图如图 1-1 所示。

QSaveFile 类位于 Qt 6 的 Qt Core 子模块下,其构造函数如下:

```
QSaveFile(const QString &name)
QSaveFile(QObject *parent = nullptr)
QSaveFile(const QString &name, QObject *parent)
```

其中,name 表示文件名;parent 表示 QObject 类及其子类创建的对象指针。

使用 QSaveFile 类执行写入操作时,首先将内容写入存盘对象的临时文件中,如果没有错误发生,则调用 commit()方法将临时文件的内容移到目标文件中。使用这样的方法可以确保当向目标文件中写入数据时,即使发生错误,也不会丢失数据。QSaveFile 类会自动检测写入过程中出现的错误,当调用 commit()方法时放弃临时文件。

QSaveFile 类的常用方法见表 1-18。

表 1-18 QSaveFile 类的常用方法

方法及参数类型	说 明	返回值的类型
commit()	将临时文件中的数据写入目标文件中，若成功，则返回值为 true	bool
cancelWriting()	取消将数据写入目标文件中	
setFileName(QString &name)	设置保存数据的目标文件	
fileName()	获取目标文件	QString
open(QIODeviceBase::OpenMode mode)	打开文件，若成功，则返回值为 true	bool
setDirectWriteFallback(bool enabled)	设置是否直接向目标文件中写入数据	
directWriteFallback()	获取是否直接向目标文件中写入数据	bool
writeData(char * data, int len)	写入字符串，并返回实际写入的字节数	int

【实例 1-10】 使用 QSaveFile 类提供的方法向 TXT 文件（005.txt）中写入文本，该 TXT 文件位于 D 盘 Chapter1 文件夹下，操作步骤如下：

(1) 使用 Qt Creator 创建一个模板为 Qt Console Application 的项目，将该项目命名为 demo10，并保存在 D 盘的 Chapter1 文件夹下。

(2) 编写 main.cpp 文件中的代码，代码如下：

```
/* 第 1 章 demo10 main.cpp */
#include <QCoreApplication>
#include <QSaveFile>
#include <QByteArray>
#include <QIODevice>

int main(int argc, char *argv[])
{
    QCoreApplication a(argc, argv);
    QSaveFile save1;
    save1.setFileName("D:/Chapter1/005.txt");
    QByteArray byte1;
    byte1.insert(0,"One World,One Dream.");
    if(save1.open(QIODevice::WriteOnly)){
        save1.write(byte1);
        save1.commit();
    }
    return a.exec();
}
```

(3) 运行程序写入的数据如图 1-11 所示。

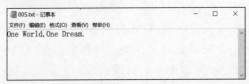

图 1-11 项目 demo10 的运行结果

1.4.4 缓存类 QBuffer

在 Qt 6 中,使用 QBuffer 类创建缓存对象。使用缓存对象可以保存反复被使用的临时数据,这样可以提高读取数据的速度。缓存是内存中的一段连续的存储空间,属于共享资源,所有线程都能访问。QBuffer 类提供了从缓存中读写数据的方法。QBuffer 类为 QIODevice 类的子类,其继承关系图如图 1-1 所示。

QBuffer 类位于 Qt 6 的 Qt Core 子模块下,其构造函数如下:

```
QBuffer(QObject * parent = nullptr)
QBuffer(QByteArray * byteArray,QObject * parent = nullptr)
```

其中,parent 表示 QObject 类及其子类创建的对象指针;byteArray 表示缓存数据。

QBuffer 类的常用方法见表 1-19。

表 1-19　QBuffer 类的常用方法

方法及参数类型	说　　明	返回值的类型
close()	关闭缓存	
canReadLine()	获取是否可以按行读取	bool
setBuffer(QByteArray * byte)	设置缓存	
buffer()	获取缓存中的 QByteArray 对象	QByteArray &
data()	同上	QByteArray &
open(QIODeviceBase::OpenMode)	打开缓存,若成功,则返回值为 true	bool
setData(char * data,int size)	向缓存中设置数据	
pos()	获取指向缓存内部指针的位置	int
seek(int off)	定位到指定的位置,若成功,则返回值为 true	bool
readData(char * data,int len)	读取指定最大字节数的数据	int
writeData(char * data,int len)	写入数据	int
anEnd()	获取是否到达末尾	bool
size()	获取缓存的字节总数	int

【实例 1-11】 创建一个窗口,该窗口包含 1 个多行纯文本控件、1 个菜单、两个菜单命令。其中一个菜单命令可以生成数据并存储在缓存中;另一个菜单命令可以从缓存中读取数据,操作步骤如下:

(1) 使用 Qt Creator 创建一个模板为 Qt Widgets Application 的项目,将该项目命名为 demo11,并保存在 D 盘的 Chapter1 文件夹下;在向导对话框中选择基类 QMainWindow,不勾选 Generate form 复选框。

(2) 编写 mainwindow.h 文件中的代码,代码如下:

```
/* 第 1 章 demo11 mainwindow.h */
#ifndef MAINWINDOW_H
#define MAINWINDOW_H

#include <QMainWindow>
#include <QPlainTextEdit>
#include <QMenuBar>
```

```cpp
#include <QMenu>
#include <QAction>
#include <QFileDialog>
#include <QStatusBar>
#include <QBuffer>
#include <QDataStream>
#include <QString>

class MainWindow : public QMainWindow
{
    Q_OBJECT
public:
    MainWindow(QWidget *parent = nullptr);
    ~MainWindow();
private:
    QMenuBar *menuBar;
    QMenu *fileMenu;
    QAction *actionCreate, *actionShow;
    QStatusBar *status;
    QPlainTextEdit *plainText;
    QBuffer *buffer;
private slots:
    void action_create();
    void action_show();
};
#endif //MAINWINDOW_H
```

(3) 编写 mainwindow.cpp 文件中的代码,代码如下:

```cpp
/* 第1章 demo11 mainwindow.cpp */
#include "mainwindow.h"

MainWindow::MainWindow(QWidget *parent):QMainWindow(parent)
{
    setGeometry(300,300,560,220);
    setWindowTitle("QBuffer");
    //创建菜单栏、菜单、动作
    menuBar = new QMenuBar(this);
    fileMenu = menuBar->addMenu("文件");
    actionCreate = fileMenu->addAction("生成数据");
    actionShow = fileMenu->addAction("显示数据");
    setMenuBar(menuBar);
    //创建多行纯文本控件
    plainText = new QPlainTextEdit();
    setCentralWidget(plainText);
    //创建状态栏
    status = statusBar();
    //创建缓存对象
    buffer = new QBuffer(this);
    //使用信号/槽
    connect(actionCreate,SIGNAL(triggered()),this,SLOT(action_create()));
    connect(actionShow,SIGNAL(triggered()),this,SLOT(action_show()));
}
```

```cpp
MainWindow::~MainWindow() {}
void MainWindow::action_create(){
    if(buffer->open(QIODevice::WriteOnly) == false)
        return;
    QDataStream writer(buffer);
    writer.setVersion(QDataStream::Qt_6_6);
    writer.setByteOrder(QDataStream::BigEndian);
    writer << QString("昨夜江边春水生,");
    writer << QString("艨艟巨舰一毛轻。");
    writer << QString("向来枉费推移力,");
    writer << QString("此日中流自在行。");
    status->showMessage("写入数据成功!");
    buffer->close();
}

void MainWindow::action_show(){
    if(buffer->open(QIODevice::ReadOnly)){
        QDataStream reader(buffer);
        reader.setVersion(QDataStream::Qt_6_6);
        reader.setByteOrder(QDataStream::BigEndian);
        plainText->clear();
        QString value;
        while(!reader.atEnd()){
            reader >> value;
            plainText->appendPlainText(value);
            status->showMessage("读取数据成功!");
        }
    }
    buffer->close();
}
```

（4）其他文件保持不变，运行结果如图1-12所示。

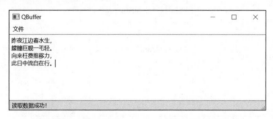

图1-12　项目demo11的运行结果

1.5　小结

本章首先介绍了Qt 6处理文件、路径的基础类，包括文件抽象类QIODevice、字节数组类QByteArray、文件类QFile。

其次介绍了使用数据流读写文本文件、二进制文件、类对象的方法，然后介绍了文件信息类QFileInfo、路径管理类QDir、文件和路径监视器类QFileSystemWatcher的用法。

最后介绍了临时数据类的用法，包括临时文件类QTemporaryFile、临时路径类QTemporaryDir、存盘类QSaveFile、缓存类QBuffer。

第 2 章 基于项的控件

在实际编程中,有时程序需要处理各种类型的数据,例如列表数据、二维表格数据、树结构数据,如何使用 Qt 6 显示和处理这些数据？Qt 6 中是否有专门处理这些数据的控件？答案是有的,Qt 6 中基于项的控件和基于模型的控件都可以显示、处理各种类型的数据。本章主要介绍基于项的控件。

在 Qt 6 中,可以使用基于项的控件处理各种类型的数据,例如使用列表控件（QListWidget）处理列表数据；使用表格控件（QTableWidget）处理二维表格数据,使用树结构控件（QTreeWidget）处理树结构数据。QListWidget、QTableWidget、QTreeWidget 的继承关系如图 2-1 所示。

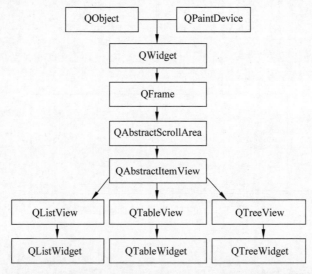

图 2-1 QListWidget、QTableWidget、QTreeWidget 的继承关系

2.1 列表控件 QListWidget 及其项 QListWidgetItem

在 Qt 6 中,使用 QListWidget 类表示列表控件,列表控件由一列多行构成,每行称为项。可以在列表控件中添加、删除列表中的项。项（Item）为列表控件的基本单位。使用

QListWidgetItem 类表示列表控件的项。

2.1.1 列表控件 QListWidget

在 Qt 6 中，使用 QListWidget 类创建列表控件。QListWiget 类是 QListView 类的子类，位于 Qt 6 的 Qt Widgets 子模块下。QListWidget 类的构造函数如下：

16min

```
QListWidget(QWidget * parent = None)
```

其中，parent 表示指向父窗口或父控件的对象指针。

QListWidget 类的常用方法见表 2-1。

表 2-1 QListWidget 类的常用方法

方法及参数类型	说 明	返回值的类型
[slot]clear()	清空所有的项	
[slot]scrollToItem(QListWidgetItem * item, QAbstractItemView::ScrollHint hint)	滚动到指定项，使其可见	
addItem(QListWidgetItem * item)	向列表中添加项	
addItem(QString &label)	用文本创建项，并向列表中添加项	
addItems(QStringList &labels)	用文本列表创建多个项，并添加多个项	
insertItem(int row, QListWidgetItem * item)	根据指定行数向列表中插入项	
insertItem(int row, QString &label)	用文本创建项，并根据指定行数向列表中插入项	
insertItems(int row, QStringList &labels)	用文本列表创建多个项，并根据指定行数插入多个项	
setCurrentItem(QListWidgetItem * item)	设置当前项	
currentItem()	获取当前项	QListWidgetItem *
count()	获取列表控件中项的数量	int
takeItem(int row)	移除指定行的项，并返回该项	QListWidgetItem *
openPersistenceEditor(QListWidgetItem * i)	打开指定项的编辑框，用于编辑文本	
isPersistenceEditorOpen(QListWidgetItem * item)	获取指定的编辑框是否已打开	bool
closePersistenceEditor(QListWidgetItem * i)	关闭指定编辑框	
currentRow()	获取当前行的索引号	int
item(int row)	获取指定行的项	QListWidgetItem *
itemAt(QPoint &p)	获取指定位置处的项	QListWidgetItem *
itemAt(int x, int y)	同上	QListWidgetItem *

续表

方法及参数类型	说 明	返回值的类型
itemFromIndex(QModelIndex &index)	获取指定模型索引QModelIndex的项	QListWidgetItem *
indexFromItem(QListWidgetItem * item)	获取指定项的模型索引QModelIndex	QModelIndex
setItemWidget(QListWidgetItem * i,QWidget * w)	把某个控件显示在指定项的位置处	
removeItemWidget(QListWidgetItem * item)	移除指定项的控件	
itemWidget(QListWidgetItem * item)	获取指定项的位置处的控件	QWidget *
findItems(QString &text,Qt::MatchFlags f)	查找满足匹配规则的项	QList<QListWidgetItem *>
selectedItems()	获取选中项的列表	QList<QListWidgetItem *>
setCurrentRow(int row)	将某一行的项指定为当前项	
row(QListWidgetItem * item)	获取指定项所在的行号	int
visualItemRect(QListWidgetItem * item)	获取指定项占据的区域	QRect
setSortingEnabled(bool)	设置是否可以进行排序	
isSortingEnabled()	获取是否可以进行排序	bool
sortItems(Qt::SortOrder order=Qt::AscendingOrder)	按照排序方式对项进行排序,order的取值为Qt::AscendingOrder(升序)或Qt::DescendingOrder(降序)	
supportedDropAction()	获取支持的拖放动作	Qt::DropAction
setModel(QAbstractItemModel * model)	设置数据模型	
setSelectionModel(QItemSelectionModal * m)	设置选择模型	
clearSelection()	清除选择	
setAlternatingRowColors(bool enable)	是否设置交替色	
mimeData(QList<QListWidgetItem *> &its)	获取多个项的mime数据	QMimeData
mimeTypes()	获取mime数据的类型	QStringList

在表2-1中,QAbstractItemView::ScrollHint的枚举常量为QAbstractItemView::EnsureVisible(确保可见)、QAbstractItemView::PositionAtTop(在顶部)、QAbstractItemView::PositionAtBottom(在底部)、QAbstractItemView::PositionAtCenter(在中间)。

Qt::MatchFlags的枚举常量为Qt::MatchExactly、Qt::MatchFixedString、Qt::MatchContains、Qt::MatchStartsWith、Qt::MatchEndsWith、Qt::MatchCaseSensitive、Qt::MatchRegularExpression、Qt::MatchWildcard、Qt::MatchWrap、Qt::MatchRecursive。

Qt::DropAction的枚举常量为Qt::CopyAction(复制)、Qt::MoveAction(移动)、Qt::LinkAction(链接)、Qt::IgnoreAction(什么都不做)、Qt::TargetMoveAction(目标对象接管)。

【实例2-1】 创建一个窗口,该窗口包含一个列表控件。要求在列表控件中显示项,设置背景色,操作步骤如下:

(1) 使用 Qt Creator 创建一个模板为 Qt Widgets Application 的项目,将该项目命名为 demo1,并保存在 D 盘的 Chapter2 文件夹下;在向导对话框中选择基类 QWidget,不勾选 Generate form 复选框。

(2) 编写 widget.h 文件中的代码,代码如下:

```
/* 第 2 章 demo1 widget.h */
#ifndef WIDGET_H
#define WIDGET_H

#include <QWidget>
#include <QVBoxLayout>
#include <QListWidget>
#include <QFont>

class Widget : public QWidget
{
    Q_OBJECT
public:
    Widget(QWidget * parent = nullptr);
    ~Widget();
private:
    QVBoxLayout * vbox;
    QListWidget * listWidget;
};
#endif //WIDGET_H
```

(3) 编写 widget.cpp 文件中的代码,代码如下:

```
/* 第 2 章 demo1 widget.cpp */
#include "widget.h"

Widget::Widget(QWidget * parent):QWidget(parent)
{
    setGeometry(300,300,560,220);
    setWindowTitle("QListWidget");
    vbox = new QVBoxLayout(this);
    //创建列表控件
    listWidget = new QListWidget();
    listWidget -> setFont(QFont("黑体",14));
    listWidget -> setStyleSheet("background-color:yellowgreen");
    vbox -> addWidget(listWidget);
    //插入项
    listWidget -> insertItem(0,"C++");
    listWidget -> insertItem(1,"Python");
    listWidget -> insertItem(2,"Java");
    listWidget -> insertItem(3,"PHP");
    listWidget -> insertItem(4,"JavaScript");
}

Widget::~Widget() {}
```

(4) 其他文件保持不变,运行结果如图 2-2 所示。

在 Qt 6 中,可以使用 Qt Designer 或 Qt Creator 的设计模式在窗口中创建列表控件。

【实例 2-2】 使用 Qt Creator 设计一个包含列表控件的窗口,向列表控件中添加比较流行的计算机编程语言,操作步骤如下:

(1) 使用 Qt Creator 创建一个模板为 Qt Widgets Application 的项目,将该项目命名为 demo2,并保存在 D 盘的 Chapter2 文件夹下;在向导对话框中选择基类 QWidget,不勾选 Generate form 复选框。

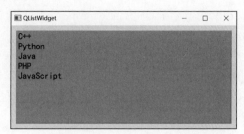

图 2-2 项目 demo1 的运行结果

(2) 双击文件目录树的 widget.ui 进入 Qt Creator 的设计模式,并将主窗口的宽度、高度分别修改为 560、220,如图 2-3 所示。

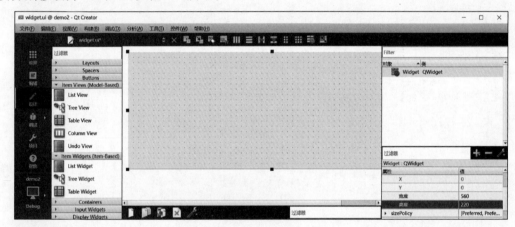

图 2-3 创建的窗口

(3) 将工具箱中的 List Widget 控件拖曳到主窗口,如图 2-4 所示。

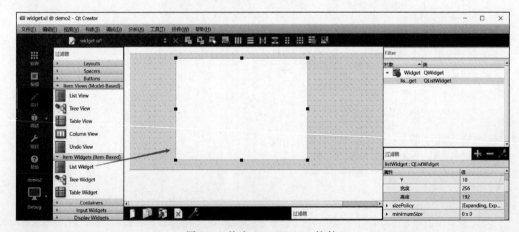

图 2-4 拖曳 List Widget 控件

(4) 选中主窗口上的 List Widget 控件,右击鼠标,在弹出的菜单栏中选择"编辑项目",此时会弹出一个"编辑列表窗口部件"对话框,如图 2-5 和图 2-6 所示。

图 2-5 右击鼠标弹出的菜单

(5) 在编辑列表窗口部件对话框中,单击左下角的加号图标可以为列表控件添加项,单击左下角的减号图标可以删除当前项。添加完毕后,单击"确定"按钮,如图 2-7 和图 2-8 所示。

图 2-6 "编辑列表窗口部件"对话框

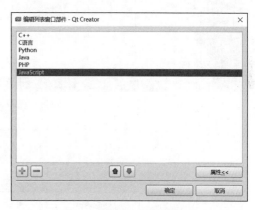

图 2-7 为列表控件添加项

(6) 将主窗口的布局设置为水平部件,将列表控件的字体设置为黑体,字号为 14,将列表控件的背景色设置为 PaleGreen,如图 2-9 所示。

(7) 将主窗口的标题修改为 QListWidget,然后按快捷键 Ctrl+S 保存设计的窗口文件。开发者可通过快捷键 Ctrl+R 查看预览窗口。

(8) 其他文件保持不变,运行结果如图 2-10 所示。

在 Qt 6 中,QListWidget 类的信号见表 2-2。

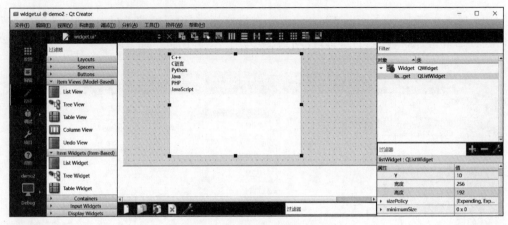

图 2-8　添加项的列表控件

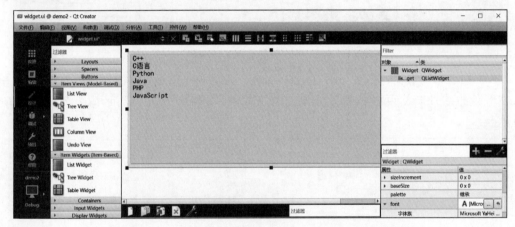

图 2-9　修改属性后的主窗口

图 2-10　项目 demo2 的运行结果

表 2-2　QListWidget 类的信号

信号及参数类型	说　　明
currentItemChanged(QListWidgetItem * current, QListWidgetItem * previous)	当前项发生改变时发送信号
currentRowChanged(int currentRow)	当前行发生改变时发送信号

续表

信号及参数类型	说明
currentTextChanged(QString &currentText)	当前项的文本发生改变时发送信号
itemActivated(QListWidgetItem * item)	单击或双击项,使该项成为活跃项时发送信号
itemChanged(QListWidgetItem * item)	当项的数据发生改变时发送信号
itemClicked(QListWidgetItem * item)	当单击某个项时发送信号
itemDoubleClicked(QListWidgetItem * item)	当双击某个项时发送信号
itemEntered(QListWidgetItem * item)	当光标进入某个项时发送信号
itemPressed(QListWidgetItem * item)	当鼠标在某个项上并按下按键时发送信号
itemSelectionChanged()	当项的选择状态发生改变时发送信号

2.1.2 QListWidgetItem 类

在 Qt 6 中,使用 QListWidgetItem 类表示列表控件中的项。QListWidgetItem 类位于 Qt 6 的 Qt Widgets 子模块下,其构造函数如下:

```
QListWidgetItem(QListWidget * parent = nullptr,QListWidgetItem::ItemType type =
QListWidgetItem::Type)
QListWidgetItem(const QString &text,QListWidget * parent = nullptr,
QListWidgetItem::ItemType type = QListWidgetItem::Type)
QListWidgetItem ( const QIcon &icon, const QString &text, QListWidget * parent = nullptr,
QListWidgetItem::ItemType type = QListWidgetItem::Type)
QListWidgetItem(QListWidgetItem &other)
```

其中,parent 表示指向列表控件的对象指针;type 的取值为 QListWidgetItem::Type(默认值,值为 1)或 QListWidgetItem::UserType(值为 1000),QListWidgetItem::UserType 是用户自定义类型的最小值;text 表示项的文本;icon 表示项的图标。

QListWidgetItem 类的常用方法见表 2-3。

表 2-3 QListWidgetItem 类的常用方法

方法及参数类型	说明	返回值的类型
background()	获取背景色	QBrush
foreground()	获取前景色	QBrush
font()	获取字体	QFont
setText(QString &text)	设置文字	
text()	获取文字	QString
setIcon(QIcon &icon)	设置图标	
icon()	获取图标	QIcon
setTextAlignment(Qt::Alignment)	设置文字的对齐方式	
setForeground(QBrush &brush)	设置前景色	
setBackground(QBrush &brush)	设置背景色	
setCheckState(Qt::CheckState)	设置勾选状态	
checkState()	获取勾选状态	Qt::CheckState

续表

方法及参数类型	说　　明	返回值的类型
setFlags(Qt::ItemFlags)	设置标识	
setFont(QFont &font)	设置字体	
setHidden(bool)	设置是否隐藏	
isHidden()	获取是否隐藏	bool
setSelected(bool)	设置是否被选中	
isSelected()	获取是否被选中	bool
setStatusTip(QString &tip)	设置状态提示信息,需激活 mouseTracking 属性	
setToolTip(QString &tip)	设置提示信息	
setWhatsThis(QString &this)	设置快捷键 Shift+F1 的提示信息	
write(QDataStream &out)	将项写入数据流	
read(QDataStream &in)	从数据流中读取项	
setData(int role, QVariant &value)	设置某角色的数据	
data(int role)	获取某角色的数据	QVariant
clone()	克隆新的项	QListWidgetItem *
listWidget()	获取所在的列表控件	QListWidget *

在 Qt 6 中,Qt::ItemFlags 的枚举常量见表 2-4。

表 2-4　Qt::ItemFlags 的枚举常量

枚 举 常 量	说　　明	枚 举 常 量	说　　明
Qt::NoItemFlags	没有标识符	Qt::ItemIsUserCheckable	项可以勾选
Qt::ItemIsSelectable	项可以选择	Qt::ItemIsEnabled	项被激活
Qt::ItemIsEditable	项可以编辑	Qt::ItemIsAutoTristate	若有子项,则有第 3 种状态
Qt::ItemIsDragEnabled	项可以拖曳	Qt::ItemNeverHasChildren	项没有子项
Qt::ItemIsDropEnabled	项可以拖放	Qt::ItemIsUserTristate	可在 3 种状态之间循环切换

【实例 2-3】　创建一个窗口,该窗口包含一个列表控件、4 个按压按钮控件。这 4 个按钮分别实现添加项、编辑项、删除项、排序项的作用,操作步骤如下:

(1) 使用 Qt Creator 创建一个模板为 Qt Widgets Application 的项目,将该项目命名为 demo3,并保存在 D 盘的 Chapter2 文件夹下;在向导对话框中选择基类 QWidget,不勾选 Generate form 复选框。

(2) 编写 widget.h 文件中的代码,代码如下:

```
/* 第 2 章 demo3 widget.h */
#ifndef WIDGET_H
#define WIDGET_H

#include <QWidget>
```

```cpp
#include <QVBoxLayout>
#include <QHBoxLayout>
#include <QPushButton>
#include <QListWidget>
#include <QListWidgetItem>
#include <QLineEdit>
#include <QMessageBox>
#include <QInputDialog>
#include <QFont>
#include <QDir>
#include <QString>

class Widget : public QWidget
{
    Q_OBJECT
public:
    Widget(QWidget *parent = nullptr);
    ~Widget();
private:
    QVBoxLayout *vbox;
    QHBoxLayout *hbox;
    QPushButton *btnAdd, *btnEdit, *btnRemove, *btnSort;
    QListWidget *listWidget;
private slots:
    void add_item();
    void edit_item();
    void remove_item();
    void sort_item();
};
#endif //WIDGET_H
```

(3) 编写 widget.cpp 文件中的代码,代码如下:

```cpp
/* 第2章 demo3 widget.cpp */
#include "widget.h"

Widget::Widget(QWidget *parent):QWidget(parent)
{
    setGeometry(300,300,560,260);
    setWindowTitle("QListWidget、QListWidgetItem");
    vbox = new QVBoxLayout(this);
    //创建4个按钮
    btnAdd = new QPushButton("添加");
    btnEdit = new QPushButton("编辑");
    btnRemove = new QPushButton("删除");
    btnSort = new QPushButton("排序");
    hbox = new QHBoxLayout();
    hbox->addWidget(btnAdd);
    hbox->addWidget(btnEdit);
    hbox->addWidget(btnRemove);
    hbox->addWidget(btnSort);
    vbox->addLayout(hbox);
```

```cpp
    //使用信号/槽
    connect(btnAdd,SIGNAL(clicked()),this,SLOT(add_item()));
    connect(btnEdit,SIGNAL(clicked()),this,SLOT(edit_item()));
    connect(btnRemove,SIGNAL(clicked()),this,SLOT(remove_item()));
    connect(btnSort,SIGNAL(clicked()),this,SLOT(sort_item()));
    //创建列表控件
    listWidget = new QListWidget();
    listWidget->setFont(QFont("黑体",14));
    vbox->addWidget(listWidget);
}

Widget::~Widget() {}

void Widget::add_item(){
    int row = listWidget->currentRow();
    QString title = "添加项";
    bool ok;
    QString data = QInputDialog::getText(this,title,title,QLineEdit::Normal,
    QDir::home().dirName(),&ok);
    if(ok && !data.isEmpty())
        listWidget->insertItem(row,data);
}

void Widget::edit_item(){
    QListWidgetItem * item = listWidget->currentItem();
    if(item == nullptr)
        return;
    QString title = "编辑项";
    bool ok;
    QString data = QInputDialog::getText(this,title,title,QLineEdit::Normal,
    item->text(),&ok);
    if(ok && !data.isEmpty())
        item->setText(data);
}

void Widget::remove_item(){
    int row = listWidget->currentRow();
    QListWidgetItem * item = listWidget->item(row);
    if(item == nullptr)
        return;
    QString title = "删除项";
    QString label = "确定要删除?";
    QMessageBox::StandardButton reply;
    reply = QMessageBox::question(this,title,label,QMessageBox::Yes|
QMessageBox::No);
    if(reply == QMessageBox::Yes)
        listWidget->takeItem(row);
}

void Widget::sort_item(){
    listWidget->sortItems();
}
```

（4）其他文件保持不变，运行结果如图 2-11 所示。

图 2-11 项目 demo3 的运行结果

2.1.3 典型应用

【实例 2-4】 创建一个窗口，该窗口包含一个列表控件。在列表控件中右击会弹出上下文菜单，菜单命令包含添加、编辑、删除、全选、反选、全不选，操作步骤如下：

（1）使用 Qt Creator 创建一个模板为 Qt Widgets Application 的项目，将该项目命名为 demo4，并保存在 D 盘的 Chapter2 文件夹下；在向导对话框中选择基类 QWidget，不勾选 Generate form 复选框。

（2）编写 widget.h 文件中的代码，代码如下：

```
/* 第2章 demo4 widget.h */
#ifndef WIDGET_H
#define WIDGET_H

#include <QWidget>
#include <QMenu>
#include <QAction>
#include <QVBoxLayout>
#include <QListWidget>
#include <QListWidgetItem>
#include <QInputDialog>
#include <QMessageBox>
#include <QLineEdit>
#include <QFont>
#include <QDir>
#include <QString>
#include <QContextMenuEvent>

class Widget : public QWidget
{
    Q_OBJECT
public:
    Widget(QWidget *parent = nullptr);
    ~Widget();
private:
    QVBoxLayout *vbox;
```

```cpp
        QListWidget * listWidget;
        QMenu * menu;
        QAction * actionAdd, * actionEdit, * actionRemove;
        QAction * actionSelectAll, * actionSelectNone, * actionInverse;
protected:
        void contextMenuEvent(QContextMenuEvent * e);
private slots:
        void add_item();
        void edit_item();
        void remove_item();
        void select_all();
        void inverse_select();
        void select_none();
};
#endif //WIDGET_H
```

(3) 编写 widget.cpp 文件中的代码，代码如下：

```cpp
/* 第 2 章 demo4 widget.cpp */
#include "widget.h"

Widget::Widget(QWidget * parent):QWidget(parent)
{
    setGeometry(300,300,560,220);
    setWindowTitle("QListWidget、QListWidgetItem");
    vbox = new QVBoxLayout(this);
    //创建列表控件
    listWidget = new QListWidget();
    listWidget->setFont(QFont("黑体",14));
    vbox->addWidget(listWidget);
}

Widget::~Widget() {}

void Widget::contextMenuEvent(QContextMenuEvent * e){
    menu = new QMenu(this);
    actionAdd = menu->addAction("添加");
    actionEdit = menu->addAction("编辑");
    actionRemove = menu->addAction("删除");
    menu->addSeparator();
    actionSelectAll = menu->addAction("全选");
    actionInverse = menu->addAction("反选");
    actionSelectNone = menu->addAction("全不选");
    connect(actionAdd,SIGNAL(triggered()),this,SLOT(add_item()));
    connect(actionEdit,SIGNAL(triggered()),this,SLOT(edit_item()));
    connect(actionRemove,SIGNAL(triggered()),this,SLOT(remove_item()));
    connect(actionSelectAll,SIGNAL(triggered()),this,SLOT(select_all()));
    connect(actionInverse,SIGNAL(triggered()),this,SLOT(inverse_select()));
    connect(actionSelectNone,SIGNAL(triggered()),this,SLOT(select_none()));
    menu->exec(e->globalPos()); //显示上下文菜单
}
```

```cpp
void Widget::add_item(){
    int row = listWidget->currentRow();
    QString title = "添加项";
    bool ok;
    QString data = QInputDialog::getText(this,title,title,QLineEdit::Normal,,QDir::home().dirName(),&ok);
    if(ok && !data.isEmpty())
        listWidget->insertItem(row,data);
}

void Widget::edit_item(){
    QListWidgetItem *item = listWidget->currentItem();
    if(item == nullptr)
        return;
    QString title = "编辑项";
    bool ok;
    QString data = QInputDialog::getText(this,title,title,QLineEdit::Normal,item->text(),&ok);
    if(ok && !data.isEmpty())
        item->setText(data);
}

void Widget::remove_item(){
    int row = listWidget->currentRow();
    QListWidgetItem *item = listWidget->item(row);
    if(item == nullptr)
        return;
    QString title = "删除项";
    QString label = "确定要删除?";
    QMessageBox::StandardButton reply;
    reply = QMessageBox::question(this,title,label,QMessageBox::Yes|QMessageBox::No);
    if(reply == QMessageBox::Yes)
        listWidget->takeItem(row);
}

void Widget::select_all(){
    int count = listWidget->count();
    for(int i = 0;i < count;i++){
        QListWidgetItem *item = listWidget->item(i);
        item->setCheckState(Qt::Checked);
    }
}

void Widget::inverse_select(){
    int count = listWidget->count();
    for(int i = 0;i < count;i++){
        QListWidgetItem *item = listWidget->item(i);
        if(item->checkState() == Qt::Unchecked)
            item->setCheckState(Qt::Checked);
        else
            item->setCheckState(Qt::Unchecked);
```

```
        }
    }
    void Widget::select_none(){
        int count = listWidget->count();
        for(int i = 0;i<count;i++){
            QListWidgetItem * item = listWidget->item(i);
            item->setCheckState(Qt::Unchecked);
        }
    }
```

(4) 其他文件保持不变,运行结果如图 2-12 所示。

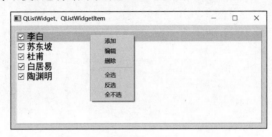

图 2-12　项目 demo4 的运行结果

2.2　表格控件 QTableWidget 及其项 QTableWidgetItem

在 Qt 6 中,使用 QTableWidget 类表示表格控件,表格控件由多行多列组成,并且含有行表头和列表头。表格控件的每个单元格称为项(item),使用 QTableWidgetItem 表示表格控件的项。

2.2.1　表格控件 QTableWidget

在 Qt 6 中,使用 QTableWidget 类创建表格控件。QTableWidget 类是 QTableView 类的子类,位于 Qt 6 的 Qt Widgets 子模块下,其继承关系图如图 2-1 所示。QTableWidget 类的构造函数如下:

```
QTableWidget(QWidget * parent = nullptr)
QTableWidget(int rows, int columns, QWidget * parent = nullptr)
```

其中,parent 表示指向父窗口或父控件的对象指针;rows 表示行的数量;columns 表示列的数量。

QTableWidget 类的常用方法见表 2-5。

表 2-5　QTableWidget 类的常用方法

方法及参数类型	说　　明	返回值的类型
[slot]insertRow(int row)	在指定的行位置插入行	
[slot]insertColumn(int column)	在指定的列位置插入列	

续表

方法及参数类型	说　　明	返回值的类型
[slot]removeRow(int row)	移除指定的行	
[slot]removeColumn(int column)	移除指定的列	
[slot]clear()	清空表格项和表头的内容	
[slot]clearContents()	清空表格项的内容	
[slot]scrollToItem(QTableWidgetItem *item, QAbstractItemView::ScrollHint hint)	滚动表格，使表格项可见	
setRowCount(int rows)	设置行数	
setColumnCount(int columns)	设置列数	
rowCount()	获取行数	int
columnCount()	获取列数	int
setItem(int row, int column, QTableWidgetItem *i)	在指定的行和列的位置处设置表格项	
takeItem(int row, int column)	移除指定位置的表格项，并返回该表格项	QTableWidgetItem *
setCurrentCell(int row, int column)	设置当前的单元格	
setCurrentItem(QTableWidgetItem *item)	设置当前的表格项	
currentItem()	获取当前的表格项	QTableWidgetItem *
row(QTableWidgetItem *item)	获取指定表格项所在的行索引	int
column(QTableWidgetItem *item)	获取指定表格项所在的列索引	int
currentRow()	获取当前行索引	int
currentColumn()	获取当前列索引	int
setHorizontalHeaderItem(int column, QTableWidgetItem *item)	设置水平表头	
setHorizontalHeaderLabels(QStringList &labels)	用字符串序列设置水平表头	
horizontalHeaderItem(int column)	获取水平表头的表格项	QTableWidgetItem *
takeHorizontalHeaderItem(int column)	移除水平表头的表格项，并返回该表格项	QTableWidgetItem *
setVerticallHeaderItem(int row, QTableWidgetItem *item)	设置竖直表头	
setVerticallHeaderLabels(QStringList &labels)	用字符串序列设置竖直表头	
verticalHeaderItem(int row)	获取竖直表头的表格项	QTableWidgetItem *
takeVerticalHeaderItem(int row)	移除竖直表头的表格项，并返回该表格项	QTableWidgetItem *
editItem(QTableWidgetItem *item)	开始编辑指定表格项	
findItems(QString &text, Qt::MatchFlags)	获取满足条件的表格项列表	QList < QTableWidgetItem *>
item(int row, int column)	获取指定行和列处的表格项	QTableWidgetItem *
itemAt(QPoint &point)	获取指定位置的表格项	QTableWidgetItem *

续表

方法及参数类型	说 明	返回值的类型
itemAt(int x,int y)	同上	QTableWidgetItem *
openPersistentEditor(QTableWidgetItem * i)	打开指定表格项的编辑框	
isPersistentEditor(QTableWidgetItem * i)	获取指定表格项的编辑框是否已经打开	bool
closePersistentEditor(QTableWidgetItem * i)	关闭指定表格项的编辑框	
selectedItems()	获取选中的表格项列表	QList < QTableWidgetItem * >
setCellWidget(int row,int col,QWidget * w)	设置指定单元格上的控件	
cellWidget(int row, int column)	获取指定单元格上的控件	QWidget *
removeCellWidget(int row,int column)	移除指定单元格上的控件	
setSortingEnabled(bool)	设置是否可以排序	
isSortingEnabled()	获取是否可以排序	bool
sortItems(int column,Qt::SortOrder)	按列排序	
supportedDropActions()	获取支持的拖放动作	Qt::DropAction

【实例 2-5】 创建一个窗口,该窗口包含一个表格控件。设置表格控件的表头,并添加两行数据,操作步骤如下:

(1) 使用 Qt Creator 创建一个模板为 Qt Widgets Application 的项目,将该项目命名为 demo5,并保存在 D 盘的 Chapter2 文件夹下;在向导对话框中选择基类 QWidget,不勾选 Generate form 复选框。

(2) 编写 widget.h 文件中的代码,代码如下:

```cpp
/* 第 2 章 demo5 widget.h */
#ifndef WIDGET_H
#define WIDGET_H

#include <QWidget>
#include <QVBoxLayout>
#include <QTableWidget>
#include <QTableWidgetItem>
#include <QFont>

class Widget : public QWidget
{
    Q_OBJECT
public:
    Widget(QWidget * parent = nullptr);
    ~Widget();
private:
    QVBoxLayout * vbox;
    QTableWidget * tableWidget;
};
#endif //WIDGET_H
```

(3) 编写 widget.cpp 文件中的代码，代码如下：

```cpp
/* 第 2 章 demo5 widget.cpp */
#include "widget.h"

Widget::Widget(QWidget *parent):QWidget(parent)
{
    setGeometry(300,300,560,220);
    setWindowTitle("QTableWidget");
    vbox = new QVBoxLayout(this);
    //创建表格控件
    tableWidget = new QTableWidget();
    tableWidget->setRowCount(3);
    tableWidget->setColumnCount(5);
    tableWidget->setFont(QFont("黑体",12));
    vbox->addWidget(tableWidget);
    //设置表头
    QTableWidgetItem *item00 = new QTableWidgetItem("学号");
    QTableWidgetItem *item01 = new QTableWidgetItem("姓名");
    QTableWidgetItem *item02 = new QTableWidgetItem("语文成绩");
    QTableWidgetItem *item03 = new QTableWidgetItem("数学成绩");
    QTableWidgetItem *item04 = new QTableWidgetItem("总分");
    tableWidget->setItem(0,0,item00);
    tableWidget->setItem(0,1,item01);
    tableWidget->setItem(0,2,item02);
    tableWidget->setItem(0,3,item03);
    tableWidget->setItem(0,4,item04);
    //插入第 1 行数据
    QTableWidgetItem *item10 = new QTableWidgetItem("001");
    QTableWidgetItem *item11 = new QTableWidgetItem("孙悟空");
    QTableWidgetItem *item12 = new QTableWidgetItem("90");
    QTableWidgetItem *item13 = new QTableWidgetItem("90");
    QTableWidgetItem *item14 = new QTableWidgetItem("180");
    tableWidget->setItem(1,0,item10);
    tableWidget->setItem(1,1,item11);
    tableWidget->setItem(1,2,item12);
    tableWidget->setItem(1,3,item13);
    tableWidget->setItem(1,4,item14);
    //插入第 2 行数据
    QTableWidgetItem *item20 = new QTableWidgetItem("002");
    QTableWidgetItem *item21 = new QTableWidgetItem("猪八戒");
    QTableWidgetItem *item22 = new QTableWidgetItem("80");
    QTableWidgetItem *item23 = new QTableWidgetItem("80");
    QTableWidgetItem *item24 = new QTableWidgetItem("160");
    tableWidget->setItem(2,0,item20);
    tableWidget->setItem(2,1,item21);
    tableWidget->setItem(2,2,item22);
    tableWidget->setItem(2,3,item23);
    tableWidget->setItem(2,4,item24);
}

Widget::~Widget() {}
```

(4) 其他文件保持不变,运行结果如图 2-13 所示。

在 Qt 6 中,可以使用 Qt Designer 或 Qt Creator 的设计模式在窗口中创建表格控件。

【实例 2-6】 使用 Qt Creator 的设计模式创建一个包含表格控件的窗口,向表格控件中添加 3 行数据,操作步骤如下:

(1) 使用 Qt Creator 创建一个模板为 Qt Widgets Application 的项目,将该项目命名为 demo6,并保存在 D 盘的 Chapter2 文件夹下;在向导对话框中选择基类 QWidget,不勾选 Generate form 复选框。

图 2-13 项目 demo5 的运行结果

(2) 双击文件目录树的 widget.ui 进入 Qt Creator 的设计模式,并将主窗口的宽度、高度分别修改为 560、220,如图 2-14 所示。

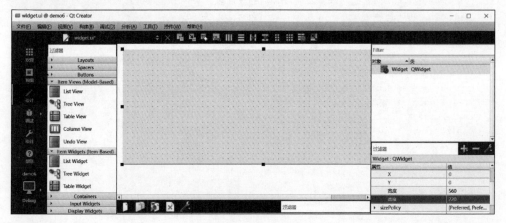

图 2-14 创建的窗口

(3) 将工具箱中的 Table Widget 控件拖曳到主窗口,如图 2-15 所示。

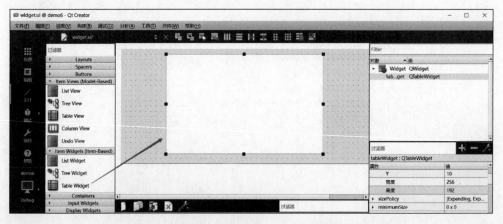

图 2-15 拖曳 Table Widget 控件

(4) 选中主窗口上的 Table Widget 控件,右击鼠标,在弹出的菜单栏中选择"编辑项目",此时会弹出一个"编辑表格窗口部件"对话框,如图 2-16 和图 2-17 所示。

图 2-16 右击鼠标弹出的菜单

图 2-17 "编辑表格窗口部件"对话框

(5) 在编辑表格窗口部件对话框的列选项卡中,单击左下角的加号图标可以为表格控件添加列,单击左下角的减号图标可以删除当前列。依次添加 5 列表头,如图 2-18 所示。

(6) 在编辑表格窗口部件对话框的行选项卡中,单击左下角的加号图标可以为表格控件添加行,单击左下角的减号图标可以删除当前行。依次添加 3 行,如图 2-19 所示。

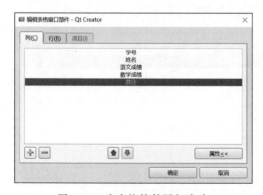

图 2-18 为表格控件添加表头

图 2-19 为表格控件添加行

(7) 在"编辑表格窗口部件"对话框中,单击"确定"按钮,可查看已经添加了行和列的表格控件,如图 2-20 所示。

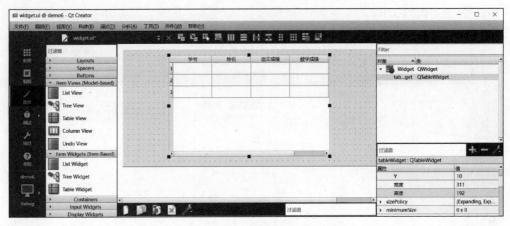

图 2-20 已经添加行和列的表格控件

（8）在主窗口中通过拖动 Table Widget 控件的边框来调整 Table Widget 控件的大小；再次打开编辑表格窗口部件对话框，然后在项目选项卡下依次添加 3 行数据，添加完数据后，单击"确定"按钮，如图 2-21 和图 2-22 所示。

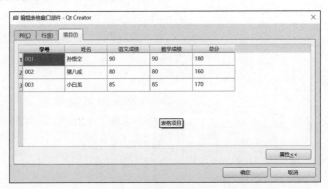

图 2-21 表格控件的 3 行数据

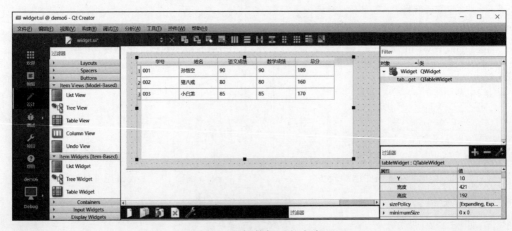

图 2-22 添加数据后的主窗口

（9）将主窗口的标题修改为 QTableWidget，将主窗口的布局设置为水平布局，然后按快捷键 Ctrl+S 保存设计的窗口界面，如图 2-23 所示。

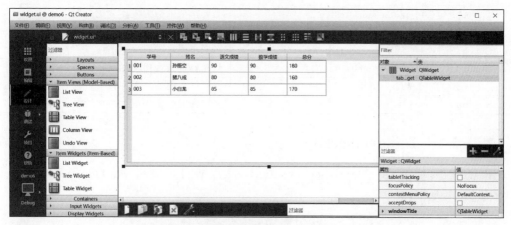

图 2-23　设置水平布局后的主窗口

（10）其他文件保持不变，运行结果如图 2-24 所示。

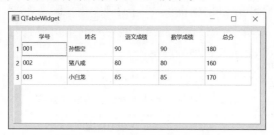

图 2-24　项目 demo6 的运行结果

在 Qt 6 中，QTableWidget 类的信号见表 2-6。

表 2-6　QTableWidget 类的信号

信号及参数类型	说　　明
cellActivated(int row,int column)	当单元格活跃时发送信号
cellChanged(int row,int column)	当单元格的数据变化时发送信号
cellClicked(int row,int column)	当单击单元格时发送信号
cellDoubleClicked(int row,int column)	当双击单元格时发送信号
cellEntered(int row,int column)	当光标进入单元格时发送信号
cellPressed(int row,int column)	当光标在单元格上并按下按键时发送信号
currentCellChanged(int currentRow,int currentColumn, int previousRow,int previousColumn)	当前单元格发生改变时发送信号
currentItemChanged(QTableWidgetItem * current, QTableWidgetItem * previous)	当前表格项发生改变时发送信号
itemActivated(QTableWidgetItem * item)	当表格项活跃时发送信号

续表

信号及参数类型	说 明
itemChanged(QTableWidgetItem *item)	当表格项的数据发生变化时发送信号
itemClicked(QTableWidgetItem *item)	当单击表格项时发送信号
itemDoubleClicked(QTableWidgetItem *item)	当双击表格项时发送信号
itemEntered(QTableWidgetItem *item)	当光标进入表格项时发送信号
itemPressed(QTableWidgetItem *item)	当光标在表格项上并按下按键时发送信号
itemSelectionChanged()	当选择的表格项发生改变时发送信号

2.2.2 QTableWidgetItem 类

17min

在 Qt 6 中，使用 QTableWidgetItem 类创建表格控件的表格项。QTableWidgetItem 类的构造函数如下：

```
QTableWidgetItem(QTableWidgetItem::ItemType type = QTableWidgetItem::Type)
QTableWidgetItem(const QString &text, int type = QTableWidgetItem::Type)
QTableWidgetItem(const QIcon &icon, QString &text, int type = QTableWidgetItem::Type)
```

其中，type 的取值为 QTableWidgetItem::Type(默认值，值为 1)或 QTableWidgetItem::UserType(值为 1000)，QTableWidgetItem::UserType 是用户自定义类型的最小值；text 表示表格项的文本；icon 表示表格项的图标。

QTableWidgetItem 类的常用方法见表 2-7。

表 2-7 QTableWidgetItem 类的常用方法

方法及参数类型	说 明	返回值的类型
background()	获取背景色	QBrush
foreground()	获取前景色	QBrush
font()	获取字体	QFont
setText(QString &text)	设置文字	
text()	获取文字	QString
setIcon(QIcon &icon)	设置图标	
icon()	获取图标	QIcon
setTextAlignment(Qt::Alignment)	设置文字的对齐方式	
setForeground(QBrush &brush)	设置前景色	
setBackground(QBrush &brush)	设置背景色	
setCheckState(Qt::CheckState)	设置勾选状态	
checkState()	获取勾选状态	Qt::CheckState
setFlags(Qt::ItemFlags)	设置标识	
setFont(QFont &font)	设置字体	
row()	获取所在的行	int
column()	获取所在的列	int
setSelected(bool)	设置是否被选中	

续表

方法及参数类型	说 明	返回值的类型
isSelected()	获取是否被选中	bool
setStatusTip(QString &tip)	设置状态提示信息,需激活 mouseTracking 属性	
setToolTip(QString &tip)	设置提示信息	
setWhatsThis(QString &this)	设置快捷键 Shift+F1 的提示信息	
write(QDataStream &out)	将项写入数据流	
read (QDataStream &in)	从数据流中读取项	
setData(int role,QVariant value)	设置某角色的数据	
data(int role)	获取某角色的数据	object
clone()	克隆新的项	QTableWidgetItem *
tableWidget()	获取所在的表格控件	QTableWidget *

【实例 2-7】 创建一个窗口,该窗口包含一个表格控件、5 个按压按钮。这 5 个按钮分别实现添加列、删除列、添加行、删除行、全选含有文本的表格项的功能,操作步骤如下:

(1) 使用 Qt Creator 创建一个模板为 Qt Widgets Application 的项目,将该项目命名为 demo7,并保存在 D 盘的 Chapter2 文件夹下;在向导对话框中选择基类 QWidget,不勾选 Generate form 复选框。

(2) 编写 widget.h 文件中的代码,代码如下:

```
/* 第 2 章 demo7 widget.h */
#ifndef WIDGET_H
#define WIDGET_H

#include <QWidget>
#include <QVBoxLayout>
#include <QPushButton>
#include <QHBoxLayout>
#include <QTableWidget>
#include <QTableWidgetItem>
#include <QMessageBox>
#include <QFont>

class Widget : public QWidget
{
    Q_OBJECT
public:
    Widget(QWidget * parent = nullptr);
    ~Widget();
private:
    QVBoxLayout * vbox;
    QHBoxLayout * hbox;
    QPushButton * btnAddColumn, * btnRemoveColumn;
    QPushButton * btnAddRow, * btnRemoveRow, * btnSelectAll;
    QTableWidget * tableWidget;
```

```
private slots:
    void add_column();
    void remove_column();
    void add_row();
    void remove_row();
    void select_all();
};
#endif //WIDGET_H
```

(3) 编写 widget.cpp 文件中的代码,代码如下:

```
/* 第2章 demo7 widget.cpp */
#include "widget.h"

Widget::Widget(QWidget *parent):QWidget(parent)
{
    setGeometry(300,300,560,260);
    setWindowTitle("QTableWidget、QTableWidgetItem");
    vbox = new QVBoxLayout(this);
    //创建5个按钮
    btnAddColumn = new QPushButton("添加列");
    btnRemoveColumn = new QPushButton("删除列");
    btnAddRow = new QPushButton("添加行");
    btnRemoveRow = new QPushButton("删除行");
    btnSelectAll = new QPushButton("全选");
    hbox = new QHBoxLayout();
    hbox->addWidget(btnAddColumn);
    hbox->addWidget(btnRemoveColumn);
    hbox->addWidget(btnAddRow);
    hbox->addWidget(btnRemoveRow);
    hbox->addWidget(btnSelectAll);
    vbox->addLayout(hbox);
    //使用信号/槽
    connect(btnAddColumn,SIGNAL(clicked()),this,SLOT(add_column()));
    connect(btnRemoveColumn,SIGNAL(clicked()),this,SLOT(remove_column()));
    connect(btnAddRow,SIGNAL(clicked()),this,SLOT(add_row()));
    connect(btnRemoveRow,SIGNAL(clicked()),this,SLOT(remove_row()));
    connect(btnSelectAll,SIGNAL(clicked()),this,SLOT(select_all()));
    //创建表格控件
    tableWidget = new QTableWidget();
    tableWidget->setFont(QFont("黑体",14));
    vbox->addWidget(tableWidget);
}

Widget::~Widget() {}

void Widget::add_column(){
    int count = tableWidget->columnCount();
    if(count == 0)
        tableWidget->insertColumn(0);
    else
```

```cpp
        tableWidget->insertColumn(count);
}

void Widget::add_row(){
    int count = tableWidget->rowCount();
    if(count == 0)
        tableWidget->insertRow(0);
    else
        tableWidget->insertRow(count);
}

void Widget::remove_column(){
    int num = tableWidget->currentColumn();
    if(num < 0)
        return;
    QString title = "删除列";
    QString label = "确定要删除这一列?";
    QMessageBox::StandardButton reply;
    reply = QMessageBox::question(this,title,label,QMessageBox::Yes|QMessageBox::No);
    if(reply == QMessageBox::Yes)
        tableWidget->removeColumn(num);
}

void Widget::remove_row(){
    int num = tableWidget->currentRow();
    if(num < 0)
        return;
    QString title = "删除行";
    QString label = "确定要删除这一行?";
    QMessageBox::StandardButton reply;
    reply = QMessageBox::question(this,title,label,QMessageBox::Yes|QMessageBox::No);
    if(reply == QMessageBox::Yes)
        tableWidget->removeRow(num);
}

void Widget::select_all(){
    int rowNum = tableWidget->rowCount();
    int columnNum = tableWidget->columnCount();
    for(int i = 0;i < rowNum;i++){
        for(int j = 0;j < columnNum;j++){
            QTableWidgetItem *item = tableWidget->item(i,j);
            if(item == nullptr)
                return;
            item->setCheckState(Qt::Checked);
        }
    }
}
```

(4) 其他文件保持不变,运行结果如图 2-25 所示。

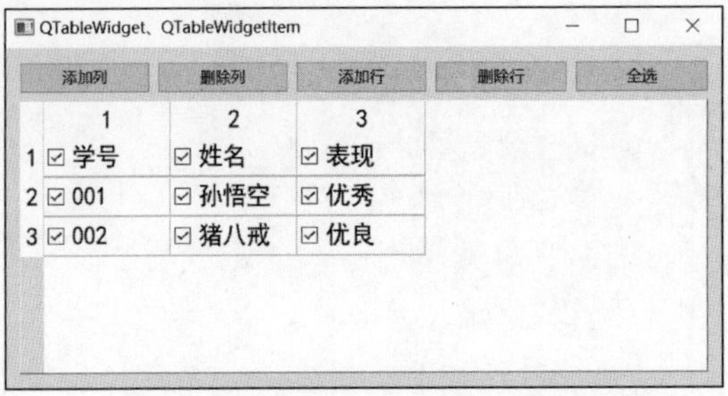

图 2-25 项目 demo7 的运行结果

2.2.3 使用表格控件处理 CSV 文件

在 Qt 6 中,可以使用表格控件(QTableWidget)处理 CSV 文件,不过这需要第 1 章介绍的 QFile 和 QTextStream。

【实例 2-8】 创建一个窗口,该窗口包含一个表格控件、两个按钮。这两个按钮分别实现打开 CSV 文件、保存 CSV 文件的功能,操作步骤如下:

(1) 使用 Qt Creator 创建一个模板为 Qt Widgets Application 的项目,将该项目命名为 demo8,并保存在 D 盘的 Chapter2 文件夹下;在向导对话框中选择基类 QWidget,不勾选 Generate form 复选框。

(2) 编写 widget.h 文件中的代码,代码如下:

```cpp
/* 第 2 章 demo8 widget.h */
#ifndef WIDGET_H
#define WIDGET_H

#include <QWidget>
#include <QVBoxLayout>
#include <QPushButton>
#include <QHBoxLayout>
#include <QTableWidget>
#include <QTableWidgetItem>
#include <QFileDialog>
#include <QString>
#include <QStringList>

class Widget : public QWidget
{
    Q_OBJECT
public:
    Widget(QWidget * parent = nullptr);
    ~Widget();
private:
    QVBoxLayout * vbox;
```

```cpp
    QHBoxLayout * hbox;
    QPushButton * btnOpen, * btnSave;
    QTableWidget * tableWidget;
private slots:
    void open_csv();
    void save_csv();
};
#endif //WIDGET_H
```

(3) 编写 widget.cpp 文件中的代码,代码如下:

```cpp
/* 第2章 demo8 widget.cpp */
#include "widget.h"

Widget::Widget(QWidget * parent):QWidget(parent)
{
    setGeometry(300,300,560,260);
    setWindowTitle("处理 CSV 文件");
    vbox = new QVBoxLayout(this);
    //创建两个按钮
    btnOpen = new QPushButton("打开 CSV 文件");
    btnSave = new QPushButton("保存 CSV 文件");
    hbox = new QHBoxLayout();
    hbox->addWidget(btnOpen);
    hbox->addWidget(btnSave);
    vbox->addLayout(hbox);
    //使用信号/槽
    connect(btnOpen,SIGNAL(clicked()),this,SLOT(open_csv()));
    connect(btnSave,SIGNAL(clicked()),this,SLOT(save_csv()));
    //创建表格控件
    tableWidget = new QTableWidget();
    tableWidget->setFont(QFont("黑体",14));
    vbox->addWidget(tableWidget);
}

Widget::~Widget() {}

void Widget::open_csv(){
    QString curPath = QDir::currentPath();      //获取程序当前目录
    QString filter = "CSV 文件(*.csv);;所有文件(*.*)";
    QString title = "打开 CSV 文本文件";         //文件对话框的标题
    QString fileName = QFileDialog::getOpenFileName(this,title,curPath,filter);
    if(fileName.isEmpty())
        return;
    QFile file(fileName);
    tableWidget->clear();
    if(file.exists() == false)
        return;
    if(!file.open(QIODevice::ReadOnly|QIODevice::Text))
        return;
    QTextStream in(&file);
```

```cpp
        in.setEncoding(QStringConverter::Utf8);
        in.setAutoDetectUnicode(true);              //自动检测 Unicode
        QList<QStringList> lists;                   //创建二维字符串列表,用来存放数据
        while(!in.atEnd()){
            QString line = in.readLine();           //读取一行数据
            //使用逗号作为分隔符,分割成字符串列表
            QStringList fields = line.split(',',Qt::SkipEmptyParts);
            lists.append(fields);
        }
        //根据 data 的行数、列数创建表格项
        int rowNum = lists.size();
        int columnNum = lists[0].size();
        tableWidget->setRowCount(rowNum);
        tableWidget->setColumnCount(columnNum);
        tableWidget->setHorizontalHeaderLabels(lists[0]);
        for(int i = 0;i < rowNum - 1;i++){
            for(int j = 0;j < columnNum;j++){
                QTableWidgetItem *cell = new QTableWidgetItem();
                cell->setText(lists[i+1][j]);
                tableWidget->setItem(i+1,j,cell);
            }
        }
        file.close();
}

void Widget::save_csv(){
    QString curPath = QDir::currentPath();          //获取程序当前目录
    QString filter = "CSV 文件(*.csv);;所有文件(*.*)";
    QString title = "保存 CSV 文件";                //文件对话框的标题
    QString fileName = QFileDialog::getSaveFileName(this,title,curPath,filter);
    if(fileName.isEmpty())
        return;
    QFile file(fileName);
    if(!file.open(QIODevice::WriteOnly|QIODevice::Text))
        return;
    QTextStream out(&file);
    out.setEncoding(QStringConverter::Utf8);
    QStringList lists;
    QStringList temp1;
    int rowNum = tableWidget->rowCount();
    int columnNum = tableWidget->columnCount();
    //将表头数据添加到 lists 列表中
    for(int j = 0;j < columnNum;j++){
        temp1.append(tableWidget->horizontalHeaderItem(j)->text());
    }
    QString str1 = temp1.join(",");
    lists.append(str1 + "\n");
    //将表格数据添加到 lists 列表中
    for(int i = 1;i < rowNum;i++){
        QStringList temp2;
```

```
        for(int j = 0;j < columnNum;j++){
            temp2.append(tableWidget -> item(i,j) -> text());
        }
        QString str2 = temp2.join(",");
        lists.append(str2 + "\n");
    }
    for(int i = 0;i < lists.size();i++)
        out << lists[i]; //写入数据
    file.close();
}
```

(4) 其他文件保持不变，运行结果如图2-26所示。

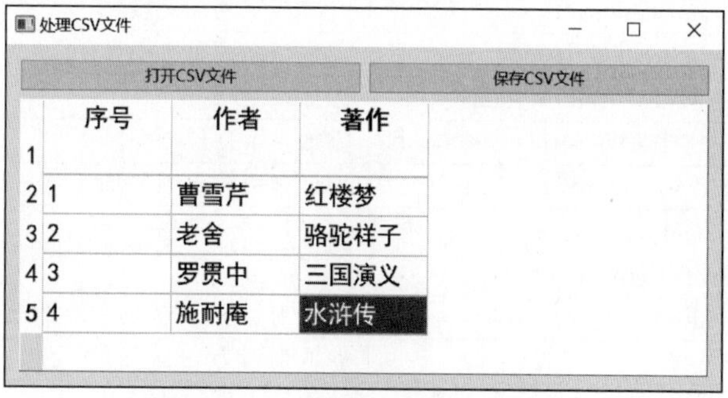

图2-26 项目demo8的运行结果

注意：中文的编码方式主要有gbk和utf-8，根据文件的编码方式，需要设置对应的编码方式才能打开包含中文的CSV文件。

2.3 树结构控件 QTreeWidget 及其项 QTreeWidgetItem

在Qt 6中，使用QTreeWidget类表示树结构控件，树结构控件由一列或多列组成。树结构控件有一个或多个顶层项，顶层项下面有任意多个子项，子项下面可以继续有子项，顶层项没有父项。与列表控件和表格控件不同，树结构的各个项之间有层级关系，可以折叠和展开。

使用QTreeWidgetItem类表示树结构控件的项，使用QTreeWidgetItem类可以定义项中的文字和图标。

2.3.1 树结构控件 QTreeWidget

在Qt 6中，使用QTreeWidget类创建树结构控件。QTreeWidget类是QTreeView类的子类，其继承关系如图2-1所示。QTreeWidget类的构造函数如下：

```
QTreeWidget(QWidget * parent = nullptr)
```

其中，parent表示指向父窗口或父控件的对象指针。QTreeWidget类的常用方法见表2-8。

表 2-8 QTreeWidget 类的常用方法

方法及参数类型	说　　明	返回值的类型
[slot]clear()	清空所有的项	
[slot]expandItem(QTreeWidgetItem * item)	展开项	
[slot]scrollToItem(QTreeWidgetItem * item, QAbstractItemView::ScrollHint hint)	滚动树结构，使指定的项可见	
[slot]collapseItem(QTreeWidgetItem * item)	折叠项	
setColumnCount(int column)	设置列数	
columnCount()	获取列数	int
currentColumn()	获取当前列	int
setColumnWidth(int column, int width)	设置指定列的宽度	
setColumnHidden(int column, bool hide)	设置指定列是否隐藏	
addTopLevelItem(QTreeWidgetItem * item)	添加顶层项	
addTopLevelItems(QList<QTreeWidgetItem *> &its)	添加多个顶层项	
insertTopLevelItem(int index, QTreeWidgetItem * i)	根据索引插入顶层项	
insertTopLevelItems(int index, QList<QTreeWidgetItem *> &items)	根据索引插入多个顶层项	
takeTopLevelItem(int index)	移除顶层项，并返回移除的项	QTreeWidgetItem *
topLevelItem(int index)	获取索引为 index 的顶层项	QTreeWidgetItem *
topLevelItemCount()	获取顶层项的数量	int
setCurrentItem(QTreeWidgetItem * item)	将指定项设置为当前项	
setCurrentItem(QTreeWidgetItem * i, int column)	设置当前项和当前列	
currentItem()	获取当前项	QTreeWidgetItem *
editItem(QTreeWidgetItem * i, int column=0)	开始编辑项	
findItems(QString &str, Qt::MatchFlag, int column=0)	搜索项，并返回项的列表	QList<QTreeWidgetItem *>
setHeaderItem(QTreeWidgetItem * item)	设置表头	
setHeaderLabel(QString &label)	设置表头第 1 列文字	
setHeaderLabels(QStringList &labels)	设置表头文字	
headerItem()	获取表头项	QTreeWidgetItem *
indexOfTopLevelItem(QTreeWidgetItem * item)	获取顶层项的索引	int
invisibleRootItem()	获取不可见的根项	QTreeWidgetItem *
itemAbove(QTreeWidgetItem * item)	获取指定项之前的项	QTreeWidgetItem *
itemBelow(QTreeWidgetItem * item)	获取指定项之后的项	QTreeWidgetItem *
itemAt(QPoint &p)	获取指定位置的项	QTreeWidgetItem *
itemAt(int x, int y)	同上	QTreeWidgetItem *
openPersistentEditor(QTreeWidgetItem * i, int column=0)	打开指定项的编辑框	
isPersistentEditorOpen(QTreeWidgetItem * item, int column=0)	获取指定项的编辑框是否已经打开	bool

续表

方法及参数类型	说　明	返回值的类型
closePersistentEditor(QTreeWidgetItem * item,int column=0)	关闭指定项编辑框	
selectedItems()	获取选中的项列表	QList<QTreeWidgetItem *>
setFirstItemColumnSpanned(int row,QModelIndex &parent,bool span)	设置是否只显示指定项的第1列的值	
isFirstItemColumnSpanned(int row,QModelIndex &parent)	获取是否只显示指定项的第1列的值	bool
setItemWidget(QTreeWidgetItem * i,int column,QWidget * w)	在指定项的指定列设置控件	
itemWidget(QTreeWidgetItem * i,int column)	获取指定项上的控件	QWidget *
removeItemWidget(QTreeWidgetItem * i,int column)	移除指定项上的控件	
collapseAll()	折叠所有的项	
expandAll()	展开所有的项	

在 Qt 6 中,QTreeWidget 类的信号见表 2-9。

表 2-9　QTreeWidget 类的信号

信号及参数类型	说　明
currentItemChanged(QTreeWidgetItem * current,QTreeWidgetItem * previous)	当前项发生改变时发送信号
itemActivated(QTreeWidgetItem * item,int column)	当项变成活跃项时发送信号
itemChanged(QTreeWidgetItem * item,int column)	当项发生改变时发送信号
itemClicked(QTreeWidgetItem * item,int column)	当单击项时发送信号
itemDoubleClicked(QTreeWidgetItem * item,int column)	当双击项时发送信号
itemEntered(QTreeWidgetItem * item,int column)	当光标进入项时发送信号
itemPressed(QTreeWidgetItem * item,int column)	当在项上按下鼠标按键时发送信号
itemExpanded(QTreeWidgetItem * item)	当展开项时发送信号
itemCollapsed(QTreeWidgetItem * item)	当折叠项时发送信号
itemSelectionChanged()	当选择的项发生改变时发送信号

2.3.2　QTreeWidgetItem 类

在 Qt 6 中,使用 QTreeWidgetItem 类创建树结构的项,QTreeWidgetItem 类的构造函数如下:

```
QTreeWidgetItem(int type = QTreeWidgetItem::Type)
QTreeWidgetItem(const QStringList &strings, int type = QTreeWidgetItem::Type)
QTreeWidgetItem(QTreeWidget * parent, int type = QTreeWidgetItem::Type)
QTreeWidgetItem(QTreeWidget * parent, const QStringList &strings, int type =
        QTreeWidgetItem::Type)
```

```
QTreeWidgetItem(QTreeWidget * parent,QTreeWidgetItem * preceding, int type =
                QTreeWidgetItem::Type)
QTreeWidgetItem(QTreeWidgetItem * parent,const QStringList strings, int type =
                QTreeWidgetItem::Type)
QTreeWidgetItem(QTreeWidgetItem * parent, QTreeWidgetItem * preceding, int type =
                QTreeWidgetItem::Type)
QTreeWidgetItem(const QTreeWidgetItem &other)
```

其中,type 的取值为 QTreeWidgetItem::Type(默认值,值为 1)或 QTreeWidgetItem::UserType(值为 1000),QTreeWidgetItem::UserType 是用户自定义类型的最小值;strings 表示字符串列表,即各列上的文字;当第 1 个参数为 QTreeWidget 对象指针时,表示将项添加到树结构控件中;当第 1 个参数为 QTreeWidgetItem 对象指针时,表示父项,新创建的项作为子项添加到父项下;当第 2 个参数为 QTreeWidgetItem 对象指针时,表示新创建的项插入该项的下面。

QTreeWidgetItem 类的常用方法见表 2-10。

表 2-10 QTreeWidgetItem 类的常用方法

方法及参数类型	说明	返回值的类型
addChild(QTreeWidgetItem * child)	添加子项	
addChildren(QList<QTreeWidgetItem *> &children)	添加多个子项	
insertChild(int index,QTreeWidgetItem * child)	根据索引插入子项	
insertChildren(int index,QList<QTreeWidgetItem *> &children)	在指定索引处插入多个子项	
background(int column)	获取指定列的背景色	QBrush
foreground(int column)	获取指定列的前景色	QBrush
child(int index)	获取指定索引的子项	QTreeWidgetItem *
childCount()	获取子项的数量	int
takeChild(int index)	根据索引移除子项,并返回该子项	QTreeWidgetItem *
takeChildren()	移除所有子项,并返回子项列表	QList<QTreeWidgetItem *>
removeChild(QTreeWidgetItem * child)	移除指定的子项	
setCheckState(int column,Qt::CheckState)	设置勾选状态	
checkState(int column)	获取勾选状态	Qt::CheckState
setText(int column,QString &text)	设置指定列的文本	
text(int column)	获取指定列的文本	QString
setTextAlignment(int column,Qt::Alignment)	设置指定列的对齐方式	
setIcon(int column,QIcon &icon)	设置指定列的图标	
setFont(int column,QFont &font)	设置指定列的字体	
font(int column)	获取列的字体	QFont
setData(int column, int role,QVariant &v)	设置指定列的角色值	
data(int column,int role)	获取指定列的角色值	QVariant

续表

方法及参数类型	说 明	返回值的类型
setBackground(int column,QBrush &brush)	设置指定列的背景色	
setForeground(int column,QBrush &brush)	设置指定列的前景色	
columnCount()	获取列的数量	int
indexOfChild(QTreeWidgetItem * child)	获取子项的索引	int
setChildIndicatorPolicy(QTreeWidgetItem::ChildIndicatorPolicy)	设置展开/折叠标识的显示策略	
childIndicatorPolicy()	获取展开策略	ChildIndicatorPolicy
setDisabled(bool)	设置是否激活	
isDisabled()	获取是否激活	bool
setExpanded(bool)	设置是否展开	
isExpanded()	获取是否已经展开	bool
setFirstColumnSpanned(bool)	设置是否只显示第1列的内容	
setFlags(Qt::ItemFlag)	设置标识	
setHidden(bool)	设置是否隐藏	
setSelected(bool)	设置是否选中	
setStatusTip(column,QString &tip)	设置状态信息	
setToolTip(int column,QString &tip)	设置提示信息	
setWhatsThisTip(int column,QString &this)	设置按组合键Ctrl+F1显示的信息	
sortChildren(int column,Qt::SortOrder)	对子项进行排序	
parent()	获取项的父项	QTreeWidgetItem *
treeWidget()	获取项所在的树结构控件	QTreeWidget *

在表2-10中，QTreeWidgetItem::ChildIndictorPolicy的枚举常量为QTreeWidgetItem::ShowIndicator(无论是否有子项都显示标识)、QTreeWidgetItem::DontShowIndicator(即使有子项,也不显示标识)、QTreeWidgetItem::DontShowIndicatorWhenChildless(当没有子项时,不显示标识)。

【实例2-9】 创建一个窗口,该窗口包含1个树结构控件、1个标签控件。向树结构控件中添加两列数据,如果选中包含两列数据的项,则标签显示对应的信息,操作步骤如下：

(1) 使用Qt Creator创建一个模板为Qt Widgets Application的项目,将该项目命名为demo9,并保存在D盘的Chapter2文件夹下；在向导对话框中选择基类QWidget,不勾选Generate form复选框。

(2) 编写widget.h文件中的代码,代码如下：

```
/* 第2章 demo9 widget.h */
#ifndef WIDGET_H
#define WIDGET_H

#include <QWidget>
#include <QVBoxLayout>
#include <QTreeWidget>
```

```cpp
#include <QTreeWidgetItem>
#include <QLabel>
#include <QFont>
#include <QString>

class Widget : public QWidget
{
    Q_OBJECT
public:
    Widget(QWidget * parent = nullptr);
    ~Widget();
private:
    QVBoxLayout * vbox;
    QTreeWidget * treeWidget;
    QLabel * label;
private slots:
    void clicked_treeWidget(QTreeWidgetItem * item, int column);
};
#endif //WIDGET_H
```

(3) 编写 widget.cpp 文件中的代码，代码如下：

```cpp
/* 第 2 章 demo9 widget.cpp */
#include "widget.h"

Widget::Widget(QWidget * parent):QWidget(parent)
{
    setGeometry(300,300,580,300);
    setWindowTitle("QTreeWidget、QTreeWidgetItem");
    vbox = new QVBoxLayout(this);
    //创建树结构控件
    treeWidget = new QTreeWidget();
    treeWidget -> setFont(QFont("黑体",12));
    label = new QLabel("提示：");
    label -> setFont(QFont("楷体",14));
    vbox -> addWidget(treeWidget);
    vbox -> addWidget(label);
    //向树结构中添加表头数据
    treeWidget -> setColumnCount(2);
    QTreeWidgetItem * header = new QTreeWidgetItem();
    header -> setText(0,"地区范围");
    header -> setText(1,"人口数量(万人)");
    header -> setTextAlignment(0,Qt::AlignLeft);
    header -> setTextAlignment(1,Qt::AlignLeft);
    treeWidget -> setHeaderItem(header);
    //添加顶层项
    QTreeWidgetItem * topItem1 = new QTreeWidgetItem(treeWidget);
    topItem1 -> setText(0,"东北");
    QTreeWidgetItem * child1 = new QTreeWidgetItem(topItem1,{"黑龙江","3099"});
    QTreeWidgetItem * child2 = new QTreeWidgetItem(topItem1,{"吉林","2399"});
    QTreeWidgetItem * child3 = new QTreeWidgetItem(topItem1,{"辽宁"});
    QTreeWidgetItem * child4 = new QTreeWidgetItem(child3,{"沈阳","915"});
    QTreeWidgetItem * child5 = new QTreeWidgetItem(child3,{"大连","753"});
    //添加顶层项
```

```
    QTreeWidgetItem * topItem2 = new QTreeWidgetItem(treeWidget);
    topItem2->setText(0,"华东");
    QTreeWidgetItem * child6 = new QTreeWidgetItem(topItem2,{"江苏","8526"});
    QTreeWidgetItem * child7 = new QTreeWidgetItem(topItem2,{"上海","2475"});
    treeWidget->expandAll();
    //使用信号/槽
    connect(treeWidget,SIGNAL(itemClicked(QTreeWidgetItem * ,int)),this,
    SLOT(clicked_treeWidget(QTreeWidgetItem * ,int)));
}

Widget::~Widget() {}

void Widget::clicked_treeWidget(QTreeWidgetItem * item, int column){
    if(item->text(1)!= ""){
        QString str = "地区范围: " + item->text(0) + ",人口数量(万人): " + item->text(1);
        label->setText(str);
    }
}
```

(4) 其他文件保持不变,运行结果如图 2-27 所示。

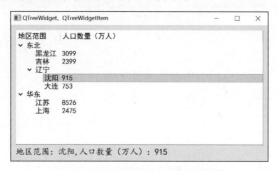

图 2-27　项目 demo9 的运行结果

2.3.3　使用 Qt Designer 创建树结构控件

在 Qt 6 中,可以使用 Qt Designer 或 Qt Creator 的设计模式在窗口中创建树结构控件。

【实例 2-10】　使用 Qt Creator 的设计模式创建一个包含树结构控件的窗口,向树结构控件中添加两列数据,操作步骤如下:

(1) 使用 Qt Creator 创建一个模板为 Qt Widgets Application 的项目,将该项目命名为 demo10,并保存在 D 盘的 Chapter2 文件夹下;在向导对话框中选择基类 QWidget,不勾选 Generate form 复选框。

(2) 双击文件目录树的 widget.ui 进入 Qt Creator 的设计模式,并将主窗口的宽度、高度分别修改为 560、220,如图 2-28 所示。

(3) 将工具箱中的 Tree Widget 控件拖曳到主窗口,如图 2-29 所示。

(4) 选中主窗口上的 Tree Widget 控件,右击鼠标,在弹出的菜单栏中选择"编辑项目",此时会弹出一个"编辑树窗口部件"对话框,如图 2-30 和图 2-31 所示。

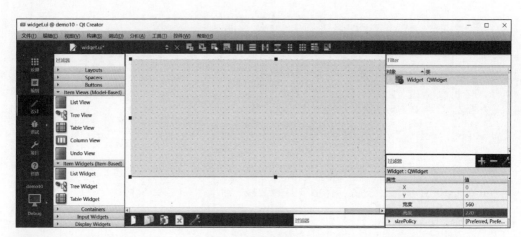

图 2-28　创建的窗口

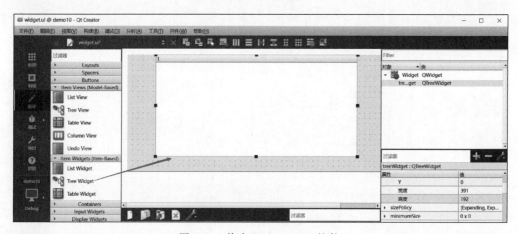

图 2-29　拖曳 Tree Widget 控件

图 2-30　右击鼠标后弹出的菜单

（5）在"编辑树窗口部件"对话框的列选项卡中，单击左下角的加号图标可以为树结构控件添加列，单击左下角的减号图标可以删除当前列。添加两列，如图2-32所示。

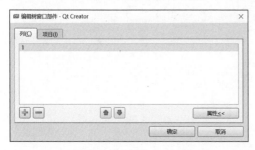

图2-31 "编辑树窗口部件"对话框

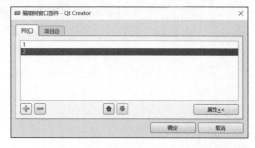

图2-32 为树结构控件添加列

（6）"在编辑树窗口部件"对话框的项目选项卡中，单击左下角的加号图标可以为树结构控件添加项，单击左下角的减号图标可以删除当前行，中间的图标表示添加当前项的子项。依次添加项，如图2-33所示。

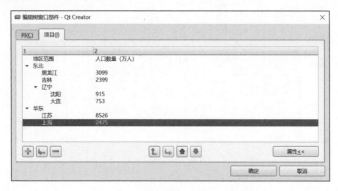

图2-33 为树结构控件添加项

（7）在"编辑树窗口部件"对话框中，单击"确定"按钮，可查看已经添加项的树结构控件，如图2-34所示。

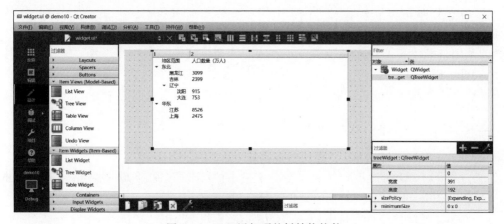

图2-34 已经添加项的树结构控件

(8) 修改主窗口的标题,将主窗口的布局设置为水平布局,如图 2-35 所示。

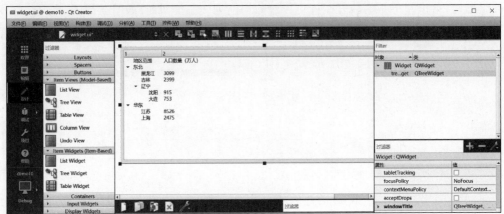

图 2-35 设置布局后的主窗口

(9) 其他文件保持不变,运行结果如图 2-36 所示。

图 2-36 项目 demo10 的运行结果

2.4 用表格控件处理 Excel 文件

17min

在 Qt 6 中,可以使用表格控件处理 Excel 文件,这需要使用 Qt 6 的附加模块 Active Qt。Active Qt 模块被用于开发使用 ActiveX 和 COM 组件的 Windows 程序。

COM 组件即 Windows 上的 COM 组件对象模型,COM 是一个独立于平台的分布式面向对象的系统,用于创建可以交互的二进制软件组件。COM 是 Microsoft 的 OLE(复合文档的基础技术)和 ActiveX(支持 Internet 的组件)技术。可以使用各种编程语言创建 COM 对象。面向对象的语言(如 C++)提供了简化 COM 对象的实现的编程机制。这些对象可以位于单个进程中或位于其他进程中,甚至在远程计算机上也是如此。

2.4.1 安装 Active Qt 模块

在 Qt 6 中安装 Active Qt 子模块的步骤如下:

(1) 打开软件 Qt Creator,然后单击菜单栏中的"工具",选择 Qt Maintenance Tool→Start Maintenance Tool,进入 Qt 的维护工具窗口。

(2) 在 Qt 的维护工具窗口中,安装 Active Qt 模块,如图 2-37 所示。

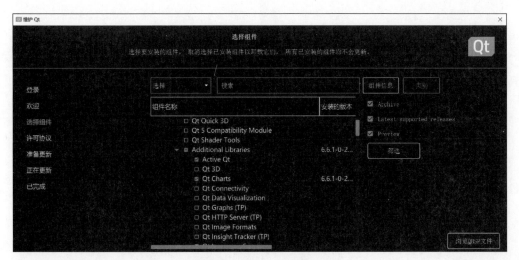

图 2-37　Active Qt 组件

开发者如果要使用 Active Qt 模块下的 QAxObject 类,则需要在配置文件(后缀名为 .pro)中添加一行语句,代码如下:

```
QT += axcontainer
```

本书将在第 11 章介绍 QAxObject 类的详细用法。

2.4.2　典型应用

在 Qt 6 中,可以使用表格控件打开、保存 Excel 文件。

【实例 2-11】 创建一个窗口,该窗口包含一个表格控件、两个按钮。这两个按钮分别实现打开 Excel 文件、保存 Excel 文件的功能,操作步骤如下:

(1) 使用 Qt Creator 创建一个模板为 Qt Widgets Application 的项目,将该项目命名为 demo11,并保存在 D 盘的 Chapter2 文件夹下;在向导对话框中选择基类 QWidget,不勾选 Generate form 复选框。

(2) 向 demo11.pro 中添加下面一行语句:

```
QT += axcontainer
```

(3) 编写 widget.h 文件中的代码,代码如下:

```
/* 第 2 章 demo11 widget.h */
#ifndef WIDGET_H
#define WIDGET_H

#include <QWidget>
#include <QVBoxLayout>
#include <QPushButton>
#include <QHBoxLayout>
#include <QTableWidget>
#include <QTableWidgetItem>
```

```cpp
#include <QFileDialog>
#include <QString>
#include <QStringList>
#include <QList>
#include <QAxObject>
#include <QVariant>
#include <QMessageBox>
#include <QDebug>

class Widget : public QWidget
{
    Q_OBJECT
public:
    Widget(QWidget *parent = nullptr);
    ~Widget();
private:
    QVBoxLayout *vbox;
    QHBoxLayout *hbox;
    QPushButton *btnOpen, *btnSave;
    QTableWidget *tableWidget;
private slots:
    void open_excel();
    void save_excel();
};
#endif //WIDGET_H
```

(4) 编写 widget.cpp 文件中的代码,代码如下:

```cpp
/* 第 2 章 demo11 widget.cpp */
#include "widget.h"

Widget::Widget(QWidget *parent):QWidget(parent)
{
    setGeometry(300,300,560,260);
    setWindowTitle("处理 Excel 文件");
    vbox = new QVBoxLayout(this);
    //创建两个按钮
    btnOpen = new QPushButton("打开 Excel 文件");
    btnSave = new QPushButton("保存 Excel 文件");
    hbox = new QHBoxLayout();
    hbox->addWidget(btnOpen);
    hbox->addWidget(btnSave);
    vbox->addLayout(hbox);
    //使用信号/槽
    connect(btnOpen,SIGNAL(clicked()),this,SLOT(open_excel()));
    connect(btnSave,SIGNAL(clicked()),this,SLOT(save_excel()));
    //创建表格控件
    tableWidget = new QTableWidget();
    vbox->addWidget(tableWidget);
}

Widget::~Widget() {}
```

```cpp
void Widget::open_excel(){
    QString curPath = QDir::currentPath();      //获取程序当前目录
    QString filter = "Excel 文件(*.xlsx);;所有文件(*.*)";
    QString title = "打开 Excel 文件";           //文件对话框的标题
    QString fileName = QFileDialog::getOpenFileName(this,title,curPath,
    filter);
    if(fileName.isEmpty())
        return;
    fileName.replace('/','\\');                 //将字符串中的/替换为\\
    //清空表格控件的内容
    tableWidget->clear();
    //创建 Excel 应用程序对象
    QAxObject * excel = new QAxObject("Excel.Application");
    //打开工作簿集
    QAxObject * workbooks = excel->querySubObject("WorkBooks");
    workbooks->dynamicCall("Open(const QString&)",fileName);
    QAxObject * workbook = excel->querySubObject("ActiveWorkBook");
    //获取工作表集
    QAxObject * sheets = workbook->querySubObject("WorkSheets");
    QAxObject * sheet = workbook->querySubObject("Sheets(int)",1);
    QAxObject * cell = sheet->querySubObject("Range(QVariant,QVariant)","C3");
    QString str = cell->dynamicCall("Value()").toString();
    qDebug()<< str;
    //获取工作表的最大行数、列数
    QAxObject * usedRange = sheet->querySubObject("UsedRange");
    QAxObject * rows = usedRange->querySubObject("Rows");
    QAxObject * columns = usedRange->querySubObject("Columns");
    int rowNum = rows->property("Count").toInt();
    int columnNum = columns->property("Count").toInt();
    qDebug()<< rowNum;
    qDebug()<< columnNum;
    //读取工作表中的数据
    QList<QStringList> data;
    for (int row = 1; row <= rowNum; ++row) {
        QStringList rowData;
        for (int col = 1; col <= columnNum; ++col) {
            //获取单元格对象并读取其值
            QAxObject * cell = sheet->querySubObject("Cells(int,int)", row,col);
            QString cellValue = cell->dynamicCall("Value()").toString();
            //qDebug()<< cellValue;
            rowData.append(cellValue);
        }
        data.append(rowData);
    }
    //根据 data 的行数、列数创建表格项
    tableWidget->setRowCount(rowNum);
    tableWidget->setColumnCount(columnNum);
    tableWidget->setHorizontalHeaderLabels(data[0]);
    for(int i = 1;i<rowNum;i++){
        for(int j = 0;j<columnNum;j++){
```

```cpp
            QTableWidgetItem *cel = new QTableWidgetItem();
            cel->setText(data[i][j]);
            tableWidget->setItem(i,j,cel);
        }
    }
    workbooks->dynamicCall("Close()");          //关闭工作簿集
    excel->dynamicCall("Quit()");               //关闭Excel应用程序
    //删除不需要的指针
    delete sheet;
    delete sheets;
    delete workbook;
    delete workbooks;
    delete excel;
}

void Widget::save_excel(){
    QString curPath = QDir::currentPath();      //获取程序当前目录
    QString filter = "Excel文件(*.xlsx);;所有文件(*.*)";
    QString title = "保存Excel文件";             //文件对话框的标题
    QString fileName = QFileDialog::getSaveFileName(this,title,curPath,
    filter);
    if(fileName.isEmpty())
        return;
    fileName.replace('/','\\');                 //将字符串中的/替换为\\
    //创建Excel应用程序对象
    QAxObject *excel = new QAxObject("Excel.Application");
    //打开工作簿集
    QAxObject *workbooks = excel->querySubObject("WorkBooks");
    workbooks->dynamicCall("Add");              //添加一个工作簿
    QAxObject *workbook = excel->querySubObject("ActiveWorkBook");
    //获取工作表集
    QAxObject *sheets = workbook->querySubObject("Sheets");
    //获取活动工作表
    //sheets->dynamicCall("Add");                //添加一个工作表
    QAxObject *sheet = workbook->querySubObject("ActiveSheet");
    //创建元素类型为字符串的二维列表lists
    QList<QStringList> lists;
    QStringList temp1;
    int rowNum = tableWidget->rowCount();
    int columnNum = tableWidget->columnCount();
    //将表头数据添加到lists列表中
    for(int j = 0;j<columnNum;j++){
        temp1.append(tableWidget->horizontalHeaderItem(j)->text());
    }
    lists.append(temp1);
    //将表格数据添加到lists列表中
    for(int i = 1;i<rowNum;i++){
        QStringList temp2;
        for(int j = 0;j<columnNum;j++){
            temp2.append(tableWidget->item(i,j)->text());
        }
        lists.append(temp2);
    }
```

```
//qDebug()<<lists;
//向 Excel 的单元格中写入数据
for(int i = 1;i<= rowNum;i++){
    for(int j = 1;j<= columnNum;j++){
        QAxObject *cell = sheet->querySubObject("Cells(int,int)", i,j);
        cell->dynamicCall("SetValue(const QVariant&)",QVariant(lists[i-1][j-1]));
    }
}
//保存 Excel
workbook->dynamicCall("SaveAs(const QString&)",fileName);
QMessageBox::information(this,"提示消息","文件保存成功!");
workbooks->dynamicCall("Close()");         //关闭 Excel 工作簿集
excel->dynamicCall("Quit()");              //关闭 Excel 应用程序
//删除不需要的指针
delete sheet;
delete sheets;
delete workbook;
delete workbooks;
delete excel;
}
```

（5）其他文件保持不变，运行结果如图 2-38 所示。

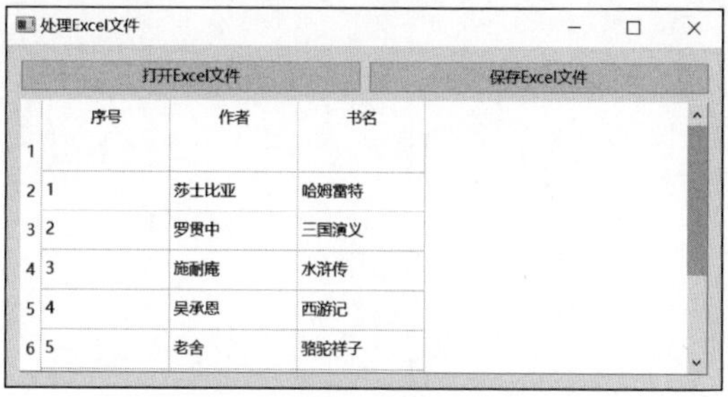

图 2-38　项目 demo11 的运行结果

注意：开发者可直接应用项目 demo11 中读取、写入 Excel 文件的代码，读取 Excel 文件代码的本质是将 Excel 的数据转换为二维列表中的数据，然后将二维列表中的数据显示在表格控件上，而写入 Excel 文件的本质是将表格控件的数据转换为二维列表中的数据，然后将二维列表中的数据写入 Excel 文件中。

2.5　小结

本章主要介绍了 Qt 6 中基于项的控件，可以使用基于项的控件处理不同类型的数据。

首先介绍了列表控件 QListWidget 及其项 QListWidgetItem，可以使用列表控件处理列表数据；其次介绍了表格控件 QTableWidget 及其项 QTableWidgetItem，可以使用表格控件处理二维表格数据，然后介绍了树结构控件 QTreeWidget 及其项 QTreeWidgetItem，可以使用树结构控件处理树结构的数据；最后介绍了使用表格控件处理 Excel 文件的方法。

第二部分

第3章 基于模型/视图的控件

在实际编程中,有时程序需要处理各种类型的数据,例如列表数据、二维表格数据、树结构数据。使用 Qt 6 中的基于模型/视图的控件可以显示、处理不同类型的数据。本章节主要介绍基于模型/视图的控件。

3.1 模型/视图简介

在 Qt 6 中,基于模型/视图的控件采用了数据与显示相分离的技术。这种技术起源于 Smalltalk 的设计模式模型/视图/控制器(Model/View/Controller,MVC),一般应用在显示界面的程序中。与前者不同,Qt 6 主要采用了模型/视图/代理(Model/View/Delegate),简称为 Model/View。

14min

3.1.1 Model/View/Delegate 框架

在 Qt 6 中,可以使用 Model/View/Delegate 框架技术来显示、处理不同类型的数据。Model/View/Delegate 框架如图 3-1 所示。

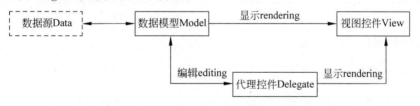

图 3-1 Model/View/Delegate 框架

在 Model/View/Delegate 框架中,使用数据模型 Model 从数据源 Data 中读、写数据,使用视图控件 View 显示从数据模型的索引中获取的数据。如果用户要编辑数据,则可以使用代理控件 Delegate 编辑或修改数据,并将修改后的数据传递给数据模型 Model,Qt 6 的视图控件提供了默认的代理控件,例如 QTableView 中提供了 QLineEdit 编辑框,所以 Model/View/Delegate 可以简写为 Model/View 框架。

在 Qt 6 中,数据模型、视图控件、代理控件通过信号/槽机制进行通信。

3.1.2 数据模型 Model

Qt 6 提供了多种类型的数据模型,如图 3-2 所示。

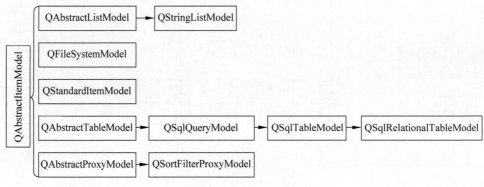

图 3-2　Qt 6 中的数据模型

在实际编程中会根据不同的功能，选择不同类型的数据模型。Qt 6 提供的数据模型类的功能见表 3-1。

表 3-1　Qt 6 提供的数据模型类的功能

Model 类	说　　明
QAbstractItemModel	抽象类，是所有数据模型类的基类，不能直接使用
QStringListModel	用于处理字符串、列表等数据的数据模型类
QStandardItemModel	标准的基于项数据的数据模型类，每项可以为任何数据类型
QFileSystemModel	计算机文件系统的数据模型类
QSortFilterProxyModel	与其他数据模型结合，提供排序和过滤功能的数据模型类
QSqlQueryModel	用于数据库 SQL 查询结果的数据模型类
QSqlTableModel	用于数据库的一个数据表的数据模型类
QSqlRelationalTableModel	用于关系型数据表的数据模型类

本章将重点讲述 QAbstractItemModel、QStringListModel、QStandardItemModel、QFileSystemModel。

3.1.3　视图控件 View

视图控件是用来显示数据模型的显示控件，Qt 6 提供了多种视图控件，如图 3-3 所示。

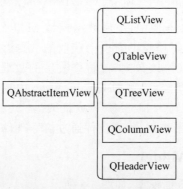

图 3-3　Qt 6 中的视图控件

在实际编程中会根据不同的功能,选择不同类型的视图控件。Qt 6 提供的视图控件的功能见表 3-2。

表 3-2 Qt 6 提供的视图控件的功能

View 类	说　　明
QListView	用于显示单列的列表数据,适用于一维数据的操作
QTableView	用于显示表格数据,适用于二维表格数据的操作
QTreeView	用于显示树结构数据,适用于树结构数据的操作
QColumnView	使用多个 QListView 显示树层次结构,树结构的一层使用 QListView 表示
QHeaderView	提供行表头或列表头的视图控件,例如 QTableView 的行表头和列表头

本章节将重点介绍 QListView、QTableView、QTreeView 的应用。

3.1.4 代理控件 Delegate

代理控件就是视图控件上为编辑数据提供的临时编辑器。例如在 QTableView 控件上编辑一个单元格的数据时,默认提供一个 QLineEdit 编辑框。代理控件负责从数据模型获取相应的数据,并显示在编辑器里,修改数据后可以将数据保存到数据模型中。

在 Qt 6 中,QAbstractItemDelegate 类是所有代理控件类的基类,是个抽象类,不能直接使用,其子类 QStyledItemDelegate 是 Qt 6 中视图控件类的默认代理控件类,默认提供 QLineEdit 类作为编辑器。如果开发者使用 QComboBox、QSpinBox 作为代理控件,则要继承 QStyledItemDelegate 类创建自定义代理控件类。

3.1.5 数据项索引 QModelIndex

在数据模型 Model 中,数据存储的基本单元为 item,每个 item 都对应了唯一的索引值(QModelIndex)。

在 Qt 6 中,使用 QModelIndex 类表示数据索引,每个数据索引都有 3 个属性,分别为行、列、父索引。对于一维数据模型,只会用到行,例如列表;对于二维数据模型会用到行和列,例如 Table;对于三维数据模型会用到行、列、父索引,例如树。这 3 种数据如图 3-4 所示。

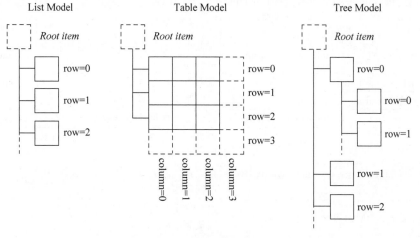

图 3-4 不同的数据类型

在 Qt 6 中，QModelIndex 类的常用方法见表 3-3。

表 3-3　QModelIndex 类的常用方法

方法及参数类型	说　　明	返回值的类型
model()	获取数据模型	QAbstractItemModel *
parent()	获取父索引	QModelIndex
sibling(int row, int column)	根据行和列获取同级别的索引	QModelIndex
siblingAtColumn(int column)	根据列获取同级别的索引	QModelIndex
siblingAtRow(int row)	根据行获取同级别的索引	QModelIndex
row()	获取索引指向的行	int
column()	获取索引指向的列	int
data(int role=Qt::ItemDataRole)	获取数据项指定角色的数据	QVariant
flags()	获取标识	Qt::ItemFlag
isValid()	获取索引是否有效	bool

3.1.6　抽象数据模型 QAbstractItemModel

在 Qt 6 中，QAbstractItemModel 类为其他数据模型类的基类，该类提供了数据模型与视图控件的数据接口。QAbstractItemModel 类是抽象类，不能直接使用。QAbstractItemModel 类的方法被其子类继承。

QAbstractItemModel 类的常用方法见表 3-4。

表 3-4　QAbstractItemModel 类的常用方法

方法及参数类型	说　　明	返回值的类型
[slot]submit()	将缓存信息提交到永久存储中	bool
[slot]revert()	放弃将缓存信息提交到永久存储中	
index(int row, int column, QModelIndex &parent)	获取父索引下的指定行、列的数据项索引	QModelIndex
parent(QModelIndex &index)	获取父数据项的索引	QModelIndex
sibling(int row, int col, QModelIndex &parent)	获取指定行、列的同级别的数据项索引	QModelIndex
flags(QModelIndex &index)	获取指定数据项的标识	Qt::ItemFlag
hasChildren(QModelIndex &parent)	获取是否有子数据项	bool
hasIndex(int row, int col, QModelIndex &parent)	获取是否能创建数据项索引	bool
insertColumn(int column, QModelIndex &parent)	根据指定的列插入列，若成功，则返回值为 true	bool
insertColumns(int column, int count, QModelIndex &parent)	根据指定的列插入多列，若成功，则返回值为 true	bool
insertRow(int row, QModelIndex &parent)	根据指定的行插入行，若成功，则返回值为 true	bool

续表

方法及参数类型	说 明	返回值的类型
insertRows(int row, int count, QModelIndex &parent)	根据指定的行插入多行,若成功,则返回值为 true	bool
setData(QModelIndex &index, QVariant &v, int role=Qt::ItemDataRole)	设置数据项的角色,若成功,则返回值为 true	bool
data(QModelIndex &i, int role=Qt::DisplayRole)	获取数据项的角色值	QVariant
setItemData(QModelIndex, &index, QMap<int, QVariant> roles)	用字典设置数据项的角色值,若成功,则返回值为 true	bool
itemData(QModelIndex &index)	获取数据项的角色值	QMap<int, QVariant>
moveColumn(QModelIndex &sourceParent, int sourceColumn, QModelIndex &destinationParent, int destinationChild)	将指定列移动到目标数据项索引的指定列处,若成功,则返回值为 true	bool
moveColumns(QModelIndex &sourceParent, int sourceColumn, int count, QModelIndex &destinationParent,, int destinationChild)	将多列移动到目标数据项索引的指定列处,若成功,则返回值为 true	bool
moveRow(QModelIndex &sourceParent, int sourceRow, QModelIndex &destinationParent, int destinationChild)	将指定行移动到目标数据项索引的指定行处,若成功,则返回值为 true	bool
moveRows(QModelIndex &sourceParent, int sourceRow, int count, QModelIndex &destinationParent, int destinationChild)	将多行移动到目标数据项索引的指定行处,若成功,则返回值为 true	bool
removeColumn(int col, QModelIndex &parent)	移除单列,若成功,则返回值为 true	bool
removeColumns(int column, int count, QModelIndex &parent)	移除多列,若成功,则返回值为 true	bool
removeRow(int row, QModelIndex &parent)	移除单行,若成功,则返回值为 true	bool
removeRow(int row, int count, QModelIndex &parent)	移除多行,若成功,则返回值为 true	bool
rowCount(QModelIndex &parent)	获取行数	int
columnCount(QModelIndex &parent)	获取列数	int
setHeaderData(int section, Qt::Orientation ori, QVariant &value, int role=Qt::EditRole)	设置表头数据,若成功,则返回值为 true	bool
headerData(int section, Qt::Orientation ori, int role=Qt::DisplayRole)	获取表头数据	QVariant
supportedDragActions()	获取支持的拖放动作	Qt::DropActions
sort(int column, Qt::SortOrder order = Qt::AscendingOrder)	对指定列进行排序	

在 Qt 6 中,Qt::ItemDataRole 的枚举常量见表 3-5。

在 Qt 6 中,QAbstractItemModel 类的信号也会被其子类继承。QAbstractItemModel 类的信号见表 3-6。

表 3-5 Qt::ItemDataRole 的枚举常量

枚 举 值	说 明	对应的数据类型
Qt::DisplayRole	视图控件显示的文本	QString
Qt::DecorationRole	图标	QIcon、QColor、QPixmap
Qt::EditRole	编辑视图控件时显示的文本	QString
Qt::ToolTipRole	提示信息	QString
Qt::StatusTipRole	状态提示信息	QString
Qt::WhatsThisRole	按下 Shift+F1 组合键时显示的数据	QString
Qt::SizeHintRole	尺寸提示	QSize
Qt::FontRole	默认代理控件的字体	QFont
Qt::TextAlignmentRole	默认代理控件的对齐方式	Qt::Alignment
Qt::ForegroundRole	默认代理控件的背景色	QBrush
Qt::BackgroundRole	默认代理控件的前景色	QBrush
Qt::CheckStateRole	勾选状态	Qt::CheckState
Qt::InitialSortOrderRole	初始排序	Qt::SortOrder
Qt::AccessibleTextRole	用于可访问插件扩展的文本	QString
Qt::AccessibleDescriptionRole	用于可访问功能的描述	QString
Qt::UserRole	自定义角色,可使用多个自定义角色,第 1 个为 Qt::UserRole,第 2 个为 Qt::UserRole+1,以此类推	QVariant(任意数据类型)

表 3-6 QAbstractItemModel 类的信号

信号及参数类型	说 明
columnsAboutToBeInserted(QModelIndex &parent,int first,int last)	在插入列之前发送信号
columnsInserted(QModelIndex &parent,int first,int last)	在插入列之后发送信号
columnsAboutToBeMoved(QModelIndex &sourceParent, int sourceStart, int sourceEnd,QModelIndex &destinationParent, int destinationColumn)	在移动列之前发送信号
columnsMoved(QModelIndex &sourceParent,int sourceStart,int sourceEnd, QModelIndex &destinationParent, int destinationColumn)	在移动列之后发送信号
columnsAboutToBeRemoved(QModelIndex &parent,int first,int last)	在移除列之前发送信号
columnsRemoved(QModelIndex &parent,int first,int last)	移除列之后发送信号
rowsAboutToBeInserted(QModelIndex &parent,int first,int last)	在插入行之前发送信号
rowsInserted(QModelIndex &parent,int first,int last)	在插入行之后发送信号
rowsAboutToBeMoved(QModelIndex &sourceParent, int sourceStart, int sourceEnd, QModelIndex &destinationParent, int destinationRow)	在移动行之前发送信号
rowsMoved(QModelIndex &sourceParent, int sourceStart, int sourceEnd, QModelIndex &destinationParent, int destinationRow)	在移动行之后发送信号
rowsAboutToBeRemoved(QModelIndex &parent,int first,int last)	在移除行之前发送信号
rowsRemoved(QModelIndex &parent,int first,int last)	在移除行之后发送信号
dataChanged(QModelIndex &topLeft, QModelIndex &bottomRight, QList<int> &roles=QList<int>())	当数据发生改变时发送信号

信号及参数类型	说　明
headerDataChanged(Qt::Orientation orientation,int first,int last)	当表头数据发生改变时发送信号
modelAboutToBeReset()	在重置模型前发送信号
modelReset()	在重置模型后发送信号

3.1.7　应用例题

前面介绍了模型/视图的基础知识，下面将通过例题演示如何使用模型/视图来创建控件，并显示数据。

【实例 3-1】　创建一个窗口，该窗口包含 1 个 QListView 视图控件，该视图控件设置数据模型 QStringListModel，操作步骤如下：

（1）使用 Qt Creator 创建一个模板为 Qt Widgets Application 的项目，将该项目命名为 demo1，并保存在 D 盘的 Chapter3 文件夹下；在向导对话框中选择基类 QWidget，不勾选 Generate form 复选框。

（2）编写 widget.h 文件中的代码，代码如下：

```
/* 第 3 章 demo1 widget.h */
#ifndef WIDGET_H
#define WIDGET_H

#include <QWidget>
#include <QVBoxLayout>
#include <QListView>
#include <QStringListModel>
#include <QStringList>

class Widget : public QWidget
{
    Q_OBJECT
public:
    Widget(QWidget * parent = nullptr);
    ~Widget();
private:
    QVBoxLayout * vbox;
    QListView * listView;
    QStringListModel * listModel;
};
#endif //WIDGET_H
```

（3）编写 widget.cpp 文件中的代码，代码如下：

```
/* 第 3 章 demo1 widget.cpp */
#include "widget.h"

Widget::Widget(QWidget * parent):QWidget(parent)
```

```
{
    setGeometry(300,300,560,220);
    setWindowTitle("QListView、QStringListModel");
    vbox = new QVBoxLayout(this);
    //创建视图控件
    listView = new QListView();
    vbox->addWidget(listView);
    //创建数据模型
    listModel = new QStringListModel(this);
    QStringList strings = {"三国演义","水浒传","西游记","红楼梦"};
    listModel->setStringList(strings);
    //设置数据模型
    listView->setModel(listModel);
}

Widget::~Widget() {}
```

（4）其他文件保持不变，运行结果如图 3-5 所示。

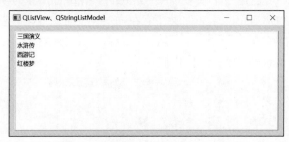

图 3-5 项目 demo1 的运行结果

注意：与 QListWidget、QTableWidget、QTreeWidget 创建的控件相同，可以通过双击视图控件的文本来修改内容。

3.2 QStringListModel 与 QListView 的用法

在 Qt 6 中，QStringListModel 数据模型通常与 QListView 视图控件搭配使用。QStringListModel 数据模型可以被称为文本列表模型或字符串列表模型，QListView 视图控件可以被称为列表视图控件。

3.2.1 文本列表模型 QStringListModel

在 Qt 6 中，使用 QStringListModel 类创建文本列表模型。文本列表模型用于存储一维文本列表，即由一行多列文本数据构成的数据。用于显示文本列表模型中的数据的控件为 QListView 视图控件。

QStringListModel 类位于 Qt 6 的 Qt Core 子模块下，其构造函数如下：

```
QStringListModel(QObject * parent = nullptr)
QStringListModel(const QStringList &strings,QObject * parent = nullptr)
```

其中,parent 表示 QObject 类及其子类创建的对象指针;strings 表示字符串列表,用于确定文本列表模型中显示角色和编辑角色的数据。

QStringListModel 类的常用方法见表 3-7。

表 3-7 QStringListModel 类的常用方法

方法及参数类型	说　　明	返回值的类型
setStringList(QStringList &strings)	设置列表模型显示和编辑角色的文本数据	
stringList()	获取文本列表	QStringList
rowCount(QModelIndex &parent)	获取行的数量	int
parent()	获取模型所在的父对象	QObject *
parent(QModelIndex &index)	获取父索引	QModelIndex
index(int row,int col=0,QModelIndex &par)	获取指定行的模型数据索引	QModelIndex
sibling(int row,int col=0,QModelIndex &idx)	获取同级别的模型数据索引	QModelIndex
setData(QModelIndex &i,QVariant &v,int role=Qt::EditRole)	按角色设置数据	
data(QModelIndex &i, int role = Qt::DisplayRole)	获取指定角色的值	QVariant
setItemData(QModelIndex &i,QMap<int,QVariant> &roles)	用字典设置角色值	
itemData(QModelIndex &index)	获取字典角色值	QMap<int,QVariant>
flags(QModelIndex &index)	获取数据的标签	Qt::ItemFlag
insertRows(int row, int count, QModelIndex &parent)	在指定的行位置插入多行,若成功,则返回值为 true	bool
moveRows(QModelIndex &sourceParent, int sourceRow, int count, QModelIndex &destinationParent,int destinationChild)	移动多行,若成功,则返回值为 true	bool
removeRows(int row,int count,QModelIndex &parent)	在指定的行位置移除多行,若成功,则返回值为 true	bool
clearItemData(QModelIndex &index)	清空角色数据,若成功,则返回值为 true	bool
sort(int column,Qt::SortOrder order Qt::AscendingOrder)	对列进行排序	

3.2.2 列表视图控件 QListView

在 Qt 6 中,使用 QListView 类创建列表视图控件。列表视图控件用于显示文本列表模型 QStringListModel 中的文本数据。

QListView 类位于 Qt 6 的 Qt Widgets 子模块下,其构造函数如下:

```
QListView(QWidget * parent = nullptr)
```

其中,parent 表示指向父窗口或父容器的对象指针。

列表视图控件不仅可以显示文本列表模型 QStringListModel 中的数据,也可以显示其他模型中的数据,例如 QStandardItemModel 数据模型中的数据。QListView 类的常用方法见表 3-8。

表 3-8 QListView 类的常用方法

方法及参数类型	说 明	返回值的类型
clearSelection()	取消选择	
clearPropertyFlags()	清空属性标签	
contentsSize()	获取包含的内容所占据的宽和高	QSize
setModel(QAbstractItemModel * model)	设置数据模型	
setSelectionModel(QItemSelectionModel * s)	设置选择模型	
selectionModel()	获取选择模型	QItemSelectionModel *
setSelection(QRect &rect,QItemSelectionModel::SelectionFlags f)	选择指定范围内的数据项	
indexAt(QPoint &pt)	获取指定位置处的数据项的数据索引	QModelIndex
selectedIndexes()	获取选中的数据项的索引列表	QList<QModelIndex>
resizeContents(int width,int height)	重新设置宽和高	
scrollTo(QModelIndex &i,QAbstractItemView::ScrollHint)	使数据项可见	
setModelColumn(int)	设置数据模型中要显示的列	
modelColumn()	获取模型中显示的列	int
setFlow(QListView::Flow)	设置显示的方向	
setGridSize(QSize &size)	设置数据项的宽和高	
setItemAlignment(Qt::Alignment)	设置对齐方式	
setLayoutMode(QListView::LayoutMode)	设置数据的显示方式	
setBatchSize(int bsize=100)	设置批量显示的数量,默认值为 100	
setMovement(QListView::Movement)	设置数据项的移动方式	
setResizeMode(QListView::ResizeMode)	设置尺寸调整模式	
setRootIndex(QModelIndex &index)	设置根目录的数据项索引	
setRowHidden(int row,bool hide)	设置是否隐藏	
setSpacing(int)	设置数据项之间的间距	
setUniformItemSize(bool)	设置数据项是否统一宽和高	
setViewMode(QListView::ViewMode)	设置显示模式	
setWordWrap(bool)	设置单词是否可以写到两行上	

续表

方法及参数类型	说　明	返回值的类型
setWrapping(bool)	设置文本是否可以写到两行上	
setAlternatingRowColors(bool)	设置是否用交替颜色	
setSelectionMode(QAbstractItemView::SelectionMode)	设置选择模式	
setSelectionModel(QItemSelectionModel * s)	设置选择模型	
selectionModel()	获取选择模型	QItemSelectionModel *
setPositionForIndex(QPoint &pos, QModelIndex &i)	将指定索引的项放到指定位置处	

在表 3-8 中，QListView::Flow 的枚举常量为 QListView::LeftToRight、QListView::TopToBottom。QListView::LayoutMode 的枚举常量为 QListView::SinglePass(全部显示)、QListView::Batched(分批显示)。

QListView.Movement 的枚举常量为 QListView::Static(不能移动)、QListView::Free(可以移动)、QListView::Snap(捕捉到数据项的位置)。QListView::ResizeMode 的枚举值为 QListView.Fixed、QListView::Adjust。

QListView::ViewMode 的枚举常量见表 3-9。

表 3-9　QListView::ViewMode 的枚举常量

枚 举 常 量	说　明
QListView::ListMode	采用 QListView::TopToBottom 排列、小尺寸、QListView::Static 不能移动
QListView::IconMode	采用 QListView::LeftToRight 排列、大尺寸、QListView::Free 可以移动

在 QListView 类中，可以使用 setSelectionMode(QAbstractItemView::SelectionMode)方法设置选择模式，QAbstractItemView::SelectionMode 的枚举常量见表 3-10。

表 3-10　QAbstractItemView::SelectionMode 的枚举常量

枚 举 常 量	说　明
QAbstractItemView::NoSelection	禁止选择模式
QAbstractItemView::SingleSelection	单选模式,当选择一个数据项时,其他已经选中的数据项都变成未选择项
QAbstractItemView::MultiSelection	多选模式,当单击一个数据项时,将改变该项的选中状态,其他未被单击的数据项状态不变
QAbstractItemView::ExtendedSelection	当单击某数据项时,清除已经选择的数据项;当按下 Ctrl 键选择时会改变被单击数据项的选择状态;当按下 Shift 键选择两个数据项时,这两个数据项之间的选择状态发生改变
QAbstractItemView::ContiguousSelection	当单击一个数据项时,清除已经选择的项;当按下 Shift 键或 Ctrl 键选择两个数据项时,两个数据项之间的选择状态发生改变

在 Qt 6 中,QListView 类的信号见表 3-11。

表 3-11 QListView 类的信号

信号及参数类型	说 明
activated(QModelIndex &index)	当数据项活跃时发送信号
clicked(QModelIndex &index)	当单击数据项时发送信号
doubleClicked(QModelIndex &index)	当双击数据项时发送信号
entered(QModelIndex &index)	当光标进入数据项时发送信号
iconSizeChanged(QSize &size)	当图标大小发生变化时发送信号
indexesMoved(QModelIndexList &index)	当数据索引发生移动时发送信号
pressed(QModelIndex &index)	当按下鼠标按键时发送信号
viewportEntered()	当光标进入视图时发送信号

3.2.3 应用例题

【实例 3-2】 创建一个窗口,该窗口包含两个 QListView 视图控件,这两个视图控件共用一个列表数据模型。当修改一个视图控件中的文本时,另一个视图控件的文本也发生改变,操作步骤如下:

(1) 使用 Qt Creator 创建一个模板为 Qt Widgets Application 的项目,将该项目命名为 demo2,并保存在 D 盘的 Chapter3 文件夹下;在向导对话框中选择基类 QWidget,不勾选 Generate form 复选框。

(2) 编写 widget.h 文件中的代码,代码如下:

```
/* 第 3 章 demo2 widget.h */
#ifndef WIDGET_H
#define WIDGET_H

#include <QWidget>
#include <QHBoxLayout>
#include <QListView>
#include <QStringListModel>
#include <QStringList>

class Widget : public QWidget
{
    Q_OBJECT
public:
    Widget(QWidget *parent = nullptr);
    ~Widget();
private:
    QHBoxLayout *hbox;
    QListView *listView1, *listView2;
    QStringListModel *listModel;
};
#endif //WIDGET_H
```

(3) 编写 widget.cpp 文件中的代码,代码如下:

```cpp
/* 第 3 章 demo2 widget.cpp */
#include "widget.h"

Widget::Widget(QWidget *parent):QWidget(parent)
{
    setGeometry(300,300,560,220);
    setWindowTitle("QListView、QStringListModel");
    hbox = new QHBoxLayout(this);
    //创建视图控件
    listView1 = new QListView();
    listView2 = new QListView();
    hbox->addWidget(listView1);
    hbox->addWidget(listView2);
    //创建数据模型
    listModel = new QStringListModel(this);
    QStringList strings = {"四世同堂","水浒传","西游记","红楼梦"};
    listModel->setStringList(strings);
    //设置数据模型
    listView1->setModel(listModel);
    listView2->setModel(listModel);
}

Widget::~Widget() {}
```

(4) 其他文件保持不变,运行结果如图 3-6 所示。

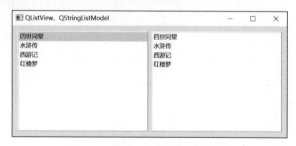

图 3-6　项目 demo2 的运行结果

【实例 3-3】　创建一个窗口,该窗口包含 1 个 QListView 视图控件。使用该视图控件显示 CSV 文件中的数据,操作步骤如下:

(1) 使用 Qt Creator 创建一个模板为 Qt Widgets Application 的项目,将该项目命名为 demo3,并保存在 D 盘的 Chapter3 文件夹下;在向导对话框中选择基类 QWidget,不勾选 Generate form 复选框。

(2) 编写 widget.h 文件中的代码,代码如下:

```cpp
/* 第 3 章 demo3 widget.h */
#ifndef WIDGET_H
#define WIDGET_H
```

```cpp
#include <QWidget>
#include <QVBoxLayout>
#include <QListView>
#include <QStringList>
#include <QStringListModel>
#include <QFile>
#include <QTextStream>

class Widget : public QWidget
{
    Q_OBJECT
public:
    Widget(QWidget *parent = nullptr);
    ~Widget();
private:
    QVBoxLayout *vbox;
    QListView *listView;
    QStringListModel *listModel;
    void open_csv();
};
#endif //WIDGET_H
```

(3) 编写 widget.cpp 文件中的代码,代码如下:

```cpp
/* 第3章 demo3 widget.cpp */
#include "widget.h"

Widget::Widget(QWidget *parent):QWidget(parent)
{
    setGeometry(300,300,560,220);
    setWindowTitle("QListView、QStringListModel");
    vbox = new QVBoxLayout(this);
    //创建视图控件
    listView = new QListView();
    vbox->addWidget(listView);
    //创建数据模型
    listModel = new QStringListModel(this);
    open_csv();
}

Widget::~Widget() {}

void Widget::open_csv(){
    QFile file("D:\\Chapter3\\data1.csv");
    if(file.exists() == false)
        return;
    if(!file.open(QIODevice::ReadOnly|QIODevice::Text))
        return;
    QTextStream in(&file);
    in.setEncoding(QStringConverter::Utf8);
    in.setAutoDetectUnicode(true);          //自动检测 Unicode
    QStringList data;                        //创建字符串列表,用来存放数据
```

```
    while(!in.atEnd()){
        QString line = in.readLine();           //读取一行数据
        //向字符串列表中添加一个字符串
        data.append(line);
    }
    listModel->setStringList(data);
    listView->setModel(listModel);
    file.close();
}
```

(4) 其他文件保持不变,运行结果如图 3-7 所示。

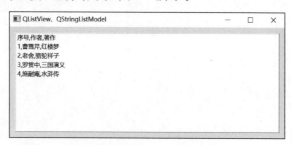

图 3-7 项目 demo3 的运行结果

【实例 3-4】 创建一个窗口,该窗口包含 1 个 QListView 视图控件。使用该视图控件显示 Excel 文件中的数据,操作步骤如下:

(1) 使用 Qt Creator 创建一个模板为 Qt Widgets Application 的项目,将该项目命名为 demo4,并保存在 D 盘的 Chapter3 文件夹下;在向导对话框中选择基类 QWidget,不勾选 Generate form 复选框。

(2) 向配置文件 demo4.pro 中添加下面一行语句:

```
QT += axcontainer
```

(3) 编写 widget.h 文件中的代码,代码如下:

```
/* 第 3 章 demo4 widget.h */
#ifndef WIDGET_H
#define WIDGET_H

#include <QWidget>
#include <QVBoxLayout>
#include <QListView>
#include <QStringList>
#include <QStringListModel>
#include <QAxObject>

class Widget : public QWidget
{
    Q_OBJECT
public:
    Widget(QWidget *parent = nullptr);
    ~Widget();
```

```cpp
private:
    QVBoxLayout *vbox;
    QListView *listView;
    QStringListModel *listModel;
    void open_xlsx();
};
#endif //WIDGET_H
```

(4) 编写 widget.cpp 文件中的代码,代码如下:

```cpp
/* 第3章 demo4 widget.cpp */
#include "widget.h"

Widget::Widget(QWidget *parent):QWidget(parent)
{
    setGeometry(300,300,560,220);
    setWindowTitle("QListView、QStringListModel");
    vbox = new QVBoxLayout(this);
    //创建视图控件
    listView = new QListView();
    vbox->addWidget(listView);
    //创建数据模型
    listModel = new QStringListModel(this);
    open_xlsx();
}

Widget::~Widget() {}

void Widget::open_xlsx(){
    //创建 Excel 应用程序对象
    QAxObject *excel = new QAxObject("Excel.Application");
    //打开工作簿集
    QAxObject *workbooks = excel->querySubObject("WorkBooks");
    workbooks->dynamicCall("Open(const QString&)",
                          "D:\\Chapter3\\001.xlsx");
    QAxObject *workbook = excel->querySubObject("ActiveWorkBook");
    //获取工作表集
    QAxObject *sheets = workbook->querySubObject("WorkSheets");
    QAxObject *sheet = workbook->querySubObject("Sheets(int)",1);
    //获取工作表的最大行数、列数
    QAxObject *usedRange = sheet->querySubObject("UsedRange");
    QAxObject *rows = usedRange->querySubObject("Rows");
    QAxObject *columns = usedRange->querySubObject("Columns");
    int rowNum = rows->property("Count").toInt();
    int columnNum = columns->property("Count").toInt();
    //读取工作表中的数据,保存在字符串列表 data 中
    QStringList data;
    for (int row = 1; row <= rowNum; ++row) {
        QString rowData = "";
        for (int col = 1; col <= columnNum; ++col) {
            //获取单元格对象并读取其值
            QAxObject *cell = sheet->querySubObject("Cells(int,int)", row,col);
```

```
            QString cellValue = cell->dynamicCall("Value()").toString();
            rowData = rowData + cellValue + " ";
        }
        data.append(rowData);
    }
    listModel->setStringList(data);
    listView->setModel(listModel);            //设置数据模型
    workbooks->dynamicCall("Close()");        //关闭工作簿集
    excel->dynamicCall("Quit()");             //关闭 Excel 应用程序
    //删除不需要的指针
    delete sheet;
    delete sheets;
    delete workbook;
    delete workbooks;
    delete excel;
}
```

(5) 其他文件保持不变,运行结果如图 3-8 所示。

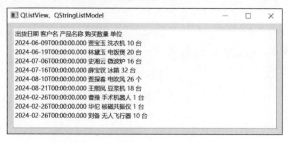

图 3-8 项目 demo4 的运行结果

在实际编程中会选择列表视图控件中的内容,这需要用到 selectedIndex() 方法,该方法的定义如下:

```
virtual protected QModelIndexList QListView::selectedIndex()
```

由于该方法是保护类型的虚函数,所以该方法可以在 QListView 类及其派生类中使用,但不能通过这些类的实例对象来访问。为了解决这个问题,开发者可创建一个 QListView 类的子类,在子类中创建一个公有类型的非虚函数来调用保护类型的虚函数。

【实例 3-5】 创建一个窗口,该窗口包含两个 QListView 视图控件、4 个按钮。第 1 个视图控件对应"打开"按钮,可以使用该按钮打开 Excel 文件。第 2 个视图控件对应着"添加""插入""删除"按钮。使用"添加"按钮可将视图控件 1 中的选项添加到视图控件 2 中,并删除原视图控件中的选项,操作步骤如下:

(1) 使用 Qt Creator 创建一个模板为 Qt Widgets Application 的项目,将该项目命名为 demo5,并保存在 D 盘的 Chapter3 文件夹下;在向导对话框中选择基类 QWidget,不勾选 Generate form 复选框。

(2) 向配置文件 demo5.pro 中添加下面一行语句:

```
QT += axcontainer
```

(3) 创建一个类 MyListView，该类的父类是 QListView，该类的头文件如下：

```
/* 第3章 demo5 mylistview.h */
#ifndef MYLISTVIEW_H
#define MYLISTVIEW_H

#include <QListView>
#include <QWidget>

class MyListView : public QListView
{
    Q_OBJECT
public:
    MyListView(QWidget *parent = nullptr);
    ~MyListView();
    //继承 QListView 类的 selectedIndexes()，使该方法可以在派生类的对象中使用
    using QListView::selectedIndexes;
};
#endif //MYLISTVIEW_H
```

MyListView 类的源文件如下：

```
/* 第3章 demo5 mylistview.cpp */
#include "mylistview.h"

MyListView::MyListView(QWidget *parent):QListView(parent) {}

MyListView::~MyListView(){}
```

(4) 编写 widget.h 文件中的代码，代码如下：

```
/* 第3章 demo5 widget.h */
#ifndef WIDGET_H
#define WIDGET_H

#include <QWidget>
#include <QVBoxLayout>
#include <QPushButton>
#include <QStringListModel>
#include <QVariant>
#include <QModelIndex>
#include <QModelIndexList>
#include <QString>
#include <QStringList>
#include <QListView>
#include <mylistview.h>
#include <QAxObject>
#include <QFileDialog>
#include <QDir>

class Widget : public QWidget
{
    Q_OBJECT
```

```cpp
public:
    Widget(QWidget * parent = nullptr);
    ~Widget();
private:
    QVBoxLayout * vbox1, * vbox2;
    QHBoxLayout * hbox;
    QPushButton * btnOpen, * btnAdd;
    MyListView * listView1, * listView2;
    QStringListModel * model1, * model2;
private slots:
    void btnAdd_clicked();
    void btnOpen_clicked();
};
#endif //WIDGET_H
```

(5) 编写 widget.cpp 文件中的代码,代码如下:

```cpp
/* 第3章 demo5 widget.cpp */
#include "widget.h"

Widget::Widget(QWidget * parent):QWidget(parent)
{
    setGeometry(300,300,560,220);
    setWindowTitle("QListView、QStringListModel");
    hbox = new QHBoxLayout(this);
    //创建 1 个按钮、1 个列表视图,然后放置在垂直布局对象中
    btnOpen = new QPushButton("打开");
    listView1 = new MyListView();
    vbox1 = new QVBoxLayout();
    vbox1 -> addWidget(btnOpen);
    vbox1 -> addWidget(listView1);
    //创建 1 个按钮、1 个列表视图,然后放置在垂直布局对象中
    btnAdd = new QPushButton("添加");
    listView2 = new MyListView();
    vbox2 = new QVBoxLayout();
    vbox2 -> addWidget(btnAdd);
    vbox2 -> addWidget(listView2);
    //向水平布局中添加两个垂直布局对象 S
    hbox -> addLayout(vbox1);
    hbox -> addLayout(vbox2);
    //设置两个视图控件的选择模式
    listView1 -> setSelectionMode(QListView::ExtendedSelection);
    listView2 -> setSelectionMode(QListView::ExtendedSelection);
    //创建两个数据模型
    model1 = new QStringListModel(this);
    model2 = new QStringListModel(this);
    //设置数据模型
    listView1 -> setModel(model1);
    listView2 -> setModel(model2);
    //使用信号/槽
    connect(btnOpen,SIGNAL(clicked()),this,SLOT(btnOpen_clicked()));
    connect(btnAdd,SIGNAL(clicked()),this,SLOT(btnAdd_clicked()));
```

```cpp
}
Widget::~Widget() {}
void Widget::btnOpen_clicked(){
    QString curPath = QDir::currentPath();        //获取程序当前目录
    QString filter = "Excel 文件(*.xlsx);;所有文件(*.*)";
    QString title = "打开 Excel 文件";             //文件对话框的标题
    QString fileName = QFileDialog::getOpenFileName(this,title,curPath,filter);
    if(fileName.isEmpty())
        return;
    fileName.replace('/','\\');                    //将字符串中的/替换为\\
    //创建 Excel 应用程序对象
    QAxObject *excel = new QAxObject("Excel.Application");
    //打开工作簿集
    QAxObject *workbooks = excel->querySubObject("WorkBooks");
    workbooks->dynamicCall("Open(const QString&)",fileName);
    QAxObject *workbook = excel->querySubObject("ActiveWorkBook");
    //获取工作表集
    QAxObject *sheets = workbook->querySubObject("WorkSheets");
    QAxObject *sheet = workbook->querySubObject("Sheets(int)",1);
    //获取工作表的最大行数、列数
    QAxObject *usedRange = sheet->querySubObject("UsedRange");
    QAxObject *rows = usedRange->querySubObject("Rows");
    QAxObject *columns = usedRange->querySubObject("Columns");
    int rowNum = rows->property("Count").toInt();
    int columnNum = columns->property("Count").toInt();
    //读取工作表中的数据,保存在字符串列表 data 中
    QStringList data;
    for (int row = 1; row <= rowNum; ++row) {
        QString rowData = "";
        for (int col = 1; col <= columnNum; ++col) {
            //获取单元格对象并读取其值
            QAxObject *cell = sheet->querySubObject("Cells(int,int)", row,col);
            QString cellValue = cell->dynamicCall("Value()").toString();
            rowData = rowData + cellValue + " ";
        }
        data.append(rowData);
    }
    model1->setStringList(data);
    workbooks->dynamicCall("Close()");             //关闭工作簿集
    excel->dynamicCall("Quit()");                  //关闭 Excel 应用程序
    //删除不需要的指针
    delete sheet;
    delete sheets;
    delete workbook;
    delete workbooks;
    delete excel;
}

void Widget::btnAdd_clicked(){
```

```
QModelIndexList selectedIndexs = listView1->selectedIndexes();
if(selectedIndexs.count() == 0)
    return;
QModelIndex index = selectedIndexs[0];
//获取数据
QVariant value = model1->data(index,Qt::DisplayRole);
model1->removeRow(index.row());
//获取行的数量
int count = model2->rowCount();
//在末尾插入数据
model2->insertRow(count);
QModelIndex lastIndex = model2->index(count,0);
//设置末尾的数据
model2->setData(lastIndex,value,Qt::DisplayRole);
}
```

(6) 其他文件保持不变,运行结果如图3-9所示。

图 3-9　项目 demo5 的运行结果

注意：在项目 demo5 中,开发者也可以在"添加"按钮右侧增加"删除""插入"按钮。使用"删除"按钮可删除视图控件 2 中的选项,并在视图控件 1 中复原。使用"插入"按钮可向视图控件 2 中的指定位置插入选项。有兴趣的读者可尝试实现这两个按钮的功能,当然这都会用到 MyListView 类的 selectedIndexs() 方法。

3.3　QFileSystemModel 与 QTreeView 的用法

在 Qt 6 中,使用文件系统模型 QFileSystemModel 可以访问计算机的文件系统,可以获得目录、文件等信息。文件系统模型 QFileSystemModel 通常与树视图控件 QTreeView 搭配使用。树视图控件 QTreeView 能够以树结构的形式显示与文件系统模型 QFileSystemModel 关联的文件系统。

3.3.1　文件系统模型 QFileSystemModel

在 Qt 6 中,使用 QFileSystemModel 类创建文件系统模型。应用文件系统模型可以访问计算机的文件系统,可以获得文件目录、文件名称、文件大小,也可以新建目录、删除目录、移动文件、重命名文件。

QFileSystemModel 类位于 Qt 6 的 Qt Widgets 子模块下，其构造函数如下：

```
QFileSystemModel(QObject * parent = nullptr)
```

其中，parent 表示 QObject 类及其子类创建的对象指针。

QFileSystemModel 类的常用方法见表 3-12。

表 3-12　QFileSystemModel 类的常用方法

方法及参数类型	说　　明	返回值的类型
fileIcon(QModelIndex &index)	根据数据项索引获取文件的图标	QIcon
fileInfo(QModelIndex &index)	根据数据项索引获取文件信息	QFileInfo
fileName(QModelIndex &index)	根据数据项索引获取文件名	QString
filePath(QModelIndex &index)	根据数据项索引获取路径和文件名	QString
setRootPath(QString &path)	设置模型的根目录，并返回指向该目录的模型数据项索引	QModelIndex
setData(QModelIndex &i, QModelIndex &v, int role=Qt::EditRole)	设置角色数据，若成功，则返回值为 true	bool
data(QModelIndex &i, int role=Qt::DisplayRole)	根据数据项索引获取角色数据	QVariant
setFilter(QDir::Filters filters)	设置路径过滤器	
setNameFilters(QStringList &filters)	设置名称过滤器	
nameFilters()	获取名称过滤器	QStringList
setNameFilterDisables(bool enable)	设置名称过滤器是否激活	
nameFilterDisables()	获取名称过滤器是否激活	bool
setOption(QFileSystemModel::Option option, bool on=true)	设置文件系统模型的参数	
setReadOnly(bool enable)	设置是否为只读	
isReadOnly()	获取是否有只读属性	bool
headerData(int section, Qt::Orientation ori, int role=Qt::DisplayRole)	获取表头	QVariant
index(int row, int column, QModelIndex &parent)	获取数据项索引	QModelIndex
index(QString path, int column=0)	同上	QModelIndex
hasChildren(QModelIndex &parent)	获取是否有子目录或文件	bool
isDir(QModelIndex &index)	获取是否为路径	bool
lastModified(QModelIndex &index)	获取最后修改时间	QDateTime
mkdir(QModelIndex &parent, QString &name)	创建目录，并返回指向该目录的模型数据项索引	QModelIndex
myComputer(int role=Qt::DisplayRole)	获取 myComputer 下的数据	QVariant
parent(QModelIndex &index)	获取父模型数据项索引	QModelIndex
remove(QModelIndex &index)	删除文件或目录，若成功，则返回值为 true	bool
rmdir(QModelIndex &index)	删除目录，若成功，则返回值为 true	bool

续表

方法及参数类型	说　　明	返回值的类型
rootDirectory()	获取根目录	QDir
rootPath()	获取根目录文件	QString
rowCount(QModelIndex &parent)	获取目录下的文件数量	int
sibling(int row,int column,QModelIndex &i)	获取同级别的模型数据项索引	QModelIndex
type(QModelIndex &index)	根据数据项索引获取路径和文件类型,例如"Directory"和"PNG file"	QString
size(QModelIndex &index)	根据数据项索引获取文件的大小	int
columnCount(QModelIndex &index)	获取父索引下的列数	int

在表 3-12 中,QFileSystemModel::Option 的枚举常量为 QFileSystemModel::DontWatchForChanges(不使用监控器)、QFileSystemModel::DontResolveSymlinks(不解析链接)、QFileSystemModel::DontUseCustomDirectoryIcons(不使用客户图标),这些选项在默认状态下都是关闭的。

QDir::Filter 的枚举常量见表 3-13。

表 3-13　QDir::Filter 的枚举常量

枚 举 常 量	枚 举 常 量	枚 举 常 量	枚 举 常 量
QDir::Dirs	QDir::NoSymLinks	QDir::AllEntries	QDir::Modified
QDir::AllDirs	QDir::NoDotAndDotDot	QDir::Readable	QDir::Hidden
QDir::Files	QDir::NoDot	QDir::Writable	QDir::System
QDir::Drives	QDir::NoDotDot	QDir::Excutable	QDir::CaseSensitive

在 QFileSystemModel 类中,使用 setFilter(QDir::Filters filters)一定要包括 Qt::AllDirs,否则无法识别路径结构。

在 Qt 6 中,QFileSystemModel 类的信号见表 3-14。

表 3-14　QFileSystemModel 类的信号

信号及参数类型	说　　明
directoryLoaded(QString &path)	当加载路径时发送信号
rootPathChanged(QString &newPath)	当根路径发生改变时发送信号
fileRenamed(QString &path,QString &oldName,QString &newName)	当更改文件名时发送信号

3.3.2　树视图控件 QTreeView

在 Qt 6 中,使用 QTreeView 类创建树视图控件。树视图控件能以树结构的形式显示文件系统模型 QFileSystemModel,也可以层级结构形式显示其他类型的数据模型。

QTreeView 类位于 Qt 6 的 Qt Widgets 子模块下,其构造函数如下:

```
QTreeView(QWidget * parent = nullptr)
```

其中,parent 表示指向父窗口或父容器的对象指针。

QTreeView 类的常用方法见表 3-15。

表 3-15　QTreeView 类的常用方法

方法及参数类型	说　　明	返回值的类型
[slot]collapse(QModelIndex &index)	折叠节点	
[slot]collapseAll()	折叠所有节点	
[slot]expand(QModelIndex &index)	展开节点	
[slot]expandAll()	展开所有节点	
[slot]expandRecursively(QModelIndex &index, int depth=-1)	逐级展开,展开深度为 depth,值为 -1 表示展开所有节点,0 表示展开本层节点	
[slot]expandToDepth(int depth)	展开到指定的深度	
[slot]hideColumn(int column)	隐藏列	
[slot]showColumn(int column)	显示列	
[slot]sortByColumn(int col, Qt::SortOrder order)	按列进行排序	
[slot]resizeColumnToContents(int column)	根据内容调整列的尺寸	
setModel(QAbstractItemModel * model)	设置数据模型	
setSelectionModel(QItemSelectionModel * m)	设置选择模型	
selectionModel()	获取选择模型	QItemSelectionModel *
setSelection(QRect &rect, QItemSelectionModel::SelectionFlags flags)	选择指定范围内的数据项	
setRootIndex(QModelIndex &index)	设置根部的索引	
setRootIsDecorated(bool)	设置根部是否有折叠或展开标识	
rootIsDecorated()	获取根部是否有折叠或展开标识	bool
isExpanded(QModelIndex &index)	获取节点是否已经展开	bool
indexAbove(QModelIndex &index)	获取某索引之前的索引	QModelIndex
indexAt(QPoint &pt)	获取某个点处的索引	QModelIndex
indexBelow(QModelIndex &index)	获取某索引之后的索引	QModelIndex
selectAll()	全部选择	
selectedIndexes()	获取选中项的行列表	QModelIndexList
setAnimated(bool)	设置展开或折叠时是否比较连贯	
isAnimated()	获取展开或折叠时是否比较连贯	bool
setColumnHidden(int column, bool hide)	设置是否隐藏指定列	
isColumnHidden(int column)	获取是否隐藏指定列	bool
setRowHidden(int row, QModelIndex &parent, bool hide)	设置相对于 QModelIndex 的第 row 行是否隐藏	
isRowHidden(int row, QModelIndex &parent)	获取行是否隐藏	bool
setColumnWidth(int column, int width)	设置列的宽度	
columnWidth(int column)	获取列的宽度	int

续表

方法及参数类型	说　　明	返回值的类型
rowHeight(QModelIndex &index)	根据索引获取行的高度	int
setItemsExpandable(bool enable)	设置是否可以展开节点	
itemsExpandable()	获取是否可以展开节点	bool
setExpanded(QModelIndex &index,bool enable)	设置是否展开某节点	
setExpandsOnDoubleClick(bool enable)	设置双击时是否展开节点	
setFirstColumnSpanned(int row,QModelIndex &parent,bool span)	设置某行的第 1 列的内容是否占据所有列	
isFirstColumnSpanned(int row,QModelIndex &parent)	获取某行的第 1 列的内容是否占据所有列	bool
setHeader(QHeaderView * header)	设置表头	
header()	获取表头	QHeaderView *
setHeaderHidden(bool)	设置是否隐藏表头	
setIndentation(int)	设置缩进量	
indentation()	获取缩进量	int
resetIndentation()	重置缩进量	
setAutoExpandDelay(int delay)	设置拖放操作中项打开的延迟时间(毫秒)	
autoExpandDelay()	获取拖放操作中项打开的延迟时间(毫秒)	int
setAllColumnsShowFocus(bool enable)	设置所有列是否显示键盘焦点	
allColumnsShowFocus()	获取所有列是否显示键盘焦点	bool
setItemsExpandable(bool)	设置是否可以展开节点	
setUniformRowHeights(bool uniform)	设置项是否有相同的高度	
uniformRowHeights()	获取项是否有相同的高度	bool
setWordWrap(bool on)	设置一个单词是否可以写到两行上	
setTextElideMode(Qt::TextElideMode mode)	设置省略号"…"的位置	
setTreePosition(int index)	设置树的位置	
treePosition()	获取树的位置	int
setSortingEnabled(bool)	设置是否可以进行排序	
isSortingEnabled()	获取是否可以进行排序	bool
scrollContentsBy(int dx,int dy)	将内容移动到指定的距离	
setUniformRowHeights(bool)	设置行是否有统一高度	

在表 13-15 中,Qt::TextElideMode 的枚举常量为 Qt::ElideLeft、Qt::ElideRight、Qt::ElideMiddle、Qt::ElideNone。

在 Qt 6 中,QTreeView 类的信号见表 3-16。

表 3-16 QTreeView 类的信号

信号及参数类型	说 明
collapsed(QModelIndex &index)	当折叠节点时发送信号
expanded(QModelIndex &index)	当展开节点时发送信号
activated(QModelIndex &index)	当数据项活跃时发送信号
clicked(QModelIndex &index)	当单击数据项时发送信号
doubleClicked(QModelIndex &index)	当双击数据项时发送信号
entered(QModelIndex &index)	当光标进入数据项时发送信号
iconSizeChanged(QSize &size)	当图标大小发生变化时发送信号
pressed(ModelIndex &index)	当按下鼠标按键时发送信号
viewportEntered()	当光标进入树视图控件时发送信号

3.3.3 典型应用

【实例 3-6】 创建一个窗口,该窗口包含 1 个 QTreeView 视图控件、1 个标签控件。使用该视图控件显示计算机的文件系统。如果单击文件系统的文件,则标签控件显示该文件的路径,操作步骤如下:

(1) 使用 Qt Creator 创建一个模板为 Qt Widgets Application 的项目,将该项目命名为 demo6,并保存在 D 盘的 Chapter3 文件夹下;在向导对话框中选择基类 QWidget,不勾选 Generate form 复选框。

(2) 编写 widget.h 文件中的代码,代码如下:

```cpp
/* 第 3 章 demo6 widget.h */
#ifndef WIDGET_H
#define WIDGET_H

#include <QWidget>
#include <QVBoxLayout>
#include <QTreeView>
#include <QFileSystemModel>
#include <QLabel>
#include <QString>
#include <QModelIndex>

class Widget : public QWidget
{
    Q_OBJECT
public:
    Widget(QWidget * parent = nullptr);
    ~Widget();
private:
    QVBoxLayout * vbox;
    QTreeView * treeView;
    QFileSystemModel * fileModel;
    QLabel * label;
```

```
private slots:
    void treeView_clicked(QModelIndex index);
};
#endif //WIDGET_H
```

(3) 编写 widget.cpp 文件中的代码，代码如下：

```
/* 第3章 demo6 widget.cpp */
#include "widget.h"

Widget::Widget(QWidget *parent):QWidget(parent)
{
    setGeometry(300,300,560,220);
    setWindowTitle("QTreeView、QFileSystemModel");
    vbox = new QVBoxLayout(this);
    //创建视图控件
    treeView = new QTreeView();
    vbox->addWidget(treeView);
    //创建数据模型
    fileModel = new QFileSystemModel(this);
    //设置根路径
    fileModel->setRootPath("C:\\");
    treeView->setModel(fileModel);
    //创建标签控件
    label = new QLabel();
    vbox->addWidget(label);
    //使用信号/槽
    connect(treeView,SIGNAL(clicked(QModelIndex)),this,SLOT(treeView_clicked(QModelIndex)));
}

Widget::~Widget() {}

void Widget::treeView_clicked(QModelIndex index){
    QString path = fileModel->filePath(index);
    label->setText(path);
}
```

(4) 其他文件保持不变，运行结果如图 3-10 所示。

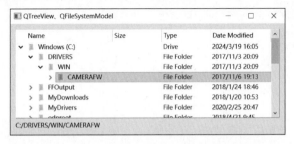

图 3-10　项目 demo6 的运行结果

【实例 3-7】　创建一个窗口，该窗口包含 1 个 QTreeView 树视图控件、1 个框架控件。使用该视图控件显示计算机的文件系统。如果单击文件系统的图像文件，则框架控件显示

该图像文件,操作步骤如下:

(1) 使用 Qt Creator 创建一个模板为 Qt Widgets Application 的项目,将该项目命名为 demo7,并保存在 D 盘的 Chapter3 文件夹下;在向导对话框中选择基类 QWidget,不勾选 Generate form 复选框。

(2) 创建一个类 MyFrame,该类的父类是 QFrame,该类的头文件如下:

```
/* 第 3 章 demo7 myframe.h */
#ifndef MYFRAME_H
#define MYFRAME_H

#include <QFrame>
#include <QWidget>
#include <QPainter>
#include <QPixmap>
#include <QString>
#include <QPaintEvent>
#include <QRect>
//因为要显示图片,所以重写 paintEvent()事件
class MyFrame : public QFrame
{
    Q_OBJECT
public:
    MyFrame(QWidget * parent = nullptr);
    ~MyFrame();
    void setPath(QString p); //设置图像文件
private:
    QString path; //用于记录图像文件
protected:
    void paintEvent(QPaintEvent * e);
};
#endif //MYFRAME_H
```

MyFrame 类的源文件如下:

```
/* 第 3 章 demo7 myframe.cpp */
#include "myframe.h"

MyFrame::MyFrame(QWidget * parent):QFrame(parent) {
    resize(300,300);
    setFrameShape(QFrame::Box);
    path = "";
}

MyFrame::~MyFrame(){}

void MyFrame::setPath(QString p){
    path = p;
}

void MyFrame::paintEvent(QPaintEvent * e){
    QPainter painter(this);
```

```cpp
    QPixmap pixmap(path);
    QRect rect1 = this->rect();
    painter.drawPixmap(rect1,pixmap);
    QFrame::paintEvent(e);
}
```

(3) 编写 widget.h 文件中的代码,代码如下:

```cpp
/* 第 3 章 demo7 widget.h */
#ifndef WIDGET_H
#define WIDGET_H

#include <QWidget>
#include <QSplitter>
#include <QHBoxLayout>
#include <QFileSystemModel>
#include <QTreeView>
#include <QModelIndex>
#include <myframe.h>
#include <QString>

class Widget : public QWidget
{
    Q_OBJECT
public:
    Widget(QWidget *parent = nullptr);
    ~Widget();
private:
    QFileSystemModel *fileModel;
    QTreeView *treeView;
    MyFrame *frame;
    QSplitter *hSplitter;
    QHBoxLayout *hbox;
private slots:
    void view_clicked(QModelIndex index);
};
#endif //WIDGET_H
```

(4) 编写 widget.cpp 文件中的代码,其代码如下

```cpp
/* 第 3 章 demo7 widget.cpp */
#include "widget.h"

Widget::Widget(QWidget *parent):QWidget(parent)
{
    setGeometry(300,300,620,300);
    setWindowTitle("显示图像文件");
    hbox = new QHBoxLayout(this);
    //创建系统文件模型
    fileModel = new QFileSystemModel(this);
    //设置根路径
    fileModel->setRootPath("C:\\");
    //创建树视图控件
```

```
    treeView = new QTreeView();
    //设置模型
    treeView->setModel(fileModel);
    //创建自定义的框架控件
    frame = new MyFrame();
    //创建分割器
    hSplitter = new QSplitter(Qt::Horizontal);
    //向分割器中添加控件
    hSplitter->addWidget(treeView);
    hSplitter->addWidget(frame);
    hbox->addWidget(hSplitter);
    //使用信号/槽
    connect(treeView,SIGNAL(clicked(QModelIndex)),this,SLOT(view_clicked(QModelIndex)));
}

Widget::~Widget() {}

void Widget::view_clicked(QModelIndex index){
    //如果为文件夹,则展开文件夹,否则传递文件路径
    if(fileModel->isDir(index)){
        treeView->expand(index);
        treeView->setCurrentIndex(index);
    }
    else{
        QString path = fileModel->filePath(index);
        frame->setPath(path);
        frame->update(); //刷新屏幕,绘制图片
    }
}
```

(5) 其他文件保持不变,运行结果如图 3-11 所示。

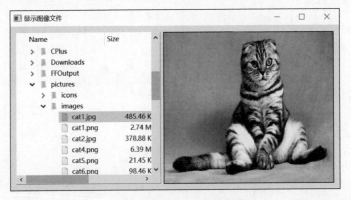

图 3-11　项目 demo7 的运行结果

【实例 3-8】 创建一个窗口,该窗口包含 1 个树视图控件、1 个列表视图控件。使用树视图控件显示计算机的文件系统。如果单击文件系统的文件夹,则列表视图控件显示该文件夹下的文件,操作步骤如下:

(1) 使用 Qt Creator 创建一个模板为 Qt Widgets Application 的项目,将该项目命名为

demo8,并保存在 D 盘的 Chapter3 文件夹下;在向导对话框中选择基类 QWidget,不勾选 Generate form 复选框。

(2) 编写 widget.h 文件中的代码,代码如下:

```
/* 第3章 demo8 widget.h */
#ifndef WIDGET_H
#define WIDGET_H

#include <QWidget>
#include <QSplitter>
#include <QHBoxLayout>
#include <QListView>
#include <QTreeView>
#include <QFileSystemModel>
#include <QModelIndex>

class Widget : public QWidget
{
    Q_OBJECT
public:
    Widget(QWidget * parent = nullptr);
    ~Widget();
private:
    QHBoxLayout * hbox;
    QSplitter * hSplitter;
    QListView * listView;
    QTreeView * treeView;
    QFileSystemModel * fileModel;
private slots:
    void view_clicked(QModelIndex index);
};
#endif //WIDGET_H
```

(3) 编写 widget.cpp 文件中的代码,代码如下:

```
/* 第3章 demo8 widget.cpp */
#include "widget.h"

Widget::Widget(QWidget * parent):QWidget(parent)
{
    setGeometry(300,300,620,300);
    setWindowTitle("QTreeView、QListView、QFileSystemModel");
    //创建系统文件模型
    fileModel = new QFileSystemModel(this);
    //设置根路径
    fileModel->setRootPath("C:\\");
    //创建树视图控件
    treeView = new QTreeView();
    //设置模型
    treeView->setModel(fileModel);
    //创建列表视图控件
    listView = new QListView();
```

```cpp
    //设置模型
    listView->setModel(fileModel);
    //创建分割器
    hSplitter = new QSplitter(Qt::Horizontal);
    //向分割器控件中添加控件
    hSplitter->addWidget(treeView);
    hSplitter->addWidget(listView);
    //设置窗口的布局
    hbox = new QHBoxLayout(this);
    hbox->addWidget(hSplitter);
    //使用信号/槽
    connect(treeView,SIGNAL(clicked(QModelIndex)),this,SLOT(view_clicked(QModelIndex)));
}

Widget::~Widget() {}

void Widget::view_clicked(QModelIndex index){
    //如果为文件夹,则展开文件夹
    if(fileModel->isDir(index)){
        listView->setRootIndex(index);
        treeView->expand(index);
        treeView->setCurrentIndex(index);
    }
}
```

(4) 其他文件保持不变,运行结果如图 3-12 所示。

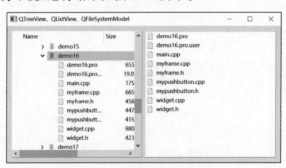

图 3-12　项目 demo8 的运行结果

3.4　QStandardItemModel 与 QTableView 的用法

在 Qt 6 中,使用标准数据模型 QStandardItemModel 可以存储二维表格数据,表格数据的每个数据称为数据项 QStandardItem。每个数据项下面还可以存储二维表格数据,并形成层级关系。

标准数据模型 QStandardItemModel 通常与表格视图控件 QTableView 搭配使用。表格视图控件 QTableView 能够以多行多列的单元格的形式显示标准数据模型中的数据项,也可以显示其他数据模型。

3.4.1 标准数据模型 QStandardItemModel

1. QStandardItemModel 类

在 Qt 6 中，使用 QStandardItemModel 类创建标准数据模型。应用文件系统模型可以存储多行多列的表格数据。QStandardItemModel 类位于 Qt 6 的 Qt GUI 子模块下，其构造函数如下：

```
QStandardItemModel(QObject * parent = nullptr)
QStandardItemModel(int rows,int columns,QObject * parent = nullptr)
```

其中，parent 表示 QObject 类及其子类创建的对象指针；rows 表示行数；columns 表示列数。

QStandardItemModel 类的常用方法见表 3-17。

表 3-17　QStandardItemModel 类的常用方法

方法及参数类型	说　　明	返回值的类型
clear()	清除所有的数据项	
clearItemData(QModelIndex &index)	根据索引清除项中的数据	bool
setColumnCount(int columns)	设置列的数量	
setRowCount(int rows)	设置行的数量	
columnCount(QModelIndex &parent)	获取列的数量	int
rowCount(QModelIndex &parent)	获取行的数量	int
appendColumn(QList<QStandardItem *> &items)	添加列	
appendRow(QList<QStandardItem *> &items)	添加行	
appendRow(QStandardItem * item)	同上	
insertColumn(int column, QList<QStandardItem *> &items)	在指定的列位置插入列	
insertColumn(int column, QModelIndex &parent)	在指定的列位置插入列	bool
insertColumns(int column,int count, QModelIndex &parent)	在指定的列位置插入多列	bool
insertRow(int row,QList<QStandardItem *> &items)	在指定的行位置插入行	
insertRow(int row,QStandardItem * item)	在指定的行位置插入行	
insertRow(int row,QModelIndex &parent)	在指定的行位置插入行	bool
insertRows(int row,int count,QModelIndex &par)	在指定的行位置插入多行	bool
takeColumn(int column)	移除列	QList<QStandardItem *>
takeRow(int row)	移除行	QList<QStandardItem *>
removeColumns(int column,int count,QModelIndex &parent)	根据给定的列位置移除多列	bool
removeRows(int row,int count,QModelIndex &p)	根据给定的行位置移除多行	bool

续表

方法及参数类型	说　明	返回值的类型
setItem(int row,int column,QStandardItem *item)	根据行和列设置数据项	
setItem(int row,QStandardItem *item)	根据行设置数据项	
item(int row,int column=0)	根据行和列获取项	QStandardItem *
takeItem(int row,int column=0)	根据行和列移除数据项	QStandardItem *
setData(QModelIndex &i,QVariant &v,int role=Qt::EditRole)	根据索引设置角色值	bool
data(QModelIndex &i,int role=Qt::DisplayRole)	根据索引获取角色值	QVariant
setItemData(QModelIndex &i,QMap<int,QVariant> &roles)	用字典设置项的值	bool
itemData(QModelIndex &index)	获取多个项的值	QMap<int,QVariant>
setHeaderData(int &s,Qt::Orientation o,QVariant &v,int role=Qt::EditRole)	设置表头值	bool
headerData(int &s,Qt::Orientation o,int role=Qt::DisplayRole)	获取表头值	QVariant
setHorizontalHeaderItem(int column,QStandardItem *item)	设置水平表头的项	
setHorizontalHeaderLabels(QStringList &labels)	设置水平表头的文本内容	
horizontalHeaderItem(int column)	获取水平表头的项	QStandardItem *
setVerticalHeaderItem(int row,QStandardItem *i)	设置竖直表头的项	
setVerticalHeaderLabels(QStringList &labels)	设置竖直表头的文本内容	
verticalHeaderItem(int row)	获取竖直表头的项	QStandardItem *
takeHorizontalHeaderItem(int column)	移除水平表头的项	QStandardItem *
takeVerticalHeaderItem(int row)	移除竖直表头的项	QStandardItem *
index(int row,int column,QModelIndex &parent)	根据行和列获取数据项索引	QModelIndex
indexFromItem(QStandardItem *item)	根据项获取数据项索引	QModelIndex
sibling(int row,int column,QModelIndex &idx)	获取同级别的索引	QModelIndex
invisibleRootItem()	获取根目录的项	QStandardItem *
findItems(QString &text,Qt::MatchFlag flags=Qt::MatchExactly,int column=0)	获取满足条件的数据项列表	QList<QStandardItem *>
flags(QModelIndex &index)	获取数据项的标识	Qt::ItemFlags
hasChildren(QModelIndex &parent)	获取是否有子项	bool
itemFromIndex(QModelIndex &index)	根据索引获取项	QStandardItem
parent(QModelIndex &index)	获取父项的索引	QModelIndex
setSortRole(int role)	设置排序角色	
sortRole()	获取排序角色	int
sort(int column,Qt::SortOrder order=Qt::AscendingOrder)	根据角色值排序	

2. QStandardItem 类

在 Qt 6 中，使用 QStandardItem 类创建数据项。使用数据项不仅可以存储文本、图标、勾选状态等信息，也可以存储多行多列的子表格数据。

QStandardItem 类位于 Qt 6 的 Qt GUI 子模块下，其构造函数如下：

```
QStandardItem()
QStandardItem(const QString &text)
QStandardItem(const QIcon &icon,QString &text)
QStandardItem(int rows,int columns = 1)
```

其中，text 表示文本；icon 表示图标；rows 表示行数；columns 表示列数。

QStandardItem 类的常用方法见表 3-18。

表 3-18 QStandardItem 类的常用方法

方法及参数类型	说 明	返回值的类型
appendColumn(QList < QStandardItem * > &items)	添加列	
appendRow (QList < QStandardItem * > &items)	添加行	
appendRow (QStandardItem * item)	添加行	
appendRow (QList < QStandardItem * > &items)	添加多行	
index()	获取数据项的索引	QModelIndex
setColumnCount(int)	设置列数	
columnCount()	获取列数	int
setRowCount(int)	设置行数	
rowCount()	获取行数	int
setChild(int row,int column,QStandardItem * i)	根据行和列设置子数据项	
setChild(int row,QStandardItem * item)	根据行设置子数据项	
hasChildren()	获取是否有子数据项	bool
child(int row,int column=0)	根据行和列获取子数据项	QStandardItem *
takeChild(int row,int column=0)	移除并返回子数据项	QStandardItem *
row()	获取数据项所在的行	int
column()	获取数据项所在的列	int
insertColumn(int column, QList < QStandardItem * > &items)	在指定的列位置插入列	
insertColumns(int column,int count)	在指定的列位置插入多列	
insertRow (int row,QList < QStandardItem * > &items)	在指定的行位置插入行	
insertRow (int row, QStandardItem * item)	在指定的行位置插入行	
insertRows (int row, QList < QStandardItem * > &items)	在指定的行位置插入多行	
insertRows(int row,int count)	在指定的行位置插入多行	
removeColumn(int column)	移除列	
removeColumn(int column,int count)	移除多列	
removeRow(int row)	移除行	

续表

方法及参数类型	说　　明	返回值的类型
removeRows(int row,int count)	移除多行	
takeColumn(int column)	移除列,并返回被移除的数据项列表	QList<QStandardItem *>
takeRow(int row)	移除行,并返回被移除的数据项列表	QList<QStandardItem>
model()	获取数据模型	QStandardItemModel *
parent()	获取父数据项	QStandardItem *
setAutoTristate(bool)	设置自动有第3种状态	
isAutoTristate()	获取自动有第3种状态	bool
setTristate(bool)	设置是否有第3种状态	
setForeground(QBrush &brush)	设置前景色	
foreground()	获取前景色	QBrush
setCheckable(bool)	设置是否可以勾选	
setCheckState(Qt::CheckState)	设置勾选状态	
checkState()	获取勾选状态	Qt::CheckState
isCheckable()	获取是否可以勾选	bool
setData(QVariant &v,int role=Qt::UserRole+1)	设置数据	
data(int role=Qt::UserRole+1)	获取数据	QVariant
clearData()	清空数据	
setDragEnabled(bool)	设置是否可以拖曳	
isDragEnabled()	获取是否可以拖曳	bool
setDropEnabled(bool)	设置是否可以拖放	
isDropEnabled()	获取是否可以拖放	bool
setEditable(bool)	设置是否可以编辑	
setEnabled(bool)	设置是否激活	
setFlags(Qt::ItemFlag)	设置标识	
isEditable()	获取是否可编辑	bool
isEnabled()	获取是否激活	bool
isSelectable()	获取是否可选择	bool
isUserTristate()	获取用户是否有第3种状态	bool
setFont(QFont &font)	设置字体	
setIcon(QIcon &icon)	设置图标	
setSelectable(bool)	设置选中状态	
setStatusTip(QString &tip)	设置状态信息	
setText(QString &text)	设置文本	
text()	获取文本	QString
setTextAlignment(Qt::Alignment)	设置文本对齐方式	
setToolTip(QString &tip)	设置提示信息	

续表

方法及参数类型	说　明	返回值的类型
setWhatsThis(QString &this)	设置按组合键 Shift+F1 的信息	
write(QDataStream &out)	把项写入数据流中	
read(QDataStream &in)	从数据流中读取项	
sortChildren(int column,Qt::SortOrder order=Qt::AscendingOrder)	对列进行排序	

3.4.2　表格视图控件 QTableView

在 Qt 6 中，使用 QTableView 类创建表格视图控件。应用表格视图控件可以显示标准数据模型，也可以显示其他类型的数据模型。QTableView 类位于 Qt 6 的 Qt Widgets 子模块下，其构造函数如下：

```
QTableView(QWidget * parent = nullptr)
```

其中，parent 表示指向父窗口或父容器的对象指针。

QTableView 类的常用方法见表 3-19。

表 3-19　QTableView 类的常用方法

方法及参数类型	说　明	返回值的类型
setModel(QAbstractItemMode * model)	设置关联的数据模型	
columnAt(int x)	获取 x 坐标位置处的列号	int
rowAt(int y)	获取 y 坐标位置处的行号	int
columnViewportPosition(int column)	获取指定列的 x 坐标值	int
rowViewportPosition(int row)	获取指定行的 y 坐标值	int
indexAt(QPoint &pos)	获取指定位置处的索引	QModelIndex
setRootIndex(QModelIndex &index)	设置根目录的数据模型	
setSelectionModel(QItemSelectionModel * s)	设置选择模型	
selectionModel()	获取选择模型	QItemSelectionModel *
setSelection(QRect &rect,QItemSelectionModel::SelectionFlags flags)	设置指定范围内的数据项	
selectedIndexes()	获取选中项的索引列表	QModelIndex
[slot]resizeColumnToContents(int column)	自动调整指定列的宽度	
[slot]resizeColumnsToContents()	根据内容自动调整列的宽度	
[slot]resizeRowToContents(int row)	自动调整指定行的高度	
[slot]resizeRowsToContents()	根据内容自动调整行的高度	
scrollTo(QModelIndex &i,QAbstractItemView::ScrollHint hint=EnsureVisible)	滚动表格使指定内容可见	
selectColumn(int column)	选择列	
selectRow(int row)	选择行	

续表

方法及参数类型	说明	返回值的类型
setColumnHidden(int column, bool hide)	设置是否隐藏列	
hideColumn(int column)	隐藏列	
setRowHidden(int row, bool hide)	设置是否隐藏行	
hideRow(int row)	隐藏行	
showColumn(int column)	显示列	
showRow(int row)	显示行	
isColumnHidden(int column)	获取指定列是否隐藏	bool
isRowHidden(int row)	获取指定行是否隐藏	bool
isIndexHidden(QModelIndex &index)	获取某索引对应的单元格是否隐藏	bool
setShowGrid(bool)	设置是否显示表格线条	
showGrid()	获取表格线是否已显示	bool
setGridStyle(Qt::PenStyle)	设置表格线的样式	
setColumnWidth(int column, int width)	设置列的宽度	
columnWidth(int column)	获取列的宽度	int
setRowHeight(int row, int height)	设置行的高度	
rowHeight(int row)	获取行的高度	int
setCornerButtonEnabled(bool)	设置是否激活右下角按钮	
isCornerButtonEnabled()	获取是否激活右下角按钮	bool
setVerticalHeader(QHeaderView * header)	设置竖直表头	
verticalHeader()	获取竖直表头	QHeaderView *
setHorizontalHeader(QHeaderView * header)	设置水平表头	
horizontalHeader()	获取水平表头	QHeaderView *
setSpan(int row, int column, int rowSpanCount, int columnSpanCount)	设置单元格的行跨度和列跨度	
columnSpan(int row, int column)	获取单元格的列跨度	int
rowSpan(int row, int column)	获取单元格的行跨度	int
clearSpans()	清除跨度	
setWordWrap(bool)	设置单词是否可以写到多行上	
setSortingEnabled(bool)	设置是否可以排序	
isSortingEnabled()	获取是否可以排序	bool
sortByColumn(int column, Qt::SortOrder)	按列进行排序	
scrollContentsBy(int dx, int dy)	把表格移动指定的距离	
scrollTo(QModelIndex &index, QAbstractItemView::ScrollHint hint=EnsureVisible)	使指定的项可见	
setAlternatingRowColors(bool enable)	是否设置行的颜色交替变化	

在表 3-19 中,Qt::PenStyle 的枚举常量为 Qt::NoPen(没有表格线条)、Qt::SolidLine、Qt::DashLine、Qt::DotLine、Qt::DashDotLine、Qt::DashDotDotLine、Qt::CustomDashLine(使

用 setDashPattern()方法自定义的线条)。

在 Qt 6 中，QTableView 类的信号见表 3-20。

表 3-20　QTableView 类的信号

信号及参数类型	说　　明
activated(QModelIndex &index)	当数据项活跃时发送信号
clicked(QModelIndex &index)	当单击数据项时发送信号
doubleClicked(QModelIndex &index)	当双击数据项时发送信号
entered(QModelIndex &index)	当光标进入数据项时发送信号
iconSizeChanged(QSize &size)	当图标大小发生变化时发送信号
pressed(QModelIndex &index)	当按下鼠标按键时发送信号
viewportEntered()	当光标进入树视图控件时发送信号

3.4.3　典型应用

【实例 3-9】　创建一个窗口，该窗口包含 1 个表格视图控件。使用表格视图控件显示 CSV 文件中的数据，操作步骤如下：

（1）使用 Qt Creator 创建一个模板为 Qt Widgets Application 的项目，将该项目命名为 demo9，并保存在 D 盘的 Chapter3 文件夹下；在向导对话框中选择基类 QWidget，不勾选 Generate form 复选框。

（2）编写 widget.h 文件中的代码，代码如下：

```cpp
/* 第 3 章 demo9 widget.h */
#ifndef WIDGET_H
#define WIDGET_H

#include <QWidget>
#include <QTableView>
#include <QHBoxLayout>
#include <QStandardItem>
#include <QStandardItemModel>
#include <QString>
#include <QStringList>
#include <QList>
#include <QFile>
#include <QTextStream>

class Widget : public QWidget
{
    Q_OBJECT
public:
    Widget(QWidget * parent = nullptr);
    ~Widget();
private:
    QHBoxLayout * hbox;
    QTableView * tableView;
```

```cpp
    QStandardItemModel * standardModel;
    void open_csv();
};
#endif //WIDGET_H
```

(3) 编写 widget.cpp 文件中的代码,代码如下:

```cpp
/* 第 3 章 demo9 widget.cpp */
#include "widget.h"

Widget::Widget(QWidget * parent):QWidget(parent)
{
    setGeometry(300,300,560,220);
    setWindowTitle("QTableView、QStandardItemModel");
    hbox = new QHBoxLayout(this);
    //创建表格视图控件
    tableView = new QTableView();
    hbox->addWidget(tableView);
    //创建标准数据模型
    standardModel = new QStandardItemModel();
    open_csv();
}

Widget::~Widget() {}

void Widget::open_csv(){
    QFile file("D:\\Chapter3\\data1.csv");
    if(file.exists() == false)
        return;
    if(!file.open(QIODevice::ReadOnly|QIODevice::Text))
        return;
    QTextStream in(&file);
    in.setEncoding(QStringConverter::Utf8);
    in.setAutoDetectUnicode(true);                      //自动检测 Unicode
    QList<QStringList> lists;                           //创建二维字符串列表,用来存放数据
    while(!in.atEnd()){
        QString line = in.readLine();                   //读取一行数据
        //使用逗号作为分隔符,分割成字符串列表
        QStringList fields = line.split(',',Qt::SkipEmptyParts);
        lists.append(fields);
    }
    //获取 lists 的行数、列数
    int rowNum = lists.size();
    int columnNum = lists[0].size();
    standardModel->setHorizontalHeaderLabels(lists[0]);//设置表头
    //将二维列表转换为数据项,并添加到标准数据模型下
    for(int i = 1;i < rowNum;i++){
        QList<QStandardItem *> tempItems;
        for(int j = 0;j<columnNum;j++){
            //QString text = lists[i][j];
            QStandardItem * item = new QStandardItem(lists[i][j]);
            item->setTextAlignment(Qt::AlignCenter);
```

```
            tempItems.append(item);
        }
        standardModel->appendRow(tempItems);
    }
    tableView->setModel(standardModel);         //设置数据模型
}
```

(4) 其他文件保持不变,运行结果如图 3-13 所示。

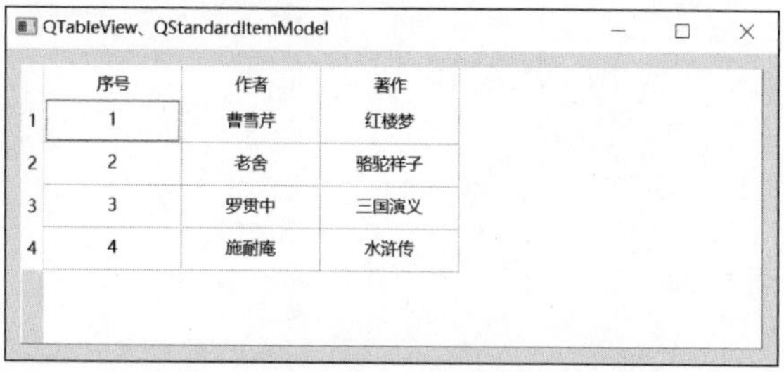

图 3-13　项目 demo9 的运行结果

【实例 3-10】　创建一个窗口,该窗口包含 1 个表格视图控件。使用表格视图控件显示 Excel 文件中的数据,操作步骤如下:

(1) 使用 Qt Creator 创建一个模板为 Qt Widgets Application 的项目,将该项目命名为 demo10,并保存在 D 盘的 Chapter3 文件夹下;在向导对话框中选择基类 QWidget,不勾选 Generate form 复选框。

(2) 向配置文件 demo10.pro 中添加下面一行语句:

```
QT += axcontainer
```

(3) 编写 widget.h 文件中的代码,代码如下:

```
/* 第3章 demo10 widget.h */
#ifndef WIDGET_H
#define WIDGET_H

#include <QWidget>
#include <QHBoxLayout>
#include <QTableView>
#include <QStandardItem>
#include <QStandardItemModel>
#include <QModelIndex>
#include <QString>
#include <QStringList>
#include <QList>
#include <QAxObject>

class Widget : public QWidget
{
    Q_OBJECT
public:
```

```cpp
    Widget(QWidget *parent = nullptr);
    ~Widget();
private:
    QHBoxLayout *hbox;
    QTableView *tableView;
    QStandardItemModel *standardModel;
    void open_xlsx();
};
#endif //WIDGET_H
```

(4) 编写 widget.cpp 文件中的代码,代码如下:

```cpp
/* 第 3 章 demo10 widget.cpp */
#include "widget.h"

Widget::Widget(QWidget *parent):QWidget(parent)
{
    setGeometry(300,300,560,220);
    setWindowTitle("QTableView、QStandardItemModel");
    hbox = new QHBoxLayout(this);
    //创建表格视图控件
    tableView = new QTableView();
    hbox->addWidget(tableView);
    //创建标准数据模型
    standardModel = new QStandardItemModel();
    open_xlsx();
}

Widget::~Widget() {}

void Widget::open_xlsx(){
    //创建 Excel 应用程序对象
    QAxObject *excel = new QAxObject("Excel.Application");
    //打开工作簿集
    QAxObject *workbooks = excel->querySubObject("WorkBooks");
    workbooks->dynamicCall("Open(const QString&)","D:\\Chapter3\\001.xlsx");
    QAxObject *workbook = excel->querySubObject("ActiveWorkBook");
    //获取工作表集
    QAxObject *sheets = workbook->querySubObject("WorkSheets");
    QAxObject *sheet = workbook->querySubObject("Sheets(int)",1);
    //获取工作表的最大行数、列数
    QAxObject *usedRange = sheet->querySubObject("UsedRange");
    QAxObject *rows = usedRange->querySubObject("Rows");
    QAxObject *columns = usedRange->querySubObject("Columns");
    int rowNum = rows->property("Count").toInt();
    int columnNum = columns->property("Count").toInt();
    //将工作表中的数据读取到二维列表 data 中
    QList<QStringList> data;
    for (int row = 1; row <= rowNum; ++row) {
        QStringList rowData;
        for (int col = 1; col <= columnNum; ++col) {
```

```
            //获取单元格对象并读取其值
            QAxObject * cell = sheet -> querySubObject("Cells(int,int)", row,col);
            QString cellValue = cell -> dynamicCall("Value()").toString();
            rowData.append(cellValue);
        }
        data.append(rowData);
    }
    //设置标准数据模型的表头
    standardModel -> setHorizontalHeaderLabels(data[0]);
    //将二维列表转换为数据项,并添加到标准数据模型下
    for(int i = 1;i < rowNum;i++){
        QList < QStandardItem * > tempItems;
        for(int j = 0;j < columnNum;j++){
            QStandardItem * item = new QStandardItem(data[i][j]);
            item -> setTextAlignment(Qt::AlignCenter);
            tempItems.append(item);
        }
        standardModel -> appendRow(tempItems);
    }
    tableView -> setModel(standardModel);          //设置数据模型
    workbooks -> dynamicCall("Close()");           //关闭工作簿集
    excel -> dynamicCall("Quit()");                //关闭 Excel 应用程序
    //删除不需要的指针
    delete sheet;
    delete sheets;
    delete workbook;
    delete workbooks;
    delete excel;
}
```

(5) 其他的文件保持不变,运行结果如图 3-14 所示。

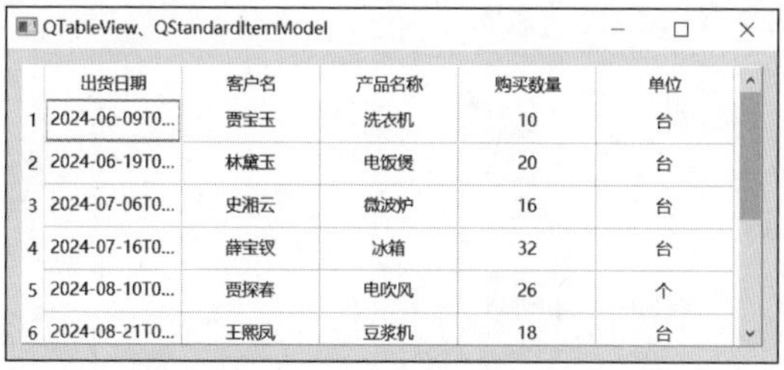

	出货日期	客户名	产品名称	购买数量	单位
1	2024-06-09T0...	贾宝玉	洗衣机	10	台
2	2024-06-19T0...	林黛玉	电饭煲	20	台
3	2024-07-06T0...	史湘云	微波炉	16	台
4	2024-07-16T0...	薛宝钗	冰箱	32	台
5	2024-08-10T0...	贾探春	电吹风	26	个
6	2024-08-21T0...	王熙凤	豆浆机	18	台

图 3-14 项目 demo10 的运行结果

【实例 3-11】 创建一个窗口,该窗口包含 1 个菜单栏、1 个列表视图控件、1 个表格视图控件。使用菜单栏的命令可以打开 Excel 文件。使用列表视图控件显示工作簿的名称,使用表格视图控件显示工作簿中的数据。如果单击工作簿的名称,则表格视图控件显示对应的工作簿数据,操作步骤如下:

(1) 使用 Qt Creator 创建一个模板为 Qt Widgets Application 的项目,将该项目命名为 demo11,并保存在 D 盘的 Chapter3 文件夹下;在向导对话框中选择基类 QMainWindow,不勾选 Generate form 复选框。

(2) 向配置文件 demo11.pro 中添加下面一行语句:

```
QT += axcontainer
```

(3) 编写 mainwindow.h 文件中的代码,代码如下:

```cpp
/* 第3章 demo11 mainwindow.h */
#ifndef MAINWINDOW_H
#define MAINWINDOW_H

#include <QMainWindow>
#include <QFrame>
#include <QHBoxLayout>
#include <QListView>
#include <QTableView>
#include <QSplitter>
#include <QMenuBar>
#include <QMenu>
#include <QAction>
#include <QStandardItem>
#include <QStandardItemModel>
#include <QModelIndex>
#include <QStringList>
#include <QString>
#include <QList>
#include <QAxObject>
#include <QFileDialog>
#include <QDir>
#include <QMessageBox>

class MainWindow : public QMainWindow
{
    Q_OBJECT
public:
    MainWindow(QWidget *parent = nullptr);
    ~MainWindow();
private:
    QMenuBar *menuBar;
    QMenu *fileMenu;
    QAction *actionOpen, *actionSave;
    QListView *listView;
    QTableView *tableView;
    QFrame *frame;
    QSplitter *hSplitter;
    QHBoxLayout *hbox;
    QStandardItemModel *standardModel;
private slots:
    void action_open();
    void listView_clicked(QModelIndex index);
    void action_save();
};
#endif //MAINWINDOW_H
```

（4）编写 mainwindow.cpp 文件中的代码，代码如下：

```cpp
/* 第 3 章 demo11 mainwindow.cpp */
#include "mainwindow.h"

MainWindow::MainWindow(QWidget *parent):QMainWindow(parent)
{
    setGeometry(300,300,620,300);
    setWindowTitle("QListView、QTableView、QStandardItemModel");
    //创建菜单栏、菜单、动作
    menuBar = new QMenuBar(this);
    fileMenu = menuBar->addMenu("文件");
    actionOpen = fileMenu->addAction("打开");
    actionSave = fileMenu->addAction("保存");
    setMenuBar(menuBar);                          //设置主窗口的菜单栏
    //创建包含两个视图控件、分割器的框架控件
    listView = new QListView();
    tableView = new QTableView();
    hSplitter = new QSplitter(Qt::Horizontal);    //创建分割器
    frame = new QFrame();
    //向分割器中添加控件
    hSplitter->addWidget(listView);
    hSplitter->addWidget(tableView);
    hbox = new QHBoxLayout(frame);
    hbox->addWidget(hSplitter);
    setCentralWidget(frame);                      //设置主窗口的中心控件
    //创建数据模型
    standardModel = new QStandardItemModel();
    //使用信号/槽
    connect(actionOpen,SIGNAL(triggered()),this,SLOT(action_open()));
    connect(listView,SIGNAL(clicked(QModelIndex)),this,SLOT(listView_clicked(QModelIndex)));
    connect(actionSave,SIGNAL(triggered()),this,SLOT(action_save()));
}

MainWindow::~MainWindow() {}

void MainWindow::action_open(){
    QString curPath = QDir::currentPath();        //获取程序当前目录
    QString filter = "Excel 文件(*.xlsx);;所有文件(*.*)";
    QString title = "打开 Excel 文件";              //文件对话框的标题
    QString fileName = QFileDialog::getOpenFileName(this,title,curPath,filter);
    if(fileName.isEmpty())
        return;
    fileName.replace('/','\\');                   //将字符串中的/替换为\\
    //创建 Excel 应用程序对象
    QAxObject *excel = new QAxObject("Excel.Application");
    //打开工作簿集
    QAxObject *workbooks = excel->querySubObject("WorkBooks");
    workbooks->dynamicCall("Open(const QString&)",fileName);
    QAxObject *workbook = excel->querySubObject("ActiveWorkBook");
    //获取工作表的数量
```

```cpp
QAxObject * sheets = workbook->querySubObject("WorkSheets");
QVariant sheetNumV = sheets->property("Count");
int sheetNum = sheetNumV.toInt();
//遍历并获取工作表的名称
for(int i = 1;i<= sheetNum;i++){
    //获取指定索引的工作表
    QAxObject * sheet = workbook->querySubObject("Sheets(int)",i);
    //获取工作表的名称
    QVariant sheetNameV = sheet->property("Name");
    QString sheetName = sheetNameV.toString();
    //获取工作表的最大行数、列数
    QAxObject * usedRange = sheet->querySubObject("UsedRange");
    QAxObject * rows = usedRange->querySubObject("Rows");
    QAxObject * columns = usedRange->querySubObject("Columns");
    int rowNum = rows->property("Count").toInt();
    int columnNum = columns->property("Count").toInt();
    //将工作表中的数据读取到二维列表 data 中
    QList<QStringList> data;
    for (int row = 1; row <= rowNum; row++) {
        QStringList rowData;
        for (int col = 1; col <= columnNum; col++) {
            //获取单元格对象并读取其值
            QAxObject * cell = sheet->querySubObject("Cells(int,int)", row,col);
            QString cellValue = cell->dynamicCall("Value()").toString();
            rowData.append(cellValue);
        }
        data.append(rowData);
    }
    //将二维列表转换为有层次的 QStandardItem 指针
    QStandardItem * parentItem = new QStandardItem(sheetName);
    //根索引下的顶层数据项
    parentItem->setColumnCount(data[0].size());          //设置列的数量
    //将二维列表转换为数据项,并添加到标准数据模型下
    for(int i = 1;i<rowNum;i++){
        QList<QStandardItem *> tempItems;
        for(int j = 0;j<columnNum;j++){
            QStandardItem * item = new QStandardItem(data[i][j]);    //子数据项
            item->setTextAlignment(Qt::AlignCenter);
            tempItems.append(item);
        }
        parentItem->appendRow(tempItems);                //将子数据项添加到顶层项中
        standardModel->appendRow(parentItem);
    }
    //设置水平表头
    standardModel->setHorizontalHeaderLabels(data[0]);
    //设置视图控件的数据模型
    listView->setModel(standardModel);
    tableView->setModel(standardModel);
    //设置表格视图控件的数据模型
    QModelIndex index = standardModel->index(0,0);
    tableView->setRootIndex(index);
```

```cpp
    }
    workbooks->dynamicCall("Close()");              //关闭工作簿集
    excel->dynamicCall("Quit()");                   //关闭 Excel 应用程序
    //删除不需要的指针
    delete sheets;
    delete workbook;
    delete workbooks;
    delete excel;
}

void MainWindow::listView_clicked(QModelIndex index){
    QStandardItem *item = standardModel->itemFromIndex(index);
    if(item->hasChildren()){
        tableView->setRootIndex(index);
        int rowCount = item->rowCount();
        QStringList labels;
        for(int i=1;i<=rowCount;i++){
            QString text = QString::number(i);
            labels.append(text);
        }
        //设置列表头显示的文字
        standardModel->setVerticalHeaderLabels(labels);
    }
}

void MainWindow::action_save(){
    QString curPath = QDir::currentPath();          //获取程序当前目录
    QString filter = "Excel 文件(*.xlsx);;所有文件(*.*)";
    QString title = "保存 Excel 文件";              //文件对话框的标题
    QString fileName = QFileDialog::getSaveFileName(this,title,curPath,filter);
    if(fileName.isEmpty())
        return;
    fileName.replace('/','\\');                     //将字符串中的/替换为\\
    //获取根索引下数据项的数量
    int sheetNum = standardModel->rowCount(QModelIndex());
    //创建 Excel 应用程序对象
    QAxObject *excel = new QAxObject("Excel.Application");
    //打开工作簿集
    QAxObject *workbooks = excel->querySubObject("WorkBooks");
    workbooks->dynamicCall("Add");                  //添加一个工作簿
    QAxObject *workbook = excel->querySubObject("ActiveWorkBook");
    //获取工作表集
    QAxObject *sheets = workbook->querySubObject("Sheets");
    for(int i=0;i<sheetNum;i++){
        //获取顶层索引
        QModelIndex parentIndex = standardModel->index(i,0,QModelIndex());
        //获取顶层数据项
        QStandardItem *parentItem = standardModel->itemFromIndex(parentIndex);
        if(parentItem->hasChildren()){
            //获取活动工作表
            QAxObject *sheet = workbook->querySubObject("ActiveSheet");
            //创建元素类型为字符串的二维列表 lists
            QList<QStringList> lists;
```

```cpp
            QStringList temp1;
            int rowNum = standardModel->rowCount(parentIndex);
            int columnNum = standardModel->columnCount(parentIndex);
            //将表头数据添加到 lists 列表中
            for(int j = 0;j<columnNum;j++){
                QStandardItem * item = standardModel->horizontalHeaderItem(j);
                QVariant v = item->data(Qt::DisplayRole);
                temp1.append(v.toString());
            }
            lists.append(temp1);
            //将表格数据添加到 lists 列表中
            for(int row = 0;row<rowNum;row++){
                QStringList temp2;
                for(int col = 0;col<columnNum;col++){
                    QStandardItem * item = parentItem->child(row,col);
                    QVariant value = item->data(Qt::DisplayRole);
                    temp2.append(value.toString());
                }
                lists.append(temp2);
            }
            //向 Excel 的单元格中写入数据
            for(int i = 1;i<=rowNum+1;i++){
                for(int j = 1;j<=columnNum;j++){
                    QAxObject * cell = sheet->querySubObject("Cells(int,int)", i,j);
                    cell->dynamicCall("SetValue(const QVariant&)",QVariant(lists[i-1][j-1]));
                }
            }
            sheets->dynamicCall("Add");        //添加一个工作表
        }
    }

    //保存 Excel
    workbook->dynamicCall("SaveAs(const QString&)",fileName);
    QMessageBox::information(this,"提示消息","文件保存成功!");
    workbooks->dynamicCall("Close()");        //关闭 Excel 工作簿集
    excel->dynamicCall("Quit()");             //关闭 Excel 应用程序
    //删除不需要的指针
    delete sheets;
    delete workbook;
    delete workbooks;
    delete excel;
}
```

(5) 其他文件保持不变,运行结果如图 3-15 所示。

注意：如果将项目 demo10 和项目 demo11 的数据模型做对比,则会发现项目 demo11 中的数据模型是有层次的标准数据模型,而项目 demo10 的标准数据模型是没有层次的,开发者可使用有层次的标准数据模型显示 Excel 中所有工作表的数据。在 Qt 6 中,也可以使用树视图控件显示有层次的标准数据模型。

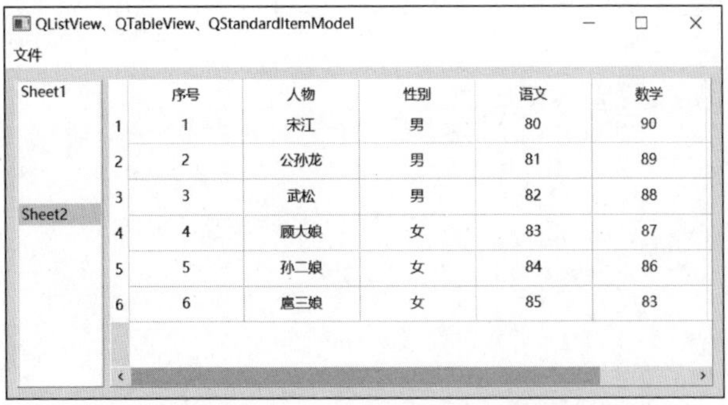
QListView、QTableView、QStandardItemModel
文件
Sheet1
Sheet2
序号
人物
性别
语文
数学
1 1 宋江 男 80 90
2 2 公孙龙 男 81 89
3 3 武松 男 82 88
4 4 顾大娘 女 83 87
5 5 孙二娘 女 84 86
6 6 扈三娘 女 85 83

图 3-15 项目 demo11 的运行结果

【实例 3-12】 创建一个窗口,该窗口包含 1 个菜单栏、1 个列表视图控件、1 个树视图控件。使用菜单栏的命令可以打开 Excel 文件。使用列表视图控件显示工作簿的名称,使用树视图控件显示工作表中的数据。如果单击列表视图控件中工作簿的名称,则树视图控件将展开对应的工作表数据,操作步骤如下:

(1) 使用 Qt Creator 创建一个模板为 Qt Widgets Application 的项目,将该项目命名为 demo12,并保存在 D 盘的 Chapter3 文件夹下;在向导对话框中选择基类 QMainWindow,不勾选 Generate form 复选框。

(2) 向配置文件 demo12. pro 中添加下面一行语句:

```
QT += axcontainer
```

(3) 编写 mainwindow. h 文件中的代码,代码如下:

```
/* 第 3 章 demo12 mainwindow.h */
#ifndef MAINWINDOW_H
#define MAINWINDOW_H

#include <QMainWindow>
#include <QMainWindow>
#include <QFrame>
#include <QHBoxLayout>
#include <QListView>
#include <QTreeView>
#include <QSplitter>
#include <QMenuBar>
#include <QMenu>
#include <QAction>
#include <QStandardItem>
#include <QStandardItemModel>
#include <QModelIndex>
#include <QStringList>
#include <QString>
#include <QList>
#include <QAxObject>
#include <QFileDialog>
```

```cpp
#include <QDir>

class MainWindow : public QMainWindow
{
    Q_OBJECT
public:
    MainWindow(QWidget *parent = nullptr);
    ~MainWindow();
private:
    QMenuBar *menuBar;
    QMenu *fileMenu;
    QAction *actionOpen;
    QListView *listView;
    QTreeView *treeView;
    QFrame *frame;
    QSplitter *hSplitter;
    QHBoxLayout *hbox;
    QStandardItemModel *standardModel;
private slots:
    void action_open();
    void listView_clicked(QModelIndex index);
};
#endif //MAINWINDOW_H
```

（4）编写 mainwindow.cpp 文件中的代码，代码如下：

```cpp
/* 第3章 demo12 mainwindow.cpp */
#include "mainwindow.h"

MainWindow::MainWindow(QWidget *parent):QMainWindow(parent)
{
    setGeometry(300,300,620,300);
    setWindowTitle("QListView、QTreeView、QStandardItemModel");
    //创建菜单栏、菜单、动作
    menuBar = new QMenuBar(this);
    fileMenu = menuBar->addMenu("文件");
    actionOpen = fileMenu->addAction("打开");
    setMenuBar(menuBar);    //设置主窗口的菜单栏
    //创建包含两个视图控件、分割器的框架控件
    listView = new QListView();
    treeView = new QTreeView();
    hSplitter = new QSplitter(Qt::Horizontal);          //创建分割器
    frame = new QFrame();
    //向分割器中添加控件
    hSplitter->addWidget(listView);
    hSplitter->addWidget(treeView);
    hbox = new QHBoxLayout(frame);
    hbox->addWidget(hSplitter);
    setCentralWidget(frame);                            //设置主窗口的中心控件
    //创建数据模型
    standardModel = new QStandardItemModel();
    //使用信号/槽
```

```cpp
    connect(actionOpen,SIGNAL(triggered()),this,SLOT(action_open()));
    connect ( listView, SIGNAL ( clicked ( QModelIndex )), this, SLOT ( listView _ clicked
(QModelIndex)));
}

MainWindow::~MainWindow() {}

void MainWindow::action_open(){
    QString curPath = QDir::currentPath();              //获取程序当前目录
    QString filter = "Excel 文件(*.xlsx);;所有文件(*.*)";
    QString title = "打开 Excel 文件";                   //文件对话框的标题
    QString fileName = QFileDialog::getOpenFileName(this,title,curPath,filter);
    if(fileName.isEmpty())
        return;
    fileName.replace('/','\\');                         //将字符串中的/替换为\\
    //创建 Excel 应用程序对象
    QAxObject *excel = new QAxObject("Excel.Application");
    //打开工作簿集
    QAxObject *workbooks = excel->querySubObject("WorkBooks");
    workbooks->dynamicCall("Open(const QString&)",fileName);
    QAxObject *workbook = excel->querySubObject("ActiveWorkBook");
    //获取工作表的数量
    QAxObject *sheets = workbook->querySubObject("WorkSheets");
    QVariant sheetNumV = sheets->property("Count");
    int sheetNum = sheetNumV.toInt();
    //遍历并获取工作表的名称
    for(int i = 1;i <= sheetNum;i++){
        //获取指定索引的工作表
        QAxObject *sheet = workbook->querySubObject("Sheets(int)",i);
        //获取工作表的名称
        QVariant sheetNameV = sheet->property("Name");
        QString sheetName = sheetNameV.toString();
        //获取工作表的最大行数、列数
        QAxObject *usedRange = sheet->querySubObject("UsedRange");
        QAxObject *rows = usedRange->querySubObject("Rows");
        QAxObject *columns = usedRange->querySubObject("Columns");
        int rowNum = rows->property("Count").toInt();
        int columnNum = columns->property("Count").toInt();
        //将工作表中的数据读取到二维列表 data 中
        QList<QStringList> data;
        for (int row = 1; row <= rowNum; row++) {
            QStringList rowData;
            for (int col = 1; col <= columnNum; col++) {
                //获取单元格对象并读取其值
                QAxObject *cell = sheet->querySubObject("Cells(int,int)", row,col);
                QString cellValue = cell->dynamicCall("Value()").toString();
                rowData.append(cellValue);
            }
```

```cpp
            data.append(rowData);
        }
        //将二维列表转换为有层次的 QStandardItem 指针
        QStandardItem * parentItem = new QStandardItem(sheetName);
//根索引下的顶层数据项
        parentItem->setColumnCount(data[0].size());            //设置列的数量
        //将二维列表转换为数据项,并添加到标准数据模型下
        for(int i = 1; i < rowNum; i++){
            QList<QStandardItem *> tempItems;
            for(int j = 0; j < columnNum; j++){
                QStandardItem * item = new QStandardItem(data[i][j]);    //子数据项
                item->setTextAlignment(Qt::AlignCenter);
                tempItems.append(item);
            }
            parentItem->appendRow(tempItems);                  //将子数据项添加到顶层项中
            standardModel->appendRow(parentItem);
        }
        //设置水平表头
        standardModel->setHorizontalHeaderLabels(data[0]);
        //设置视图控件的数据模型
        listView->setModel(standardModel);
        treeView->setModel(standardModel);
        //设置表格视图控件的数据模型
        QModelIndex index = standardModel->index(0,0);
        treeView->setRootIndex(index);
    }
    workbooks->dynamicCall("Close()");                         //关闭工作簿集
    excel->dynamicCall("Quit()");                              //关闭 Excel 应用程序
    //删除不需要的指针
    delete sheets;
    delete workbook;
    delete workbooks;
    delete excel;
}

void MainWindow::listView_clicked(QModelIndex index){
    QStandardItem * item = standardModel->itemFromIndex(index);
    if(item->hasChildren()){
        treeView->setRootIndex(index);
        int rowCount = item->rowCount();
        QStringList labels;
        for(int i = 1; i <= rowCount; i++){
            QString text = QString::number(i);
            labels.append(text);
        }
        //设置列表头显示的文字
        standardModel->setVerticalHeaderLabels(labels);
    }
}
```

（5）其他文件内容保持不变，运行结果如图 3-16 所示。

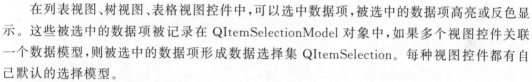

图 3-16　项目 demo12 的运行结果

3.5　QItemSelectionModel 与 QStyledItemDelegate 的用法

在列表视图、树视图、表格视图控件中，可以选中数据项，被选中的数据项高亮或反色显示。这些被选中的数据项被记录在 QItemSelectionModel 对象中，如果多个视图控件关联一个数据模型，则被选中的数据项形成数据选择集 QItemSelection。每种视图控件都有自己默认的选择模型。

在列表视图、树视图、表格视图控件中，双击某个数据项，可以编辑并修改当前值，这是视图控件中的代理控件 QStyledItemDelegate 提供的 QLineEdit 控件。如果用户要使用其他编辑控件，则需要自定义默认控件。

3.5.1　选择模型 QItemSelectionModel

1. QItemSelectionModel 类

在视图控件中，使用 setSelectionModel(QItemSelectionModel * selectionModel) 方法设置视图控件的选择模型，使用 selectionModel() 获取选择模型。在实际编程中，可以使用 selectionModel() 方法获取某个视图控件的选择模型，然后使用其他视图控件的 setSelectionModel() 设置该选择模型，这样多个视图控件可以共享选择模型。

QItemSelectionModel 类位于 Qt 6 的 Qt Core 子模块下，其构造函数如下：

```
QItemSelectionModel(QAbstractItemModel * model = nullptr)
QItemSelectionModel(QAbstractItemModel * model,QObject * parent)
```

其中，parent 表示 QObject 类及其子类创建的对象指针。

QItemSelectionModel 类的常用方法见表 3-21。

表 3-21　QItemSelectionModel 类的常用方法

方法及参数类型	说　　明	返回值的类型
[slot]clearSelection()	清空选择模型，发送 selectionChanged() 信号	
setModel(QAbstractItemModel * model)	设置数据模型	

续表

方法及参数类型	说 明	返回值的类型
[slot]clear()	清空选择模型,发送 selectionChanged() 和 currentChanged() 信号	
[slot]reset()	清空选择模型,不发送信号	
[slot]clearCurrentIndex()	清空当前数据索引,发送 currentChanged() 信号	
[slot]setCurrentIndex(QModelIndex &i, QItemSelectionModel::selctionFlags command)	根据索引设置当前项,发送 currentChanged() 信号	
[slot]select(QModelIndex &i, QItemSelectionModel::selctionFlags command)	根据索引选择项,发送 selectionChanged() 信号	
rowIntersectsSelection(int row, QModelIndex &parent)	如果选择的数据项与 parent 的子数据项的指定行有交集,则返回值为 true	bool
columnIntersectsSelection(int column, QModelIndex &parent)	如果选择的数据项与 parent 的子数据项的指定列有交集,则返回值为 true	bool
currentIndex()	获取当前数据项的索引	QModelIndex
hasSelection()	获取是否有选择项	bool
isColumnSelected(int column, QModelIndex &parent)	获取 parent 下的指定列是否被全部选中	bool
isRowSelected(int row, QModelIndex &parent)	获取 parent 下的指定行是否被全部选中	bool
isSelected(QModelIndex &index)	获取某数据项是否被选中	bool
selectedRows(int column=0)	获取某行中被选中的数据项的索引列表	QModelIndexList
selectedColumns(int row=0)	获取某列中被选中的数据项的索引列表	QModelIndexList
selectedIndexes()	获取被选中的数据项的索引列表	QModelIndexList
selection()	获取项的选择集	QItemSelection

在表 3-21 中,QItemSelectionModel::SelectionFlags 类的枚举常量见表 3-22。

表 3-22 QItemSelectionModel::SelectionFlags 类的枚举常量

枚 举 常 量	说 明
QItemSelectionModel::NoUpdate	选择集没有变化
QItemSelectionModel::Clear	清空选择集
QItemSelectionModel::Select	选择所有指定的项
QItemSelectionModel::Deselect	取消选择所有指定的项
QItemSelectionModel::Toggle	根据项的状态选择或不选择
QItemSelectionModel::Current	更新当前的选择
QItemSelectionModel::Rows	选择整行
QItemSelectionModel::Columns	选择整列
QItemSelectionModel::SelectCurrent	Select|Current
QItemSelectionModel::ToggleCurrent	Toggle|Current
QItemSelectionModel::ClearAndSelect	Clear|Select

在 Qt 6 中，QItemSelectionModel 类的信号见表 3-23。

表 3-23　QItemSelectionModel 类的信号

信号及参数类型	说　明
currentChanged(QModelIndex &currrent, QModelIndex &previous)	当前数据项发生改变时发送信号
currentColumnChanged(QModelIndex &current, QModelIndex &previous)	当前数据项的列发生改变时发送信号
currentRowChanged(QModelIndex &current, QModelIndex &previous)	当前数据项的行发生改变时发送信号
modelChanged(QAbstractItemModel *model)	当数据模型发生改变时发送信号
selectionChanged(QItemSelection &selected, QItemSelection &deselected)	当选择区域发生改变时发送信号

2. QItemSelection 类

在 Qt 6 中，使用 QItemSelection 类表示数据模型中已经被选中的数据项的集合。QItemSelection 类位于 Qt 6 的 Qt Core 子模块下，是 QList 类的子类。QItemSelection 类构造函数如下：

```
QItemSelection(const QModelIndex &topLeft, const QModelIndex &bottomRight)
```

其中，topLeft 表示左上角的数据项索引；bottomRight 表示右下角的数据项索引。

QItemSelection 类的常用方法见表 3-24。

表 3-24　QItemSelection 类的常用方法

方法及参数类型	说　明	返回值的类型
contains(QModelIndex &index)	获取指定的项是否在选择集中	bool
clear()	清空选择集	
count()	获取选择集中元素的个数	int
select(QModelIndex &topLeft, QModelIndex &bottomRight)	选择从左上角到右下角位置处的所有项	
merge(QItemSelection &other, QItemSelectionModel::SelectionFlags c)	合并其他选择集	
indexes()	获取选择集中的数据索引列表	QModelIndexList

3.5.2　代理控件 QStyledItemDelegate

在 Qt 6 中，QAbstractItemDelegate 是所有代理控件的基类，这是个抽象类，不能直接使用，其子类 QStyledItemDelegate 类是所有视图控件的默认代理控件，并在创建视图控件时自动安装默认代理控件。默认代理控件 QStyledItemDelegate 提供了 QLineEdit 控件作为编辑器。QStyledItemDelegate 类的继承关系如图 3-17 所示。

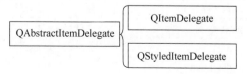

图 3-17　QStyledItemDelegate 类的继承关系

在视图控件中,如果开发者要修改默认代理控件提供的 QLineEdit 编辑器,则需要两步。

第1步,创建自定义代理控件类,自定义代理控件类为 QStyledItemDelegate 类或 QItemDelegate 类的子类,并重写其中的4种方法。重写的4种方法见表3-25。

表3-25 重写的4种方法

方法及参数类型	说 明	返回值的类型
createEditor(QWidget * parent, QStyleOptionViewItem &option, QModelIndex &index)	创建代理控件的实例对象,并返回该对象	QWidget *
setEditorData(QWidget * editor, QModelIndex &index)	将视图控件中的数据项的值读取到代理控件中	
setModelData(QWidget * editor, QAbstractItemModel * model, QModelIndex &index)	将编辑后的代理控件的值写入数据模型中	
updateEditorGeometry(QWidget * editor, QStyleOptionViewItem &option, QModelIndex &index)	设置代理控件显示的位置	

在表3-25中,QStyleOptionViewItem 对象用于确定代理控件的外观和位置。QStyleOptionViewItem 对象关于外观的属性见表3-26。

表3-26 QStyleOptionViewItem 对象关于外观的属性

属 性	说 明	属性值的类型
backgroundBrush	背景画刷	QBrush
checkState	勾选状态	Qt::CheckState
decorationAlignment	图标对齐位置	Qt::Alignment
decorationPosition	图标位置	QStyleOptionViewItem::Position
decorationSize	图标大小	QSize
displayAlignment	文字对齐方式	Qt::Alignment
features	具有的特征	QStyleOptionViewItem::ViewItemFeatures
font	字体	QFont
icon	图标	QIcon
index	模型索引	QModelIndex
showDecorationSelected	是否显示图标	bool
text	显示的文本	QString
textElideMode	省略号的模式	Qt::TextElideMode
viewItemPosition	在行中的位置	QStyleOptionViewItem::ViewItemPosition
direction	布局方向	Qt::LayoutDirection
palette	调色板	QPalette
rect	矩形区域	QRect
styleObject	窗口类型	QObject
version	版本	int

QStyleOptionViewItem 类关于位置的属性有 QStyleOptionViewItem∷Position、QStyleOptionViewItem∷ViewItemFeatures、QStyleOptionViewItem∷ViewItemPosition，其枚举常量见表 3-27。

表 3-27　QStyleOptionViewItem 关于位置的属性枚举值

QStyleOptionViewItem∷Position 的枚举常量	QStyleOptionViewItem∷ViewItemFeatures 的枚举常量	QStyleOptionViewItem∷ViewItemPosition 的枚举常量
QStyleOptionViewItem∷Left	QStyleOptionViewItem∷None	QStyleOptionViewItem∷Beginning
QStyleOptionViewItem∷Right	QStyleOptionViewItem∷WrapText	QStyleOptionViewItem∷Middle
QStyleOptionViewItem∷Top	QStyleOptionViewItem∷Alternate	QStyleOptionViewItem∷End
QStyleOptionViewItem∷Bottom	QStyleOptionViewItem∷hasCheckIndicator	QStyleOptionViewItem∷OnlyOne
	QStyleOptionViewItem∷HasDisplay	QStyleOptionViewItem∷Invalid
	QStyleOptionViewItem∷HasDecoration	

第 2 步，使用视图控件的 setItemDelegate(QAbstractItemDelegate * delegate)方法设置所有数据项的代理控件，或使用 setItemDelegateForColumn(int column, QAbstractItemDelegate * delegate)设置列数据项的代理控件，或使用 setItemDelegateForRow(int row, QAbstractItemDelegate * delegate)设置行数据项的代理控件。

3.5.3　典型应用

【实例 3-13】　创建一个窗口，该窗口包含 1 个菜单栏、1 个列表视图控件、1 个表格视图控件。使用菜单栏的命令可以打开 Excel 文件。如果工作簿中有性别这一列，则该列的编辑控件为下拉列表控件，操作步骤如下：

(1) 使用 Qt Creator 创建一个模板为 Qt Widgets Application 的项目，将该项目命名为 demo13，并保存在 D 盘的 Chapter3 文件夹下；在向导对话框中选择基类 QMainWindow，不勾选 Generate form 复选框。

(2) 向配置文件 demo13.pro 中添加下面一行语句：

```
QT += axcontaine
```

(3) 创建一个自定义代理控件类 comboBoxDelegate 类，该类是 QStyledItemDelegate 的子类，其头文件如下：

```
/* 第 3 章 demo13 comboboxdelegate.h */
#ifndef COMBOBOXDELEGATE_H
#define COMBOBOXDELEGATE_H

#include <QObject>
#include <QStyledItemDelegate>
#include <QWidget>
```

```cpp
#include <QModelIndex>
#include <QAbstractItemModel>
#include <QStyleOptionViewItem>
#include <QComboBox>
#include <QIcon>
#include <QString>

class comboBoxDelegate : public QStyledItemDelegate
{
    Q_OBJECT
public:
    comboBoxDelegate(QObject * parent = nullptr);
    ~comboBoxDelegate();
    QWidget * createEditor (QWidget * parent, const QStyleOptionViewItem &option, const QModelIndex &index) const;
    void setEditorData(QWidget * editor, QModelIndex &index);
    void setModelData(QWidget * editor, QAbstractItemModel * model, QModelIndex &index);
    void updateEditorGeometry (QWidget * editor, QStyleOptionViewItem &option, QModelIndex &index);
};
#endif //COMBOBOXDELEGATE_H
```

comboBoxDelegate 类的源文件如下：

```cpp
/* 第 3 章 demo13 comboboxdelegate.cpp */
#include "comboboxdelegate.h"

comboBoxDelegate::comboBoxDelegate(QObject * parent):QStyledItemDelegate(parent)
{}

comboBoxDelegate::~comboBoxDelegate(){}
//创建代理控件的对象,并返回该对象
QWidget * comboBoxDelegate:: createEditor (QWidget * parent, const QStyleOptionViewItem &option, const QModelIndex &index)const{
    QComboBox * comBox = new QComboBox(parent);
    QIcon male("D:\\Chapter3\\male.png");
    QIcon female("D:\\Chapter3\\female.png");
    comBox->addItem(male,"男");
    comBox->addItem(female,"女");
    comBox->setEditable(false);
    return comBox;  //返回代理控件
}
//读取数据项的值,并设置代理控件中的数据
void comboBoxDelegate::setEditorData(QWidget * editor, QModelIndex &index){
    const QAbstractItemModel * model = index.model();  //获取模型
    QComboBox * editor1 = static_cast<QComboBox *>(editor);
    QVariant value = model->data(index,Qt::DisplayRole);
    if(value.toString() == "男")
        editor1->setCurrentIndex(0);
    else
        editor1->setCurrentIndex(1);
}
```

```cpp
//把代理控件的数据写入数据模型中
void comboBoxDelegate:: setModelData ( QWidget * editor, QAbstractItemModel * model,
QModelIndex &index){
    QComboBox * editor1 = static_cast < QComboBox * >(editor);
    if(editor1 -> isVisible()){
        int current = editor1 -> currentIndex();
        QString text = editor1 -> itemText(current);
        QIcon icon = editor1 -> itemIcon(current);
        model -> setData(index,text,Qt::DisplayRole);
        model -> setData(index,icon,Qt::DecorationRole);
    }

}
//设置代理控件的位置
void comboBoxDelegate::updateEditorGeometry(QWidget * editor, QStyleOptionViewItem &option,
QModelIndex &index){
    editor -> setGeometry(option.rect);
}
```

(4) 编写 mainwindow.h 文件中的代码,代码如下:

```cpp
/* 第3章 demo13 mainwindow.h */
#ifndef MAINWINDOW_H
#define MAINWINDOW_H

#include <QMainWindow>
#include <QFrame>
#include <QHBoxLayout>
#include <QListView>
#include <QTableView>
#include <QSplitter>
#include <QMenuBar>
#include <QMenu>
#include <QAction>
#include <QStandardItem>
#include <QStandardItemModel>
#include <QModelIndex>
#include <QStringList>
#include <QString>
#include <QList>
#include <QAxObject>
#include <QFileDialog>
#include <QDir>
#include <comboboxdelegate.h>
#include <QHeaderView>

class MainWindow : public QMainWindow
{
    Q_OBJECT
public:
    MainWindow(QWidget * parent = nullptr);
    ~MainWindow();
```

```cpp
private:
    QMenuBar * menuBar;
    QMenu * fileMenu;
    QAction * actionOpen;
    QListView * listView;
    QTableView * tableView;
    QFrame * frame;
    QSplitter * hSplitter;
    QHBoxLayout * hbox;
    QStandardItemModel * standardModel;
    comboBoxDelegate * comDelegate;
private slots:
    void action_open();
    void listView_clicked(QModelIndex index);
};
#endif //MAINWINDOW_H
```

(5) 编写 mainwindow.cpp 文件中的代码,代码如下:

```cpp
/* 第3章 demo13 mainwindow.cpp */
#include "mainwindow.h"

MainWindow::MainWindow(QWidget * parent):QMainWindow(parent)
{
    setGeometry(300,300,620,300);
    setWindowTitle("自定义代理控件");
    //创建菜单栏、菜单、动作
    menuBar = new QMenuBar(this);
    fileMenu = menuBar->addMenu("文件");
    actionOpen = fileMenu->addAction("打开");
    setMenuBar(menuBar);                           //设置主窗口的菜单栏
    //创建包含两个视图控件、分割器的框架控件
    listView = new QListView();
    tableView = new QTableView();
    hSplitter = new QSplitter(Qt::Horizontal);      //创建分割器
    frame = new QFrame();
    //向分割器中添加控件
    hSplitter->addWidget(listView);
    hSplitter->addWidget(tableView);
    hbox = new QHBoxLayout(frame);
    hbox->addWidget(hSplitter);
    setCentralWidget(frame);                        //设置主窗口的中心控件
    //创建数据模型
    standardModel = new QStandardItemModel();
    //使用信号/槽
    connect(actionOpen,SIGNAL(triggered()),this,SLOT(action_open()));
    connect(listView,SIGNAL(clicked(QModelIndex)),this,SLOT(listView_clicked(QModelIndex)));
}

MainWindow::~MainWindow() {}

void MainWindow::action_open(){
```

```cpp
QString curPath = QDir::currentPath();            //获取程序当前目录
QString filter = "Excel 文件(*.xlsx);;所有文件(*.*)";
QString title = "打开 Excel 文件";                 //文件对话框的标题
QString fileName = QFileDialog::getOpenFileName(this,title,curPath,filter);
if(fileName.isEmpty())
    return;
fileName.replace('/','\\');                       //将字符串中的/替换为\\
//创建 Excel 应用程序对象
QAxObject *excel = new QAxObject("Excel.Application");
//打开工作簿集
QAxObject *workbooks = excel->querySubObject("WorkBooks");
workbooks->dynamicCall("Open(const QString&)",fileName);
QAxObject *workbook = excel->querySubObject("ActiveWorkBook");
//获取工作表的数量
QAxObject *sheets = workbook->querySubObject("WorkSheets");
QVariant sheetNumV = sheets->property("Count");
int sheetNum = sheetNumV.toInt();
//遍历并获取工作表的名称
for(int i=1;i<=sheetNum;i++){
    //获取指定索引的工作表
    QAxObject *sheet = workbook->querySubObject("Sheets(int)",i);
    //获取工作表的名称
    QVariant sheetNameV = sheet->property("Name");
    QString sheetName = sheetNameV.toString();
    //获取工作表的最大行数、列数
    QAxObject *usedRange = sheet->querySubObject("UsedRange");
    QAxObject *rows = usedRange->querySubObject("Rows");
    QAxObject *columns = usedRange->querySubObject("Columns");
    int rowNum = rows->property("Count").toInt();
    int columnNum = columns->property("Count").toInt();
    //将工作表中的数据读取到二维列表 data 中
    QList<QStringList> data;
    for (int row = 1; row <= rowNum; row++) {
        QStringList rowData;
        for (int col = 1; col <= columnNum; col++) {
            //获取单元格对象并读取其值
            QAxObject *cell = sheet->querySubObject("Cells(int,int)", row,col);
            QString cellValue = cell->dynamicCall("Value()").toString();
            rowData.append(cellValue);
        }
        data.append(rowData);
    }
    //将二维列表转换为有层次的 QStandardItem 指针
    QStandardItem *parentItem = new QStandardItem(sheetName);
//根索引下的顶层数据项
    parentItem->setColumnCount(data[0].size());                    //设置列的数量
    //将二维列表转换为数据项,并添加到标准数据模型下
    for(int i=1;i<rowNum;i++){
        QList<QStandardItem *> tempItems;
        for(int j=0;j<columnNum;j++){
            QStandardItem *item = new QStandardItem(data[i][j]);   //子数据项
```

```cpp
                item->setTextAlignment(Qt::AlignCenter);
                tempItems.append(item);
            }
            parentItem->appendRow(tempItems);            //将子数据项添加到顶层项中
            standardModel->appendRow(parentItem);
        }
        //设置水平表头
        standardModel->setHorizontalHeaderLabels(data[0]);
        //设置视图控件的数据模型
        listView->setModel(standardModel);
        tableView->setModel(standardModel);
        //设置表格视图控件的数据模型
        QModelIndex index = standardModel->index(0,0);
        tableView->setRootIndex(index);
        listView_clicked(index);
    }
    workbooks->dynamicCall("Close()");                   //关闭工作簿集
    excel->dynamicCall("Quit()");                        //关闭Excel应用程序
    //删除不需要的指针
    delete sheets;
    delete workbook;
    delete workbooks;
    delete excel;
}

void MainWindow::listView_clicked(QModelIndex index){
    QStandardItem *item = standardModel->itemFromIndex(index);
    if(item->hasChildren()){
        tableView->setRootIndex(index);
        int rowCount = item->rowCount();
        QStringList labels;
        for(int i = 1;i <= rowCount;i++){
            QString text = QString::number(i);
            labels.append(text);
        }
        //设置列表头显示的文字
        standardModel->setVerticalHeaderLabels(labels);
    }
    //创建自定义代理控件
    comDelegate = new comboBoxDelegate(this);
    //根据表头的名称设置代理类型
    QHeaderView *header = tableView->horizontalHeader();
    for(int i = 0;i < header->count();i++){
        QVariant headerV = standardModel->horizontalHeaderItem(i)->data(Qt::DisplayRole);
        QString headerText = headerV.toString();
        if(headerText == "性别")
            tableView->setItemDelegateForColumn(i,comDelegate);   //设置代理控件
    }
}
```

(6) 其他文件保持不变,运行结果如图 3-18 所示。

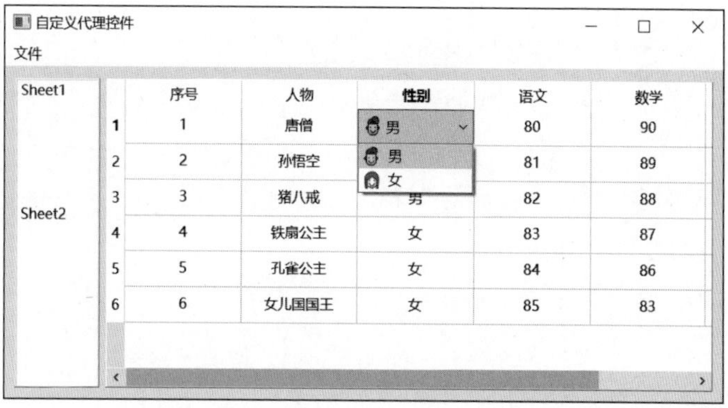

图 3-18 项目 demo13 的运行结果

【实例 3-14】 创建一个窗口,该窗口包含 1 个菜单栏、1 个列表视图控件、1 个表格视图控件。使用菜单栏的命令可以打开 Excel 文件。如果工作表中有语文、数学、英文列,则该列的编辑控件为数字输入控件,操作步骤如下:

(1) 使用 Qt Creator 创建一个模板为 Qt Widgets Application 的项目,将该项目命名为 demo14,并保存在 D 盘的 Chapter3 文件夹下;在向导对话框中选择基类 QMainWindow,不勾选 Generate form 复选框。

(2) 向配置文件 demo14.pro 中添加下面一行语句:

```
QT += axcontainer
```

(3) 创建一个自定义代理控件类 MyDelegate 类,该类是 QStyledItemDelegate 的子类,其头文件如下:

```
/* 第 3 章 demo14 mydelegate.h */
#ifndef MYDELEGATE_H
#define MYDELEGATE_H

#include <QObject>
#include <QStyledItemDelegate>
#include <QWidget>
#include <QModelIndex>
#include <QAbstractItemModel>
#include <QStyleOptionViewItem>
#include <QDoubleSpinBox>
#include <QString>

class MyDelegate : public QStyledItemDelegate
{
    Q_OBJECT
public:
    MyDelegate(QObject * parent = nullptr);
    ~MyDelegate();
```

```
    QWidget * createEditor(QWidget * parent, const QStyleOptionViewItem &option, const
QModelIndex &index) const;
    void setEditorData(QWidget * editor,QModelIndex &index);
    void setModelData(QWidget * editor,QAbstractItemModel * model,QModelIndex &index);
    void updateEditorGeometry(QWidget * editor, QStyleOptionViewItem &option, QModelIndex
&index);
};
#endif //MYDELEGATE_H
```

MyDelegate 类的源代码如下：

```
/* 第 3 章 demo14 mydelegate.cpp */
#include "mydelegate.h"

MyDelegate::MyDelegate(QObject * parent):QStyledItemDelegate(parent) {}

MyDelegate::~MyDelegate(){}
//创建代理控件的对象,并返回该对象
QWidget * MyDelegate::createEditor(QWidget * parent, const QStyleOptionViewItem &option,
const QModelIndex &index) const{
    QDoubleSpinBox * editor = new QDoubleSpinBox(parent);
    editor->setDecimals(2);                          //设置两位小数
    editor->setMinimum(0.00);
    editor->setMaximum(100.00);
    editor->setFrame(false);
    return editor;
}
//读取数据项的值,并设置代理控件中的数据
void MyDelegate::setEditorData(QWidget * editor, QModelIndex &index){
    const QAbstractItemModel * model = index.model();    //获取模型
    QDoubleSpinBox * editor1 = static_cast<QDoubleSpinBox *>(editor);
    QVariant value = model->data(index,Qt::DisplayRole);
    editor1->setValue(value.toFloat());
}
//把代理控件的数据写入数据模型中
void MyDelegate:: setModelData(QWidget * editor, QAbstractItemModel * model, QModelIndex
&index){
    QDoubleSpinBox * editor1 = static_cast<QDoubleSpinBox *>(editor);
    if(editor1->isVisible()){
        float num = editor1->value();
        model->setData(index,QString::number(num),Qt::DisplayRole);
    }
}
//设置代理控件的位置
void MyDelegate:: updateEditorGeometry(QWidget * editor, QStyleOptionViewItem &option,
QModelIndex &index){
    editor->setGeometry(option.rect);
}
```

(4) 编写 mainwindow.h 文件中的代码,代码如下：

```
/* 第 3 章 demo14 mainwindow.h */
#ifndef MAINWINDOW_H
```

```cpp
#define MAINWINDOW_H

#include <QMainWindow>
#include <QFrame>
#include <QHBoxLayout>
#include <QListView>
#include <QTableView>
#include <QSplitter>
#include <QMenuBar>
#include <QMenu>
#include <QAction>
#include <QStandardItem>
#include <QStandardItemModel>
#include <QModelIndex>
#include <QStringList>
#include <QString>
#include <QList>
#include <QAxObject>
#include <QFileDialog>
#include <QDir>
#include <mydelegate.h>
#include <QHeaderView>

class MainWindow : public QMainWindow
{
    Q_OBJECT
public:
    MainWindow(QWidget *parent = nullptr);
    ~MainWindow();
private:
    QMenuBar *menuBar;
    QMenu *fileMenu;
    QAction *actionOpen;
    QListView *listView;
    QTableView *tableView;
    QFrame *frame;
    QSplitter *hSplitter;
    QHBoxLayout *hbox;
    QStandardItemModel *standardModel;
    MyDelegate *delegate;
private slots:
    void action_open();
    void listView_clicked(QModelIndex index);
};
#endif //MAINWINDOW_H
```

(5) 编写 mainwindow.cpp 文件中的代码,代码如下:

```cpp
/* 第 3 章 demo14 mainwindow.cpp */
#include "mainwindow.h"

MainWindow::MainWindow(QWidget *parent):QMainWindow(parent)
```

```cpp
{
    setGeometry(300,300,620,300);
    setWindowTitle("自定义代理控件");
    //创建菜单栏、菜单、动作
    menuBar = new QMenuBar(this);
    fileMenu = menuBar->addMenu("文件");
    actionOpen = fileMenu->addAction("打开");
    setMenuBar(menuBar);                         //设置主窗口的菜单栏
    //创建包含两个视图控件、分割器的框架控件
    listView = new QListView();
    tableView = new QTableView();
    hSplitter = new QSplitter(Qt::Horizontal);    //创建分割器
    frame = new QFrame();
    //向分割器中添加控件
    hSplitter->addWidget(listView);
    hSplitter->addWidget(tableView);
    hbox = new QHBoxLayout(frame);
    hbox->addWidget(hSplitter);
    setCentralWidget(frame);                      //设置主窗口的中心控件
    //创建数据模型
    standardModel = new QStandardItemModel();
    //使用信号/槽
    connect(actionOpen,SIGNAL(triggered()),this,SLOT(action_open()));
    connect(listView,SIGNAL(clicked(QModelIndex)),this,SLOT(listView_clicked(QModelIndex)));
}

MainWindow::~MainWindow() {}

void MainWindow::action_open(){
    QString curPath = QDir::currentPath();        //获取程序当前目录
    QString filter = "Excel 文件(*.xlsx);;所有文件(*.*)";
    QString title = "打开 Excel 文件";             //文件对话框的标题
    QString fileName = QFileDialog::getOpenFileName(this,title,curPath,filter);
    if(fileName.isEmpty())
        return;
    fileName.replace('/','\\');                   //将字符串中的"/"替换为"\\"
    //创建 Excel 应用程序对象
    QAxObject *excel = new QAxObject("Excel.Application");
    //打开工作簿集
    QAxObject *workbooks = excel->querySubObject("WorkBooks");
    workbooks->dynamicCall("Open(const QString&)",fileName);
    QAxObject *workbook = excel->querySubObject("ActiveWorkBook");
    //获取工作表的数量
    QAxObject *sheets = workbook->querySubObject("WorkSheets");
    QVariant sheetNumV = sheets->property("Count");
    int sheetNum = sheetNumV.toInt();
    //遍历并获取工作表的名称
    for(int i=1;i<=sheetNum;i++){
        //获取指定索引的工作表
        QAxObject *sheet = workbook->querySubObject("Sheets(int)",i);
        //获取工作表的名称
        QVariant sheetNameV = sheet->property("Name");
        QString sheetName = sheetNameV.toString();
```

```cpp
    //获取工作表的最大行数、列数
    QAxObject * usedRange = sheet->querySubObject("UsedRange");
    QAxObject * rows = usedRange->querySubObject("Rows");
    QAxObject * columns = usedRange->querySubObject("Columns");
    int rowNum = rows->property("Count").toInt();
    int columnNum = columns->property("Count").toInt();
    //将工作表中的数据读取到二维列表 data 中
    QList<QStringList> data;
    for (int row = 1; row <= rowNum; row++) {
        QStringList rowData;
        for (int col = 1; col <= columnNum; col++) {
            //获取单元格对象并读取其值
            QAxObject * cell = sheet->querySubObject("Cells(int,int)", row,col);
            QString cellValue = cell->dynamicCall("Value()").toString();
            rowData.append(cellValue);
        }
        data.append(rowData);
    }
    //将二维列表转换为有层次的 QStandardItem 指针
    QStandardItem * parentItem = new QStandardItem(sheetName);
        //根索引下的顶层数据项
    parentItem->setColumnCount(data[0].size());                //设置列的数量
    //将二维列表转换为数据项,并添加到标准数据模型下
    for(int i = 1;i < rowNum;i++){
        QList<QStandardItem *> tempItems;
        for(int j = 0;j < columnNum;j++){
            QStandardItem * item = new QStandardItem(data[i][j]);//子数据项
            item->setTextAlignment(Qt::AlignCenter);
            tempItems.append(item);
        }
        parentItem->appendRow(tempItems);                 //将子数据项添加到顶层项中
        standardModel->appendRow(parentItem);
    }
    //设置水平表头
    standardModel->setHorizontalHeaderLabels(data[0]);
    //设置视图控件的数据模型
    listView->setModel(standardModel);
    tableView->setModel(standardModel);
    //设置表格视图控件的数据模型
    QModelIndex index = standardModel->index(0,0);
    tableView->setRootIndex(index);
    listView_clicked(index);
    }
    workbooks->dynamicCall("Close()");                    //关闭工作簿集
    excel->dynamicCall("Quit()");                         //关闭 Excel 应用程序
    //删除不需要的指针
    delete sheets;
    delete workbook;
    delete workbooks;
    delete excel;
}

void MainWindow::listView_clicked(QModelIndex index){
```

```cpp
        QStandardItem * item = standardModel->itemFromIndex(index);
        if(item->hasChildren()){
            tableView->setRootIndex(index);
            int rowCount = item->rowCount();
            QStringList labels;
            for(int i = 1;i <= rowCount;i++){
                QString text = QString::number(i);
                labels.append(text);
            }
            //设置列表头显示的文字
            standardModel->setVerticalHeaderLabels(labels);
        }
        //创建自定义代理控件
        delegate = new MyDelegate(this);
        //根据表头的名称设置代理类型
        QHeaderView * header = tableView->horizontalHeader();
        for(int i = 0;i < header->count();i++){
            QVariant headerV = standardModel->horizontalHeaderItem(i)->data(Qt::DisplayRole);
            QString headerText = headerV.toString();
            if(headerText == "语文"||headerText == "数学"||headerText == "英文")
                tableView->setItemDelegateForColumn(i,delegate);        //设置代理控件
        }
    }
```

(6) 其他文件保持不变,运行结果如图 3-19 所示。

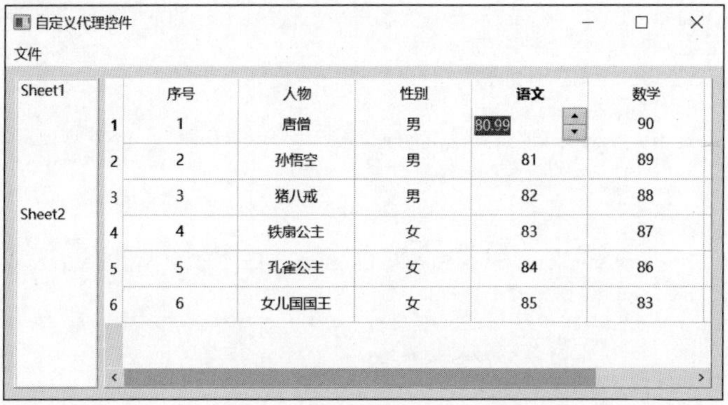

图 3-19　项目 demo14 的运行结果

3.6　小结

本章主要介绍了基于模型/视图的控件,首先介绍了 Qt 6 中的模型/视图框架,然后介绍了 3 组对应的模型/视图组合,最后介绍了选择模型和代理控件。

基于模型/视图的控件与基于项的控件相同,它们都可以处理一维列表数据、二维表格数据,树结构数据,但基于模型/视图的控件比较灵活,也比较复杂。WPS 中的表格处理控件就是使用 Qt 编写的,思考一下应该选择哪一种控件才能满足业务的需求?

第 4 章 数　据　库

数据库是一个以某种有组织的方式存储数据的容器。理解数据库最简单的方式是把数据库想象成一个文件柜,这个文件柜是用来存放数据的物理位置。数据库软件应该称为数据库管理系统(DBMS),数据库是通过 DBMS 创建和操作的容器,通常是 1 个文件或 1 组文件。

数据库由表组成。表(table)是用来存储某种特定类型数据的结构化清单,表可用来存储成交记录、网页索引、产品目录、客户信息等信息清单。数据库中的表由列与行构成。1 列(column)是表中的一个字段,表是由一个或多个列组成的。表中的数据是按行(row)存储的,所保存的每条记录存储在自己的行内。

如果要操作数据库中的数据,则需要使用 SQL。SQL 是结构化查询语言(Structured Query Language)的缩写,这是一种专门与数据库通信的语言。

在 Qt 中,可以使用 Qt SQL 模块操作 SQLite、MySQL 等数据库。从 Qt 6 开始,Qt SQL 模块作为核心模块的一部分存在,不再是需要单独安装的附件模块。本章主要介绍使用 Qt 6 操作数据库的方法,重点讲解使用 Qt 6 操作 SQLite、MySQL 数据库的方法。

4.1　使用 Qt 6 操作数据库

如果开发者选择使用 Qt 6 操作数据库,则需要使用 Qt SQL 模块下的数据库连接类 QSqlDatabase 和数据库查询类 QSqlQuery,即先使用 QSqlDatabase 类建立对数据库的连接,然后使用 QSqlQuery 类执行 SQL 命令,从而实现对数据库的操作。本节将介绍这两个类的用法,并使用这两个类操作 SQLite 数据库。

4.1.1　应用 Qt SQL 模块

在 Qt 6 中,如果开发者要在 Qt 项目中使用数据库编程功能,则需要在 Qt 项目的配置文件中添加下面一行语句:

5min

```
Qt += sql
```

如果开发者要在头文件或源程序文件中使用 Qt SQL 中的类,则需要包含下面的语句:

```
#include <Qtsql>
```

这样就会包含 Qt SQL 模块中的大部分类，但不能包含 Qt SQL 模块中的所有类，例如不能包含 QDataWidgetMapper 类。

4.1.2 数据库连接类 QSqlDatabase

在 Qt 6 中，使用 QSqlDatabase 类创建数据库连接对象。使用数据库连接对象可以建立对数据库的连接。QSqlDatabase 类位于 Qt 6 的 Qt SQL 子模块下，其构造函数如下：

```
QSqlDatabase()
QSqlDatabase(const QString &type)
QSqlDatabase(const QSqlDatabase &other)
```

其中，type 表示数据库的驱动类型。Qt 6 支持的数据库驱动类型见表 4-1。

表 4-1 Qt 6 支持的数据库驱动类型

数据库驱动类型	说明
QSQLITE	SQLite 3 数据库
QMYSQL	MySQL 或 MariaDB 数据库，需要最低版本为 5.6
QDB2	IBM DB2 数据库，需要最低版本为 7.1
QIBASE	Borland InterBase 数据库
QODBC	支持 ODBC 接口的数据库，包括 Microsoft SQL Server、Access
QPSQL	PostgreSQL 数据库，需要最低版本为 7.3
QOCI	Oracle 数据库，OCI 即 Oracle Call Interface，需要最低版本为 12.1

如果开发者要建立自定义的数据库驱动类型，则可以创建 QSqlDriver 的子类，有兴趣的读者可查看其帮助文档。

QSqlDatabase 类的常用方法见表 4-2。

表 4-2 QSqlDatabase 类的常用方法

方法及参数类型	说明	返回值的类型
[static]drivers()	获取系统支持的驱动类型	QStringList
[static]isDriverAvaiable(QString &name)	获取是否支持某种类型的驱动	bool
[static]addDatabase(QString &type, QString &connectionName = QLatin1StringView(defaultConnection))	添加数据库连接	QSqlDatabase
[static]addDatabase(QSqlDriver * driver, QString &connectionName = QLatin1StringView(defaultConnection))	同上	QSqlDatabase
[static] database(QString &connectionName = QLatin1StringView(defaultConnection), bool open = true)	根据连接名称获取数据库连接	QSqlDatabase
[static] removeDatabase(QString &connectionName)	删除数据库连接	
[static]connectionNames()	获取已经添加的连接名称	QStringList
[static]contains(QString &connectionName = QLatin1StringView(defaultConnection))	获取是否有指定的数据库连接	bool
connectionName()	获取连接的名称	QString

续表

方法及参数类型	说　明	返回值的类型
driverName()	获取驱动连接的名称	QString
setDatabaseName(QString &name)	设置连接的数据库名称	
databaseName()	获取连接的数据库名称	QString
isOpen()	获取数据库是否已经打开	bool
isOpenError()	获取打开数据库时是否出错	bool
isValid()	获取连接是否有效	bool
setHostName(QString &host)	设置主机名	
hostName()	获取主机名	QString
setPassword(QString &password)	设置登录密码	
password()	获取登录密码	QString
setPort(int port)	设置端口号	
port()	获取端口号	int
setUserName(QString &name)	设置用户名	
userName()	获取用户名	QString
setConnectOptions(QString &options)	设置连接参数	
connectOptions()	获取连接参数	QString
open()	打开数据库	bool
open(QString &user, QString &password)	同上	bool
setNumericalPrecisionPolicy(QSql::NumericalPrecisionPolicy precisionPolicy)	设置对数据库进行查询时默认的精确度	
tables(QSql::TableType type=QSql::Tables)	根据表格类型参数，获取数据库中的表格名称	QStringList
transaction()	开启事务，若成功，则返回值为true	bool
exec(QString &query)	执行SQL语句	QSqlQuery
commit()	提交事务，若成功，则返回值为true	bool
rollback()	放弃当前事务，若成功，则返回值为true	bool
lastError()	获取最后的出错信息	QSqlError
record(QString &tablename)	获取含有字段名称的记录	QSqlRecord
close()	关闭连接	

在表4-2中，QSql::NumericalPrecisionPolicy的枚举常量为QSql::LowPrecisionInt32（32位整数，忽略小数部分）、QSql::LowPrecisionInt64（64位整数，忽略小数部分）、QSql::LowPrecisionDouble（双精度值，默认值）、QSql::HighPrecision（保持数据的原有精度）。

QSql::TableType的枚举常量为QSql::Tables（对用户可见的所有表）、QSql::SystemTables（数据库使用的内部表）、QSql::Views（对用户可见的所有视图）、QSql::AllTables（包含以上3种表和视图）。

QSqlError::ErrorType 的枚举常量为 QSqlError::NoError(没有错误)、QSqlError::ConnectionError(数据库连接错误)、QSqlError::StatementError(SQL 语句语法错误)、QSqlError::TransactionError(事务错误)、QSqlError::UnknownError(未知错误)。

在 QSqlDatabase 类中,可以使用 setConnectOptions(QString &options)方法设置数据库的参数,不同驱动类型的数据库,其参数也不同。如果数据库为 SQLite 3,则数据库的可选参数见表 4-3。

表 4-3　SQLite 3 数据库的可选参数

可 选 参 数	可 选 参 数
QSQLITE_BUSY_TIMEOUT	QSQLITE_ENABLE_REGEXP
QSQLITE_OPEN_READONLY	QSQLITE_NO_USE_EXTENDED_RESULT_CODES
QSQLITE_OPEN_URI	QSQLITE_ENABLE_SHARED_CACHE

如果要设置多个可选参数,则需要使用分号将各个参数值分开,语法格式如下:

setConnectOptions("QSQLITE_BUSY_TIMEOUT = 6.0;QSQLITE_OPEN_READONLY = true")

4.1.3　数据库查询类 QSqlQuery

在 Qt 6 中,使用 QSqlQuery 类创建数据库查询对象。使用数据库查询对象可以执行标准的 SQL 语句,从而实现对数据库中数据表的增、删、改、查,以及对数据表中数据的增、删、改、查,使用数据库查询对象也可以执行非标准的特定的 SQL 语句。

QSqlQuery 类位于 Qt 6 的 Qt SQL 子模块下,其构造函数如下:

QSqlQuery(QSqlResult * result)
QSqlQuery(const QString &query,const QSqlDatabase &db)
QSqlQuery(QSqlQuery &&other)

其中,db 表示数据库连接对象;other 表示 QSqlQuery 类创建的实例对象;query 表示 SQL 语句。

QSqlQuery 类的常用方法见表 4-4。

表 4-4　QSqlQuery 类的常用方法

方法及参数类型	说　　明	返回值的类型
exec()	执行 prepare(query)准备的 SQL 语句	bool
execBatch(QSqlQuery::BatchExecutionMode m=ValueAsRows)	批处理 prepare()方法准备的命令	bool
exec(QString &query)	执行 SQL 语句命令,若成功,则返回值为 true	bool
prepare(QString &query)	准备 SQL 语句命令,若成功,则返回值为 true	bool
addBindValue(QVariant &val, QSql::ParamType type=QSql::In)	如果 prepare(query)中有占位符,则按顺序依次设置占位符的值	
bindValue(QString &placeholder, QVariant &val, QSql::ParamType type=QSql::In)	如果 prepare(query)中有占位符,则根据占位符的名称设置占位符的值	
bindValue(int pos, QVariant &val, QSql::ParamType type=QSql::In)	如果 prepare(query)中有占位符,则根据占位符的位置设置占位符的值	

续表

方法及参数类型	说　　明	返回值的类型
boundValue(QString &placeholder)	根据占位符名称获取绑定值	QVariant
boundValue(int pos)	根据位置获取绑定值	QVariant
boundValues()	获取绑定值列表	QVariantList
finish()	完成查询,不再获取数据,通常不使用该方法	
clear()	清空结果,释放所有资源,查询处于不活跃状态	
excutedQuery()	返回最后正确执行的 SQL 语句	QString
lastQuery()	返回当前查询使用的 SQL 语句	QString
at()	获取查询的当前内部位置,第 1 个记录的位置为 0,若位置无效,则返回值为 QSql::BeforeFirstRow(值为 -1)或 QSql::AfterLastRow(值为 -2)	int
isSelect()	若当前的 SQL 语句为 SELECT 语句,则返回值为 true	bool
isValid()	若当前查询定位在有效记录上,则返回值为 true	bool
first()	将当前查询位置定位到第 1 条记录	bool
last()	将当前查询位置定位到最后一条记录	bool
previous()	将当前查询位置定位到前一条记录	bool
next()	将当前查询位置定位到下一条记录	bool
seek(int index,bool relative=false)	将当前查询位置定位到指定的记录	bool
setForwardOnly(bool forward)	当 forward 的取值为 true 时,只能用 next()或 seek()方法定位结果,并且 seek()的参数为正值	
isForwardOnly()	获取定位模式	bool
isActive()	获取查询是否处于活跃状态	bool
isNull(int field)	如果查询处于非活跃状态或查询定位在无效记录或空字段上,则返回值为 true	bool
isNull(QString &name)	同上,name 表示字段名称	bool
lastError()	返回最近的出错信息	QSqlError
lastInsertId()	获取最近插入行的对象 ID	QVariant
nextResult()	放弃当前查询结果并定位到下一个结果	bool
record()	获取查询指向的当前记录(行)	QSqlRecord
size()	获取结果中行的数量,如果无法确定、非 SELECT 语句或数据库不支持功能,则返回-1	int
value(int index)	根据字段索引获取当前记录的字段值	QVariant
value(QString &name)	根据字段名称获取当前记录的字段值	QVariant
numRowAffected()	获取受影响的行的个数,如果无法确定或查询时处于非活跃状态,则返回-1	int
swap(QSqlQuery &other)	与其他查询交互数据	

4.1.4 操作 SQLite 数据库

与 MySQL、Oracle 等数据库管理系统不同,SQLite 不是一个客户端/服务器端结构的数据库引擎,而是一种嵌入式数据库,它的数据库就是一个文件。SQLite 将整个数据库(包括定义、表、索引及数据)作为一个单独的、可跨平台使用的文件存储在主机中。

由于 SQLite 本身是用 C 语言写的,而且体积很小,所以经常被集成在各种应用程序中。从 SQLite 数据库中读取或写入数据时,需要注意 Qt 6 和 SQLite 的数据类型之间的转换。Qt 6 和 SQLite 的数据类型转换见表 4-5。

表 4-5 Qt 6 与 SQLite 的数据类型转换

Qt 6 的数据类型	SQLite 的数据类型
nullptr(指针)、""(空字符串)	NULL
int	INTERGER
bool	INTERGER(0 表示 false、1 表示 true)
float、double	REAL
QString	TEXT
QByteArray	BLOB

【实例 4-1】 使用 Qt 6 提供的方法创建一个 SQLite 数据库,并在其中创建一个数据表,操作步骤如下:

(1) 使用 Qt Creator 创建一个模板为 Qt Console Application 的项目,将该项目命名为 demo1,并保存在 D 盘的 Chapter4 文件夹下。

(2) 向配置文件 demo1.pro 添加下面一行语句:

```
QT += sql
```

(3) 编写 main.cpp 文件中的代码,代码如下:

```
/* 第 4 章 demo1 main.cpp */
#include <QCoreApplication>
#include <QString>
#include <QList>
#include <QStringList>
#include <QtDebug>
#include <QtSql>

int main(int argc, char *argv[])
{
    QCoreApplication a(argc, argv);
    //数据库的路径和名称
    QString dbName = "D:\\Chapter4\\student1.db";
    QSqlDatabase db = QSqlDatabase::addDatabase("QSQLITE");
    db.setDatabaseName(dbName);
    //要输入的数据
    QList<QStringList> information = {{"202401","孙悟空","79","88","89"},
                                      {"202402","猪八戒","83","81.5","80"},
```

```
                            {"202403","小白龙","73.5","83","90"},
                            {"202404","沙僧","75.5","96","90.8"}};
    if(db.open()){
        //创建数据表 score1
        db.exec("CREATE TABLE score1(ID TEXT,name TEXT,语文 TEXT,数学 TEXT,英文 TEXT)");
        qDebug()<< db.tables();  //打印数据表名
        //向数据库中插入数据
        QSqlQuery query(db);
        for(int i = 0;i< information.size();i++){
            query.prepare("INSERT INTO score1 VALUES (?,?,?,?,?)");
            query.addBindValue(information[i][0]);      //按顺序设置占位符(?)的值
            query.addBindValue(information[i][1]);
            query.addBindValue(information[i][2]);
            query.bindValue(3,information[i][3]);        //按索引设置占位符(?)的值
            query.bindValue(4,information[i][4]);
            query.exec();
        }
        db.commit();                                    //提交事务
    }
    db.close();
    return a.exec();
}
```

(4) 运行结果如图 4-1 和图 4-2 所示。

```
demo1
09:12:14: Starting D:\Chapter4\build-demo1-Desktop_Qt_6_6_1_MinGW_64_bit-
Debug\debug\demo1.exe...
QList("score1")
```

图 4-1　项目 demo1 的运行结果

【实例 4-2】　使用 Qt 6 提供的方法打开 SQLite 数据库,并查询、打印该数据库中数据表的数据,操作步骤如下：

(1) 使用 Qt Creator 创建一个模板为 Qt Console Application 的项目,将该项目命名为 demo2,并保存在 D 盘的 Chapter4 文件夹下。

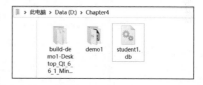

图 4-2　项目 demo1 创建的数据库文件 student1.db

(2) 向配置文件 demo2.pro 添加下面一行语句：

```
QT += sql
```

(3) 编写 main.cpp 文件中的代码,代码如下：

```
/* 第 4 章 demo2 main.cpp */
#include <QCoreApplication>
#include <QtSql>
#include <QStringList>
#include <QString>
#include <QVariant>
#include <QtDebug>
```

```cpp
int main(int argc, char *argv[])
{
    QCoreApplication a(argc, argv);
    //数据库的路径和名称
    QString dbName = "D:\\Chapter4\\student1.db";
    QSqlDatabase db = QSqlDatabase::addDatabase("QSQLITE");
    db.setDatabaseName(dbName);
    if(db.open()){
        QSqlQuery query(db);
        //打印当前查询到的内部位置
        qDebug()<< query.at();
        if(query.exec("SELECT * FROM score1")){
            while(query.next()){
                QVariant id = query.value("ID");
                QVariant name = query.value("name");
                QVariant chinese = query.value("语文");
                QVariant math = query.value("数学");
                QVariant english = query.value("英文");
                QStringList list = {id.toString(),name.toString(),chinese.toString(),math.toString(),english.toString()};
                qDebug()<< list;
            }
        }
    }
    db.close();
    return a.exec();
}
```

(4) 其他文件保持不变,运行结果如图 4-3 所示。

```
demo2
09:28:47: Starting D:\Chapter4\build-demo2-Desktop_Qt_6_6_1_MinGW_64_bit-
Debug\debug\demo2.exe...
-1
QList("202401", "孙悟空", "79", "88", "89")
QList("202402", "猪八戒", "83", "81.5", "80")
QList("202403", "小白龙", "73.5", "83", "90")
QList("202404", "沙僧", "75.5", "96", "90.8")
```

图 4-3 项目 demo2 的运行结果

注意:从项目 demo2 中可以得知,从 SQLite 数据库读取的数据的原始类型为 QVariant。由于 QVariant 是万能数据类型,所以开发者可根据需要转换为对应的数据类型。

【**实例 4-3**】 使用 Qt 6 提供的方法创建一个 SQLite 数据库 student2.db,并在其中创建一个数据表 score1,要求在添加数据时使用名称索引和位置索引方法,操作步骤如下:

(1) 使用 Qt Creator 创建一个模板为 Qt Console Application 的项目,将该项目命名为 demo3,并保存在 D 盘的 Chapter4 文件夹下。

(2) 向配置文件 demo3.pro 中添加下面一行语句:

```
QT += sql
```

(3) 编写 main.cpp 文件中的代码,代码如下:

```cpp
/* 第 4 章 demo3 main.cpp */
#include <QCoreApplication>
#include <QString>
#include <QList>
#include <QStringList>
#include <QtDebug>
#include <QtSql>

int main(int argc, char *argv[])
{
    QCoreApplication a(argc, argv);
    //数据库的路径和名称
    QString dbName = "D:\\Chapter4\\student2.db";
    QSqlDatabase db = QSqlDatabase::addDatabase("QSQLITE");
    db.setDatabaseName(dbName);
    //要输入的数据
    QList<QStringList> information = {{"202401","鲁智深","79","88","89"},
                                      {"202402","武二郎","83","81.5","80"},
                                      {"202403","豹子头","73.5","83","90"},
                                      {"202404","卢俊义","75.5","96","90.8"}};
    if(db.open()){
        //创建数据表 score1
        db.exec("CREATE TABLE score1(ID TEXT,name TEXT,语文 TEXT,数学 TEXT,英文 TEXT)");
        qDebug()<< db.tables();                          //打印数据表名
        //向数据库中插入数据
        QSqlQuery query(db);
        for(int i = 0;i < information.size();i++){
            query.prepare("INSERT INTO score1 VALUES (:ID,:name,:Chinese,:math,:english)");
            query.bindValue(0,information[i][0]);        //按索引设置占位符的值
            query.bindValue(1,information[i][1]);
            query.bindValue(":chinese",information[i][2]);
            query.bindValue(":math",information[i][3]);  //按名称设置占位符的值
            query.bindValue(":english",information[i][4]);
            query.exec();
        }
        db.commit();                                     //提交事务
    }
    db.close();
    return a.exec();
}
```

(4) 其他文件保持不变,运行结果如图 4-4 所示。

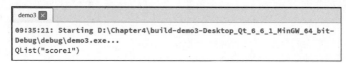

图 4-4 项目 demo3 的运行结果

【实例 4-4】 创建一个窗口,该窗口中有一个表格控件。使用表格控件显示数据库文件 student2.db 中数据表 score1 的信息,操作步骤如下:

(1) 使用 Qt Creator 创建一个模板为 Qt Widgets Application 的项目,将该项目命名为 demo4,并保存在 D 盘的 Chapter4 文件夹下;在向导对话框中选择基类 QWidget,不勾选 Generate form 复选框。

(2) 向项目的配置文件 demo4.pro 中添加下面一行语句:

```
QT += sql
```

(3) 编写 widget.h 文件中的代码,代码如下:

```
/* 第 4 章 demo4 widget.h */
#ifndef WIDGET_H
#define WIDGET_H

#include <QWidget>
#include <QtSql>
#include <QVBoxLayout>
#include <QTableWidget>
#include <QTableWidgetItem>
#include <QFont>
#include <QSqlDatabase>
#include <QSqlQuery>
#include <QVariant>
#include <QString>
#include <QStringList>
#include <QList>

class Widget : public QWidget
{
    Q_OBJECT
public:
    Widget(QWidget *parent = nullptr);
    ~Widget();
private:
    QVBoxLayout *vbox;
    QTableWidget *tableWidget;
    void open_database();
};
#endif //WIDGET_H
```

(4) 编写 widget.cpp 文件中的代码,代码如下:

```
/* 第 4 章 demo4 widget.cpp */
#include "widget.h"

Widget::Widget(QWidget *parent):QWidget(parent)
{
    setGeometry(300,300,560,220);
    setWindowTitle("显示数据表");
    vbox = new QVBoxLayout(this);
    //创建表格控件
```

```cpp
    tableWidget = new QTableWidget();
    tableWidget->setFont(QFont("黑体",14));
    vbox->addWidget(tableWidget);
    open_database();
}

Widget::~Widget() {}

void Widget::open_database(){
    //数据库的路径和名称
    QString dbName = "D:\\Chapter4\\student2.db";
    QSqlDatabase db = QSqlDatabase::addDatabase("QSQLITE");
    db.setDatabaseName(dbName);
    QList<QStringList> data; //创建二维列表 data
    if(db.open()){
        QSqlQuery query(db);
        //将数据表中的数据转存到二维列表 data 中
        if(query.exec("SELECT * FROM score1")){
            while(query.next()){
                QVariant id = query.value("ID");
                QVariant name = query.value("name");
                QVariant chinese = query.value("语文");
                QVariant math = query.value("数学");
                QVariant english = query.value("英文");
                QStringList temp = {id.toString(),name.toString(),chinese.toString(),math.toString(),english.toString()};
                data.append(temp);
            }
        }
    }
    db.close();
    //根据二维列表 data 的行数、列数创建表格控件
    int rowNum = data.size();
    int columnNum = data[0].size();
    QStringList labels = {"学号","姓名","语文","数学","英文"};
    tableWidget->setRowCount(rowNum);
    tableWidget->setColumnCount(columnNum);
    tableWidget->setHorizontalHeaderLabels(labels);
    for(int i = 0;i < rowNum;i++){
        for(int j = 0;j < columnNum;j++){
            QTableWidgetItem *cell = new QTableWidgetItem();
            cell->setText(data[i][j]);
            tableWidget->setItem(i,j,cell);
        }
    }
}
```

(5) 其他文件保持不变,运行结果如图 4-5 所示。

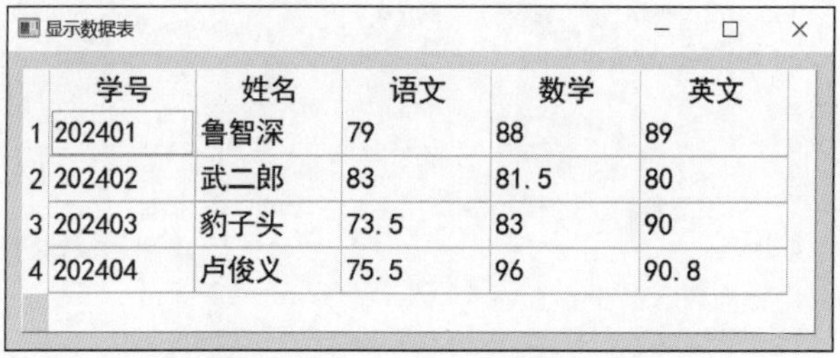

图 4-5　项目 demo4 的运行结果

4.2　操作 MySQL 数据库

数据库管理系统(DBMS)可分为两类,第一类是基于共享文件系统的 DBMS,例如 Microsoft Access、FileMaker,主要应用于桌面上;第二类是基于客户机-服务器的 DBMS,例如 MySQL、Oracle、Microsoft SQL Server,主要应用在服务器上。

MySQL 是一款开源的数据库软件系统,由于其免费、速度快、方便等特性,MySQL 在世界范围内得到了广泛应用(包括互联网大厂),是目前使用人数最多的数据库软件系统。

开发者如果要使用 MySQL,则不仅需要安装 MySQL 或 MySQL 的集成开发环境,而且需要安装 MySQL Connector/ODBC,然后才能使用 Qt 6 提供的方法连接并使用 MySQL 数据库。如果读者喜欢直接安装 MySQL 软件,以及其管理软件 Navicat For MySQL,则可以查看《编程改变生活——用 Python 提升你的能力(进阶篇·微课视频版)》6.2 节的内容。本书将介绍使用 MySQL 集成开发环境的方法。

4.2.1　安装 MySQL 数据库的集成开发环境

MySQL 数据库的集成开发环境包括 WampServer、phpstudy,如果读者只是使用集成开发环境中的 MySQL 数据库,则推荐使用配置和选项比较简单的 WampServer 集成开发环境。

1. 安装 WampServer

读者可登录其官网或其他网络地址下载安装包,官网如图 4-6 所示。

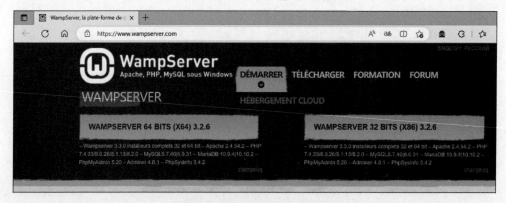

图 4-6　WampServer 的官网

下载的安装文件如图 4-7 所示。

在 Windows 64 位系统上,安装 WampServer 的步骤如下:

(1) 双击下载的 MySQL 安装文件 wampserver3.3.0_x64.exe,之后会弹出选择安装语言对话框,选择 English,然后单击 OK 按钮进入下一个对话框,如图 4-8 所示。

图 4-7　WampServer 的安装文件　　　　图 4-8　选择安装语言对话框

(2) 在弹出的 License Agreement 对话框中,勾选 I accept the agreement 选项,然后单击 Next 按钮进入下一个对话框,如图 4-9 所示。

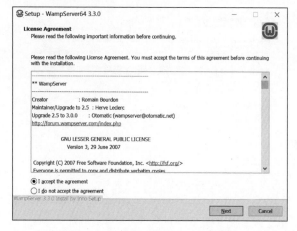

图 4-9　License Agreement 对话框

(3) 在弹出的对话框中,单击 Next 按钮,将进入 Select Destination Location 对话框,在此对话框中将安装路径设置为 D 盘的 wamp64 文件夹(读者可自行设置安装路径),如图 4-10 所示。

(4) 单击 Next 按钮,进入 Select Components 对话框,该对话框显示要安装的软件组合。保持默认状态,然后单击 Next 按钮,如图 4-11 所示。

注意:MariaDB 数据库管理系统是 MySQL 的一个分支,主要由开源社区维护,采用 GPL 授权许可 MariaDB 的目的是完全兼容 MySQL,包括 API 和命令行,使之能轻松成为 MySQL 的代替品。

(5) 在弹出的 Select Start Menu Folder 对话框中,保持默认状态,单击 Next 按钮,如图 4-12 所示。

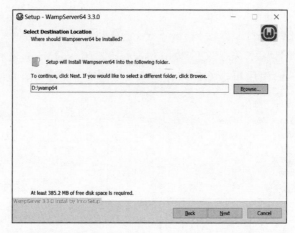

图 4-10 Select Destination Location 对话框

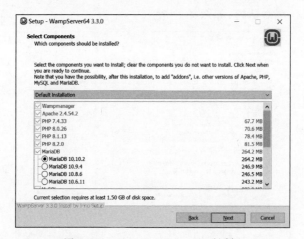

图 4-11 Select Components 对话框

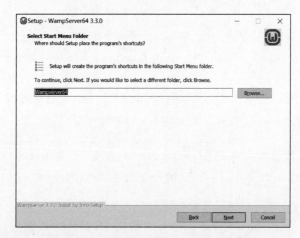

图 4-12 Select Start Menu Folder 对话框

（6）在弹出的 Ready to Install 对话框中，单击 Install 按钮，就可以进行安装了，如图 4-13 所示。

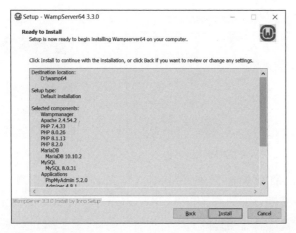

图 4-13　Ready to Install 对话框

（7）安装完毕后会弹出 Information 对话框，主要介绍 WampServer 的应用方法。单击 Information 对话框中的 Next 按钮，此时会弹出最后一个对话框，单击 Finish 按钮，即可完成安装，如图 4-14 和图 4-15 所示。

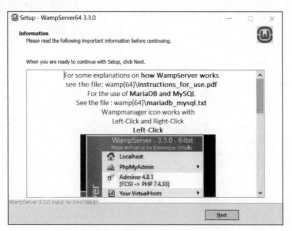

图 4-14　Information 对话框

2. 应用 WampServer 中的 MySQL 数据库

在计算机的桌面上，双击 WampServer 的桌面图标，就可以运行 WampServer。在计算机的右下角会显示运行的 WampServer 图标，如果右击该图标，则会弹出该软件的快捷菜单，可退出、重启该软件，如图 4-16 所示。

如果单击该图标，则会弹出该软件的选项，可以选择操作 MySQL 数据库方式，如图 4-17 所示。

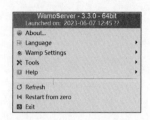

图 4-15　安装完成对话框　　　　　　　　　图 4-16　右击图标后弹出的菜单

在弹出的菜单中,将鼠标放置在 PhpMyAdmin 选项上后会弹出子菜单,如果选择 PhpMyAdmin 5.2.0 选项,则可以打开 PhpMyAdmin 窗口,如图 4-18 和图 4-19 所示。

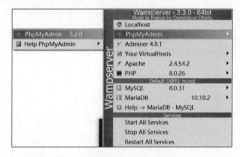

图 4-17　单击图标后弹出的菜单　　　　　　图 4-18　选择 PhpMyAdmin 5.2.0

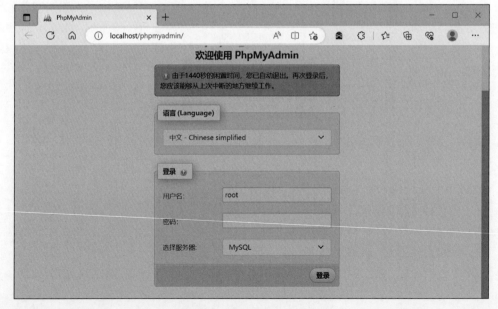

图 4-19　PhpMyAdmin 窗口

PhpMyAdmin 就是 MySQL 的管理窗口，默认的用户名为 root，密码为空。输入用户名，就可以进入 MySQL 管理窗口，开发者可以在管理窗口中新建数据库、新建数据表，如图 4-20 所示。

图 4-20　MySQL 的管理窗口

在 MySQL 管理窗口底部的控制台中，开发者可输入 SQL 语句，然后按 Ctrl＋Enter 键执行，如图 4-21 所示。

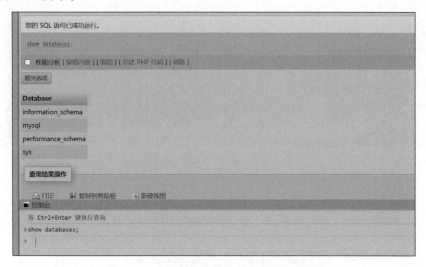

图 4-21　在控制台中输入并执行 SQL 语句

开发者如果更喜欢使用命令行的方式操作 MySQL 数据库，则可以单击正在运行的 WampServer 图标，将鼠标放置在 MySQL 选项上，此时会弹出子菜单，选择子菜单的 MySQL console 选项,这样就可以打开 MySQL 的命令行窗口,如图 4-22 和图 4-23 所示。

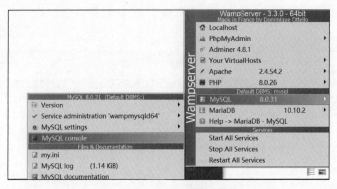

图 4-22　打开 MySQL 的命令行窗口

图 4-23　MySQL 的命令行窗口

由于 MySQL 数据库的密码为空,按 Enter 键即可实现与 MySQL 数据库的连接,如图 4-24 所示。

图 4-24　连接 MySQL 数据库

在命令行窗口中,输入 SQL 语句:

```
show databases;
```

然后按 Enter 键,这样就可以查看 MySQL 内部使用的数据库了,如图 4-25 所示。

在命令行窗口中,输入" exit;"后便可以关闭命令行窗口。

3. 使用 PhpMyAdmin 创建 company 数据库

第 1 步,运行 WampServer 软件,然后打开 PhpMyAdmin,再单击 PhpMyAdmin 窗口右侧的"新建",在弹出的单行文本框中输入 company,如图 4-26 所示。

图 4-25　查看 MySQL 内部使用的数据库

图 4-26　输入新建数据库的名字

第 2 步，其他选项保持默认，单击"创建"按钮，这样就可以创建数据库了，可以在窗口的右侧查看创建的数据库，如图 4-27 所示。

图 4-27　创建的 company 数据库

4.2.2　安装 MySQL Connector/ODBC

有的读者可能会有疑问，为什么需要安装 MySQL Connector/ODBC？这是因为 Qt 官方不再直接提供 MySQL 驱动插件，因此开发者需要安装 MySQL Connector/ODBC，并构建对应的 Qt 插件。

【实例 4-5】　编写一个程序获取 Qt 6 支持哪些数据库类型的驱动插件，操作步骤如下：

(1) 使用 Qt Creator 创建一个模板为 Qt Console Application 的项目,将该项目命名为 demo5,并保存在 D 盘的 Chapter4 文件夹下。

(2) 向配置文件 demo5.pro 中添加下面一行语句:

```
QT += sql
```

(3) 编写 main.cpp 文件中的代码,代码如下:

```cpp
/* 第 4 章 demo5 main.cpp */
#include <QCoreApplication>
#include <QtSql>
#include <QStringList>
#include <QDebug>

int main(int argc, char *argv[])
{
    QCoreApplication a(argc, argv);
    QStringList drivers = QSqlDatabase::drivers();
    foreach (QString driver, drivers) {
        qDebug()<< driver;
    }
    return a.exec();
}
```

(4) 其他文件保持不变,运行结果如图 4-28 所示。

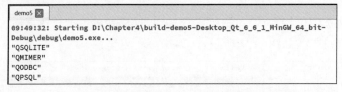

图 4-28　项目 demo5 的运行结果

从项目 demo5 的运行结果可知,Qt 6 支持 QDBC 驱动。ODBC(Open Database Connectivity,开放数据库连接)提供了一种标准的 API(应用程序编程接口)方法来访问数据库管理系统(DBMS)。这些 API 利用 SQL 来完成其大部分任务。ODBC 本身也提供了对 SQL 语言的支持,用户可以直接将 SQL 语句送给 ODBC。ODBC 的设计者努力使它具有最大的独立性和开放性:与具体的编程语言无关,与具体的数据库系统无关,与具体的操作系统无关。

安装 MySQL Connector/ODBC 的步骤如下:

(1) 登录 MySQL Connector/ODBC 官网,下载软件安装包,如图 4-29 和图 4-30 所示。

(2) 双击 mysql-connector-odbc-8.3.0-winx64.msi 进行安装,如图 4-31 所示。

(3) 安装完成后,在计算机左下角的搜索栏搜索应用 ODBC,并打开 ODBC 数据源管理程序,如图 4-32 所示。

(4) 在 ODBC 数据源管理程序中,单击"添加"按钮,此时会弹出一个创建新数据源对话框,如图 4-33 和图 4-34 所示。

图 4-29 MySQL Connector/ODBC 官网

图 4-30 MySQL Connector/ODBC 安装包

图 4-31 安装 MySQL Connector/ODBC

图 4-32 打开 ODBC 软件

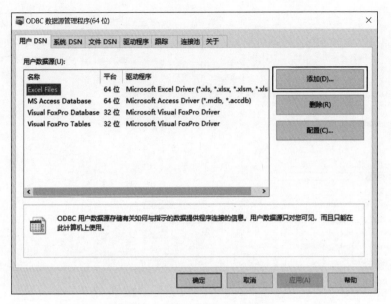

图 4-33　ODBC 数据源管理程序

图 4-34　创建新数据源对话框

(5) 选择 MySQL ODBC 8.3 Unicode Driver, 然后单击"完成"按钮, 此时会弹出一个设置对话框, 在该对话框中, 输入端口号、用户名、密码、数据库名等信息, 如图 4-35 所示。

(6) 输入完毕, 单击 Test 按钮, 可测试是否连接成功; 若连接成功, 则单击"确定"按钮, 如图 4-36 所示。

【实例 4-6】　在前面的操作中, 已经安装了 MySQL 服务器, 并设置了用户名、密码, 创建了一个名称为 company 的数据库。启动 MySQL 服务器后, 使用 Qt 6 提供的方法连接数据库, 获取并打印 MySQL 数据库的版本; 若连接错误, 则打印错误信息, 操作步骤如下:

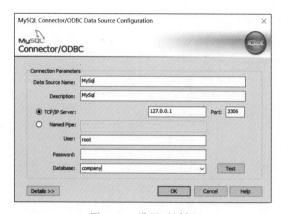
图 4-35　设置对话框

图 4-36　测试结果

(1) 使用 Qt Creator 创建一个模板为 Qt Console Application 的项目,将该项目命名为 demo6,并保存在 D 盘的 Chapter4 文件夹下。

(2) 向配置文件 demo6.pro 中添加下面一行语句:

```
QT += sql
```

(3) 编写 main.cpp 文件中的代码,代码如下:

```
/* 第 4 章 demo6 main.cpp */
# include <QCoreApplication>
# include <QtSql>
# include <QString>
# include <QDebug>

int main(int argc, char * argv[])
{
    QCoreApplication a(argc, argv);
    QSqlDatabase db = QSqlDatabase::addDatabase("QODBC");
    db.setHostName("127.0.0.1");          //数据库主机名
    db.setPort(3306);                     //端口号
    db.setDatabaseName("mysql");          //此处为在 ODBC 中创建的 Data Source Name
    db.setUserName("root");               //用户名
    db.setPassword("");                   //密码
    if(db.open()){
        QSqlQuery query(db);
        query.exec("select version();");
        if(query.next()){
            QString version = query.value(0).toString();
            qDebug()<< version;           //打印数据库版本号
        }
    }
    qDebug()<< db.lastError().text();     //若有错误,则打印出错信息
    db.close();
    return a.exec();
}
```

(4) 其他文件保持不变,运行结果如图 4-37 所示。

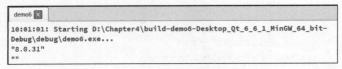

图 4-37　项目 demo6 的运行结果

注意：笔者曾反复试验过,无论开发者安装的是 MySQL 还是 MySQL 集成开发环境都可以使用该方法成功连接 MySQL 数据库,开发者可根据自己的需求选择安装 MySQL 或 MySQL 集成开发环境。

4.2.3　操作数据表

数据库连接成功后,就可以为数据库创建数据表了。下面将介绍如何使用 Qt 6 提供的方法在 MySQL 数据库中创建数据表。

【实例 4-7】　使用 Qt 6 提供的方法在 company 的数据库下创建一个数据表 clients。数据表 clients 包含 id(主键)、name(姓名)、address(地址)、email(邮件地址)4 个字段,操作步骤如下:

(1) 使用 Qt Creator 创建一个模板为 Qt Console Application 的项目,将该项目命名为 demo7,并保存在 D 盘的 Chapter4 文件夹下。

(2) 向配置文件 demo7.pro 中添加下面一行语句:

```
QT += sql
```

(3) 编写 main.cpp 文件中的代码,代码如下:

```cpp
/* 第 4 章 demo7 main.cpp */
#include <QCoreApplication>
#include <QtSql>
#include <QtDebug>

int main(int argc, char *argv[])
{
    QCoreApplication a(argc, argv);
    QSqlDatabase db = QSqlDatabase::addDatabase("QODBC");
    db.setHostName("127.0.0.1");              //数据库主机名
    db.setPort(3306);                         //端口号
    db.setDatabaseName("mysql");              //此处为在 ODBC 中创建的 Data Source Name
    db.setUserName("root");                   //用户名
    db.setPassword("");                       //密码
    if(db.open()){
        QSqlQuery query(db);
        query.exec("use company;");
        query.exec("CREATE TABLE clients(id int NOT NULL AUTO_INCREMENT,name char(50) NOT NULL,address char(50) NULL, email char(50) NULL,PRIMARY KEY (id))ENGINE = InnoDB AUTO_INCREMENT = 1 DEFAULT CHARSET = UTF8;");
```

```
    }
    qDebug()<< db.lastError().text();       //若有错误,则打印出错信息
    db.close();
    return a.exec();
}
```

（4）其他文件保持不变,运行项目 demo7 后,company 数据库下便创建了一个 clients 表。可以通过 PhpMyAdmin 查看数据表 clients,如图 4-38 所示。

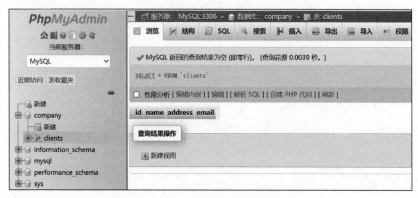

图 4-38　项目 demo7 的运行结果

【实例 4-8】　使用 Qt Creator 的设计模式设计一个窗口,可以通过窗口中的控件向 company 数据库下的 clients 插入数据,操作步骤如下:

（1）使用 Qt Creator 创建一个模板为 Qt Widgets Application 的项目,将该项目命名为 demo8,并保存在 D 盘的 Chapter4 文件夹下;在向导对话框中选择基类 QWidget,不勾选 Generate form 复选框。

（2）双击文件 widget.ui 进入使用 Qt Creator 的设计模式,然后设计一个窗口,该窗口 包含 3 个标签控件、3 个单行文本输入框、一个按钮,如图 4-39 所示。

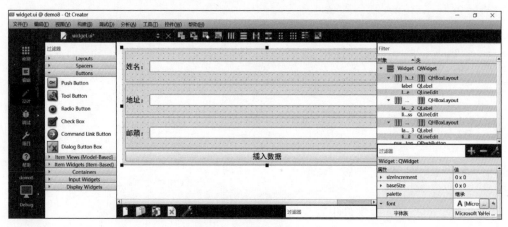

图 4-39　设计的主窗口界面

(3) 按快捷键 Ctrl+R,可查看预览窗口。预览窗口及其 3 个单行文本输入框、一个按钮的对象名字如图 4-40 所示。

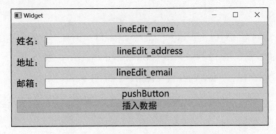

图 4-40 预览窗口及控件对象的名称

(4) 关闭预览窗口,将窗口的标题修改为插入数据,按快捷键 Ctrl+S 保存设计的窗口界面,然后向配置文件 demo8.pro 中添加下面一行语句:

```
QT += sql
```

(5) 编写 widget.h 文件中的代码,代码如下:

```
/* 第 4 章 demo8 widget.h */
#ifndef WIDGET_H
#define WIDGET_H

#include <QWidget>
#include <QtSql>
#include <QString>
#include <QMessageBox>

QT_BEGIN_NAMESPACE
namespace Ui {
class Widget;
}
QT_END_NAMESPACE

class Widget : public QWidget
{
    Q_OBJECT
public:
    Widget(QWidget *parent = nullptr);
    ~Widget();
private:
    Ui::Widget *ui;
    QSqlDatabase db;
private slots:
    void pushButton_clicked();
};
#endif //WIDGET_H
```

(6) 编写 widget.cpp 文件中的代码,代码如下:

```
/* 第 4 章 demo8 widget.cpp */
#include "widget.h"
```

```cpp
#include "ui_widget.h"
Widget::Widget(QWidget *parent):QWidget(parent),ui(new Ui::Widget)
{
    ui->setupUi(this);
    db = QSqlDatabase::addDatabase("QODBC");
    db.setHostName("127.0.0.1");          //数据库主机名
    db.setPort(3306);                     //端口号
    db.setDatabaseName("mysql");          //此处为在 ODBC 中创建的 Data Source Name
    db.setUserName("root");               //用户名
    db.setPassword("");                   //密码
    //使用信号/槽
    connect(ui->pushButton,SIGNAL(clicked()),this,SLOT(pushButton_clicked()));
}

Widget::~Widget()
{
    delete ui;
}

void Widget::pushButton_clicked(){
    QString name = ui->lineEdit_name->text();
    QString address = ui->lineEdit_address->text();
    QString email = ui->lineEdit_email->text();
    if(name == "" || address == "" || email == "")
        return;
    if(db.open() == false)
        return;
    QSqlQuery query(db);
    query.exec("use company;");
    query.prepare("INSERT INTO clients VALUES (:id,:name,:address,:email)");
    query.bindValue(1,name);                //按索引设置占位符的值
    query.bindValue(2,address);
    query.bindValue(3,email);
    if(query.exec()&&db.commit()){
        QMessageBox::information(this,"消息","插入数据成功!");
        ui->lineEdit_name->clear();
        ui->lineEdit_address->clear();
        ui->lineEdit_email->clear();
    }
    db.close();
}
```

(7) 其他文件保持不变,运行结果如图 4-41 和图 4-42 所示。

图 4-41　项目 demo8 的运行结果

图 4-42 插入数据表中的数据

【实例 4-9】 使用 Qt Creator 的设计模式设计一个窗口,在窗口中可以输入数据库名、数据表名,单击按钮后可以查询数据表中的数据,操作步骤如下:

(1) 使用 Qt Creator 创建一个模板为 Qt Widgets Application 的项目,将该项目命名为 demo9,并保存在 D 盘的 Chapter4 文件夹下;在向导对话框中选择基类 QWidget,不勾选 Generate form 复选框。

(2) 双击文件 widget.ui 进入使用 Qt Creator 的设计模式,然后设计一个窗口,该窗口包含两个标签控件、两个单行文本输入框、1 个表格控件、1 个按钮,如图 4-43 所示。

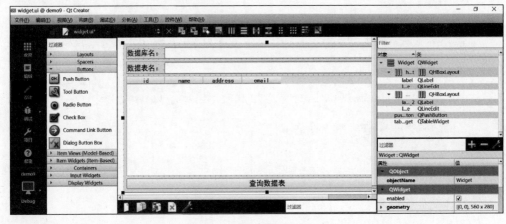

图 4-43 设计的主窗口界面

(3) 按快捷键 Ctrl+R,可查看预览窗口。预览窗口及其两个单行文本框、1 个表格控件、1 个按钮的对象名字如图 4-44 所示。

(4) 关闭预览窗口,将窗口的标题修改为查询数据,按快捷键 Ctrl+S 保存设计的窗口界面,然后向配置文件 demo9.pro 中添加下面一行语句:

```
QT += sql
```

图 4-44　预览窗口及控件对象的名称

（5）编写 widget.h 文件中的代码，代码如下：

```
/* 第4章 demo9 widget.h */
#ifndef WIDGET_H
#define WIDGET_H

#include <QWidget>
#include <QtSql>
#include <QTableWidgetItem>
#include <QString>
#include <QStringList>
#include <QList>
#include <QDebug>

QT_BEGIN_NAMESPACE
namespace Ui {
class Widget;
}
QT_END_NAMESPACE

class Widget : public QWidget
{
    Q_OBJECT
public:
    Widget(QWidget *parent = nullptr);
    ~Widget();
private:
    Ui::Widget *ui;
    QSqlDatabase db;
private slots:
    void pushButton_clicked();
};
#endif //WIDGET_H
```

（6）编写 widget.cpp 文件中的代码，代码如下：

```
/* 第4章 demo9 widget.cpp */
#include "widget.h"
#include "ui_widget.h"
```

```cpp
Widget::Widget(QWidget *parent):QWidget(parent),ui(new Ui::Widget)
{
    ui->setupUi(this);
    db = QSqlDatabase::addDatabase("QODBC");
    db.setHostName("127.0.0.1");            //数据库主机名
    db.setPort(3306);                       //端口号
    db.setDatabaseName("mysql");            //此处为在 ODBC 中创建的 Data Source Name
    db.setUserName("root");                 //用户名
    db.setPassword("");                     //密码
    //使用信号/槽
    connect(ui->pushButton,SIGNAL(clicked()),this,SLOT(pushButton_clicked()));
}

Widget::~Widget()
{
    delete ui;
}

void Widget::pushButton_clicked(){
    QString dbName = ui->lineEdit_dbName->text();
    QString tbName = ui->lineEdit_tbName->text();
    if(dbName == "" || tbName == "")
        return;
    if(db.open() == false)
        return;
    QSqlQuery query(db);
    query.exec("use " + dbName);
    QList<QStringList> data;                //创建二维列表 data
    //将数据表中的数据转存到二维列表 data 中
    if(query.exec("SELECT * FROM " + tbName)){
        while(query.next()){
            QString id = query.value("id").toString();
            QString name = query.value("name").toString();
            QString addresse = query.value("address").toString();
            QString email = query.value("email").toString();
            QStringList temp = {id,name,addresse,email};
            data.append(temp);
        }
    }
    db.close();
    //根据二维列表 data 的行数、列数创建表格控件
    int rowNum = data.size();
    int columnNum = data[0].size();
    ui->tableWidget->setRowCount(rowNum);
    ui->tableWidget->setColumnCount(columnNum);
    for(int i = 0;i < rowNum;i++){
        for(int j = 0;j < columnNum;j++){
            QTableWidgetItem *cell = new QTableWidgetItem();
            cell->setText(data[i][j]);
```

```
            ui->tableWidget->setItem(i,j,cell);
        }
    }
}
```

(7) 其他文件保持不变,运行结果如图 4-45 所示。

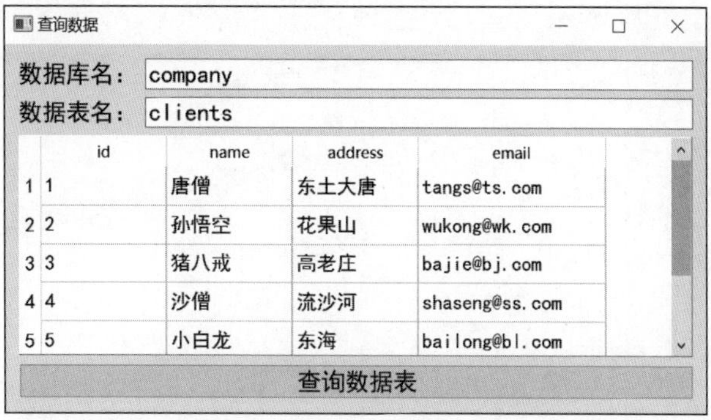

图 4-45 项目 demo9 的运行结果

在 WampServer 中,开发者可以使用 PhpMyAdmin 在数据库 company 下创建数据表,并添加数据,操作步骤如下:

(1) 在 PhpMyAdmin 窗口左侧的 company 下侧,有一个"新建"按钮,如果单击该按钮,则窗口右侧会显示要填写的内容,数据表名为 customer,添加 4 列,如图 4-46 所示。

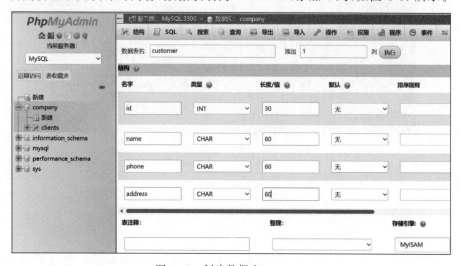

图 4-46 创建数据表 customer

(2) 向下滑动窗口,可以看到有两个按钮:"预览 SQL 语句"按钮与"保存"按钮,如图 4-47 所示。

(3) 单击"预览 SQL 语句"按钮,此时会弹出一个窗口,在该窗口中可查看对应的 SQL 语句,如图 4-48 所示。

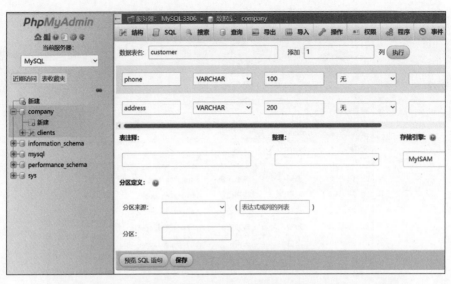

图 4-47　PhpMyAdmin 底部的按钮

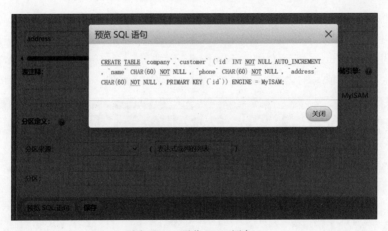

图 4-48　预览 SQL 语句

（4）关闭预览 SQL 语句窗口，然后单击"保存"按钮，可创建数据表 customer，如图 4-49 所示。

（5）单击窗口顶部的"插入"按钮，此时会显示一个新的窗口，在该窗口中可输入一条数据，如图 4-50 所示。

（6）单击"执行"按钮，这样就可以向数据表 customer 中插入 1 条数据了，如图 4-51 所示。

（7）单击窗口左侧的数据表 customer，这样就可以查看已经输入的数据了，如图 4-52 所示。

（8）如果要插入多条数据，则可单击窗口顶部的"插入"按钮，重复上面的步骤，这样就可以插入多条数据了，如图 4-53 所示。

图 4-49　创建的数据表 customer

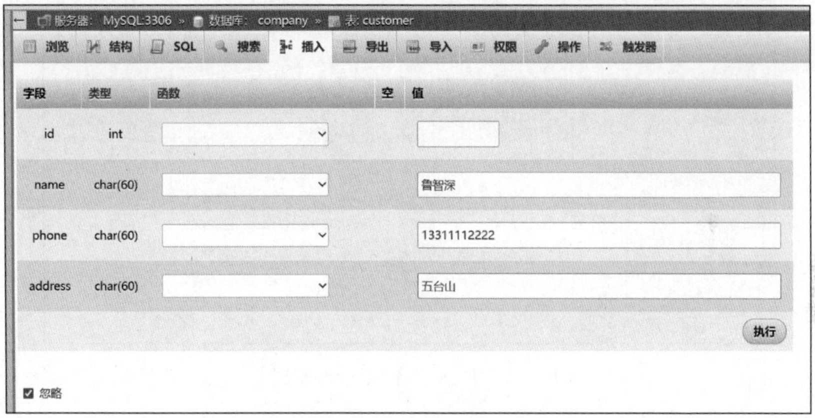

图 4-50　输入 1 条数据

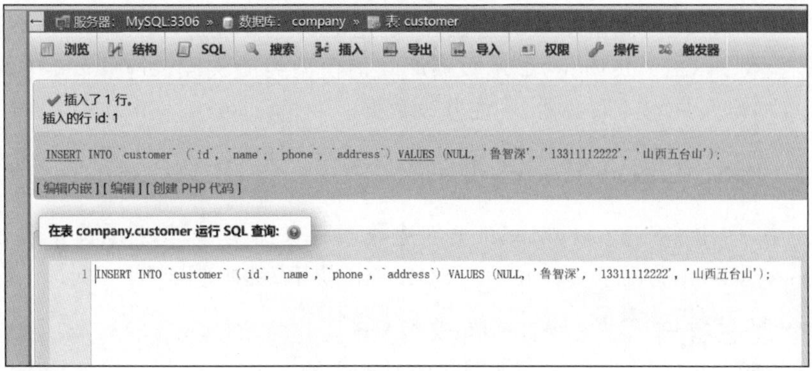

图 4-51　成功插入 1 条数据

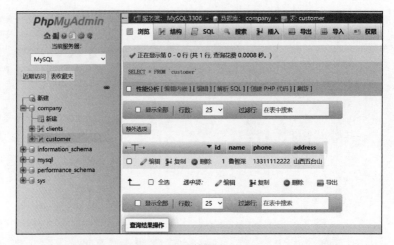

图 4-52 查看数据表 customer

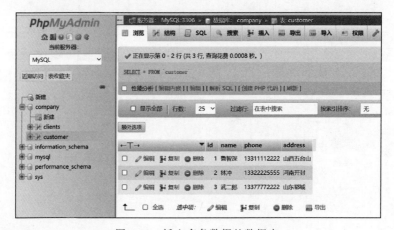

图 4-53 插入多条数据的数据表

4.3 数据库查询模型类 QSqlQueryModel

在 Qt 6 中,可以使用数据库查询模型类 QSqlQueryModel 从数据库中读取数据,然后使用视图控件(例如 QTableView)显示数据库查询模型类 QSqlQueryModel 中的数据。注意:数据库查询模型只能读取数据,不能修改数据。

4.3.1 QSqlQueryModel 类

在 Qt 6 中,使用 QSqlQueryModel 类创建数据库查询模型,其继承关系图如图 3-2 所示。QSqlQueryModel 类位于 Qt 6 的 Qt SQL 子模块下,其构造函数如下:

```
QSqlQueryModel(QObject * parent = nullptr)
```

其中,parent 表示 QObject 类及其子类创建的对象指针。

QSqlQueryModel 类的常用方法见表 4-6。

表 4-6 QSqlQueryModel 类的常用方法

方法及参数类型	说　明	返回值的类型
query()	获取数据库查询	QSqlQuery &
setQuery(QSqlQuery && query)	设置数据库查询	
setQuery(QString &query, QSqlDatabase &db)	设置数据库查询	
setHeaderData(int section, Qt::Orientation ori, QVariant &value, int role=Qt::EditRole)	在显示数据的视图控件中设置表头某角色的值	bool
headerData(int section, Qt::Orientation ori, int role=Qt::DisplayRole)	获取显示数据的视图控件中表头某角色的值	QVariant
record()	获取包含字段信息的空记录	QSqlRecord
record(int row)	获取指定的字段记录	QSqlRecord
rowCount(QModelIndex &parent)	获取数据表中记录或行的数量	int
columnCount(QModelIndex &parent)	获取数据表中字段或列的数量	int
clear()	清空查询模型中的数据	

4.3.2 典型应用

【实例 4-10】 创建一个窗口，使用该窗口可以打开并显示 SQLite 数据库中数据表的内容，操作步骤如下：

（1）使用 Qt Creator 创建一个模板为 Qt Widgets Application 的项目，将该项目命名为 demo10，并保存在 D 盘的 Chapter4 文件夹下；在向导对话框中选择基类 QMainWindow，不勾选 Generate form 复选框。

（2）向配置文件 demo10.pro 中添加下面一行语句：

```
QT += sql
```

（3）编写 mainwindow.h 文件中的代码，代码如下：

```
/* 第 4 章 demo10 mainwindow.h */
#ifndef MAINWINDOW_H
#define MAINWINDOW_H

#include <QMainWindow>
#include <QFrame>
#include <QHBoxLayout>
#include <QVBoxLayout>
#include <QTableView>
#include <QLabel>
#include <QComboBox>
#include <QMenuBar>
#include <QMenu>
#include <QAction>
#include <QFont>
#include <QtSql>
```

```cpp
#include <QFileDialog>
#include <QDir>
#include <QString>
#include <QStringList>

class MainWindow : public QMainWindow
{
    Q_OBJECT
public:
    MainWindow(QWidget * parent = nullptr);
    ~MainWindow();
private:
    QMenuBar * menuBar;
    QMenu * fileMenu;
    QAction * actionOpen, * actionClose;
    QLabel * label;
    QComboBox * combox;
    QTableView * tableView;
    QFrame * frame;
    QHBoxLayout * hbox;
    QVBoxLayout * vbox;
    QSqlQueryModel * queryModel;
    QSqlDatabase db;
private slots:
    void action_open();
    void action_close();
    void combox_changed();
};
#endif //MAINWINDOW_H
```

(4) 编写 mainwindow.cpp 文件中的代码，代码如下：

```cpp
/* 第 4 章 demo10 mainwindow.cpp */
#include "mainwindow.h"

MainWindow::MainWindow(QWidget * parent):QMainWindow(parent)
{
    setGeometry(300,300,620,300);
    setWindowTitle("QSqlQueryModel");
    //创建菜单栏、菜单、动作
    menuBar = new QMenuBar(this);
    fileMenu = menuBar->addMenu("文件");
    actionOpen = fileMenu->addAction("打开数据库");
    actionClose = fileMenu->addAction("关闭数据库");
    //创建标签、下拉列表、表格视图、框架控件
    label = new QLabel("请选择要显示的数据表：");
    label->setFont(QFont("黑体",12));
    label->setAlignment(Qt::AlignCenter);
    combox = new QComboBox();
    tableView = new QTableView();
    frame = new QFrame();
    //向框架控件中添加其他控件
```

```cpp
    hbox = new QHBoxLayout();
    hbox->addWidget(label);
    hbox->addWidget(combox);
    vbox = new QVBoxLayout(frame);
    vbox->addLayout(hbox);
    vbox->addWidget(tableView);
    //设置主窗口的菜单栏、中心控件
    setMenuBar(menuBar);
    setCentralWidget(frame);
    //创建模型
    queryModel = new QSqlQueryModel();
    //使用信号/槽
    connect(actionOpen,SIGNAL(triggered()),this,SLOT(action_open()));
    connect(actionClose,SIGNAL(triggered()),this,SLOT(action_close()));
    connect(combox,SIGNAL(currentIndexChanged(int)),this,SLOT(combox_changed()));
}

MainWindow::~MainWindow() {}

void MainWindow::action_open(){
    QString curPath = QDir::currentPath();              //获取程序当前目录
    QString filter = "SQLite(*.db *.db3);;所有文件(*.*)";
    QString title = "打开 SQLite 数据库";               //文件对话框的标题
    QString dbName = QFileDialog::getOpenFileName(this,title,curPath,filter);
    if(dbName.isEmpty())
        return;
    setWindowTitle(dbName);
    combox->clear();
    //连接数据库
    db = QSqlDatabase::addDatabase("QSQLITE");
    db.setDatabaseName(dbName);
    if(db.open()){
        QStringList tables = db.tables();
        if(tables.size()>0)
            combox->addItems(tables);
    }
}

void MainWindow::action_close(){
    if(db.isOpen()){
        db.close();
        queryModel->clear();
        combox->clear();
    }
}

void MainWindow::combox_changed(){
    QString text = combox->currentText();
    QString sql = "SELECT * FROM " + text;
    //设置查询
    queryModel->setQuery(sql,db);
```

```
    //获取字段头部的记录
    QSqlRecord header = queryModel->record();
    for(int i = 0;i < header.count();i++)
        queryModel->setHeaderData(i,Qt::Horizontal,header.fieldName(i),Qt::DisplayRole);
    tableView->setModel(queryModel);
}
```

（5）其他文件保持不变，运行结果如图4-54所示。

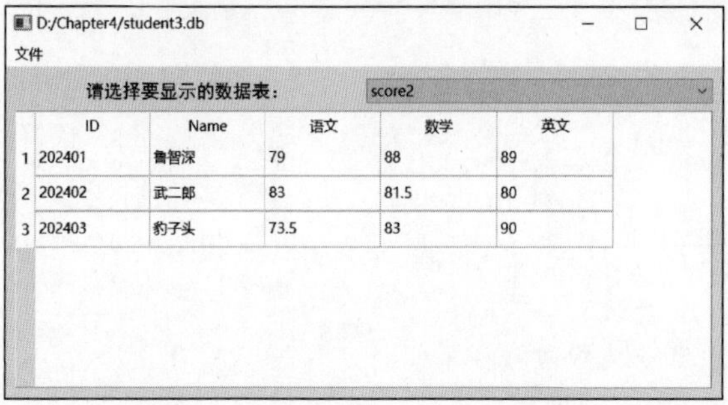

图4-54　项目demo10的运行结果

4.4　数据库表格模型类QSqlTableModel

在Qt 6中，可以使用数据库表格模型QSqlTableModel从数据库中读取数据，然后使用视图控件（例如QTableView）显示数据库表格模型QSqlTableModel中的数据，而且可以对数据进行插入、修改、删除、排序等操作，同时将修改的数据更新到数据库。

4.4.1　QSqlTableModel类

在Qt 6中，使用QSqlTableModel类创建数据库表格模型。QSqlTableModel类是QSqlQueryTable类的子类，其继承关系如图3-2所示。QSqlTableModel类位于Qt 6的Qt SQL子模块下，其构造函数如下：

```
QSqlTableModel(QObject * parent = nullpte,const QSqlDatabase &db)
```

其中，parent表示QObject类及其子类创建的对象指针；db表示使用QSqlDatabase类创建的实例对象。

QSqlTableModel类的常用方法见表4-7。

表4-7　QSqlTableModel类的常用方法

方法及参数类型	说　　明	返回值的类型
[slot]revert()	撤销代理控件所做的更改并恢复原状	
[slot]submit()	向数据库中提交在代理控件中对行做出的更改，若成功，则返回值为true	bool
[slot]revertAll()	复原所有未提交的更改	
[slot]submitAll()	提交所有更改，若成功，则返回值为true	bool

续表

方法及参数类型	说　　明	返回值的类型
database()	获取关联的数据库连接	QSqlDatabase
deleteRowFromTable(int row)	删除数据表中指定的行或记录	bool
setEditStrategy(QSqlTableModel::EditStrategy strategy)	设置修改提交模式	
fieldIndex(QString &fieldName)	获取指定字段的索引,返回值若为-1,则表示没有对应的字段	int
insertRecord(int row,QSqlRecord &record)	在指定的行位置插入记录,若成功插入,则返回值为true,row取负值表示在末尾插入	bool
insertRowIntoTable(QSqlRecord &values)	直接在数据表中插入行,若成功,则返回值为true	bool
insertRows(int row,int count,QModelIndex &parent)	插入多个空行,若成功,则返回值为true,在OnFieldChange和OnRowChange模式下每次只能插入一行	bool
insertColumns(int column,int count,QModelIndex &parent)	插入多个空列,若成功,则返回值为true	bool
isDirty()	获取模型中是否有脏数据,脏数据表示已经修改过但没有更新到数据库的数据	bool
isDirty(QModelIndex &index)	根据索引获取数据是否为脏数据	bool
primaryValues(int row)	获取指定行含有表格字段的记录	QSqlRecord
record()	获取仅包含字段名称的空记录	QSqlRecord
record(int row)	获取指定行的记录,如果模型没有初始化,则返回空记录	QSqlRecord
removeColumn(int column,QModelIndex &p)	删除指定的列,若成功,则返回值为true	bool
removeColumns(int column,int count,QModelIndex &p)	删除多列,若成功,则返回值为true	bool
removeRow(int row,QModelIndex &p)	删除指定的行,若成功,则返回值为true	bool
removeRows(int row,int count,QModelIndex &p)	删除多行,若成功,则返回值为true	bool
revertRow(int row)	复原指定行的更改	
rowCount(QModelIndex &p)	获取行的数量	int
columnCount(QModelIndex &p)	获取列的数量	int
setData(QModelIndex &i,QVariant &v,int role=Qt::EditRole)	根据索引设置数据项的角色值,若成功,则返回值为true	bool
data(QModelIndex &i,int role=Qt::DisplayRole)	根据索引获取数据项的角色值	QVariant
setQuery(QSqlQuery &q,QSqlDatabase &db)	设置数据库查询	
query()	获取数据库查询对象	QSqlQuery
setRecord(int row,QSqlRecord &v)	设置指定行的记录	bool
setTable(QString &tableName)	获取数据表中字段的名称	

续表

方法及参数类型	说 明	返回值的类型
setFilter(QString &filter)	设置 SELECT 查询语句中 WHERE 从句部分,但不包含 WHERE	
filter()	获取 WHERE 从句	QString
setSort(int column,Qt::SortOrder order)	设置 SELECT 查询语句中 ORDER BY 从句部分	
orderByClause()	获取 ORDER BY 从句部分	QString
select()	执行 SELECT 命令,获取查询结果	bool
selectRow(int row)	用数据库中的行更新模型中的数据	bool
selectStatement()	获取 SELECT…WHERE…ORDER BY	QString
sort(int column,Qt::SortOrder order)	对查询结果进行排序	
updateRowInTable(int row,QSqlRecord &v)	用记录更新数据库中的行	bool
tableName()	获取数据库中数据表的名称	QString
setHeaderData (int section, Qt:: Orientation ori,QVariant &v,int role=Qt::EditRole)	设置视图控件表头某角色的值	bool
index(int row,int column,QModelIndex &p)	获取子索引	QModelIndex
parent(QModelIndex &index)	获取子索引的父索引	QModelIndex
sibling(int row,int column,QModelIndex &i)	获取同级别索引	QModelIndex
clear()	清空模型中的数据	
clearItemData(QModelIndex &index)	根据索引清除数据项中的数据	bool

在 QSqlTableModel 类中,使用 setEditStrategy(QSqlTableModel::EditStrategy strategy)方法可设置修改提交模式,QSqlTableModel::EditStrategy 的枚举常量见表 4-8。

表 4-8　QSqlTableModel::EditStrategy 的枚举常量

枚 举 常 量	说　　明
QSqlTableModel::OnFieldChange	立即模式,即将对模型的修改立即更新到数据库中
QSqlTableModel::OnRowChange	行模式,即修改完一行,在选择其他行之后把修改更新到数据库中
QSqlTableModel::OnManualSubmit	手动模式,即修改完后不会立即更新到数据库,而是保存到缓存中,调用 submitAll()方法把修改更新到数据库,调用 revertAll()方法撤销修改并恢复原状

在 Qt 6 中,QSqlTableModel 类的信号见表 4-9。

表 4-9　QSqlTableModel 类的信号

信号及参数类型	说　　明
beforeDelete(int row)	在调用 DeleteRowFromTable(int row)方法删除指定的行之前发送信号
beforeInsert(QSqlRecord &record)	在调用 insertRowIntoTable(QSqlRecord &v)方法插入记录之前发送信号,可以在插入之前修改记录

续表

信号及参数类型	说明
beforeUpdate(int row, QSqlRecord &record)	在调用 updateRowInTable(int row, QSqlRecord &v)方法更新指定的记录之前发送信号
printInsert(int row, QSqlRecord &record)	在调用 insertRows(int row, int count, QModelIndex &p)方法对新插入的行进行初始化之前发送信号

4.4.2 记录类 QSqlRecord

在 Qt 6 中，使用 QSqlRecord 类创建记录对象。记录表示数据表中的 1 行数据，这 1 行数据的每个字段有不同的值。QSqlRecord 类位于 Qt 6 的 Qt SQL 子模块下，其构造函数如下：

```
QSqlRecord()
QSqlRecord(const QSqlRecord &other)
```

可以使用 QSqlTableModel 类的 record(int row)方法获取数据表中 1 行的数据，返回值为 QSqlRecord 对象。

QSqlRecord 类的常用方法见表 4-10。

表 4-10 QSqlRecord 类的常用方法

方法及参数类型	说明	返回值的类型
append(QSqlField &field)	在末尾添加字段	
clearValues()	清空所有字段的值	
contains(QString &name)	获取是否包含指定的字段	bool
count()	获取字段的个数	int
insert(int pos, QSqlField &field)	在指定的位置插入字段	
remove(int pos)	移除指定位置的字段	
replace(int pos, QSqlField &field)	替换指定位置字段的值	
setValue(int index, QVariant &val)	根据字段索引设置字段的值	
setValue(QString &name, QVariant &val)	根据字段名称设置字段的值	
value(int index)	根据字段索引获取字段的值	QVariant
value(QString &name)	根据字段名称获取字段的值	QVariant
setNull(int index)	根据字段索引设置空值	
setNull(QString &name)	根据字段名称设置空值	
isNull(int index)	根据字段索引获取字段的值是否为空值	bool
isNull(QString &name)	根据字段名称获取字段的值是否为空值	bool
clear()	删除所有字段	
isEmpty()	获取是否含有字段	bool
field(int index)	根据字段索引获取字段对象	QSqlField
field(QString &name)	根据字段名称获取字段对象	QSqlField
fieldName(int index)	获取字段的名称	QString

续表

方法及参数类型	说明	返回值的类型
indexOf(QString &name)	根据字段名称获取对应的索引	int
keyValues(QSqlRecord &keyFields)	获取与指定的记录具有相同字段名称的记录	QSqlRecord
setGenerated(int index, bool generated)	根据索引或名称设置字段值是否已经生成，只有已经生成的字段值才能被更新到数据库中。generated 的默认值为 true	
setGenerated(QString &name, bool generated)		
isGenerated(int index)	根据字段索引获取字段是否已经生成	bool
isGenerated(QString &name)	根据字段名称获取字段是否已经生成	bool

4.4.3 字段类 QSqlField

在 Qt 6 中，使用 QSqlRecord 类创建字段对象。字段表示数据表中的一列，数据表的一行（也称为记录）由多个字段组成。QSqlField 类位于 Qt 6 的 Qt SQL 子模块下，其构造函数如下：

```
QSqlField(const QSqlField &other)
QSqlField(const QString &fieldName, QMetaType type, const QString &tableName)
```

其中，fieldName 表示字段名称；tableName 表示数据表名称；type 表示字段的类型，可以是 Qt 6 中的类，其参数值为 QMetaType 的枚举常量，例如 QMetaType::Volid、QMetaType::Bool、QMetaType::Int、QMetaType::UInt、QMetaType::Double、QMetaType::QChar、QMetaType::QString、QMetaType::QByteArray，QMetaType 的枚举常量非常多，有兴趣的读者可查看其技术文档。

在 Qt 6 中，可以使用 QSqlRecord 类的 field(int index) 方法根据字段索引获取 QSqlRecord 对象，使用 field(QString &name) 方法根据字段名称获取 QSqlField 对象。

QSqlField 类的常用方法见表 4-11。

表 4-11 QSqlField 类的常用方法

方法及参数类型	说明	返回值的类型
clear()	清空字段的值	
setName(QString &name)	设置字段的名称	
name()	获取字段的名称	QString
setValue(QVariant &value)	设置字段的值，在只读模式下不能设置值	
value()	获取字段的值	QVariant
setDefaultValue(QVariant &value)	设置字段的默认值	
defaultValue()	获取字段的默认值	QString
setMetaType(QMetaType type)	设置字段的类型	
metaType()	获取存储在字段中的类型	QMetaType

续表

方法及参数类型	说明	返回值的类型
setReadOnly(bool readOnly)	设置是否为只读模式,在只读模式下不能修改字段的值	
isReadOnly()	获取是否为只读模式	bool
setRequired(bool requited)	设置字段的值,即是必须输入的还是可选的	
setRequiredStatus(QSqlField::RequiredStatus required)	设置可选状态	
setGenerated(bool gen)	设置字段的生成状态	
isGenerated()	获取字段的生成状态	bool
setLength(int fieldLength)	设置字段的长度,当数据类型为字符串型时表示字符串的最大长度,其他类型无意义	
length()	获取字段的长度,负值表示无法确定	bool
setPricision(int precison)	设置浮点数的精度,仅针对数值类型	
precision()	获取精度,负数表示不能确定精度	int
setTableName(QString &tableName)	设置数据表名称	
tableName()	获取数据表名称	QString
setAutoValue(bool autoVal)	将字段的值标记为由数据库自动生成	
isAutoValue()	获取字段的值是否由数据库自动生成	bool
isValid()	获取字段的类型是否有效	bool
isNull()	如果字段的值为 NULL,则返回值为 true	bool

4.4.4 典型应用

【实例 4-11】 使用 Qt Creator 设计一个窗口,在窗口中可以打开 SQLite 数据库,显示数据库下的数据表及数据表对应的数据。用户可以在该窗口下向数据表添加记录,操作步骤如下:

(1) 使用 Qt Creator 创建一个模板为 Qt Widgets Application 的项目,将该项目命名为 demo11,并保存在 D 盘的 Chapter4 文件夹下;在向导对话框中选择基类 QMainWindow,勾选 Generate form 复选框。

(2) 双击文件 mainwindow.ui 进入使用 Qt Creator 的设计模式,然后设计一个窗口,该窗口包含 6 个标签控件、1 个下拉列表控件、1 个单行文本输入框、1 个整数数字输入控件、3 个浮点数数字输入控件、1 个按钮、1 个表格视图控件、1 个菜单栏、两个菜单命令,如图 4-55 和图 4-56 所示。

(3) 按快捷键 Ctrl+R,可查看预览窗口。预览窗口及其 1 个下拉列表控件、一个表格视图控件、1 个单行文本框、4 个数字输入控件、1 个按钮的对象名字,如图 4-57 所示。

(4) 关闭预览窗口,将窗口的标题修改为 QSqlTableModel,按快捷键 Ctrl+S 保存设计的窗口界面,然后向配置文件 demo11.pro 中添加下面一行语句:

```
QT += sql
```

图 4-55 设计的主窗口界面

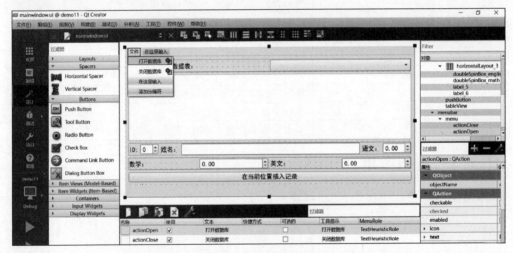

图 4-56 主窗口界面的菜单栏及其命令

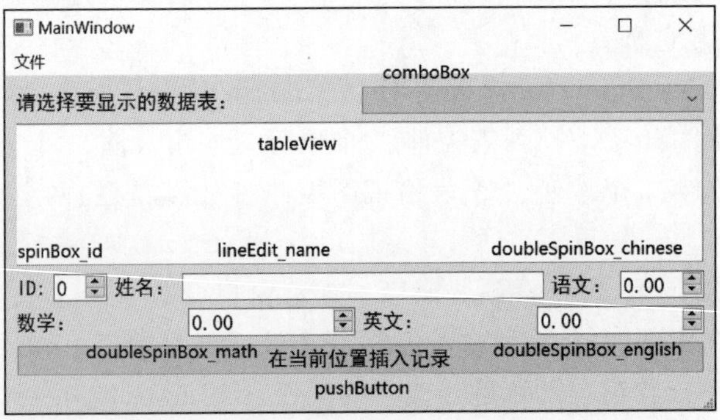

图 4-57 预览窗口及控件对象的名称

(5) 编写 mainwindow.h 文件中的代码,代码如下:

```
/* 第 4 章 demo11 mainwindow.h */
#ifndef MAINWINDOW_H
#define MAINWINDOW_H

#include <QMainWindow>
#include <QtSql>
#include <QString>
#include <QStringList>
#include <QFileDialog>
#include <QDir>

QT_BEGIN_NAMESPACE
namespace Ui {
class MainWindow;
}
QT_END_NAMESPACE

class MainWindow : public QMainWindow
{
    Q_OBJECT
public:
    MainWindow(QWidget * parent = nullptr);
    ~MainWindow();
private:
    Ui::MainWindow * ui;
    QSqlDatabase db;
    QSqlTableModel * tableModel;
private slots:
    void action_open();
    void action_close();
    void comboBox_changed(QString text);
    void pushButton_clicked();
};
#endif //MAINWINDOW_H
```

(6) 编写 mainwindow.cpp 文件中的代码,代码如下:

```
/* 第 4 章 demo11 mainwindow.cpp */
#include "mainwindow.h"
#include "ui_mainwindow.h"

MainWindow::MainWindow(QWidget * parent):QMainWindow(parent)
    , ui(new Ui::MainWindow)
{
    ui->setupUi(this);
    setGeometry(300,300,620,300);
    //使用信号/槽
    connect(ui->actionOpen,SIGNAL(triggered()),this,SLOT(action_open()));
    connect(ui->actionClose,SIGNAL(triggered()),this,SLOT(action_close()));
    connect(ui->comboBox,SIGNAL(currentTextChanged(QString)),this,SLOT(comboBox_changed
(QString)));
```

```cpp
    connect(ui->pushButton,SIGNAL(clicked()),this,SLOT(pushButton_clicked()));
}

MainWindow::~MainWindow()
{
    delete ui;
}

void MainWindow::action_open(){
    QString curPath = QDir::currentPath();                  //获取程序当前目录
    QString filter = "SQLite(*.db *.db3);;所有文件(*.*)";
    QString title = "打开 SQLite 数据库";                    //文件对话框的标题
    QString dbName = QFileDialog::getOpenFileName(this,title,curPath,filter);
    if(dbName.isEmpty())
        return;
    setWindowTitle(dbName);
    ui->comboBox->clear();
    //连接数据库
    db = QSqlDatabase::addDatabase("QSQLITE");
    db.setDatabaseName(dbName);
    if(db.open()){
        tableModel = new QSqlTableModel(this,db);           //数据库表格模型
        tableModel->setEditStrategy(QSqlTableModel::OnFieldChange);
        ui->tableView->setModel(tableModel);
        QStringList tables = db.tables();
        if(tables.size()>0)
            ui->comboBox->addItems(tables);
    }
}

void MainWindow::comboBox_changed(QString text){
    tableModel->setTable(text);
    tableModel->select();
    //获取头部字段的记录
    QSqlRecord header = tableModel->record();
    for(int i = 0;i< header.count();i++)
        tableModel->setHeaderData(i,Qt::Horizontal,header.fieldName(i),Qt::DisplayRole);
}

void MainWindow::action_close(){
    if(db.isOpen()){
        db.close();
        tableModel->clear();
        ui->comboBox->clear();
    }
}

void MainWindow::pushButton_clicked(){
    //创建记录对象
    QSqlRecord record = QSqlRecord(tableModel->record());
    int id = ui->spinBox_id->value();
```

```cpp
    QString name = ui->lineEdit_name->text();
    float chinese = ui->doubleSpinBox_chinese->value();
    float math = ui->doubleSpinBox_math->value();
    float english = ui->doubleSpinBox_english->value();
    if(id<0 || name.isEmpty())
        return;
    //设置记录对象的值
    record.setValue("ID",id);
    record.setValue("Name",name);
    record.setValue("语文",chinese);
    record.setValue("数学",math);
    record.setValue("英文",english);
    ui->spinBox_id->setValue(ui->spinBox_id->value()+1);
    //获取当前行
    int currentRow = ui->tableView->currentIndex().row();
    if(!tableModel->insertRecord(currentRow+1,record))//插入行
        tableModel->select(); //重新插入数据
}
```

(7) 其他文件保持不变,运行结果如图 4-58 所示。

图 4-58　项目 demo11 的运行结果

【实例 4-12】　使用 Qt Creator 设计一个窗口,在窗口中可以打开 SQLite 数据库,显示数据库下的数据表及数据表对应的数据。用户可以在该窗口下删除当前数据表记录,也可以删除指定的行,操作步骤如下:

(1) 使用 Qt Creator 创建一个模板为 Qt Widgets Application 的项目,将该项目命名为 demo12,并保存在 D 盘的 Chapter4 文件夹下;在向导对话框中选择基类 QMainWindow,勾选 Generate form 复选框。

(2) 双击文件 mainwindow.ui 进入使用 Qt Creator 的设计模式,然后设计一个窗口,该窗口包含两个标签控件、1 个下拉列表控件、1 个单行文本输入框、1 个整数数字输入控件、两个按钮、1 个表格视图控件、1 个菜单栏、两个菜单命令,如图 4-59 和图 4-60 所示。

(3) 按快捷键 Ctrl+R,可查看预览窗口。预览窗口及其 1 个下拉列表控件、一个表格视图控件、1 个数字输入控件、两个按钮的对象名字,如图 4-61 所示。

(4) 关闭预览窗口,将窗口的标题修改为 QSqlTableModel,按快捷键 Ctrl+S 保存设计

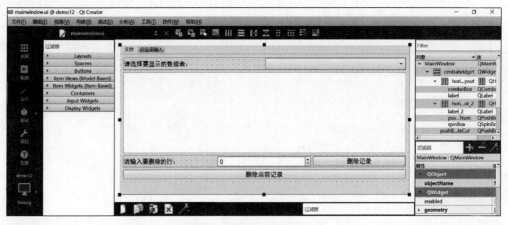

图 4-59 设计的主窗口界面

图 4-60 主窗口界面的菜单栏及其命令

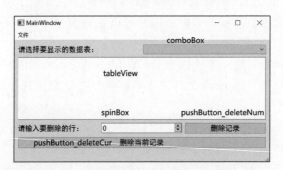

图 4-61 预览窗口及控件对象的名称

的窗口界面,然后向配置文件 demo12.pro 中添加下面一行语句:

```
QT += sql
```

(5) 编写 mainwindow.h 文件中的代码，代码如下：

```cpp
/* 第4章 demo12 mainwindow.h */
#ifndef MAINWINDOW_H
#define MAINWINDOW_H

#include <QMainWindow>
#include <QtSql>
#include <QString>
#include <QStringList>
#include <QFileDialog>
#include <QDir>

QT_BEGIN_NAMESPACE
namespace Ui {
class MainWindow;
}
QT_END_NAMESPACE

class MainWindow : public QMainWindow
{
    Q_OBJECT
public:
    MainWindow(QWidget *parent = nullptr);
    ~MainWindow();
private:
    Ui::MainWindow *ui;
    QSqlDatabase db;
    QSqlTableModel *tableModel;
private slots:
    void action_open();
    void action_close();
    void comboBox_changed(QString text);
    void pushButton_num();
    void pushButton_cur();
};
#endif //MAINWINDOW_H
```

(6) 编写 mainwindow.cpp 文件中的代码，代码如下：

```cpp
/* 第4章 demo12 mainwindow.cpp */
#include "mainwindow.h"
#include "ui_mainwindow.h"

MainWindow::MainWindow(QWidget *parent):QMainWindow(parent), ui(new Ui::MainWindow)
{
    ui->setupUi(this);
    setGeometry(300,300,620,300);
    //使用信号/槽
    connect(ui->actionOpen,SIGNAL(triggered()),this,SLOT(action_open()));
    connect(ui->actionClose,SIGNAL(triggered()),this,SLOT(action_close()));
    connect(ui->comboBox,SIGNAL(currentTextChanged(QString)),this,SLOT(comboBox_changed(QString)));
```

```cpp
    connect(ui->pushButton_deleteNum,SIGNAL(clicked()),this,SLOT(pushButton_num()));
    connect(ui->pushButton_deleteCur,SIGNAL(clicked()),this,SLOT(pushButton_cur()));
}

MainWindow::~MainWindow()
{
    delete ui;
}

void MainWindow::action_open(){
    QString curPath = QDir::currentPath();              //获取程序当前目录
    QString filter = "SQLite(*.db *.db3);;所有文件(*.*)";
    QString title = "打开 SQLite 数据库";              //文件对话框的标题
    QString dbName = QFileDialog::getOpenFileName(this,title,curPath,filter);
    if(dbName.isEmpty())
        return;
    setWindowTitle(dbName);
    ui->comboBox->clear();
    //连接数据库
    db = QSqlDatabase::addDatabase("QSQLITE");
    db.setDatabaseName(dbName);
    if(db.open()){
        tableModel = new QSqlTableModel(this,db);       //数据库表格模型
        tableModel->setEditStrategy(QSqlTableModel::OnFieldChange);
        ui->tableView->setModel(tableModel);
        QStringList tables = db.tables();
        if(tables.size()>0)
            ui->comboBox->addItems(tables);
    }
}

void MainWindow::comboBox_changed(QString text){
    tableModel->setTable(text);
    tableModel->select();
    //获取头部字段的记录
    QSqlRecord header = tableModel->record();
    for(int i = 0;i<header.count();i++)
        tableModel->setHeaderData(i,Qt::Horizontal,header.fieldName(i),Qt::DisplayRole);
}

void MainWindow::action_close(){
    if(db.isOpen()){
        db.close();
        tableModel->clear();
        ui->comboBox->clear();
    }
}

void MainWindow::pushButton_num(){
    int row = ui->spinBox->value();
    if(row>0 && row<=tableModel->rowCount()){
```

```
            if(tableModel->removeRow(row-1))       //删除行
                tableModel->select();              //重新查询数据
        }
    }
    void MainWindow::pushButton_cur(){
        int currentRow = ui->tableView->currentIndex().row();
        if(tableModel->removeRow(currentRow))      //删除行
            tableModel->select();                  //重新查询数据
    }
```

（7）其他文件保持不变，运行结果如图 4-62 所示。

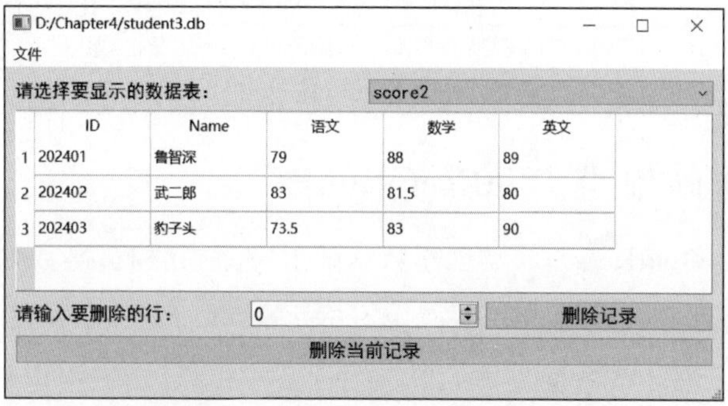

图 4-62　项目 demo12 的运行结果

4.5　关系表格模型类 QSqlRelationalTableModel

在 Qt 6 中，可以使用关系表格模型 QSqlRelationalTableModel 实现联合查询功能。联合查询就是 SQL 语句的 SELECT 命令中的 INNER JOIN 和 LEFT JOIN 功能，其语法格式如下：

```
SELECT * FROM table1 INNER JOIN table2 ON table1.field1 = table2.field2
SELECT * FROM table1 LEFT JOIN table2 ON table1.field1 = table2.field2
```

4.5.1　QSqlRelationalTableModel 类

在 Qt 6 中，使用 QSqlRelationalTableModel 类表示关系表格模型。QSqlRelationalTableModel 类是 QSqlTableModel 类的子类，其继承关系图如图 3-2 所示。QSqlRelationalTableModel 类位于 Qt 6 的 Qt SQL 子模块下，其构造函数如下：

```
QSqlRelationalTableModel(QObject * parent = nullptr,QSqlDatabase &db)
```

其中，parent 表示 QObject 类及其子类创建的对象指针；db 表示使用 QSqlDatabase 类创建的实例对象。

QSqlRelationalTableModel 类除了继承了 QSqlTableModel 类的方法之外，还具有自己独有的方法，其独有的方法见表 4-12。

表 4-12　QSqlRelationalTableModel 类的常用方法

方法及参数类型	说　　明	返回值的类型
setRelation(int column, QSqlRelation &relation)	设置当前数据表（例如 table1）的外键和映射关系，column 表示 table1 的字段编号，用于确定 table1 作为外键的字段，relation 表示 QSqlRelation 的实例对象，用于确定另一个数据表（例如 table2）和对应的字段（例如 field2）	
setJoinMode (QSqlRelationalTableModel:: JoinMode joinMode)	设置两个数据表的数据映射方式，参数值为 QSqlRelationalTableModel::InnerJoin（内连接，只列出 table1 和 table2 中匹配的数据）、QSqlRelationalTableModel:: LeftJoin（外连接，即使没有匹配也列出 table1 中的数据）	
relationModel(int column)	获取数据表某一字段的外键的数据库表格模型	QSqlTableModel *
relation(int column)	获取数据表某一字段的数据映射对象	QSqlRelation

4.5.2　数据映射类 QSqlRelation

在 Qt 6 中，使用 QSqlRelation 类创建数据映射对象，其构造函数如下：

```
QSqlRelation(const QString &tableName, const QString &indexColumn, const QString &displayColumn)
```

其中，tableName 表示第 2 个数据表格 table2；indexColumn 用于指定 table2 的字段 field2；displayColumn 表示 table2 中显示在 table1 的 field1 位置处的字段 field3，即用 field3 的值显示在 field1 位置处，不显示 field1 的值。

QSqlRelation 类的常用方法见表 4-13。

表 4-13　QSqlRelation 类的常用方法

方法及参数类型	说　　明	返回值的类型
displayColumn()	获取 table2 中显示在 table1 的 field1 位置处的字段 field3	QString
indexColumn()	获取外键关联的字段	QString
tableName()	获取外键关联的表格名称	QString
isValid()	获取数据映射是否有效	bool
swap(QSqlRelation &other)	与其他数据映射对象交换	

4.5.3　典型应用

【实例 4-13】　创建一个 SQLite 数据库 student4.db，该数据库下有两个数据表，这两个数据表可实现联合查询，操作步骤如下：

（1）使用 Qt Creator 创建一个模板为 Qt Console Application 的项目，将该项目命名为 demo13，并保存在 D 盘的 Chapter4 文件夹下。

（2）向配置文件 demo13.pro 中添加下面一行语句：

```
QT += sql
```

(3) 编写 main.cpp 文件中的代码，代码如下：

```cpp
/* 第 4 章 demo13 main.cpp */
#include <QCoreApplication>
#include <QString>
#include <QList>
#include <QStringList>
#include <QtDebug>
#include <QtSql>

int main(int argc, char *argv[])
{
    QCoreApplication a(argc, argv);
    //数据库的路径和名称
    QString dbName = "D:\\Chapter4\\student4.db";
    QSqlDatabase db = QSqlDatabase::addDatabase("QSQLITE");
    db.setDatabaseName(dbName);
    //要输入的数据
    QList<QStringList> infor1 = {{"6601","孙悟空","79","6601","6601"},
                                 {"6602","猪八戒","83","6602","6602"},
                                 {"6603","小白龙","73.5","6603","6604"},
                                 {"6604","沙僧","75.5","6604","6604"}};
    QList<QStringList> infor2 = {{"6601","孙悟空","88","89"},
                                 {"6602","猪八戒","81.5","80"},
                                 {"6603","小白龙","83","90"},
                                 {"6604","沙僧","96","90.8"}};
    if(db.open()){
        //创建数据表 score1
        db.exec("CREATE TABLE score1(ID TEXT,name TEXT,语文 TEXT,数学 TEXT,英文 TEXT)");
        qDebug()<< db.tables();                    //打印数据表名
        //向数据表 score1 中插入数据
        if(db.transaction()){
            QSqlQuery query(db);
            for(int i = 0;i < infor1.size();i++){
                query.prepare("INSERT INTO score1 VALUES (?,?,?,?,?)");
                query.addBindValue(infor1[i][0]); //按顺序设置占位符(?)的值
                query.addBindValue(infor1[i][1]);
                query.addBindValue(infor1[i][2]);
                query.bindValue(3,infor1[i][3]);  //按索引设置占位符(?)的值
                query.bindValue(4,infor1[i][4]);
                query.exec();
            }
            db.commit();                           //提交事务
        }
        //创建数据表 score2
        db.exec("CREATE TABLE score2(ID TEXT,name TEXT,数学 TEXT,英文 TEXT)");
        qDebug()<< db.tables();                    //打印数据表名
        //向数据表 score2 中插入数据
        if(db.transaction()){
            QSqlQuery query(db);
            for(int i = 0;i < infor2.size();i++){
                query.prepare("INSERT INTO score2 VALUES (:ID,:name,:math,:english)");
```

```
                query.bindValue(0,infor2[i][0]);              //按索引设置占位符的值
                query.bindValue(1,infor2[i][1]);
                query.bindValue(":math",infor2[i][2]);        //按名称设置占位符的值
                query.bindValue(":english",infor2[i][3]);
                query.exec();
            }
            db.commit();                                      //提交事务
        }
    }
    db.close();
    return a.exec();
}
```

(4) 其他文件保持不变,运行结果如图 4-63 所示。

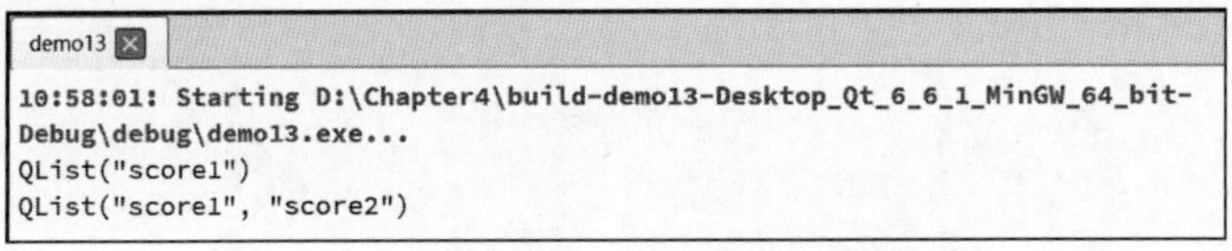

```
demo13
10:58:01: Starting D:\Chapter4\build-demo13-Desktop_Qt_6_6_1_MinGW_64_bit-
Debug\debug\demo13.exe...
QList("score1")
QList("score1", "score2")
```

图 4-63 项目 demo13 的运行结果

【**实例 4-14**】 使用 Qt Creator 设计一个窗口,在窗口中可以打开 SQLite 数据库,显示数据库下的两个数据表及关系表格模型的数据,操作步骤如下:

(1) 使用 Qt Creator 创建一个模板为 Qt Widgets Application 的项目,将该项目命名为 demo14,并保存在 D 盘的 Chapter4 文件夹下;在向导对话框中选择基类 QMainWindow,不勾选 Generate form 复选框。

(2) 双击文件 mainwindow.ui 进入使用 Qt Creator 的设计模式,然后设计一个窗口,该窗口包含 3 个标签控件、3 个表格视图控件、1 个菜单栏、两个菜单命令,如图 4-64 和图 4-65 所示。

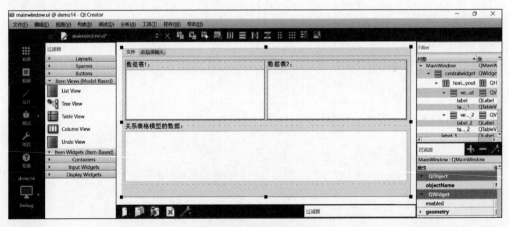

图 4-64 设计的主窗口界面

图 4-65　主窗口界面的菜单栏及其命令

（3）按快捷键 Ctrl+R，可查看预览窗口。预览窗口及其 3 个表格视图控件的对象名字如图 4-66 所示。

图 4-66　预览窗口及控件对象的名称

（4）关闭预览窗口，将窗口的标题修改为 QSqlRelationalTableModel，按快捷键 Ctrl+S 保存设计的窗口界面，然后向配置文件 demo14.pro 中添加下面一行语句：

```
QT += sql
```

（5）编写 mainwindow.h 文件中的代码，代码如下：

```
/* 第4章 demo14 mainwindow.h */
#ifndef MAINWINDOW_H
#define MAINWINDOW_H

#include <QMainWindow>
#include <QtSql>
#include <QString>
#include <QStringList>
#include <QFileDialog>
#include <QDir>
```

```cpp
QT_BEGIN_NAMESPACE
namespace Ui {
class MainWindow;
}
QT_END_NAMESPACE

class MainWindow : public QMainWindow
{
    Q_OBJECT
public:
    MainWindow(QWidget *parent = nullptr);
    ~MainWindow();
private:
    Ui::MainWindow *ui;
    QSqlDatabase db;
    QSqlQueryModel *queryModel1, *queryModel2;
    QSqlRelationalTableModel *relationModel;
private slots:
    void action_open();
    void action_close();
};
#endif //MAINWINDOW_H
```

(6) 编写 mainwindow.cpp 文件中的代码，代码如下：

```cpp
/* 第4章 demo14 mainwindow.cpp */
#include "mainwindow.h"
#include "ui_mainwindow.h"

MainWindow::MainWindow(QWidget *parent):QMainWindow(parent)
    , ui(new Ui::MainWindow)
{
    ui->setupUi(this);
    setGeometry(300,300,620,320);
    queryModel1 = new QSqlQueryModel(this);
    queryModel2 = new QSqlQueryModel(this);
    //使用信号/槽
    connect(ui->actionOpen,SIGNAL(triggered()),this,SLOT(action_open()));
    connect(ui->actionClose,SIGNAL(triggered()),this,SLOT(action_close()));
}

MainWindow::~MainWindow()
{
    delete ui;
}

void MainWindow::action_open(){
    QString curPath = QDir::currentPath();              //获取程序当前目录
    QString filter = "SQLite(*.db *.db3);;所有文件(*.*)";
    QString title = "打开 SQLite 数据库";                //文件对话框的标题
    QString dbName = QFileDialog::getOpenFileName(this,title,curPath,filter);
```

```cpp
    if(dbName.isEmpty())
        return;
    setWindowTitle(dbName);
    //连接数据库
    db = QSqlDatabase::addDatabase("QSQLITE");
    db.setDatabaseName(dbName);
    if(db.open()){
        queryModel1->setQuery("SELECT * FROM score1");
        ui->tableView_1->setModel(queryModel1);
        queryModel2->setQuery("SELECT * FROM score2");
        ui->tableView_2->setModel(queryModel2);
        //创建关系表格模型
        relationModel = new QSqlRelationalTableModel(this,db);
        relationModel->setEditStrategy(QSqlRelationalTableModel::OnFieldChange);
        //设置内连接模式
        relationModel->setJoinMode(QSqlRelationalTableModel::InnerJoin);
        relationModel->setTable("score1");
        //设置映射关系
        relationModel->setRelation(3,QSqlRelation("score2","ID","数学"));
        relationModel->setRelation(4,QSqlRelation("score2","ID","英文"));
        ui->tableView_3->setModel(relationModel);
        //重新查询数据
        relationModel->select();
    }
}

void MainWindow::action_close(){
    if(db.isOpen()){
        db.close();
        queryModel1->clear();
        queryModel2->clear();
        relationModel->clear();
    }
}
```

(7) 其他文件保持不变,运行结果如图 4-67 所示。

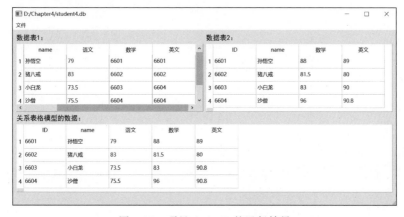

图 4-67　项目 demo14 的运行结果

4.6 小结

本章首先介绍使用 Qt 6 提供的方法连接数据库、操作数据库的方法,主要使用两个类,即 QSqlDatabase 类、QSqlQuery 类。

其次介绍了使用 QSqlDatabase 类、QSqlQuery 类操作 SQLite、MySQL 数据库的方法。

最后介绍了 3 种数据库模型及其典型应用,这 3 种数据库分别为数据库查询模型 QSqlQueryModel、数据库表格模型 QSqlTableModel、关系表格模型 QSqlRelationalTableModel。

第三部分

第 5 章 Graphics/View 绘图

在《编程改变生活——用 Qt 6 创建 GUI 程序（基础篇·微课视频版）》第 8 章介绍了使用 QPainter 类绘制图形的方法，这种方法比较适合绘制相对简单的图像，而且绘制的图形不能进行选择、编辑、拖放、修改操作。如果要绘制可交互的复杂图像，则应该怎么办？

为了绘制可交互的复杂图像，Qt 6 提供了 Graphics/View 绘图框架。使用 Graphics/View 框架可绘制含有大量图形项（也称为图形元件）的图像，而且可以对每个图形项进行选择、拖放、修改等操作。

5.1 Graphics/View 简介

类比于将数据模型与视图控件相分离的 Model/View 框架，Graphics/View 框架是将图像视图、图像场景、图形项相分离的框架，使用这样的技术可以绘制可交互的图像。具体来讲，主要使用了图像场景类 QGraphicsScene、图像视图类 QGraphicsView、图形项类 QGraphicsItem。

5.1.1 Graphics/View 绘图框架

在 Qt 6 中，Graphics/View 绘图框架主要由图像视图、图像场景、图形项构成，这三者的系统结构如图 5-1 所示。

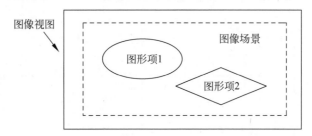

图 5-1　图像视图、图像场景、图形项的系统结构

1. 图像视图

图像视图类 QGraphicsView 提供了绘制图像的视图控件，用于显示图像场景中的内容。如果图像视图的范围大于图像场景的范围，则图像场景在图像视图中间部分显示。如

果图像场景的范围大于图像视图的范围,则视图控件自动提供滚动条和滚动区。

QGraphicsView 类是视图控件,可以接收鼠标和键盘的输入并转换为场景事件,而且可以进行坐标转换后传递给可视的图像场景。

2. 图像场景

图像场景类 QGraphicsScene 提供了绘制图像的场景。图像场景是一个不可见的、抽象的容器,可以向图像场景中添加图形项,并可以获取图像场景中的各个图形项。

QGraphicsScene 类提供了大量的图形项接口,可以管理各个图形项及其状态,可以将场景事件传递给各个图形项。

在实际编程中,可以设置图像场景背景色和前景色,主要使用了 QGraphicsScene 类的 drawBackground() 和 drawForeground() 方法。

3. 图形项

图形项就是一些基本的图形元件。图形项的基类为 QGraphicsItem,Qt 6 也提供了标准的图形项类,例如矩形类 QGraphicRectItem、椭圆类 QGraphicEllipseItem、文本类 QGraphicTextItem。

QGraphicsItem 类支持鼠标事件、键盘事件、拖放操作,也可以使用 QGraphicItemGroup 类对图形元件进行组合,例如父子项关系组合。

综上所述,图像场景是图形项的容器,可以在图像场景中绘制多个图形项,每个图形项都是一个实例对象,这些图形项可以被选择、拖动。图像视图是显示图像场景的视图控件。一个图像场景可以有多张图像视图,一张图像视图可以显示图像场景的部分区域或全部区域。

5.1.2　Graphics/View 的坐标系

QGraphics/View 框架有 3 个坐标系,分别是图像视图坐标系、图像场景坐标系、图形项坐标系。这 3 个坐标系的示意图如图 5-2 所示。

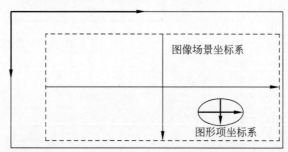

图 5-2　图像视图坐标系、图像场景坐标系、图形项坐标系的示意图

图像视图坐标系与设备坐标系相同,默认左上角为原点,这是物理坐标。图像场景坐标系类似于 QPainter 的逻辑坐标系,一般以图像场景的中心为坐标系原点(需要将图像场景

的矩形范围设置为$(-a,-b,2a,2b)$,否则图像场景的中心点未必是坐标系原点),x轴的正方向向右,y轴正方向向下。图形项坐标系是局部的坐标系,通常以图形项的中心为坐标系原点,x轴的正方向向右,y轴的正方向向下。

1. 图像视图坐标

图像视图坐标是窗口控件的坐标,视图坐标的单位是像素。QGraphicsView 左上角的坐标为(0,0)。所有的鼠标事件、拖曳事件最开始都使用视图坐标。因为要和图形项交互,所以需要转换为图像场景坐标。

2. 图像场景坐标

图像场景坐标是所有图形项的基础坐标,场景坐标描述了顶层图形项的位置,而且构成了从图像视图到图像场景的所有场景事件的基础,每个图形项在场景上都有场景坐标和边界矩形。

3. 图形项坐标

图形项使用自己的局部坐标,通常以图形项的中心为原点。图像项的原点也是各种坐标转换的中心。图形项的鼠标事件使用局部坐标,创建图形项、绘制图形项也使用局部坐标,QGraphicsScene 和 QGraphicsView 会自动进行坐标转换。

一个图形项的位置是其中心点在父坐标系的坐标。如果一个图形项没有父图形项,则图形项的位置就是图像场景的坐标。如果一个图形项有父图形项,则父图形项进行坐标转换时,子图形项也进行坐标转换。

4. 坐标变换

在 Graphics/View 框架下,经常需要在不同的坐标之间进行变换,例如从图像视图到图像场景、从图像场景到图像图形项、从子图形项到父图像项。Graphics/View 框架下的坐标变换方法见表 5-1。

表 5-1 Graphics/View 框架下的坐标变换方法

坐标变换方法	说 明
QGraphicsView::mapToScene()	从图像视图到图像场景
QGraphicsView::mapFromScene()	从图像场景到图像视图
QGraphicsItem::mapFromScene()	从图像场景到图形项
QGraphicsItem::mapToScene()	从图形项到图像场景
QGraphicsItem::mapToParent()	从子图形项到父图形项
QGraphicsItem::mapFromParent()	从父图形项到子图形项
QGraphicsItem::mapToItem()	从本图形项到其他图形项
QGraphicsItem::mapFromItem()	从其他图形项到本图形项

5.1.3 典型应用

百闻不如一见,下面的例题将使用 Graphics/View 框架绘制简单图像。

【实例 5-1】 使用 Graphics/View 框架绘制图像,该图像中包含一个矩形图形项、一个

椭圆图形项,这两个图形项都可以移动,操作步骤如下:

(1) 使用 Qt Creator 创建一个模板为 Qt Widgets Application 的项目,将该项目命名为 demo1,并保存在 D 盘的 Chapter5 文件夹下;在向导对话框中选择基类 QWidget,不勾选 Generate form 复选框。

(2) 编写 widget.h 文件中的代码,代码如下:

```cpp
/* 第 5 章 demo1 widget.h */
#ifndef WIDGET_H
#define WIDGET_H

#include <QWidget>
#include <QVBoxLayout>
#include <QGraphicsView>
#include <QGraphicsScene>
#include <QGraphicsItem>
#include <QGraphicsRectItem>
#include <QGraphicsEllipseItem>
#include <QRectF>

class Widget : public QWidget
{
    Q_OBJECT
public:
    Widget(QWidget * parent = nullptr);
    ~Widget();
private:
    QVBoxLayout * vbox;                       //垂直布局指针
    QGraphicsView * graphicsView;             //图像视图指针
    QGraphicsScene * graphicsScene;           //图像场景指针
    QGraphicsRectItem * rectItem;             //矩形图形项指针
    QGraphicsEllipseItem * ellipseItem;       //椭圆图形项指针
};
#endif //WIDGET_H
```

(3) 编写 widget.cpp 文件中的代码,代码如下:

```cpp
/* 第 5 章 demo1 widget.cpp */
#include "widget.h"

Widget::Widget(QWidget * parent):QWidget(parent)
{
    setGeometry(300,300,580,280);
    setWindowTitle("使用 Graphics/View 绘图");
    //将窗口的布局设置为垂直布局
    vbox = new QVBoxLayout(this);
    //创建图像视图
    graphicsView = new QGraphicsView();
    graphicsView -> setBackgroundBrush(Qt::gray);
    vbox -> addWidget(graphicsView);
    //创建矩形范围
    QRectF rectf1(-20,-20,400,200);
```

```
    //创建图像场景
    graphicsScene = new QGraphicsScene(rectf1);
    //图像视图设置图像场景
    graphicsView->setScene(graphicsScene);
    //根据图像场景范围创建矩形图形项
    rectItem = new QGraphicsRectItem(rectf1);
    rectItem->setBrush(Qt::yellow);
    rectItem->setFlags(QGraphicsItem::ItemIsSelectable|QGraphicsItem::ItemIsMovable);
    //向图像场景中添加矩形图形项
    graphicsScene->addItem(rectItem);
    //创建椭圆图形项
    QRectF rectf2(-40,-30,80,50);
    ellipseItem = new QGraphicsEllipseItem(rectf2);
    ellipseItem->setBrush(Qt::red);  //设置画刷
    ellipseItem->setFlags(QGraphicsItem::ItemIsSelectable|QGraphicsItem::ItemIsMovable);
    //向图像场景中添加椭圆图形项
    graphicsScene->addItem(ellipseItem);
}

Widget::~Widget() {}
```

(4) 其他文件保持不变,运行结果如图 5-3 所示。

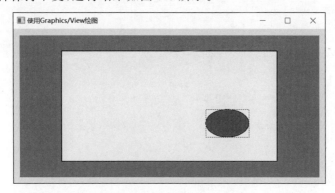

图 5-3　项目 demo1 的运行结果

【实例 5-2】　使用 Graphics/View 框架绘制图像,该图像中包含一个矩形图形项、一个椭圆图形项,这两个图形项都可以移动。当使用鼠标拖动图形项时,窗口状态栏显示鼠标的图像视图坐标、图像场景坐标、图形项坐标。需使用坐标变换的方法,操作步骤如下:

(1) 使用 Qt Creator 创建一个模板为 Qt Widgets Application 的项目,将该项目命名为 demo2,并保存在 D 盘的 Chapter5 文件夹下;在向导对话框中选择基类 QMainWindow,不勾选 Generate form 复选框。

(2) 以 QGraphicsView 类为父类创建一个自定义类 MyGraphicsView,该类的头文件如下:

```
/* 第 5 章 demo2 mygraphicsview.h */
#ifndef MYGRAPHICSVIEW_H
```

```cpp
#define MYGRAPHICSVIEW_H

#include <QGraphicsView>
#include <QWidget>
#include <QMouseEvent>
#include <QPointF>

class MyGraphicsView : public QGraphicsView
{
    Q_OBJECT
public:
    MyGraphicsView(QWidget *parent = nullptr);
    void drawBackground(QPainter *painter, const QRectF &rect);
signals:
    void sendPosition(QPointF pt);          //自定义信号,参数是鼠标在视图中的位置
protected:
    void mousePressEvent(QMouseEvent *e);
    void mouseMoveEvent(QMouseEvent *e);
};
#endif //MYGRAPHICSVIEW_H
```

MyGraphicsView 类的源文件如下:

```cpp
/* 第 5 章 demo2 mygraphicsview.cpp */
#include "mygraphicsview.h"

MyGraphicsView::MyGraphicsView(QWidget *parent):QGraphicsView(parent)
{}
//鼠标单击事件
void MyGraphicsView::mousePressEvent(QMouseEvent *e){
    emit sendPosition(e->scenePosition());      //发送信号,参数是鼠标位置
    QGraphicsView::mousePressEvent(e);          //调用父类的同名函数
}
//鼠标移动事件
void MyGraphicsView::mouseMoveEvent(QMouseEvent *e){
    emit sendPosition(e->scenePosition());      //发送信号,参数是鼠标位置
    QGraphicsView::mouseMoveEvent(e);           //调用父类的同名函数
}
//重写背景函数,设置背景颜色
void MyGraphicsView::drawBackground(QPainter *painter, const QRectF &rect){
    painter->fillRect(rect,Qt::gray);
}
```

(3) 编写 mainwindow.h 文件中的代码,代码如下:

```cpp
/* 第 5 章 demo2 mainwindow.h */
#ifndef MAINWINDOW_H
#define MAINWINDOW_H

#include <QMainWindow>
#include "mygraphicsview.h"
#include <QGraphicsScene>
#include <QGraphicsItem>
```

```cpp
#include <QGraphicsRectItem>
#include <QGraphicsEllipseItem>
#include <QStatusBar>
#include <QRectF>
#include <QPoint>
#include <QString>
#include <QGraphicsItem>

class MainWindow : public QMainWindow
{
    Q_OBJECT
public:
    MainWindow(QWidget *parent = nullptr);
    ~MainWindow();
private:
    QStatusBar *statusB;                    //状态栏指针
    MyGraphicsView *graphicsView;           //图像视图指针
    QGraphicsScene *graphicsScene;          //图像场景指针
    QGraphicsRectItem *rectItem;            //矩形图形项指针
    QGraphicsEllipseItem *ellipseItem;      //椭圆图形项指针
private slots:
    void mousePosition(QPointF pt);
};
#endif //MAINWINDOW_H
```

（4）编写 mainwindow.cpp 文件中的代码，代码如下：

```cpp
/* 第 5 章 demo2 mainwindow.cpp */
#include "mainwindow.h"

MainWindow::MainWindow(QWidget *parent):QMainWindow(parent)
{
    setGeometry(300,300,580,280);
    setWindowTitle("坐标转换");
    //创建图像视图
    graphicsView = new MyGraphicsView();
    setCentralWidget(graphicsView);
    //创建状态栏
    statusB = statusBar();
    //创建矩形范围
    QRectF rectf1(-20,-20,400,200);
    //创建图像场景
    graphicsScene = new QGraphicsScene(rectf1);
    //图像视图设置图像场景
    graphicsView->setScene(graphicsScene);
    //根据图像场景范围创建矩形图形项
    rectItem = new QGraphicsRectItem(rectf1);
    rectItem->setBrush(Qt::yellow);
    rectItem->setFlags(QGraphicsItem::ItemIsSelectable|QGraphicsItem::ItemIsMovable);
    //向图像场景中添加矩形图形项
    graphicsScene->addItem(rectItem);
    //创建椭圆图形项
```

```cpp
    QRectF rectf2(-40,-30,80,50);
    ellipseItem = new QGraphicsEllipseItem(rectf2);
    ellipseItem->setBrush(Qt::red);    //设置画刷
    ellipseItem->setFlags(QGraphicsItem::ItemIsSelectable|QGraphicsItem::ItemIsMovable);
    //向图像场景中添加椭圆图形项
    graphicsScene->addItem(ellipseItem);
    //使用信号/槽
    connect(graphicsView,SIGNAL(sendPosition(QPointF)),this,SLOT(mousePosition(QPointF)));
}

MainWindow::~MainWindow() {}

void MainWindow::mousePosition(QPointF pt){
    QPoint point = pt.toPoint();
    QString str = "视图坐标: " + QString::number(point.x()) + "," + QString::number(point.y());
    //将视图中的点映射到场景中
    QPointF pointScene = graphicsView->mapToScene(point);
    str = str + " 场景坐标: " + QString::number(pointScene.x()) + "," + QString::number(pointScene.y());
    //第1种获取视图控件中图形项的方法
    QGraphicsItem * item = graphicsView->itemAt(point);
    //第2种获取视图控件中图形项的方法
    //QGraphicsItem * item = graphicsScene->itemAt(pointScene,graphicsView->transform());
    QPointF pointItem;
    if(item->isVisible()){
        //把场景坐标转换为图形项坐标
        pointItem = item->mapFromScene(pointScene);
        str = str + " 图形项坐标: " + QString::number(pointItem.x()) + "," + QString::number(pointItem.y());
    }
    statusB->showMessage(str);    //在状态栏中显示坐标信息
}
```

（5）其他文件保持不变，运行结果如图 5-4 所示。

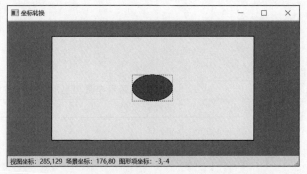

图 5-4　项目 demo2 的运行结果

5.2　Graphics/View 相关类

使用 Graphics/View 类绘制可交互图像主要使用了图像视图类 QGraphicsView、图像场景类 QGraphicsScene、图形项类 QGraphicsItem、标准图形项类。本节主要介绍这 4 种类的构造函数和常用方法。

5.2.1 图像视图类 QGraphicsView

图像视图类 QGraphicsView 是 QAbstractScrollView 类的子类。QGraphicsView 类创建的图像视图控件可以根据图像场景的宽和高提供滚动区,当图像视图控件宽和高小于图像场景宽和高时会提供滚动条。QGraphicsView 类的继承关系如图 5-5 所示。

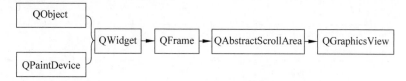

图 5-5　QGraphicsView 类的继承关系

QGraphicsView 类位于 Qt 6 的 Qt Widgets 子模块下,其构造函数如下:

```
QGraphicsView(QWidget * parent = nullptr)
QGraphicsView(QGraphicsScene * scene,QWidget * parent = nullptr)
```

其中,parent 表示指向父窗口或父容器的对象指针;scene 表示指向图像场景的对象指针。

QGraphicsView 类的常用方法见表 5-2。

表 5-2　QGraphicsView 类的常用方法

方法及参数类型	说　　明	返回值的类型
[slot]updateScene(QList< QRectF >&rects)	更新场景	
[slot]updateSceneRect(QRectF &rect)	同上	
[slot]invalidateScene(QRectF &rect,QGraphicsScene::SceneLayers layers=QGraphicsScene::AllLayers)	对指定的场景区域进行更新和重绘,相当于对指定区域进行 update()操作	
setScene(QGraphicsScene * scene)	设置图像场景	
scene()	获取图像场景	QGraphicsScene *
setSceneRect(QRectF &rect)	设置图像场景在图像视图中的范围	
setSceneRect(float x,float y,float w,float h)	同上	
sceneRect()	获取图像场景在图像视图中的范围	QRectF
setAlignment(Qt::Alignment)	设置图像场景全部可见时的对齐方式	
setBackgroundBrush(QBrush &brush)	设置背景色	
setForegroundBrush(QBrush &brush)	设置前景色	
drawBackground(QPainter * painter,QRectF &rect)	重写该函数,在显示前景和图形项前绘制背景	
drawForeground(QPainter * painter,QRectF &rect)	重写该函数,在显示前景和图形项后绘制背景	
centerOn(QPointF &pos)	使某个点位于视图控件中心	
centerOn(float x,float y)	同上	
centerOn(QGraphicsItem * item)	使某个图形项位于视图控件中心	

续表

方法及参数类型	说明	返回值的类型
ensureVisible(QRectF &rect,int xmargin=50, int ymargin=50)	确保在指定的矩形区域可见,若可见,则按照指定的边距显示;若不可见,则滚动到最近的点	
ensureVisible(float x,float y,float w,float h, int xmargin=50,int ymargin=50)		
ensureVisible(QGraphicsItem * item,int xmargin =50,int ymargin=50)	确保指定的图形项可见	
fitInView(QRectF &rect,Qt::AspectRadioMode mode=Qt::IngnoreAspectRadio)	以合适的方式使矩形区域可见	
fitInView(float x,float y,float w,float h, Qt::AspectRadioMode mode= Qt::IngnoreAspectRadio)	同上	
fitInView(QGraphicsItem * item, Qt::AspectRadioMode mode= Qt::IngnoreAspectRadio)	以合适的方式使图形项可见	
render(QPainter * painter,QRectF &target, QRect &source,Qt::AspectRatioMode mode =Qt::KeepAspectRadio)	将图像从source(视图控件)渲染到target(其他设备,如QImage)上	
resetCachedContent()	重置缓存	
rubberBandRect()	获取用鼠标框选的范围	QRect
setCacheMode(QGraphicsView::CacheMode mode)	设置缓存模式	
setDragMode(QGraphicsView::DragMode mode)	设置鼠标拖曳模式	
setInteractive(bool allowed)	设置是否为交互模式	
isInteractive()	获取是否为交互模式	bool
setOptimizationFlag(QGraphicsView:: OptimizationFlag flag,bool enabled=true)	设置优化显示标识	
setOptimizationFlags(QGraphicsView:: OptimizationFlags flags)	同上	
setRenderHint(QPainter::RenderHint hint, bool enabled=true)	设置提供绘图质量的标识	
setRenderHints(QPainter::RenderHints hints)	同上	
setResizeAnchor(QGraphicsView:: ViewportAnchor anchor)	设置视图控件改变宽和高时的锚点	
resizeAnchor()	获取锚点	QGraphicsView:: ViewportAnchor
setRubberBandSelectionMode(Qt:: ItemSelectionMode mode)	设置鼠标框选模式	
setTransform(QTransform &matrix,bool combine =false)	用变换矩阵变换视图	

续表

方法及参数类型	说　明	返回值的类型
transform()	获取变换矩阵	QTransform
isTransformed()	获取是否进行过变换	bool
resetTransform()	重置变换	
setTransformationAnchor(QGraphicsView::ViewportAnchor)	设置变换时的锚点	
setViewportUpdateMode(QGraphicsView::ViewportUpdateMode)	设置刷新模式	
setupViewport(QWidget * widget)	重写该函数,设置视口控件	
scale(float sx,float sy)	缩放	
shear(float sh,float sv)	错切	
rotate(float angle)	旋转,顺时针方向为正	
translate(float dx,float dy)	平移	

在表 5-2 中,Qt::Alignment 的枚举常量为 Qt::AlignLeft、Qt::AlignRight、Qt::AlignHCenter、Qt::AlignJustify、Qt::AlignTop、Qt::AlignBottom、Qt::AlignVCenter、Qt::AlignBaseline、Qt::AlignCenter(默认值)。

QGraphicsView::Cache 的枚举常量为 QGraphicsView::CacheNone(没有缓存)、QGraphicsView::CacheBackground(缓存背景)。

QGraphicsView::DragMode 的枚举常量为 QGraphicsView::NoDrag(忽略鼠标事件)、QGraphicsView::ScrollHandDrag(在交互或非交互模式下,光标变成手形状,拖动鼠标会移动图像场景)、QGraphicsView::RubberBandDrag(在交互模式下,可以框选图形项)。

Qt::ItemSelectionMode 的枚举常量为 Qt::ContainsItemShape、Qt::IntersectsItemShape、Qt::ContainsItemBoundingRect、Qt::IntersectsItemBoundingRect。

QGraphicsView::OptimizationFlag 的枚举常量为 QGraphicsView::DontSavePainterState(不保存绘图状态)、QGraphicsView::DontAdjustForAntialiasing(不调整反锯齿)、QGraphicsView::IndirectPainting(间接绘制)。

QGraphicsView::ViewportAnchor 的枚举常量为 QGraphicsView::NoAnhor(没有锚点,场景位置不变)、QGraphicsView::AnchorViewCenter(场景将视图控件的中心点作为锚点)、QGraphicsView::AnchorUnderMouse(将光标所在的位置作为锚点)。

QGraphicsView::ViewportUpdateMode 的枚举常量为 QGraphicsView::FullViewportUpdate、QGraphicsView::MinimalViewportUpdate、QGraphicsView::SmartViewportUpdate、QGraphicsView::BoundingRectViewPortUpdate、QGraphicsView::NoViewportUpdate。

QGraphicsScene::SceneLayers 的枚举常量为 QGraphicsScene::ItemLayer、QGraphicsScene::BackgroundLayer、QGraphicsScene::ForegroundLayer、QGraphicsScene::AllLayers。

Qt::ItemSelectionMode 的枚举常量为 Qt::ContainsItemShape(图形项完全在选择框内部)、

Qt::IntersectsItemShape(图形项在选择框内部与选择框相交)、Qt::ContainsItemBoundingRect(图形项的边界矩形完全在选择框内部)、Qt::IntersectsItemBoundingRect(图形项的边界矩形在选择框内部与选择框交叉)。

QGraphicsView 类获取图形项的方法见表 5-3。

表 5-3　QGraphicsView 类获取图形项的方法

方法及参数类型	返回值的类型
itemAt(QPoint &pos)	QGraphicsItem *
itemAt(int x,int y)	QGraphicsItem *
items()	QList<QGraphicsItem *>
items(QPoint &pos)	QList<QGraphicsItem *>
items(int x,int y)	QList<QGraphicsItem *>
items(int x,int y,int w,int h,Qt::SelectionMode mode=Qt::intersectsItemShape)	QList<QGraphicsItem *>
items(QRect &rect, Qt::ItemSelectionMode mode=Qt::IntersectsItemShape)	QList<QGraphicsItem *>
items(QPolygon &polygon, Qt::ItemSelectionMode mode=Qt::IntersectsItemShape)	QList<QGraphicsItem *>
items(QPainterPath &path, Qt::ItemSelectionMode mode=Qt::IntersectsItemShape)	QList<QGraphicsItem *>

QGraphicsView 类中将图像视图坐标转换为图像场景坐标的方法见表 5-4。

表 5-4　QGraphicsView 类中将图像视图坐标转换为图像场景坐标的方法

方法及参数类型	返回值的类型
mapToScene(QPoint &point)	QPointF
mapToScene(QRect &rect)	QPolygonF
mapToScene(QPolygon &polygon)	QPolygonF
mapToScene(QPainterPath &path)	QPainterPath
mapToScene(int x,int y)	QPointF
mapToScene(int x,int y,int w,int h)	QPolygonF

QGraphicsView 类中将图像场景坐标转换为图像视图坐标的方法见表 5-5。

表 5-5　QGraphicsView 类中将图像场景坐标转换为图像视图坐标的方法

方法及参数类型	返回值的类型
mapFromScene(QPointF &point)	QPoint
mapFromScene(QRectF &rect)	QPolygon
mapFromScene(QPolygonF &polygon)	QPolygon
mapFromScene(QPainterPath &path)	QPainterPath
mapFromScene(float x,float y)	QPoint
mapFromScene(float x,float y,float w,float h)	QPolygon

QGraphicsView 类只有一个信号 rubberBandChanged（QRect rubberBandRect，QPointF fromScenePoint，QPointF toScenePoint），表示当框选范围发生改变时发送信号。

5.2.2 图像场景类 QGraphicsScene

在 Qt 6 中，使用 QGraphicsScene 类创建图像场景对象。图像场景对象是存放图形项的容器，用于存放和管理图形项。QGraphicsScene 类是 QObject 类的子类，位于 Qt Widgets 子模块下，其构造函数如下：

```
QGraphicsScene(QObject * parent = nullptr)
QGraphicsScene(const QRectF &sceneRect,QObject * parent = nullptr)
QGraphicsScene(float x,float y,float width,float height,QObject * parent = nullptr)
```

其中，parent 表示 QObject 类及其子类创建的对象指针；sceneRect 表示场景的范围。如果未设置场景的范围，则可以使用 sceneRect()方法获取图像场景中包含图形项的最大矩形边界，当在图像场景中添加、移动图形项时，场景范围会增大，但不会减小。

QGraphicsScene 类中添加和移除图形项的方法见表 5-6。

表 5-6 QGraphicsScene 类中添加和移除图形项的方法

方法及参数类型	说明	返回值的类型
[slot]clear()	清空所有图形项	
addItem(QGraphicsItem * item)	添加图形项	
addEllipse(QRectF &rect,QPen &pen,QBrush &brush)	添加椭圆	QGraphicsEllipseItem *
addEllipse(float x,float y,float w,float h,QPen &pen,QBrush &brush)	同上	QGraphicsEllipseItem *
addLine(QLineF &line,QPen &pen)	添加线段	QGraphicsLineItem *
addLine(float x1,float y1,float x2,float y2,QPen &pen)	同上	QGraphicsLineItem *
addPath(QPainterPath &path,QPen &pen,QBrush &brush)	添加绘图路径	QGraphicsPathItem *
addPixmap(QPixmap &pixmap)	添加图像	QGraphicsPixmapItem *
addPolygon(QPolygonF &polygon,QPen &pen,QBrush &brush)	添加多边形	QGraphicsPolygonItem *
addRect(QRectF &rect,QPen &pen,QBrush &brush)	添加矩形	QGraphicsRectItem *
addRect(float x,float y,float w,float h,QPen &pen,QBrush &brush)	添加矩形	QGraphicsRectItem *
addSimpleText(QString &text,QFont &font)	添加简单文字	QGraphicsSimpleTextItem *
addText(QString &text,QFont &font)	添加文字	QGraphicTextItem *
addWidget(QWidget * widget,Qt::WindowFlags wFlags)	添加控件	QGraphicsProxyWidget *
removeItem(QGraphicsItem * item)	移除指定图形项	

QGraphicsScene 类中获取图形项的方法见表 5-7。

表 5-7 QGraphicsScene 类中获取图形项的方法

方法及参数类型	返回值类型
itemAt(QPointF &position, QTransform &deviceTransform)	QGraphicsItem *
itemAt(float x, float y, QTransform &deviceTransform)	QGraphicsItem *
items(Qt::SortOrder order=Qt::DescendingOrder)	QList<QGraphicsItem *>
items(QPainterPath &path, Qt::ItemSelectionMode mode=Qt::IntersectsItemShape, Qt::SortOrder order=Qt::DescengdingOrder, QTransform &deviceTransform)	QList<QGraphicsItem *>
items(QPolygonF &polygon, Qt::ItemSelectionMode mode=Qt::IntersectsItemShape, Qt::SortOrder order=Qt::DescengdingOrder, QTransform &deviceTransform)	QList<QGraphicsItem *>
items(QPointF &pos, Qt::ItemSelectionMode mode=Qt::IntersectsItemShape, Qt::SortOrder order=Qt::DescengdingOrder, QTransform &deviceTransform)	QList<QGraphicsItem *>
items(QRectF &rect, Qt::ItemSelectionMode mode=Qt::IntersectsItemShape, Qt::SortOrder order=Qt::DescengdingOrder, QTransform &deviceTransform)	QList<QGraphicsItem *>
items(float x, float y, float w, float h, Qt::ItemSelectionMode mode=Qt::IntersectsItemShape, Qt::SortOrder order=Qt::DescengdingOrder, QTransform &deviceTransform)	QList<QGraphicsItem *>

其中，mode 的参数值为 Qt::ItemSelectionMode 的枚举常量。Qt::ItemSelectionMode 的枚举常量为 Qt::ContainsItemShape（完全包含）、Qt::IntersectsItemShape（包含和交叉）、Qt::ContainsItemBoundingRect（完全包含矩形边界）、Qt::IntersectsItemBoundingRect（包含矩形边界和交叉边界）。order 的参数值为 Qt::DescendingOrder（降序）、Qt::AscendingOrder（升序）。

QGraphicsScene 类的其他常用方法见表 5-8。

表 5-8 QGraphicsScene 类的其他常用方法

方法及参数类型	说明	返回值的类型
[slot]advance()	调用图形项的 advance()方法，通知图形项可移动	
[slot]clearSelection()	取消选择	
[slot]invalidate(QRectF &rect, QGraphicsScene::SceneLayers layers=QGraphicsScene::AllLayers)	刷新指定的区域	
invalidate(float x, float y, float w, float h, QGraphicsScene::SceneLayers layers=QGraphicsScene::AllLayers)	同上	

续表

方法及参数类型	说　明	返回值的类型
[slot]update(QRectF &rect)	更新区域	
update(float x,float y,float w,float h)	同上	
setSceneRect(QRectF &rect)	设置场景范围	
setSceneRect(float x,float y,float w,float h)	设置场景范围	
sceneRect()	获取场景范围	QRectF
width()	获取场景的宽度	float
height()	获取场景的高度	float
collidingItems(QGraphicsItem * item,Qt::ItemSelectionMode mode=Qt::IntersectsItemShape)	获取碰撞的图形项列表	QList<QGraphicsItem *>
createItemGroup(QList<QGraphicsItem *> &items)	创建图形项组合	QGraphicsItemGroup *
destroyItemGroup(QGraphicsItemGroup * g)	打散图形项组合	
hasFocus()	获取图像场景是否有焦点,若有焦点,则可接受键盘事件	bool
clearFocus()	清除场景中的焦点	
isActive()	若图像场景在视图控件中显示并且视图控件活跃,则返回值为true	bool
itemsBoundingRect()	获取图形项的矩形区域	QRectF
mouseGrabberItem()	获取光标抓取的图形项	QGraphicItem *
render(QPainter * painter,QRectF &target,QRectF &source,Qt::AspectRatioMode mode=Qt::KeepAspectRadio)	将指定区域的图形渲染到其他设备的指定区域上	
selectedItems()	获取选中的图形项列表	QList<QGraphicsItem *>
setActivePanel(QGraphicsItem * item)	将场景中的图形项设置为活跃图形项	
activePanel()	获取活跃的图形项	QGraphicsItem *
setActiveWindow(QGraphicsWidget * widget)	将场景中的视图控件设置为活跃控件	
setBackgroundBrush(QBrush &brush)	设置背景画刷	
setForegroundBrush(QBrush &brush)	设置前景画刷	
drawBackground(QPainter * p,QRectF &r)	重写该函数,绘制背景	
drawForeground(QPainter * p,QRectF &r)	重写该函数,绘制前景	
backgroundBrush()	获取背景画刷	QBrush
foregroundBrush()	获取前景画刷	QBrush
setFocus(Qt::FocusReason focusReason=Qt::OtherFocusReason)	设置图像场景获得焦点	

续表

方法及参数类型	说　　明	返回值的类型
setFocusItem(QGraphicsItem * item, Qt::FocusReason focusReason=Qt::OtherFocusReason)	设置某个图形项获得焦点	
focusItem()	获取有焦点的图形项	QGraphicItem *
setFocusOnTouch(bool)	在平板电脑上设置是否通过手触碰获得焦点	
focusNextPrevChild(bool next)	查找一个新的图形控件,并使键盘焦点(例如 Tab 键、Shift+Tab 快捷键)对准该图形项,若找到,则返回值为 true。若 next 的值为 true,则向前搜索,否则向后搜索	bool
setItemIndexMethod(QGraphicsScene::ItemIndexMethod method)	设置图形项搜索方法	
setBspTreeDepth(int depth)	设置 BSP 树的搜索深度	
setMinimumRenderSize(float minSize)	图形项变换后,若图形项的宽和高小于设置的宽和高,则不渲染	
setSelectionArea(QPainterPath &path, QTransform &deviceTransform)	选择绘图路径内的图形项,绘图路径外的图形项取消选中。对于需要选中的图形项,必须标记为 QGraphicsItem::ItemIsSelectable	
setSelectionArea(QPainterPath &path, Qt::ItemSelectionOperation operation=Qt::ReplaceSelection, Qt::ItemSelectionMode mode=Qt::IntersectsItemShape, QTransform &deviceTransform)		
selectionArea()	获取选择区域内的绘图路径	QPainterPath
setStickyFocus(bool enabled)	当单击背景或不接受焦点的图形项时,设置是否失去焦点	
setFont(QFont &font)	设置字体	
setPalette(QPalette &palette)	设置调色板	
setStyle(QStyle * style)	设置风格	
views()	获取与场景关联的视图控件列表	QList< QGraphicsItem * >

在表 5-8 中,QGraphicsScene::ItemIndexMethod 的枚举常量为 QGraphicsScene::BspTreeIndex(BSP 树方法,适合静态场景)、QGraphicsScene::NoIndex(适合动态场景)。

QGraphicsScene 类的信号见表 5-9。

表 5-9　QGraphicsScene 类的信号

信号及参数类型	说明
changed(QList < QRectF > &region)	当图像场景中的内容发生改变时发送信号,参数为包含场景的矩形列表,这些矩形表示已更改的区域
focusItemChanged(QGraphicsItem * newFocusItem,QGraphicsItem * oldFocusItem,Qt::FocusReason reason)	当图形项的焦点改变时,或者焦点从一个图形项转移到另一个图形项时,发送信号
sceneRectChanged(QRectF &rect)	当图像场景的范围发生改变时发送信号
selectionChanged()	当图像场景中被选中的图形项发生改变时发送信号

5.2.3　图形项类 QGraphicsItem

在 Qt 6 中,QGraphicsItem 类是所有图形项类的基类。可以使用 QGraphicsItem 类创建自定义图形项类,包括定义几何形状、碰撞检测、绘图实现,以及通过事件处理函数进行图形项的交互。图形项支持鼠标事件、滚轮事件、键盘事件,如果进行分组和碰撞检测,则可以给图形项设置数据。

QGraphicsItem 类位于 Qt 6 的 Qt Widgets 子模块下,其构造函数如下:

```
QGraphicsItem(QGraphicsItem * parent = nullptr)
```

其中,parent 表示指向父图形项的对象指针,数据类型为 QGraphicsItem 对象指针。

QGraphicsItem 类的常用方法见表 5-10。

表 5-10　QGraphicsItem 类的常用方法

方法及参数类型	说明	返回值的类型
childItem()	获取子项列表	QList < QGraphicsItem * >
childrenBoundingRect()	获取子项的边界矩形	QRectF
clearFocus()	清除焦点	
paint(QPainter * painter,QStyleOptionGraphicsItem * option,QWidget * widget=nullptr)	重写该函数,绘制图形	
boundingRect()	重写该函数,获取边界矩形	QRectF
itemChange(QGraphicsItem::GraphicsItemChange change,QVariant value)	重写该函数,以使当图形项状态发生改变时作出响应	
advance(int phase)	重写该函数,用于简单动画,由场景的 advance() 调用,若 phase=0,则通知图形项即将运动,若 phase=1,则可以运动	
setCacheMode(QGraphicsItem::CacheMode mode,QSize &logicalCasheSize)	设置图形项的缓冲模式	

续表

方法及参数类型	说　明	返回值的类型
collidesWithItem(QGraphicsItem * other, Qt::ItemSelectionMode mode=Qt::IntersectsItemShape)	获取是否能与指定的图形项发生碰撞	bool
collidesWithPath(QPainterPath &path, Qt::ItemSelectionMode mode=Qt::IntersectsItemShape)	获取是否能与指定的路径发生碰撞	bool
collidingItems(Qt::IntersectsItemShape mode=Qt::IntersectsItemShape)	获取能发生碰撞的图形项列表	QList<QGraphicsItem *>
contains(QPointF &point)	获取图形项是否包含某个点	bool
grabKeyboard()	接受键盘的所有事件	
unGrabKeyboard()	不接受键盘的所有事件	
grabMouse()	接受鼠标的所有事件	
unGrabMouse()	不接受鼠标的所有事件	
isActive()	获取图形项是否活跃	bool
isAncestorOf(QGraphicsItem * child)	获取图形项是否为指定图形项的父辈	bool
isEnabled()	获取是否激活	bool
isPanel()	获取是否为面板	bool
isSelected()	获取是否被选中	bool
isUnderMouse()	获取是否位于光标下	bool
parentItem()	获取父图像项	QGraphicsItem *
resetTransform()	重置变换	
scene()	获取图形项所在的场景	QGraphicsScene *
sceneBoundingRect()	获取场景的范围	QRectF
scenePos()	获取在场景中的位置	QPointF
sceneTransform()	获取变换矩阵	QTransform
setAcceptDrops(bool)	设置鼠标是否接受鼠标释放事件	
setAcceptedMouseButtons(Qt::MouseButton)	设置可接受的鼠标按钮	
setActive(bool)	设置是否活跃	
setCursor(QCursor &cursor)	设置光标形状	
unsetCursor()	重置光标形状	
setData(int key, QVariant &value)	设置图形项的数据	
data(int key)	获取图形项存储的数据	QVariant
setEnabled(bool)	设置图形项是否激活	
setFlag(QGraphicsItem::GraphicsItemFlag flag, bool enabled=true)	设置图形项的标识	
setFocus(Qt::FocusReason focusReason=Qt::OtherFocusReason)	设置焦点	
setGroup(QGraphicsItemGroup * group)	将图形项加入组合中	
group()	获取图形项所在的组合	QGraphicsItemGroup *

续表

方法及参数类型	说　　明	返回值的类型
setOpacity(float opacity)	设置不透明度	
setPanelModality(QGraphicsItem::PanelModality)	设置面板的模式	
setParentItem(QGraphicsItem * newParent)	设置父图形项	
setPos(QPointF &pos)	设置在父图形项坐标系中的位置	
setPos(float x,float y)	同上	
setX(float x)	设置在图形项中的 x 坐标	
setY(float y)	设置在图形项中的 y 坐标	
pos()	获取图形项在父图形项中的位置	QPointF
x()、y()	获取 x 坐标、获取 y 坐标	float
setRotation(float angle)	设置沿 z 轴顺时针旋转角度(角度值)	
setScale(float factor)	设置缩放比例系数	
moveBy(float dx,float dy)	设置移动量	
setSelected(bool selected)	设置是否被选中	
setToolTip(QString &tip)	设置提示信息	
setTransform(QTransform &m,bool combine=false)	设置矩阵变换	
setTransformOriginPoint(QPointF &origin)	设置变换的中心点	
setTransformOriginPoint(float x,float y)	同上	
setTransformations(QList<QGraphicsTransform *> &transformations)	设置变换矩阵	
transform()	获取变换矩阵	QTransform
transformOriginPoint()	获取变换原点	QPointF
setVisible(bool)	设置图形项是否可见	
show()	显示图形项	
hide()	隐藏图形项,包括子图形项	
isVisible()	获取是否可见	
setZValue(float z)	设置 z 值	
zValue()	获取 z 值	float
shape()	重写该函数,获取图形项的绘图路径,用于碰撞检测	QPainterPath
stackBefore(QGraphicsItem * sibling)	在指定的图形项之前插入	
isWidget()	获取图形项是否为图形控件 QGraphicsWidget	bool
isWindow()	获取图形控件的窗口类型是否为 QGraphicsWidget	bool
window()	获取图形项所在的图形控件	QGraphicsWidget *

续表

方法及参数类型	说 明	返回值的类型
topLevelWidget()	获取顶层图形控件	QGraphicsWidget *
topLevelItem()	获取顶层图形项,即没有父图形项的图形项	QGraphicsItem *
update(QRectF &rect)	更新指定区域	
update(float x,float y,float width,float height)	更新指定区域	

QGraphicsItem 类的坐标映射方法见表 5-11。

表 5-11　QGraphicsItem 类的坐标映射方法

类　　型	方法及参数类型	返回值的类型
从其他图形项映射	mapFromItem(QGraphicsItem * item,QPainterPath &path)	QPainterPath
	mapFromItem(QGraphicsItem * item,QRectF &rect)	QPolygonF
	mapFromItem(QGraphicsItem * item,QPolygonF &polygon)	QPolygonF
	mapFromItem(QGraphicsItem * item,QPointF &point)	QPointF
	mapFromItem(QGraphicsItem * item,float x,float y)	QPointF
	mapFromItem(QGraphicsItem * item,float x,float y,float w,float h)	QPolygonF
	mapRectFromItem(QGraphicsItem * item,QRectF &rect)	QRectF
	mapRectFromItem(QGraphicsItem * item,float x,float y,float w,float h)	QRectF
从父图形项映射	mapFromParent(QPainterPath &path)	QPainterPath
	mapFromParent(QPointF &point)	QPointF
	mapFromParent(QPolygonF &polygon)	QPolygonF
	mapFromParent(QRectF &rect)	QPolygonF
	mapFromParent(float x,float y,float w,float h)	QPolygonF
	mapFromParent(float x,float y)	QPointF
	mapRectFromParent(QRectF &rect)	QRectF
	mapRectFromParent(float x,float y,float w,float h)	QRectF
从图像场景映射	mapFromScene(QPainterPath &path)	QPainterPath
	mapFromScene(QPointF &point)	QPointF
	mapFromScene(QPolygonF &polygon)	QPolygonF
	mapFromScene(QRectF &rect)	QPolygonF
	mapFromScene(float x,float y,float w,float h)	QPolygonF
	mapFromScene(float x,float y)	QPointF
	mapRectFromScene (QRectF &rect)	QRectF
	mapRectFromScene (float x,float y,float w,float h)	QRectF
映射到其他图形项	mapToItem(QGraphicsItem * item,QPainterPath &path)	QPainterPath
	mapToItem(QGraphicsItem * item,QPointF &point)	QPointF
	mapToItem(QGraphicsItem * item,QPolygonF &polygon)	QPolygonF
	mapToItem(QGraphicsItem * item,QRectF &rect)	QPolygonF
	mapToItem(QGraphicsItem * item,float x,float y)	QPointF
	mapToItem(QGraphicsItem * item,float x,float y,float w,float h)	QPolygonF
	mapRectToItem(QGraphicsItem * item,QRectF &rect)	QRectF
	mapRectToItem(QGraphicsItem * item,float x,float y,float w,float h)	QRectF

续表

类 型	方法及参数类型	返回值的类型
映射到父图形项	mapToParent（QPainterPath &path）	QPainterPath
	mapToParent（QPointF &point）	QPointF
	mapToParent（QPolygonF &polygon）	QPolygonF
	mapToParent（QRectF &rect）	QPolygonF
	mapToParent（float x,float y,float w,float h）	QPolygonF
	mapToParent（float x,float y）	QPointF
	mapRectToParent（QRectF &rect）	QRectF
	mapRectToParent（float x,float y,float w,float h）	QRectF
映射到图像场景	mapToScene（QPainterPath &path）	QPainterPath
	mapToScene（QPointF &point）	QPointF
	mapToScene（QPolygonF &polygon）	QPolygonF
	mapToScene（QRectF &rect）	QPolygonF
	mapToScene（float x,float y,float w,float h）	QPolygonF
	mapToScene（float x,float y）	QPointF
	mapRectToScene（QRectF &rect）	QRectF
	mapRectToScene（float x,float y,float w,float h）	QRectF

在 QGraphicsItem 类中，使用 setFlag（QGraphicsItem::GraphicsItemFlag,bool enabled=true）方法设置图形项的标志，其中参数 QGraphicsItem::GraphicsItemFlag 的枚举常量见表 5-12。

表 5-12　QGraphicsItem::GraphicsItemFlag 的枚举常量

枚 举 常 量	说 明
QGraphicsItem::ItemIsMovable	可移动
QGraphicsItem::ItemIsSelectable	可选择
QGraphicsItem::ItemIsFocusable	可获得键盘输入焦点、鼠标按下、鼠标释放事件
QGraphicsItem::ItemClipsToShape	剪切自己的图形项，在图形项之外不能接受鼠标拖放和悬停事件
QGraphicsItem::ItemClipsChildrenToShape	剪切子类的图形项，子类不能在该图形项之外绘制
QGraphicsItem::ItemIgnoresTransformations	忽略来自父图形项和视图控件的坐标变换，例如文字保持水平或竖直，文字比例不缩放
QGraphicsItem::ItemIgnoreParentOpacity	使用自身的透明设置，不使用父图形项的透明设置
QGraphicsItem::ItemDoesntPropagateOpacityToChildren	图形项的透明设置不影响子图形项的透明值
QGraphicsItem::ItemStacksBehindParent	放置在父图形项的后面，而不是前面
QGraphicsItem::ItemHasNoContents	图形项中不绘制任何图形，调用 paint()方法也不起作用

续表

枚 举 常 量	说　明
QGraphicsItem::ItemSendsGeometryChanges	该标志使 itemsChange()方法可以处理图形项几何形状的改变,例如 ItemPositionChange、ItemScaleChange、ItemPositionHasChanged、ItemTransformChange、ItemTransformHasChanged、ItemRotationChange、ItemRotationHasChanged、ItemScaleHasChanged、ItemTransformOriginPointChange、ItemTransformOriginPointHasChange
QGraphicsItem::ItemAcceptInputMethod	图形项支持亚洲语言
QGraphicsItem::ItemNegativeZStacksBehindParent	若图形项的 z 值为负值,则自动放置在父图形项的后面,可使用 setZValue()方法切换图形项与父图形项的位置
QGraphicsItem::ItemIsPanel	图形项为面板,面板可被激活、获得焦点。在同一时间只有一个面板能被激活,若没有面板,则激活所有非面板图项
QGraphicsItem::ItemSendsScenePositonChanges	该标志可使 itemChange()方法处理图形项在视图控件中的位置变化事件 ItemScenePositonHasChanged
QGraphicsItem::ItemContainsChildrenInShape	该标志可使图形项的所有子图形项在图形项的范围内绘制,这有利于图形绘制和碰撞检测。与 ItemContainsChildrenInShape 标志相比,该标志不是强制性的

在 QGraphicsItem 类中,可以通过重写 itemChange(QGraphicsItem::QGraphicsItemChange change,QVariant &value)函数设置当图形项发生改变时能够及时做出反应,参数 value 的值根据状态 change 决定,参数 change 的值为 QGraphicsItem::GraphicsItemChange 的枚举常量。如果要使用 itemChange()函数处理几何位置改变的通知,则要通过 setFlag()方法给图形项设置 QGraphicsItem::ItemSendsGeometryChange 标志,而且不能在 itemChange()函数中直接改变几何位置,否则会陷入死循环。

QGraphicsItem::GraphicsItemChange 的枚举常量见表 5-13。

表 5-13　QGraphicsItem::GraphicsItemChange 的枚举常量

枚 举 常 量	说　明
QGraphicsItem::ItemEnabledChange	当图形项的激活状态(setEnable())即将改变时发送通知,itemChange()函数中的参数 value 表示新状态,value=true 表示图形项处于激活状态,value=false 表示图形项处于失效状态。原激活状态可使用 isEnabled()方法获得
QGraphicsItem::ItemEnabledHasChanged	当图形项的激活状态已经改变时发送通知,itemChange()函数中的参数 value 是新状态
QGraphicsItem::ItemPositonChange	当图形项的位置(setPos()、moveBy())即将改变时发送通知,参数 value 是相对于父图形项改变后的位置 QPointF,原位置可使用 pos()方法获得

续表

枚 举 常 量	说 明
QGraphicsItem::ItemPositionHasChanged	当图形项的位置已经改变时发送通知,参数 value 是相对于父图形项改变后的位置 QPointF,与 pos()方法获得位置相同
QGraphicsItem::ItemTransformChange	当图形项的变换矩阵(setTransform())即将改变时发送通知,参数 value 是变换后的矩阵 QTransform,原变换矩阵可用 transform()方法获得
QGraphicsItem::ItemTransformHasChanged	当图形项的变换矩阵已经改变时发送通知,参数 value 是变换后的矩阵 QTransform,与 transform()方法获得矩阵相同
QGraphicsItem::ItemRotationChange	当图形项即将产生旋转(setRotation())时发送通知,参数 value 是新的旋转角度,原旋转角度可用 rotation()方法获得
QGraphicsItem::ItemRotationHasChanged	当图形项已经产生旋转时发送通知,参数 value 是新的旋转角度,与 rotation()方法获得的旋转角度相同
QGraphicsItem::ItemScaleChange	当图形项即将进行缩放(setScale())时发送通知,参数 value 是新的缩放系数,原缩放系数可用 scale()方法获得
QGraphicsItem::ItemScaleHasChanged	当图形项已经进行了缩放时发送通知,参数 value 是新的缩放系数
QGraphicsItem::ItemTransformOriginPointChange	当图形项变换原点(setTransformOriginPoint())即将改变时发送通知,参数 value 是新的原点 QPointF,原变换原点可用 transformOriginPoint()方法获得
QGraphicsItem::ItemTransformOriginPointHasChanged	当图形项的原点已经改变时发送通知,参数 value 是新的原点 QPointF,原变换原点可用 transformOriginPoint()方法获得
QGraphicsItem::ItemSelectedChange	当图形项选中状态即将改变时(setSelected())发送通知,参数 value 是选中后的状态(true 或 false),原选中状态可用 isSelected()方法获得
QGraphicsItem::ItemSelectedHasChanged	当图形项的选中状态已经改变时发送通知,参数 value 是选中后的状态
QGraphicsItem::ItemVisibleChange	当图形项的可见性(setVisible())即将改变时发送通知,参数 value 是新状态,原可见性状态可用 isVisible()方法获得
QGraphicsItem::ItemVisibleHasChanged	当图形项的可见性已经改变时发送通知,参数 value 是新状态
QGraphicsItem::ItemParentChange	当图形项的父图形项(setParentItem())即将改变时发送通知,参数 value 是新的父图形项 QGraphicsItem 原父图形项可用 parentItem()方法获得
QGraphicsItem::ItemParentHasChanged	当图形项的父图形项已经改变时发送通知,参数 value 是新的父图形项
QGraphicsItem::ItemChildAddedChange	当图形项中即将添加子图形项时发送通知,参数 value 是新的子图形项,子图形项可能还没完全构建
QGraphicsItem::ItemChildRemovedChanged	当图形项中已经添加了子图形项时发送通知,参数 value 是新的子图形项
QGraphicsItem::ItemSceneChange	当图形项即将加入场景(addItem())或即将从场景中(removeItem())移除时发送通知,参数 value 是新场景或 NULL(移除时),原场景可用 scene()方法获得

续表

枚 举 常 量	说 明
QGraphicsItem::ItemSceneHasChanged	当图形项已经加入场景中或即将从场景中移除时发送通知,参数 value 是新场景或 NULL(移除时)
QGraphicsItem::ItemCursorChange	当图形项的光标形状(setCursor())即将改变时发送通知,参数 value 是新光标 QCursor,原光标可用 cursor()方法获得
QGraphicsItem::ItemCursorHasChanged	当图形项的光标形状已经改变时发送通知,参数 value 是新光标 QCursor
QGraphicsItem::ItemToolTipChange	当图形项的提示信息(setToolTip())即将改变时发送通知,参数 value 是新提示信息,原提示信息可用 toolTip()方法获得
QGraphicsItem::ItemToolTipHasChanged	当图形项的提示信息已经改变时发送通知,参数 value 是新提示信息
QGraphicsItem::ItemFlagsChange	当图形项的标识(setFlags())即将改变时发送通知,参数 value 是新标识信息值
QGraphicsItem::ItemFlagsHaveChanged	当图形项的标识已经改变时发送通知,参数 value 是新标识信息值
QGraphicsItem::ItemZValueChange	当图形项的 z 值(setZValue())即将改变时发送通知,参数 value 是新的 z 值,原 z 值可用 zValue()方法获得
QGraphicsItem::ItemZValueHasChanged	当图形项的 z 值已经改变时发送通知,参数 value 是新的 z 值
QGraphicsItem::ItemOpacityChange	当图形项的不透明度(setOpacity())即将改变时发送通知,参数 value 是新的不透明度,原透明度可用 opacity()方法获得
QGraphicsItem::ItemOpacityHasChanged	当图形项的不透明度已经改变时发送通知,参数 value 是新的不透明度
QGraphicsItem::ItemScenePositionHasChanged	当图形项所在的场景位置已经发生改变时发送通知,参数 value 是新的场景位置,与 scenePos()方法获得的位置相同

图形项 QGraphicsItem 类的处理事件有 contextMenuEvent()、focusInEvent()、focusOutEvent()、hoverEnterEvent()、hoverMoveEvent()、hoverLeaveEvent()、inputMethodEvent()、keyPressEvent()、keyReleaseEvent()、mousePressEvent()、mouseMoveEvent()、mouseReleaseEvent()、mouseDoubleClickEvent()、dragEnterEvent()、dragLeaveEvent()、dragMoveEvent()、dropEvent()、wheelEvent()、sceneEvent(QEvent)。使用 installSceneEventFilter(QGraphicsItem)方法给事件添加过滤器。使用 sceneEventFilter(QGraphicsItem * watched, QEvent * event)方法处理事件,并返回 bool 型数据。使用 removeSceneEventFilter(QGraphicsItem * filterItem)方法移除事件过滤器。

【实例 5-3】 使用 Graphics/View 框架绘制图像,需包含两个自定义图形项。这两个自定义图形项存在父子关系,而且这两个图形项构成组合,操作步骤如下:

(1) 使用 Qt Creator 创建一个模板为 Qt Widgets Application 的项目,将该项目命名为 demo3,并保存在 D 盘 Chapter5 文件夹下;在向导对话框中选择基类 QWidget,不勾选 Generate form 复选框。

（2）以 QGraphicsItem 类为父类创建一个自定义类 Ellipse，该类的头文件如下：

```cpp
/* 第 5 章 demo3 ellipse.h */
#ifndef ELLIPSE_H
#define ELLIPSE_H

#include <QGraphicsItem>
#include <QPainter>
#include <QRectF>
#include <QPen>
#include <QFont>
#include <QPointF>
//自定义椭圆图形项
class Ellipse :public QGraphicsItem
{
public:
    Ellipse(int w = 1, int h = 1, QGraphicsItem * parent = nullptr);
    QRectF boundingRect() const override;
    void paint(QPainter * painter, const QStyleOptionGraphicsItem * option, QWidget * widget) override;
private:
    int _width, _height;
};
#endif // ELLIPSE_H
```

Ellipse 类的源文件如下：

```cpp
/* 第 5 章 demo3 ellipse.cpp */
#include "ellipse.h"

Ellipse::Ellipse(int w, int h, QGraphicsItem * parent):
    _width(w), _height(h), QGraphicsItem(parent){}

QRectF Ellipse::boundingRect() const{
    QRectF rect(-5, -_height/2 - 10, _width + 25, _height + 40);
    return rect;
}

void Ellipse::paint(QPainter * painter, const QStyleOptionGraphicsItem * option, QWidget * widget){
    QPen pen = painter->pen();
    pen.setWidth(3);
    painter->setPen(pen);
    //绘制椭圆
    painter->drawEllipse(-10, -_height/2 - 10, _width, _height);
    //绘制文字
    QFont font = painter->font();
    font.setPixelSize(20);
    painter->setFont(font);
    painter->drawText(QPointF(_width/2, 0), "椭圆的中心");
}
```

(3) 以 QGraphicsItem 类为父类创建一个自定义类 Cos,该类的头文件如下:

```cpp
/* 第5章 demo3 cos.h */
#ifndef COS_H
#define COS_H

#include <QGraphicsItem>
#include <QPainter>
#include <cmath>
#include <QRectF>
#include <QPolygonF>
#include <QPen>

class Cos :public QGraphicsItem
{
public:
    Cos(int w = 1,int h = 1,QGraphicsItem * parent = nullptr);
    QRectF boundingRect() const override;
    void paint(QPainter * painter,const QStyleOptionGraphicsItem * option,QWidget * widget) override;
private:
    int _width;
    int _height;
};
#endif //COS_H
```

Cos 类的源文件如下:

```cpp
/* 第5章 demo3 cos.h */
#include "cos.h"

Cos::Cos(int w,int h,QGraphicsItem * parent):_width(w),_height(h)
    ,QGraphicsItem(parent){}

QRectF Cos::boundingRect() const{
    QRectF rect(-5,-_height/2-20,_width+25,_height+40);
    return rect;
}

void Cos::paint(QPainter * painter, const QStyleOptionGraphicsItem * option, QWidget * widget){
    QPolygonF p_cos;
    for(int i = 0;i <= 360;i++){
        float x_value = i * _width/360;
        float y_value = cos(i * 3.1415926/180) * _height/2 * (-1);
        p_cos.append(QPointF(x_value,y_value));
    }
    QPen pen = painter->pen();
    pen.setWidth(3);
    painter->setPen(pen);
    //绘制余弦曲线
    painter->drawPolyline(p_cos);
}
```

(4) 编写 widget.h 文件中的代码，代码如下：

```cpp
/* 第5章 demo3 widget.h */
#ifndef WIDGET_H
#define WIDGET_H

#include <QWidget>
#include <QGraphicsView>
#include <QGraphicsScene>
#include <QVBoxLayout>
#include <QGraphicsItemGroup>
#include <QGraphicsItem>
#include <QGraphicsRectItem>
#include <QList>
#include <QRectF>
#include "ellipse.h"
#include "cos.h"

class Widget : public QWidget
{
    Q_OBJECT
public:
    Widget(QWidget * parent = nullptr);
    ~Widget();
private:
    QVBoxLayout * vbox;
    QGraphicsView * graphicsView;
    QGraphicsScene * graphicsScene;
    QGraphicsItemGroup * group;      //图形项组合指针
    Ellipse * item1;
    Cos * item2;
};
#endif //WIDGET_H
```

(5) 编写 widget.cpp 文件中的代码，代码如下：

```cpp
/* 第5章 demo3 widget.cpp */
#include "widget.h"

Widget::Widget(QWidget * parent):QWidget(parent)
{
    setGeometry(300,300,580,280);
    setWindowTitle("QGraphicsItem");
    //设置布局
    vbox = new QVBoxLayout(this);
    //创建图像视图控件
    graphicsView = new QGraphicsView();
    vbox->addWidget(graphicsView);
    int w = 500;                         //余弦曲线图形项的宽度
    int h = 230;                         //余弦曲线图形项的高度
    QRectF rect(-10, -10 - h/2,w,h);     //场景的范围
    //创建图像场景
```

```
    graphicsScene = new QGraphicsScene(rect);
    //图像视图设置图像场景
    graphicsView->setScene(graphicsScene);
    item1 = new Ellipse(w,h);                          //自定义椭圆图形项
    item2 = new Cos(w,h);                              //自定义余弦曲线图形项
    item2->setParentItem(item1);                       //设置图形项的父子关系
    graphicsScene->addItem(item1);                     //添加自定义图形项
    //添加矩形边框
    QGraphicsRectItem *item3 = graphicsScene->addRect(rect);
    //创建图形项组合
    group = graphicsScene->createItemGroup({item1,item3});
    //将图形项组合设置为可移动
    group->setFlag(QGraphicsItem::ItemIsMovable);
}

Widget::~Widget() {}
```

(6) 其他文件保持不变,运行结果如图 5-6 所示。

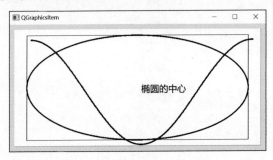

图 5-6 项目 demo3 的运行结果

5.2.4 标准图形项

在 Graphics/View 框架中,不仅可以自定义图形项,也可以使用标准图形项。标准图形项类有 QGraphicsLineItem、QGraphicsRectItem、QGraphicsPolygonItem、QGraphicsEllipseItem、QGraphicsPathItem、QGraphicsPixmapItem、QGraphicsSimpleTextItem、QGraphicsGraphicsTextItem。这些类都继承自 QGraphicsItem 类,使用这些类可以创建标准图形项,然后使用图形场景类 QGraphicsScene 类的 addItem()方法向图像场景中添加标准图形项。

这些标准图形项类的继承关系如图 5-7 和图 5-8 所示。

1. 直线图形项类 QGraphicsLineItem

使用 QGraphicsLineItem 类可以创建直线图形项,其构造函数如下:

```
QGraphicsLineItem(QGraphicsItem * parent = nullptr)
QGraphicsLineItem(const QLine &line,QGraphicsItem * parent = nullptr)
QGraphicsLineItem(float x1,float y1,float x2,float y2,QGraphicsItem * parent = nullptr)
```

其中,parent 表示 QGraphicsItem 类及其子类创建的对象指针。

QGraphicsLineItem 类的常用方法见表 5-14。

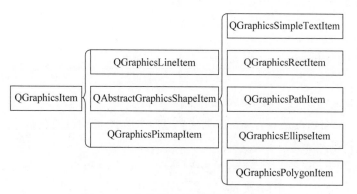

图 5-7 8 个标准图形项类的继承关系

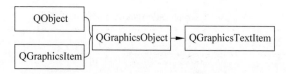

图 5-8 QGraphicsTextItem 类的继承关系

表 5-14 **QGraphicsLineItem 类的常用方法**

方法及参数类型	说　明	返回值的类型
setLine(QLineF &line)	设置线段	
setLine(float x1,float y1,float x2,float y2)	同上	
setPen(QPen &pen)	设置钢笔	
line()	获取线段	QLineF
pen()	获取钢笔	QPen

2. 矩形图形项类 QGraphicsRectItem

使用 QGraphicsRectItem 类可以创建矩形图形项，其构造函数如下：

```
QGraphicsRectItem(QGraphicsItem * parent = nullptr)
QGraphicsRectItem(const QRectF &rect,QGraphicsItem * parent = nullptr)
QGraphicsRectItem(float x,float y,float width,float height,QGraphicsItem * parent = nullptr)
```

其中，parent 表示 QGraphicsItem 类及其子类创建的对象指针。

QGraphicsRectItem 类的常用方法见表 5-15。

表 5-15 **QGraphicsRectItem 类的常用方法**

方法及参数类型	说　明	返回值的类型
setRect(QRectF &rectangle)	设置矩形	
setRect(float x,float y,float w,float h)	同上	
rect()	获取矩形	QRectF
setPen(QPen &pen)	设置钢笔	
pen()	获取钢笔	QPen

续表

方法及参数类型	说明	返回值的类型
setBrush(QBrush &brush)	设置画刷	
brush()	获取画刷	QBrush

3. 多边形图形项类 QGraphicsPolygonItem

使用 QGraphicsPolygonItem 类可以创建多边形图形项,其构造函数如下:

```
QGraphicsPolygonItem(QGraphicsItem * parent = nullptr)
QGraphicsPolygonItem(const QPolygonF &polygon,QGraphicsItem * parent = nullptr)
```

其中,parent 表示 QGraphicsItem 类及其子类创建的对象指针。

QGraphicsPolygonItem 类的常用方法见表 5-16。

表 5-16　QGraphicsPolygonItem 类的常用方法

方法及参数类型	说明	返回值的类型
setPolygon(QPolygonF &polygon)	设置多边形	
polygon()	获取多边形	QPolygonF
setFillRule(Qt::FillRulel rule)	设置填充规则	
fillRule()	获取填充规则	Qt::FillRule
setPen(QPen &pen)	设置钢笔	
pen()	获取钢笔	QPen
setBrush(QBrush &brush)	设置画刷	
brush()	获取画刷	QBrush

4. 椭圆图形项类 QGraphicsEllipseItem

使用 QGraphicsEllipseItem 类可以创建椭圆图形项,其构造函数如下:

```
QGraphicsEllipseItem(QGraphicsItem * parent = nullptr)
QGraphicsEllipseItem(const QRectF &rect,GraphicsItem * parent = nullptr)
QGraphicsEllipseItem(float x,float y,float width,float height,QGraphicsItem * parent = nullptr)
```

其中,parent 表示 QGraphicsItem 类及其子类创建的对象指针。

QGraphicsEllipseItem 类的常用方法见表 5-17。

表 5-17　QGraphicsEllipseItem 类的常用方法

方法及参数类型	说明	返回值的类型
setRect(QRectF &rect)	设置椭圆的范围	
setRect(float x,float y,float w,float h)	同上	
rect()	获取椭圆的范围	QRectF
setSpanAngle(int angle)	设置跨度角度	
spanAngle()	获取跨度角度	int
setStartAngle(int angle)	设置起始角度	
startAngle()	获取起始角度	int
setPen(QPen &pen)	设置钢笔	

续表

方法及参数类型	说明	返回值的类型
pen()	获取钢笔	QPen
setBrush(QBrush &brush)	设置画刷	
brush()	获取画刷	QBrush

5. 路径图形项类 QGraphicsPathItem

使用 QGraphicsPathItem 类可以创建路径图形项,其构造函数如下:

```
QGraphicsPathItem(QGraphicsItem * parent = nullptr)
QGraphicsPathItem(const QPainterPath &path,QGraphicsItem * parent = nullptr)
```

其中,parent 表示 QGraphicsItem 类及其子类创建的对象指针。

QGraphicsPathItem 类的常用方法见表 5-18。

表 5-18　QGraphicsPathItem 类的常用方法

方法及参数类型	说明	返回值的类型
setPath(QPainterPath &path)	设置路径	
path()	获取路径	QPainterPath
setPen(QPen &pen)	设置钢笔	
pen()	获取钢笔	QPen
setBrush(QBrush &brush)	设置画刷	
brush()	获取画刷	QBrush

6. 图像图形项类 QGraphicsPixmapItem

使用 QGraphicsPixmapItem 类可以创建路径图形项,其构造函数如下:

```
QGraphicsPixmapItem(QGraphicsItem * parent = nullptr)
QGraphicsPixmapItem(const QPixmap &pixmap,QGraphicsItem * parent = nullptr)
```

其中,parent 表示 QGraphicsItem 类及其子类创建的对象指针。

QGraphicsPixmapItem 类的常用方法见表 5-19。

表 5-19　QGraphicsPixmapItem 类的常用方法

方法及参数类型	说明	返回值的类型
setOffset(QPointF &offset)	设置图像左上角的坐标	
setOffset(float x,float y)	设置图像左上角的坐标	
offset()	获取图像左上角的坐标	QPointF
setPixmap(QPixmap &pixmap)	设置图像	
pixmap()	获取图像	QPixmap
setShapeMode(QGraphicsPixmapItem::ShapeMode)	设置计算形状的方法	
setTransformationMode(Qt::TransformationMode)	设置图像的变换模式	
shapeMode()	获取计算形状的方法	ShapeMode
transformationMode()	获取图像的变换模式	TransformationMode

在表 5-19 中,QGraphicsPixmapItem::ShapeMode 的枚举常量为 QGraphicsPixmapItem::

MaskShape（通过调用 QPixmap::mask() 计算形状）、QGraphicsPixmapItem::BoundingRectShape(通过轮廓计算形状)、QGraphicsPixmapItem::HeurisiticMaskShape（通过调用 QPixmap::createHeuristicMask()方法确定形状）。

Qt::TransformatiomMode 的枚举常量为 Qt::FastTransformation(快速变换)、Qt::SmoothTransformation(光滑变换)。

7. 纯文本图形项类 QGraphicsSimpleTextItem

使用 QGraphicsSimpleTextItem 类可以创建纯文本图形项，其构造函数如下：

```
QGraphicsSimpleTextItem(QGraphicsItem * parent = nullptr)
QGraphicsSimpleTextItem(const QString &text,QGraphicsItem * parent)
```

其中，parent 表示 QGraphicsItem 类及其子类创建的对象指针。

QGraphicsSimpleTextItem 类的常用方法见表 5-20。

表 5-20 QGraphicsSimpleTextItem 类的常用方法

方法及参数类型	说明	返回值的类型
setText(QString &text)	设置文本	
text()	获取文本	QString
setFont(QFont &font)	设置字体	
font()	获取字体	QFont
setBrush(QBrush &brush)	设置文本的填充色	
setPen(QPen &pen)	设置钢笔	

8. 文本图形项类 QGraphicsTextItem

使用 QGraphicsTextItem 类可以创建具有格式、可编辑的文本图形项，其构造函数如下：

```
QGraphicsTextItem(QGraphicsItem * parent = nullptr)
QGraphicsTextItem(const QString &text,QGraphicsItem * parent = nullptr)
```

其中，parent 表示 QGraphicsItem 类及其子类创建的对象指针。

QGraphicsTextItem 类的常用方法见表 5-21。

表 5-21 QGraphicsTextItem 类的常用方法

方法及参数类型	说明	返回值的类型
adjustSize()	调整到合适的尺寸	
openExternLinks()	获取是否打开外部链接	bool
setDefaultTextColor(QColor &color)	设置文本的默认颜色	
setDocument(QTextDocument * document)	设置文档	
setFont(QFont &font)	设置字体	
setHtml(QString &text)	设置 HTML 格式文本	
toHtml()	将文本转换为 HTML 格式文本	QString
setOpenExternalLinks(bool)	设置是否打开外部链接	

续表

方法及参数类型	说 明	返回值的类型
setPlainText(QString &text)	设置纯文本	
toPlainText()	转换为纯文本	QString
setTabChangesFocus(bool)	是否设置 Tab 键可移动焦点	
setTextCursor(QTextCursor &cursor)	设置文本光标	
setTextInteractionFlags(Qt::TextInteractionFlags)	设置标志,以确定文本项如何响应应用户的输入	

在表 5-21 中,Qt::TextInteractionFlag 的枚举常量为 Qt::NoTextInteraction、Qt::TextSelectableByMouse、Qt::TextSelectableByKeyboard、Qt::LinksAccessibleByMouse、Qt::LinksAccessibleByKeyboard、Qt::TextEditable、Qt::TextEditorInteraction(表示 Qt::SelectableByMouse | Qt::TextSelectableByKeyboard | Qt::TextEditable)、Qt::TextBrowerInteraction(表示 Qt::SelectableByMouse | Qt::LinksAccessibleByMouse | Qt::LinksAccessibleByKeyboard)。

与其他标准图形项类不同,QGraphicsTextItem 类具有鼠标事件和键盘事件。QGraphicsTextItem 类的信号见表 5-22。

表 5-22 QGraphicsTextItem 类的信号

信号及参数类型	说 明
linkActivated(QString &link)	当单击超链接时发送信号
linkHovered(QString &link)	当光标在超链接上悬停时发送信号

【实例 5-4】 创建一个窗口,该窗口包含 1 个菜单栏、1 个工具栏、7 个工具按钮。使用该窗口可绘制直线、矩形、椭圆、圆,并可以停止绘图、删除指定图形项、清空所有图形项,操作步骤如下:

(1) 使用 Qt Creator 创建一个模板为 Qt Widgets Application 的项目,将该项目命名为 demo4,并保存在 D 盘的 Chapter5 文件夹下;在向导对话框中选择基类 QMainWindow,不勾选 Generate form 复选框。

(2) 以 QGraphicsView 类为父类创建一个自定义类 MyGraphicsView,该类的头文件如下:

```
/* 第 5 章 demo4 mygraphicsview.h */
#ifndef MYGRAPHICSVIEW_H
#define MYGRAPHICSVIEW_H

#include <QGraphicsView>
#include <QWidget>
#include <QMouseEvent>
#include <QPointF>
//创建自定义视图控件
class MyGraphicsView : public QGraphicsView
{
```

```cpp
    Q_OBJECT
public:
    MyGraphicsView(QWidget * parent = nullptr);
signals:
    void sendPoint(QPointF pt);        //自定义信号,参数为当鼠标被按下时鼠标在视图中的位置
    void movePoint(QPointF pt);        //自定义信号,参数为当移动鼠标时鼠标在视图中的位置
    void releasePoint(QPointF pt);     //自定义信号,参数为当鼠标被释放时鼠标在视图中的位置
protected:
    void mousePressEvent(QMouseEvent * e);
    void mouseMoveEvent(QMouseEvent * e);
    void mouseReleaseEvent(QMouseEvent * e);
};
#endif //MYGRAPHICSVIEW_H
```

MyGraphicsView类的源文件如下:

```cpp
/* 第5章 demo4 mygraphicsview.cpp */
#include "mygraphicsview.h"

MyGraphicsView::MyGraphicsView(QWidget * parent):QGraphicsView(parent) {}
//按下鼠标按键事件
void MyGraphicsView::mousePressEvent(QMouseEvent * e){
    emit sendPoint(e->position());
    QGraphicsView::mousePressEvent(e);
}
//鼠标移动事件
void MyGraphicsView::mouseMoveEvent(QMouseEvent * e){
    emit movePoint(e->position());
    QGraphicsView::mouseMoveEvent(e);
}
//鼠标按键被释放
void MyGraphicsView::mouseReleaseEvent(QMouseEvent * e){
    emit releasePoint(e->position());
    QGraphicsView::mouseReleaseEvent(e);
}
```

(3) 编写mainwindow.h文件中的代码,代码如下:

```cpp
/* 第5章 demo4 mainwindow.h */
#ifndef MAINWINDOW_H
#define MAINWINDOW_H

#include <QMainWindow>
#include <QGraphicsItem>
#include <QGraphicsView>
#include <QGraphicsScene>
#include <QMenuBar>
#include <QMenu>
#include <QAction>
#include <QToolBar>
#include <QMap>
#include <QRectF>
#include <QList>
```

```cpp
#include <QPointF>
#include <QLineF>
#include <cmath>
#include "mygraphicsview.h"

class MainWindow : public QMainWindow
{
    Q_OBJECT
public:
    MainWindow(QWidget *parent = nullptr);
    ~MainWindow();
private:
    QGraphicsItem *temp = nullptr;      //用于指向鼠标移动时产生的临时图形项
    QMap<QString,bool> shape;           //用于记录哪个绘图按钮被选中
    MyGraphicsView *graphicsView;       //图像视图指针
    QGraphicsScene *graphicsScene;      //图像场景指针
    QMenuBar *menubar;
    QMenu *draw;
    QAction *actionLine, *actionRect, *actionEllipse, *actionCircle;
    QAction *actionStop, *actionDelete, *actionClear;
    QToolBar *toolbar;
    QPointF pressPos,movePos;           //用于存放场景坐标
    void move_draw(QPointF pt1,QPointF pt2);
private slots:
    void line_triggered();
    void rect_triggered();
    void ellipse_triggered();
    void circle_triggered();
    void stop_triggered();
    void delete_triggered();
    void clear_triggered();
    void press_position(QPointF pt);
    void move_position(QPointF pt);
    void release_position(QPointF pt);
};
#endif //MAINWINDOW_H
```

(4) 编写 mainwindow.cpp 文件中的代码,代码如下:

```cpp
/* 第5章 demo4 mainwindow.cpp */
#include "mainwindow.h"

MainWindow::MainWindow(QWidget *parent):QMainWindow(parent)
{
    setGeometry(300,300,580,280);
    setWindowTitle("绘制图形");
    //创建图形视图控件
    graphicsView = new MyGraphicsView();
    setCentralWidget(graphicsView);
    QRectF rectf(width()/2,height()/2,width(),height());
    //创建图像场景
    graphicsScene = new QGraphicsScene(rectf);
```

```cpp
    graphicsView->setViewportUpdateMode(QGraphicsView::FullViewportUpdate);
    //图像视图设置图像场景
    graphicsView->setScene(graphicsScene);
    //shape 用于记录哪个绘图按钮被选中
    shape["直线"] = false;shape["矩形"] = false;
    shape["椭圆"] = false;shape["圆"] = false;
    //使用信号/槽
    connect(graphicsView,SIGNAL(sendPoint(QPointF)),this,SLOT(press_position(QPointF)));
    connect(graphicsView,SIGNAL(movePoint(QPointF)),this,SLOT(move_position(QPointF)));
    connect(graphicsView,SIGNAL(releasePoint(QPointF)),this,SLOT(release_position(QPointF)));
    //创建菜单栏
    menubar = menuBar();
    //创建菜单
    draw = menubar->addMenu("绘图");
    //给菜单添加动作
    actionLine = draw->addAction("直线");
    actionRect = draw->addAction("矩形");
    actionEllipse = draw->addAction("椭圆");
    actionCircle = draw->addAction("圆");
    draw->addSeparator();                    //添加分隔符
    actionStop = draw->addAction("停止");
    actionDelete = draw->addAction("删除");
    actionClear = draw->addAction("清空");
    //创建工具栏
    toolbar = addToolBar("绘图");
    toolbar->addAction(actionLine);
    toolbar->addAction(actionRect);
    toolbar->addAction(actionEllipse);
    toolbar->addAction(actionCircle);
    toolbar->addSeparator();
    toolbar->addAction(actionStop);
    toolbar->addSeparator();
    toolbar->addAction(actionDelete);
    toolbar->addAction(actionClear);
    //使用信号/槽
    connect(actionLine,SIGNAL(triggered()),this,SLOT(line_triggered()));
    connect(actionRect,SIGNAL(triggered()),this,SLOT(rect_triggered()));
    connect(actionEllipse,SIGNAL(triggered()),this,SLOT(ellipse_triggered()));
    connect(actionCircle,SIGNAL(triggered()),this,SLOT(circle_triggered()));
    connect(actionStop,SIGNAL(triggered()),this,SLOT(stop_triggered()));
    connect(actionDelete,SIGNAL(triggered()),this,SLOT(delete_triggered()));
    connect(actionClear,SIGNAL(triggered()),this,SLOT(clear_triggered()));
}

MainWindow::~MainWindow() {}
//鼠标按下
void MainWindow::press_position(QPointF pt){
    QPoint point = pt.toPoint();
    pressPos = graphicsView->mapToScene(point);    //映射成场景坐标
}
```

```cpp
//鼠标移动
void MainWindow::move_position(QPointF pt){
    QPoint point = pt.toPoint();
    movePos = graphicsView->mapToScene(point);
    move_draw(pressPos,movePos);                    //调用绘图函数
}
//鼠标释放
void MainWindow::release_position(QPointF pt){
    //QPoint point = pt.toPoint();
    if(temp!=nullptr){
        temp->setFlags(QGraphicsItem::ItemIsSelectable|QGraphicsItem::ItemIsFocusable);
        temp = nullptr;
    }
}
//绘制直线
void MainWindow::line_triggered(){
    shape["直线"] = true;shape["矩形"] = false;
    shape["椭圆"] = false;shape["圆"] = false;
}
//绘制矩形
void MainWindow::rect_triggered(){
    shape["直线"] = false;shape["矩形"] = true;
    shape["椭圆"] = false;shape["圆"] = false;
}
//绘制椭圆
void MainWindow::ellipse_triggered(){
    shape["直线"] = false;shape["矩形"] = false;
    shape["椭圆"] = true;shape["圆"] = false;
}
//绘制圆
void MainWindow::circle_triggered(){
    shape["直线"] = false;shape["矩形"] = false;
    shape["椭圆"] = false;shape["圆"] = true;
}
//停止绘图
void MainWindow::stop_triggered(){
    shape["直线"] = false;shape["矩形"] = false;
    shape["椭圆"] = false;shape["圆"] = false;
}
//删除图形项
void MainWindow::delete_triggered(){
    QList<QGraphicsItem *> items = graphicsScene->selectedItems();
    if(items.size()<=0)
        return;
    for(int i = 0;i<items.size();i++)
        graphicsScene->removeItem(items[i]);
}
//清空图形项
void MainWindow::clear_triggered(){
    graphicsScene->clear();
    graphicsScene->update();
```

```cpp
}
//当鼠标移动时绘制图形项
void MainWindow::move_draw(QPointF pt1, QPointF pt2){
    float x1 = (pt1.x()< pt2.x())?pt1.x():pt2.x();      //获取较小的横坐标
    float y1 = (pt1.y()< pt2.y())?pt1.y():pt2.y();      //获取较小的纵坐标
    float x2 = (pt1.x()> pt2.x())?pt1.x():pt2.x();      //获取较大的横坐标
    float y2 = (pt1.y()> pt2.y())?pt1.y():pt2.y();      //获取较大的纵坐标
    QPointF p1(x1,y1),p2(x2,y2);
    QRectF rect(p1,p2);                                 //鼠标按下点与移动点的矩形区域
    if(temp!= nullptr)   //在鼠标移动过程中,如果变量已经指向图形项,则需要移除该图形项
        graphicsScene->removeItem(temp);
    if(shape["直线"])
        temp = graphicsScene->addLine(QLineF(pt1,pt2)); //添加直线
    if(shape["矩形"])
        temp = graphicsScene->addRect(rect);            //添加矩形
    if(shape["椭圆"])
        temp = graphicsScene->addEllipse(rect);         //添加椭圆
    if(shape["圆"]){
        //圆的半径
        float r = sqrt(pow(p1.x() - p2.x(),2) + pow(p1.y() - p2.y(),2));
        QPointF ptf1(p1.x() - r,p1.y() - r);
        QPointF ptf2(p1.x() + r,p1.y() + r);
        QRectF rectf1(ptf1, ptf2);                      //圆的矩形范围
        temp = graphicsScene->addEllipse(rectf1);       //添加圆
    }
}
```

(5) 其他文件保持不变,运行结果如图 5-9 所示。

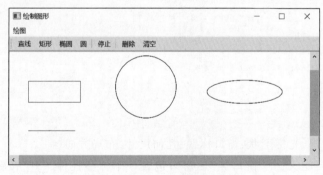

图 5-9　项目 demo4 的运行结果

5.3　代理控件和图形控件

在 Graphics/View 框架中,不仅可以向图像场景中添加图形项,也可以添加控件、对话框,而且可以在图像场景中对控件进行布局管理。

5.3.1　代理控件类 QGraphicsProxyWidget

在图像场景类 QGraphicsScene 中,可通过 addWidget(QWidget * widget, Qt::

WindowFlags wFlags)方法向图像场景中添加控件或窗口,并返回代理控件指针 QGraphicsProxyWidget *。

使用 QGraphicsProxyWidget 类可以创建代理控件。可以使用代理控件的 setWidget (QWidget * widget)方法设置控件或窗口,然后使用图像场景类 QGraphicsScene 的 addItem(QGraphicsItem * item)方法向图像场景中添加代理控件。

QGraphicsProxyWidget 类的继承关系如图 5-10 所示。

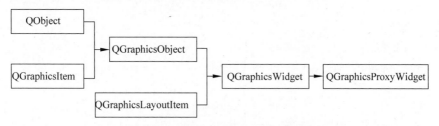

图 5-10　QGraphicsProxyWidget 类的继承关系

QGraphicsProxyWidget 类位于 Qt 6 的 Qt Widgets 子模块下,其构造函数如下:

```
QGraphicsProxyWidget(QGraphicsItem * parent = nullptr,Qt::WindowFlags wFlags)
```

其中,parent 表示 QGraphicsItem 类及其子类创建的对象指针。

QGraphicsProxyWidget 类的常用方法见表 5-23。

表 5-23　QGraphicsProxyWidget 类的常用方法

方法及参数类型	说　　明	返回值的类型
setWidget(QWidget * widget)	添加控件	
widget()	获取控件	QWidget *
createProxyForChildWidget(QWidget * child)	为代理控件中的控件创建代理控件	QGraphicsProxyWidget *
subWidgetRect()	获取代理控件中控件的范围	QRectF

在 Graphics/View 框架中,代理控件与其内部的控件保持同步的状态,例如激活状态、可见性、字体、调色板、光标形状、窗口标题、几何尺寸、布局方向。

【实例 5-5】　自定义一个窗口类,该窗口包含一个标签控件、一个按钮控件,单击该按钮可打开并显示图像文件。将该窗口类创建的窗口控件显示在 Graphics/View 框架下的图像场景中,而且要使用错切变换,操作步骤如下:

(1) 使用 Qt Creator 创建一个模板为 Qt Widgets Application 的项目,将该项目命名为 demo5,并保存在 D 盘的 Chapter5 文件夹下;在向导对话框中选择基类 QWidget,不勾选 Generate form 复选框。

(2) 以 QWidget 类为父类创建一个自定义类 PixmapWidget,该类的头文件如下:

```
/* 第 5 章 demo5 pixmapwidget.h */
#ifndef PIXMAPWIDGET_H
```

```cpp
#define PIXMAPWIDGET_H

#include <QWidget>
#include <QVBoxLayout>
#include <QLabel>
#include <QPushButton>
#include <QFileDialog>
#include <QString>
#include <QPixmap>
#include <QDir>
//创建一个可以显示图像的窗口类
class PixmapWidget : public QWidget
{
    Q_OBJECT
public:
    explicit PixmapWidget(QWidget *parent = nullptr);
private:
    QVBoxLayout *vbox;
    QLabel *label;
    QPushButton *btn;
private slots:
    void btn_clicked();
};
#endif //PIXMAPWIDGET_H
```

PixmapWidget类的源文件如下：

```cpp
/* 第5章 demo5 pixmapwidget.cpp */
#include "pixmapwidget.h"

PixmapWidget::PixmapWidget(QWidget *parent):QWidget{parent}
{
    resize(580,280);
    setWindowTitle("代理控件内的窗口");
    //将窗口的布局设置为垂直布局
    vbox = new QVBoxLayout(this);
    //创建标签
    label = new QLabel();
    //创建按钮
    btn = new QPushButton("选择图像文件");
    vbox->addWidget(label);
    vbox->addWidget(btn);
    //使用信号/槽
    connect(btn,SIGNAL(clicked()),this,SLOT(btn_clicked()));
}

void PixmapWidget::btn_clicked(){
    QString curPath = QDir::currentPath();          //获取程序当前目录
    QString filter = "图像文件(*.png *.bmp *.jpg *.jpeg);;所有文件(*.*)";
    QString title = "打开图像文件";                  //文件对话框的标题
    QString fileName = QFileDialog::getOpenFileName(this,title,curPath,filter);
```

```
    if(fileName.isEmpty())
        return;
    QPixmap pix1(fileName);
    QPixmap pix2 = pix1.scaled(580,280);
    label->setPixmap(pix2);
}
```

(3) 编写 widget.h 文件中的代码,代码如下:

```
/* 第5章 demo5 widget.h */
#ifndef WIDGET_H
#define WIDGET_H

#include <QWidget>
#include <QGraphicsView>
#include <QGraphicsScene>
#include <QVBoxLayout>
#include <QGraphicsProxyWidget>
#include <QTransform>
#include "pixmapwidget.h"

class Widget : public QWidget
{
    Q_OBJECT
public:
    Widget(QWidget *parent = nullptr);
    ~Widget();
private:
    PixmapWidget *pixWidget;            //自定义窗口指针
    QVBoxLayout *vbox;
    QGraphicsView *graphicsView;
    QGraphicsScene *graphicsScene;
    QGraphicsProxyWidget *proxy;        //代理控件指针
};
#endif //WIDGET_H
```

(4) 编写 widget.cpp 文件中的代码,代码如下:

```
/* 第5章 demo5 widget.cpp */
#include "widget.h"

Widget::Widget(QWidget *parent):QWidget(parent)
{
    setWindowTitle("代理控件");
    pixWidget = new PixmapWidget();                                 //创建自定义窗口
    graphicsView = new QGraphicsView();                             //创建图像视图控件
    graphicsScene = new QGraphicsScene();                           //创建图像场景
    graphicsView->setScene(graphicsScene);                          //设置图像视图中的场景
    proxy = new QGraphicsProxyWidget(nullptr,Qt::Window);           //创建代理控件
    proxy->setWidget(pixWidget);                                    //在代理控件中设置代理控件
    QTransform matrix;
    proxy->setTransform(matrix.shear(-0.8,-0.1));                   //剪切变换
```

```
    graphicsScene->addItem(proxy);           //在图像场景中添加代理控件
    vbox = new QVBoxLayout(this);            //设置布局
    vbox->addWidget(graphicsView);
}

Widget::~Widget() {}
```

(5) 其他文件保持不变,运行结果如图 5-11 所示。

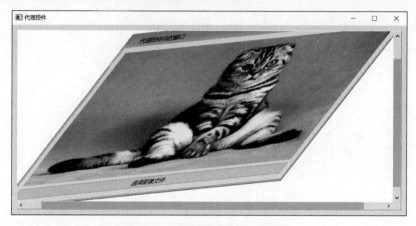

图 5-11　项目 demo5 的运行结果

5.3.2　图形控件类 QGraphicsWidget

在 Qt 6 中,使用 QGraphicsWidget 类创建图形控件。由于 QGraphicsWidget 类是 QGraphicsItem 类的子类,因此图形控件可直接添加到图像场景中。QGraphicsWidget 类的继承关系如图 5-10 所示。

QGraphicsWidget 类是所有图形控件类的基类,其子类包括 QGraphicsProxyWidget、QChart、QLegend。在 QGraphicsWidget 类创建的图形控件中,可以添加代理控件和布局,因此图形控件也可以作为图像场景的容器使用。QGraphicsWidget 类的构造函数如下:

```
QGraphicsWidget(QGraphicsItem * parent = nullptr,Qt::WindowFlags wFlags)
```

其中,parent 表示 QGraphicsItem 类及其子类创建的对象指针。

对 QGraphicsWidget 类与 QWidget 类进行对比,既有相同点,也有不同点。QGraphicsWidget 类的常用方法见表 5-24。

表 5-24　QGraphicsWidget 类的常用方法

方法及参数类型	说　　明	返回值的类型
[static] setTabOrder(QGraphicsWidget * first, QGraphicsWidget * second)	设置按 Tab 键获取焦点的顺序	
[slot]close()	关闭窗口,若成功,则返回值为 true	bool

续表

方法及参数类型	说　　明	返回值的类型
setAttribute(Qt::WidgetAttribute attribute, bool on=true)	设置属性	
testAttribute(Qt::WidgetAttribute attribute)	测试是否设置了某种属性	bool
itemChange(QGraphicsItem::GraphicsItemChange change, QVariant &value)	重写该函数，作为信号使用	
paint(QPainter * painter, QStyleOptionGraphicsItem * option, QWidget * widget=nullptr)	重写该函数，绘制图形	
boundingRect()	重写该函数，获取边界矩形	QRectF
shape()	重写该函数，获取路径对象	QPainterPath
setLayout(QGraphicsLayout * layout)	设置布局	
layout()	获取布局	QGraphicsLayout *
setLayoutDirection(Qt::LayoutDirection direct)	设置布局方向	
setAutoFillBackground(bool enabled)	设置是否自动填充背景	
setContentsMargins(QMarginsF margins)	设置窗口内的控件到边框的最小距离	
setContentsMargins(float left, float top, float right, float bottom)	同上	
setFocusPolicy(Qt::FocusPolicy policy)	设置获取焦点的策略	
setFont(QFont &font)	设置字体	
setGeometry(float x, float y, float w, float h)	设置位置、宽和高	
setGeometry(QRectF &rect)	同上	
setPalette(QPalette &palette)	设置调色板	
setStyle(QStyle * style)	设置风格	
setWindowFlags(Qt::WindowFlags wFlags)	设置窗口标识	
setWindowFrameMargins(QMarginF margins)	设置边框距	
setWindowFrameMargins(float left, float top, float right, float bottom)	同上	
setWindowTitle(QString &title)	设置窗口标题	
rect()	获取图形控件的窗口范围	QRectF
resize(QSizeF &size)	调整窗口的宽和高	
resize(float w, float w)	同上	
size()	获取窗口的宽和高	QSizeF
focusWidget()	获取焦点控件	QGraphicsWidget *
isActiveWindow()	获取是否为活跃控件	bool
updateGeometry()	刷新图形控件	
addAction(QAction * action)	向图形控件中添加动作	
addActions(QList<QAction *> &actions)	同上	
insertActions(QAction * before, QList<QAction *> &actions)	向图形控件中插入动作，图形控件的动作可以作为右键菜单使用	
insertAction(QAction * before, QAction * action)	同上	
removeAction(QAction * action)	移除指定动作	

QGraphicsWidget 类的常用信号见表 5-25。

表 5-25　QGraphicsWidget 类的常用信号

信号及参数类型	说　　明
geometryChanged()	当控件的几何宽和高发生改变时发送信号
layoutChanged()	当控件的布局发生改变时发送信号
childrenChanged()	当子控件的激活状态发生改变时发送信号
enabledChanged()	当控件的激活状态发生改变时发送信号
opacityChanged()	当控件的不透明度发生改变时发送信号
parentChanged()	当控件的父窗口发生改变时发送信号
rotationChanged()	当控件的旋转角度发生改变时发送信号
scaleChanged()	当控件的缩放发生改变时发送信号
visibleChanged()	当控件的可见性发生改变时发送信号
xChanged()	当控件的 x 坐标发生改变时发送信号
yChanged()	当控件的 y 坐标发生改变时发送信号
zChanged()	当控件的 z 坐标发生改变时发送信号

5.3.3　图形控件布局类

在 Qt 6 中，可以向图形控件中添加布局。图形控件的布局类有 3 种，分别为 QGraphicsLinearLayout、QGraphicsGridLayout、QGraphicsAnchorLayout，这 3 个类的继承关系如图 5-12 所示。

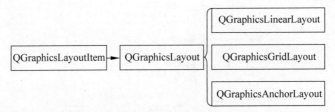

图 5-12　图形控件布局类的继承关系图

1. 线性布局类 QGraphicsLinearLayout

使用 QGraphicsLinearLayout 类可以创建线性布局对象，布局对象内的图形控件呈线性分布，类似于垂直布局(QHLayoutBox)或水平布局(QVLayoutBox)。QGraphicsLinearLayout 类的构造函数如下：

```
QGraphicsLinearLayout(QGraphicsLayoutItem * parent = nullptr)
QGraphicsLinearLayout(Qt::Orientation orientation,QGraphicsLayoutItem * parent = nullptr)
```

其中，parent 表示 QGraphicsLayoutItem 类及其子类创建的对象指针；orientation 表示线性布局的方向，参数值为 Qt::Orientation 的枚举常量：Qt::Horizontal(水平方向)、Qt::Vertical(垂直方向)。

QGraphicsLinearLayout 类的常用方法见表 5-26。

表 5-26 QGraphicsLinearLayout 类的常用方法

方法及参数类型	说　明	返回值的类型
addItem(QGraphicsLayoutItem * item)	添加图形控件、代理控件、布局	
insertItem(int index,QGraphicsLayoutItem * item)	根据索引插入图形控件、布局	
addStretch(int stretch=1)	在末尾添加拉伸系数	
insertStretch(int index,int stretch=1)	根据索引插入拉伸系数	
count()	获取图形控件和布局的个数	int
setAlignment(QGraphicsLayoutItem * item, Qt::Alignment alignment)	设置图形控件的对齐方式	
setGeometry(QRectF &rect)	设置布局的位置、宽和高	
setItemSpacing(int index,float spacing)	根据索引设置间距	
setOrientation(Qt::Orientation orientation)	设置布局方向	
setSpacing(float spacing)	设置图形控件之间的间距	
setStretchFactor(QGraphicsLayoutItem * item, int stretch)	设置图形控件的拉伸系数	
stretchFactor(QGraphicsLayoutItem * item)	获取图形控件的拉伸系数	int
itemAt(int index)	根据索引获取图形控件或布局	QGraphicsWidget *
removeAt(int index)	根据索引移除图形控件或布局	
removeItem(QGraphicsLayoutItem * item)	移除指定的图形控件或布局	

2. 栅格布局类 QGraphicsGridLayout

栅格布局也称为网格布局,栅格布局由多行多列构成。使用 QGraphicsGridLayout 类可以创建栅格布局对象,栅格布局对象中的图形控件可以占用一个单元格,也可以占用多行多列。QGraphicsGridLayout 类的构造函数如下:

```
QGraphicsGridLayout(QGraphicsLayoutItem * parent = nullptr)
```

其中,parent 表示 QGraphicsLayoutItem 类及其子类创建的对象指针。

QGraphicsGridLayout 类的常用方法见表 5-27。

表 5-27 QGraphicsGridLayout 类的常用方法

方法及参数类型	说　明	返回值的类型
addItem(QGraphicsLayoutItem * item,int row,int column,Qt::Alignment alignment)	在指定的位置添加图形控件	
addItem(QGraphicsLayoutItem * item,int row,int column, int rowSpan, int columnSpan, Qt::Alignment alignment)	添加图形控件,可占据多行多列	
rowCount()	获取行数	int
columnCount()	获取列数	int
count()	获取图形控件和布局的个数	int
itemAt(int row,int column)	获取指定行、列处的图形控件或布局	QGraphicsWidget *

续表

方法及参数类型	说　明	返回值的类型
itemAt(int index)	根据索引获取图形控件或布局	QGraphicsWidget *
removeAt(int index)	根据索引移除图形控件或布局	
removeItem(QGraphicsLayoutItem * item)	移除指定的图形控件或布局	
setGeometry(QRectF &rect)	设置位置、宽和高	
setAlignment(QGraphicsLayoutItem * item, Qt::Alignment alignment)	设置指定控件的对齐方法	
setRowAlignment(int row, Qt::Alignment alignment)	设置行对齐方式	
setColumnAlignment(int column, Qt::Alignment alignment)	设置列对齐方式	
setRowFixedHeight(int row, float height)	设置行的固定高度	
setRowMaximumHeight(int row, float height)	设置行的最大高度	
setRowMinimumHeight(int row, float height)	设置行的最小高度	
setRowPreferredHeight(int row, float height)	设置指定行的高度	
setRowSpacing(int row, float spacing)	设置指定行的间距	
setRowStretchFactor(int row, int stretch)	设置指定行的拉伸系数	
setColumnFixedWidth(int column, int width)	设置列的固定宽度	
setColumnMaximumWidth(int column, int width)	设置列的最大宽度	
setColumnMinimumWidth(int column, int width)	设置列的最小宽度	
setColumnPreferredWidth(int column, int width)	设置指定列的宽度	
setColumnSpacing(int column, float spacing)	设置指定列的间距	
setColumnStretchFactor(int column, int stretch)	设置指定列的拉伸系数	
setSpacing(float spacing)	设置行、列之间的间距	
setHorizontalSpacing(float spacing)	设置水平间隙	
setVerticalSpacing(float spacing)	设置竖直间隙	

3. 锚点布局类 QGraphicsAnchorLayout

使用 QGraphicsAnchorLayout 类可以创建锚点布局对象。使用锚点布局可以设置两个图形控件之间的相对位置，例如两个边对齐、两个点对齐。QGraphicsAnchorLayout 类的构造函数如下：

```
QGraphicsAnchorLayout(QGraphicsLayoutItem * parent = nullptr)
```

其中，parent 表示 QGraphicsLayoutItem 类及其子类创建的对象指针。

QGraphicsAnchorLayout 类的常用方法见表 5-28。

表 5-28　QGraphicsAnchorLayout 类的常用方法

方法及参数类型	说　明	返回值的类型
addAnchor(QGraphicsLayoutItem * firstItem, Qt::AnchorPoint firstEdge, QGraphicsItem * secondItem, Qt::AnchorPoint secondEdge)	将第 1 个图形控件的某条边和第 2 个图形控件的某条边对齐	

续表

方法及参数类型	说　明	返回值的类型
addAnchors(QGraphicsLayoutItem * firstItem, QGraphicsLayoutItem * secondItem,Qt::Orientation orientations=Qt::Horizontal|Qt::Vertical)	设置两个图形控件在某个方向上宽和高相等	
addCornerAnchors(QGraphicsLayoutItem * firstItem, Qt::Corner firstCorner, QGraphicsLayoutItem * secondItem,Qt::Corner secondCorner)	将第 1 个图形控件的某个角点和第 2 个图形控件的某个角点对齐	
horizontalSpacing()	获取水平间距	float
setHorizontalSpacing(float spacing)	设置水平间距	
setSpacing(float spacing)	设置间距	
verticalSpacing()	获取竖直间距	float
setVerticalSpacing(float spacing)	设置竖直间距	
itemAt(int index)	根据索引获取图形控件	QGraphicsWidget *
removeAt(int index)	根据索引移除图形控件	
count()	获取图形控件的数量	int

在表 5-28 中，Qt::AnchorPoint 的枚举常量为 Qt::AnchorLeft、Qt::AnchorHorizontalCenter、Qt::AnchorRight、Qt::AnchorTop、Qt::AnchorVerticalCenter、Qt::AnchorBottom。

【实例 5-6】 创建一个窗口，该窗口包含 1 个图形控件。向该图形控件中添加 3 个控件，分别为 1 个显示图像的标签控件、两个按钮控件，使用线性布局垂直排列，操作步骤如下：

（1）使用 Qt Creator 创建一个模板为 Qt Widgets Application 的项目，将该项目命名为 demo6，并保存在 D 盘的 Chapter5 文件夹下；在向导对话框中选择基类 QWidget，不勾选 Generate form 复选框。

（2）编写 widget.h 文件中的代码，代码如下：

```cpp
/* 第 5 章 demo6 widget.h */
#ifndef WIDGET_H
#define WIDGET_H

#include <QWidget>
#include <QVBoxLayout>
#include <QGraphicsView>
#include <QGraphicsScene>
#include <QGraphicsProxyWidget>
#include <QGraphicsWidget>
#include <QGraphicsLinearLayout>
#include <QLabel>
#include <QPushButton>
#include <QPixmap>

class Widget : public QWidget
{
```

```cpp
    Q_OBJECT
public:
    Widget(QWidget *parent = nullptr);
    ~Widget();
private:
    QGraphicsView *view;                        //图像视图指针
    QGraphicsScene *scene;                      //图像场景指针
    QVBoxLayout *vbox;                          //垂直布局指针
    QGraphicsWidget *widget;                    //图形控件指针
    QGraphicsLinearLayout *linear;              //线性布局指针
    QLabel *label;                              //标签控件指针
    QPushButton *btn1, *btn2;                   //按钮指针
    QGraphicsProxyWidget *p1, *p2, *p3;         //代理控件指针
};
#endif //WIDGET_H
```

(3) 编写 widget.cpp 文件中的代码,代码如下:

```cpp
/* 第5章 demo6 widget.cpp */
#include "widget.h"

Widget::Widget(QWidget *parent):QWidget(parent)
{
    setGeometry(300,300,580,280);
    setWindowTitle("图形控件的布局");
    //创建图像视图控件
    view = new QGraphicsView();
    //创建图像场景控件
    scene = new QGraphicsScene();
    //图像视图设置场景
    view->setScene(scene);
    //设置窗口布局
    vbox = new QVBoxLayout(this);
    vbox->addWidget(view);
    //创建图形控件
    widget = new QGraphicsWidget();
    widget->setFlags(QGraphicsWidget::ItemIsMovable|QGraphicsWidget::ItemIsSelectable);
    //向图像场景中添加图形控件
    scene->addItem(widget);
    //设置线性布局
    linear = new QGraphicsLinearLayout(Qt::Vertical,widget);
    //创建标签控件并显示图像
    label = new QLabel("标签控件");
    QPixmap pix1("D:\\Chapter5\\images\\cat1.png");
    QPixmap pix2 = pix1.scaled(380,220);        //缩放图像文件
    label->setPixmap(pix2);
    //创建两个按钮控件
    btn1 = new QPushButton("按钮控件1");
    btn2 = new QPushButton("按钮控件2");
    //创建代理控件,设置控件
    p1 = new QGraphicsProxyWidget();p1->setWidget(label);
    p2 = new QGraphicsProxyWidget();p2->setWidget(btn1);
```

```
    p3 = new QGraphicsProxyWidget();p3->setWidget(btn2);
    //向线性布局中添加控件
    linear->addItem(p1);linear->addItem(p2);linear->addItem(p3);
    linear->setSpacing(5);
    linear->setStretchFactor(p1,1);
    linear->setStretchFactor(p2,2);
    linear->setStretchFactor(p3,2);
}

Widget::~Widget() {}
```

(4) 其他文件保持不变,运行结果如图 5-13 所示。

图 5-13 项目 demo6 的运行结果

【实例 5-7】 创建一个窗口,该窗口包含 1 个图形控件。向该图形控件中添加 9 个按钮控件,使用栅格布局排列,操作步骤如下:

(1) 使用 Qt Creator 创建一个模板为 Qt Widgets Application 的项目,将该项目命名为 demo7,并保存在 D 盘的 Chapter5 文件夹下;在向导对话框中选择基类 QWidget,不勾选 Generate form 复选框。

(2) 编写 widget.h 文件中的代码,代码如下:

```
/* 第 5 章 demo7 widget.h */
#ifndef WIDGET_H
#define WIDGET_H

#include <QWidget>
#include <QVBoxLayout>
#include <QGraphicsView>
#include <QGraphicsScene>
#include <QGraphicsWidget>
#include <QGraphicsProxyWidget>
#include <QPushButton>
#include <QGraphicsGridLayout>

class Widget : public QWidget
{
    Q_OBJECT
public:
```

```cpp
    Widget(QWidget *parent = nullptr);
    ~Widget();
private:
    QGraphicsView *view;                //图像视图指针
    QGraphicsScene *scene;              //图像场景指针
    QVBoxLayout *vbox;                  //垂直布局指针
    QGraphicsWidget *widget;            //图形控件指针
    QGraphicsGridLayout *grid;          //栅格布局指针
    //按钮指针
    QPushButton *btn1,*btn2,*btn3,*btn4,*btn5,*btn6,*btn7,*btn8,*btn9;
    //代理控件指针
    QGraphicsProxyWidget *p1,*p2,*p3,*p4,*p5,*p6,*p7,*p8,*p9;
};
#endif //WIDGET_H
```

(3) 编写 widget.cpp 文件中的代码,代码如下:

```cpp
/* 第5章 demo7 widget.cpp */
#include "widget.h"

Widget::Widget(QWidget *parent):QWidget(parent)
{
    setGeometry(300,300,580,280);
    setWindowTitle("图形控件的布局");
    //创建图像视图控件
    view = new QGraphicsView();
    //创建图像场景控件
    scene = new QGraphicsScene();
    //图像视图设置场景
    view->setScene(scene);
    //设置窗口布局
    vbox = new QVBoxLayout(this);
    vbox->addWidget(view);
    //创建图形控件
    widget = new QGraphicsWidget();
    widget->setFlags(QGraphicsWidget::ItemIsMovable|QGraphicsWidget::ItemIsSelectable);
    //向图像场景中添加图形控件
    scene->addItem(widget);
    //设置栅格布局
    grid = new QGraphicsGridLayout(widget);
    //创建9个按钮控件
    btn1 = new QPushButton("按钮控件1");
    btn2 = new QPushButton("按钮控件2");
    btn3 = new QPushButton("按钮控件3");
    btn4 = new QPushButton("按钮控件4");
    btn5 = new QPushButton("按钮控件5");
    btn6 = new QPushButton("按钮控件6");
    btn7 = new QPushButton("按钮控件7");
    btn8 = new QPushButton("按钮控件8");
    btn9 = new QPushButton("按钮控件9");
    //创建代理控件,设置控件
    p1 = new QGraphicsProxyWidget();p1->setWidget(btn1);
```

```
    p2 = new QGraphicsProxyWidget();p2->setWidget(btn2);
    p3 = new QGraphicsProxyWidget();p3->setWidget(btn3);
    p4 = new QGraphicsProxyWidget();p4->setWidget(btn4);
    p5 = new QGraphicsProxyWidget();p5->setWidget(btn5);
    p6 = new QGraphicsProxyWidget();p6->setWidget(btn6);
    p7 = new QGraphicsProxyWidget();p7->setWidget(btn7);
    p8 = new QGraphicsProxyWidget();p8->setWidget(btn8);
    p9 = new QGraphicsProxyWidget();p9->setWidget(btn9);
    //向线性布局中添加控件
    grid->addItem(p1,0,0);grid->addItem(p2,0,1);grid->addItem(p3,0,2);
    grid->addItem(p4,1,0);grid->addItem(p5,1,1);grid->addItem(p6,1,2);
    grid->addItem(p7,2,0);grid->addItem(p8,2,1);grid->addItem(p9,2,2);
    grid->setSpacing(10);
}

Widget::~Widget() {}
```

(4) 其他文件保持不变,运行结果如图 5-14 所示。

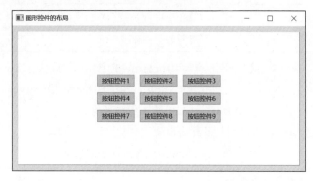

图 5-14 项目 demo7 的运行结果

5.3.4 图形效果类

在 Qt 6 中,可以在图形项和图像视图控件的视口之间添加渲染通道,实现对图形项显示效果的特殊设置。图形效果类有 5 种,分别为 QGraphicsEffect(图形效果基类)、QGraphicsBlurEffect(模糊效果)、QGraphicsColorizeEffect(变色效果)、QGraphicsDropShadowEffect(阴影效果)、QGraphicsOpacityEffect(透明效果),这 5 个类的继承关系如图 5-15 所示。

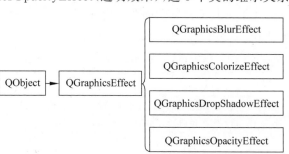

图 5-15 图形效果类的继承关系

1. 模糊效果类 QGraphicsBlurEffect

使用 QGraphicsBlurEffect 类可以创建模糊效果对象,使用模糊效果对象可以对图形项的显示设置模糊效果。QGraphicsBlurEffect 类的构造函数如下:

```
QGraphicsBlurEffect(QObject * parent = nullptr)
```

其中,parent 表示 QObject 类及其子类创建的对象指针。

QGraphicsBlurEffect 类的常用方法见表 5-29。

表 5-29　QGraphicsBlurEffect 类的常用方法

方法及参数类型	说　　明	返回值的类型
[slot] setBlurHints(QGraphicsBlurEffect::BlurHints hints)	设置模糊提示	
[slot]setBlurRadius(float blurRadius)	设置模糊半径,默认半径为 5 像素,模糊半径越大图像越模糊	
setEnabled(bool enable)	设置是否激活图形效果	
blurHints()	获取模糊提示	QGraphicsBlurEffect::BlurHints
blurRadius()	获取模糊半径	float

在表 5-29 中,QGraphicsBlurEffect::BlurHint 的枚举常量为 QGraphicsBlurEffect::PerformanceHint(主要考虑渲染性能)、QGraphicsBlurEffect::QualityHint(主要考虑渲染质量)、QGraphicsBlurEffect::AnimationHint(用于渲染动画)。

QGraphicsBlurEffect 类的信号见表 5-30。

表 5-30　QGraphicsBlurEffect 类的信号

信号及参数类型	说　　明
blurRadiusChanged(float radius)	当模糊半径发生改变时发送信号
blurHintsChanged(QGraphicsBlurEffect::BlurHints hints)	当模糊提示发生改变时发送信号

2. 变色效果类 QGraphicsColorizeEffect

使用 QGraphicsColorizeEffect 类可以创建变色效果对象,使用模糊效果对象可以对图形项的显示设置模糊效果。QGraphicsColorizeEffect 类的构造函数如下:

```
QGraphicsColorizeEffect(QObject * parent = nullptr)
```

其中,parent 表示 QObject 类及其子类创建的对象指针。

QGraphicsColorizeEffect 类的常用方法见表 5-31。

表 5-31　QGraphicsColorizeEffect 类的常用方法

方法及参数类型	说　　明	返回值的类型
[slot]setColor(QColor &color)	设置着色用的颜色,默认颜色为浅蓝色 QColor(0,0,192)	
[slot]setStrength(float strength)	设置着色强度	
color()	获取着色用的颜色	QColor
strength()	获取着色强度	float

QGraphicsColorizeEffect 类的信号见表 5-32。

表 5-32　QGraphicsColorizeEffect 类的信号

信号及参数类型	说　　明
colorChanged(QColor &color)	当颜色发生改变时发送信号
strengthChanged(float strength)	当强度发生改变时发送信号

3. 阴影效果类 QGraphicsDropShadowEffect

使用 QGraphicsDropShadowEffect 类可以创建阴影效果对象，使用阴影效果对象可以对图形项的显示设置阴影效果。QGraphicsDropShadowEffect 类的构造函数如下：

```
QGraphicsDropShadowEffect(QObject * parent = nullptr)
```

其中，parent 表示 QObject 类及其子类创建的对象指针。

QGraphicsDropShadowEffect 类的常用方法见表 5-33。

表 5-33　QGraphicsDropShadowEffect 类的常用方法

方法及参数类型	说　　明	返回值的类型
[slot]setBlurRadius(float blurRadius)	设置模糊半径	
[slot]setColor(QColor &color)	设置引用颜色	
[slot]setOffset(float d)	设置阴影的 x 和 y 偏移量	
[slot]setOffset(float dx,float dy)	设置阴影的 x 和 y 偏移量	
[slot]setOffset(QPointF &ofs)	设置阴影的偏移量	
[slot]setXOffset(float dx)	设置阴影的 x 偏移量	
[slot] setYOffset(float dy)	设置阴影的 y 偏移量	
blurRadius()	获取模糊半径	float
color()	获取阴影颜色	QColor
offset()	获取阴影的偏移量	QPointF
xOffset()	获取阴影的 x 偏移量	float
yOffset()	获取阴影的 y 偏移量	float

QGraphicsDropShadowEffect 类的信号见表 5-34。

表 5-34　QGraphicsDropShadowEffect 类的信号

信号及参数类型	说　　明
blurRadiusChanged(float blurRadius)	当模糊半径发生改变时发送信号
colorChanged(QColor &color)	当阴影颜色发生改变时发送信号
offsetChanged(QPointF &offset)	当阴影偏移量发生改变时发送信号

4. 透明效果类 QGraphicsOpacityEffect

使用 QGraphicsOpacityEffect 类可以创建透明效果对象，使用透明效果对象可以对图形项的显示设置透明效果。QGraphicsOpacityEffect 类的构造函数如下：

```
QGraphicsOpacityEffect(QObject * parent = nullptr)
```

其中,parent 表示 QObject 类及其子类创建的对象指针。

QGraphicsOpacityEffect 类的常用方法见表 5-35。

表 5-35　QGraphicsOpacityEffect 类的常用方法

方法及参数类型	说　　明	返回值的类型
[slot]setOpacity(float opacity)	设置不透明度	
[slot]setOpacityMask(QBrush &mask)	设置遮掩画刷	
opacity()	获取不透明度	float
opacityMask()	获取遮掩画刷	QBrush

QGraphicsOpacityEffect 类的信号见表 5-36。

表 5-36　QGraphicsOpacityEffect 类的信号

信号及参数类型	说　　明
opacityChanged(float opacity)	当不透明度发生改变时发送信号
opacityMaskChanged(QBrush &mask)	当遮掩画刷发生改变时发送信号

【实例 5-8】　创建一个窗口,该窗口包含 5 个按钮、1 个图像视图控件。5 个按钮的功能分别为打开图像、实现模糊效果、实现变色效果、实现阴影效果、实现透明效果,操作步骤如下:

(1) 使用 Qt Creator 创建一个模板为 Qt Widgets Application 的项目,将该项目命名为 demo8,并保存在 D 盘的 Chapter5 文件夹下;在向导对话框中选择基类 QWidget,不勾选 Generate form 复选框。

(2) 编写 widget.h 文件中的代码,代码如下:

```
/* 第 5 章 demo8 widget.h */
#ifndef WIDGET_H
#define WIDGET_H

#include <QWidget>
#include <QVBoxLayout>
#include <QHBoxLayout>
#include <QGraphicsView>
#include <QGraphicsScene>
#include <QGraphicsPixmapItem>
#include <QPushButton>
#include <QDir>
#include <QString>
#include <QFileDialog>
#include <QGraphicsBlurEffect>
#include <QGraphicsColorizeEffect>
#include <QGraphicsDropShadowEffect>
#include <QGraphicsOpacityEffect>
#include <QRectF>
#include <QLinearGradient>
```

```cpp
class Widget : public QWidget
{
    Q_OBJECT
public:
    Widget(QWidget * parent = nullptr);
    ~Widget();
private:
    QGraphicsPixmapItem * pixmapItem = nullptr;           //图像文件项指针
    QGraphicsView * view;                                  //图像视图指针
    QGraphicsScene * scene;                                //图像场景指针
    QPushButton * btnOpen, * btnBlur, * btnColor, * btnShadow, * btnOpacity;   //按钮指针
    QHBoxLayout * hbox;                                    //水平布局指针
    QVBoxLayout * vbox;                                    //垂直布局指针
private slots:
    void btn_open();
    void btn_blur();
    void btn_color();
    void btn_shadow();
    void btn_opacity();
};
#endif //WIDGET_H
```

(3) 编写 widget.cpp 文件中的代码,代码如下:

```cpp
/* 第5章 demo8 widget.cpp */
#include "widget.h"

Widget::Widget(QWidget * parent):QWidget(parent)
{
    setGeometry(300,300,580,280);
    setWindowTitle("图形效果");
    view = new QGraphicsView();        //创建图像视图控件
    scene = new QGraphicsScene();      //创建图像场景
    view->setScene(scene);             //在图像视图中设置场景
    //创建5个按钮
    btnOpen = new QPushButton("打开图像");
    btnBlur = new QPushButton("模糊效果");
    btnColor = new QPushButton("变色效果");
    btnShadow = new QPushButton("阴影效果");
    btnOpacity = new QPushButton("透明效果");
    //创建水平布局,并将5个按钮添加到该水平布局下
    hbox = new QHBoxLayout();
    hbox->addWidget(btnOpen);hbox->addWidget(btnBlur);
    hbox->addWidget(btnColor);hbox->addWidget(btnShadow);
    hbox->addWidget(btnOpacity);
    //设置窗口布局
    vbox = new QVBoxLayout(this);
    vbox->addLayout(hbox);vbox->addWidget(view);
    //使用信号/槽
    connect(btnOpen,SIGNAL(clicked()),this,SLOT(btn_open()));
    connect(btnBlur,SIGNAL(clicked()),this,SLOT(btn_blur()));
```

```cpp
    connect(btnColor,SIGNAL(clicked()),this,SLOT(btn_color()));
    connect(btnShadow,SIGNAL(clicked()),this,SLOT(btn_shadow()));
    connect(btnOpacity,SIGNAL(clicked()),this,SLOT(btn_opacity()));
    //通过设置使按钮处于失效状态
    btnBlur->setEnabled(false);btnColor->setEnabled(false);
    btnShadow->setEnabled(false);btnOpacity->setEnabled(false);
}

Widget::~Widget() {}

void Widget::btn_open(){
    QString curPath = QDir::currentPath();        //获取程序当前目录
    QString filter = "图像(*.png *.bmp *.jpg *.jpeg);;所有文件(*.*)";
    QString title = "打开图像文件";               //文件对话框的标题
    QString fileName = QFileDialog::getOpenFileName(this,title,curPath,filter);
    if(fileName.isEmpty())
        return;
    if(pixmapItem!= nullptr){
        scene->removeItem(pixmapItem);
    }
    else{
        btnBlur->setEnabled(false);btnColor->setEnabled(false);
        btnShadow->setEnabled(false);btnOpacity->setEnabled(false);
    }
    QPixmap pix(fileName);
    pixmapItem = new QGraphicsPixmapItem(pix);
    scene->addItem(pixmapItem);
    btnBlur->setEnabled(true);btnColor->setEnabled(true);
    btnShadow->setEnabled(true);btnOpacity->setEnabled(true);
}

void Widget::btn_blur(){
    QGraphicsBlurEffect *effect = new QGraphicsBlurEffect();
    effect->setBlurHints(QGraphicsBlurEffect::QualityHint);
    pixmapItem->setGraphicsEffect(effect);
}

void Widget::btn_color(){
    QGraphicsColorizeEffect *effect = new QGraphicsColorizeEffect();
    effect->setColor(Qt::blue);
    effect->setStrength(10);
    pixmapItem->setGraphicsEffect(effect);
}

void Widget::btn_shadow(){
    QGraphicsDropShadowEffect *effect = new QGraphicsDropShadowEffect();
    pixmapItem->setGraphicsEffect(effect);
}

void Widget::btn_opacity(){
    QRectF rect = pixmapItem->boundingRect();
```

```
QLinearGradient linear(rect.topLeft(),rect.bottomLeft());
linear.setColorAt(0.11,Qt::transparent);
linear.setColorAt(0.49,Qt::black);
linear.setColorAt(0.88,Qt::white);
QGraphicsOpacityEffect * effect = new QGraphicsOpacityEffect();
effect->setOpacityMask(linear);
pixmapItem->setGraphicsEffect(effect);
}
```

(4) 其他文件保持不变,运行结果如图 5-16 所示。

图 5-16 项目 demo8 的运行结果

5.4 小结

本章首先介绍了 Graphics/View 绘图框架,也就是使用图像视图类、图像场景类、图形项类绘制图像,而且图像视图、图像场景、图形项都有各自的坐标系。

其次介绍了图像视图类、图像场景类、图形项类的构造函数、常用方法、信号。

最后介绍了向图像场景中添加控件、设置图形效果的方法。使用 Graphics/View 框架,不仅可以绘制图像,还可以向其中添加控件,而且可将这些控件设置为可移动控件。

第 6 章 绘制二维图表

在 Qt 6 中,有子模块 Qt Charts。使用子模块 Qt Charts 中的类可以绘制二维图表,例如折线图、散点图、条形图、蜡烛图、箱形图、极坐标图。使用 Qt Charts 提供的类可实现数据的二维可视化。

6.1 图表视图和图表

在 Qt 6 中,绘制二维图表,需要使用图表视图类 QChartView、图表类 QChart、数据序列类(例如 QLineSeries、QScatterSeries、QXYSeries)。这些类都位于 Qt 6 的 Qt Charts 子模块下。QChartView 类和 QChart 类的继承关系如图 6-1 所示。

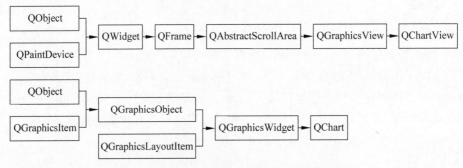

图 6-1　QChartView 类和 QChart 类的继承关系

由于 Qt Charts 是附件模块,所以要安装该模块,安装 Qt Charts 模块的方法可参考本书 2.4 节的介绍。

开发者若要在项目中使用 Qt Charts 子模块中的类,则必须在项目的配置文件(后缀名为 .pro)中添加下面一行语句:

```
QT += charts
```

6.1.1 绘制简单的折线图

在 Qt 6 中,绘制二维图表的步骤如下:首先要使用数据序列类创建数据序列对象,向数据序列对象添加数据,然后使用 QChart 类创建图表对象,并向图表对象中添加数据序列对象,最后使用 QChartView 类创建图表视图对象,并显示图表。

【实例 6-1】 使用 QChartView 类、QChart 类、QLineSeries 类绘制简单的折线图,操作步骤如下:

(1) 使用 Qt Creator 创建一个模板为 Qt Widgets Application 的项目,将该项目命名为 demo1,并保存在 D 盘的 Chapter6 文件夹下;在向导对话框中选择基类 QMainWindow,不勾选 Generate form 复选框。

(2) 在项目的配置文件 demo1.pro 中添加下面一行代码:

```
QT += charts
```

(3) 编写 mainwindow.h 文件中的代码,代码如下:

```
/* 第6章 demo1 mainwindow.h */
#ifndef MAINWINDOW_H
#define MAINWINDOW_H

#include <QMainWindow>
#include <QChartView>
#include <QChart>
#include <QLineSeries>
#include <QList>
#include <QPointF>

class MainWindow : public QMainWindow
{
    Q_OBJECT
public:
    MainWindow(QWidget *parent = nullptr);
    ~MainWindow();
private:
    QLineSeries *series;       //数据序列指针
    QChart *chart;             //图表指针
    QChartView *chartView;     //图表视图指针
};
#endif //MAINWINDOW_H
```

(4) 编写 mainwindow.cpp 文件中的代码,代码如下:

```
/* 第6章 demo1 mainwindow.cpp */
#include "mainwindow.h"

MainWindow::MainWindow(QWidget *parent):QMainWindow(parent)
{
    setGeometry(300,300,580,280);
    setWindowTitle("QChartView、QChart、QLineSeries");
    //创建数据序列对象
    series = new QLineSeries();
    QList<QPointF> nums = {QPointF(1,1),QPointF(2,4),QPointF(3,9),QPointF(4,16),QPointF(5,25)};
    series->setName("y = x^2");
    //向数据序列对象中添加数据
    series->append(nums);
```

```
    //创建图表对象
    chart = new QChart();
    //向图表对象中添加数据序列
    chart->addSeries(series);
    //创建默认的坐标轴
    chart->createDefaultAxes();
    //设置标题
    chart->setTitle("折线图");
    //创建图表视图控件,参数为图表指针
    chartView = new QChartView(chart);
    setCentralWidget(chartView);
}

MainWindow::~MainWindow() {}
```

(5) 其他文件保持不变,运行结果如图 6-2 所示。

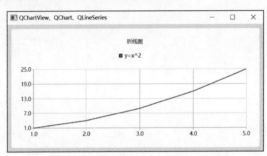

图 6-2　项目 demo1 的运行结果

6.1.2　图表视图类 QChartView

在 Qt 6 中,使用 QChartView 类创建图表视图控件。图表视图控件用于显示图表,是图表的容器控件。QChartView 类位于 Qt 6 的 Qt Charts 子模块下,其构造函数如下:

```
QChartView(QWidget * parent = nullptr)
QChartView(QChart * chart,QWidget * parent = nullptr)
```

其中,parent 表示 QWidget 类及其子类创建的对象指针;chart 表示 QChart 类创建的对象指针。

QChartView 类的常用方法见表 6-1。

表 6-1　QChartView 类的常用方法

方法及参数类型	说　　明	返回值的类型
setChart(QChart * chart)	设置图表	
chart()	获取图表	QChart *
setRubberBand(QChartView::RubberBands &rubberBand)	设置光标在图表控件上拖动时选择框的类型	

续表

方法及参数类型	说明	返回值的类型
rubberBand()	获取光标在图表控件上拖动时选择框的类型	QChartView::RubberBands
setRubberBandSelectionMode（Qt::ItemSelectionMode mode）	设置选择模式	

在表 6-1 中，QChartView::RubberBands 的枚举常量为 QChartView::NoRubberBand（无选择框）、QChartView::VerticalRubberBand（竖向选择框）、QChartView::HorizontalRubberBand（水平选择框）、QChartView::RectangleRubberBand（矩形选择框）、QChartView::ClickThroughRubberBand（单击选择框）。

Qt::ItemSelectionMode 的枚举常量为 Qt::ContainsItemShape（完全包含形状时被选中）、Qt::IntersectsItemShape（与形状交叉时被选中）、Qt::ContainsItemBoundingRect（完全包含边界矩形时被选中）、Qt::IntersectsItemBoundingRect（与边界矩形交叉时被选中）。

6.1.3 图表类 QChart

在 Qt 6 中，使用 QChart 类创建图表对象。可以向图表对象中添加或设置数据序列、坐标轴、图表标题、图例。QChart 类位于 Qt 6 的 Qt Charts 子模块下，其构造函数如下：

```
QChart(QGraphicsItem * parent = nullptr,Qt::WindowFlags wFlags)
QChart(QChart::ChartType type,QGraphicsItem * parent = nullptr,
       Qt::WindowFlags wFlags)
```

其中，parent 表示 QGraphicsItem 类及其子类创建的对象指针；type 表示图表的类型，其参数值为 QChart::ChartType 的枚举常量；wFlags 保持其默认值即可。

QChart::ChartType 的枚举常量为 QChart::ChartTypeUndefined（类型未定义）、QChart::ChartTypeCartesian（直角坐标）、QChart::ChartTypePolar（极坐标）。

QChart 类的常用方法见表 6-2。

表 6-2 QChart 类的常用方法

方法及参数类型	说明	返回值的类型
addSeries(QAbstractSeries * series)	添加数据序列	
removeAllSeries()	移除所有的数据序列	
removeSeries(QAbstractSeries * series)	移除指定的数据序列	
addAxis(QAbstractSeries * series，Qt::Alignment alignment)	添加坐标轴	
createDefaultAxes()	创建默认的坐标轴	
axis(Qt::Orientation ori = Qt::Horizontal | Qt::Vertical,QAbstractSeries * series)	获取坐标轴列表	QList < QAbstractAxis * >
removeAxis(QAbstractAxis * axis)	移除指定的坐标轴	

续表

方法及参数类型	说　　明	返回值的类型
scroll(float dx, float dy)	沿着 x 和 y 方向移动指定的距离	
setAnimationOptions(QChart::AnimationsOptions)	设置动画选项	
setAnimationDuration(int msecs)	设置动画显示持续时间(毫秒)	
setBackgroundBrush(QBrush &brush)	设置背景画刷	
setBackgroundPen(QPen &pen)	设置背景钢笔	
setBackgroundRoundness(float diameter)	设置背景 4 个角处的圆的直径	
setBackgroundVisible(bool visible=true)	设置背景是否可见	
isBackgroundVisible()	获取背景是否可见	bool
setDropShadowEnabled(bool enabled=true)	设置背景的阴影效果	
isDropShadowEnabled()	获取是否有阴影效果	bool
setMargins(QMargins &margins)	设置页边距	
setPlotArea(QRectF &rect)	设置绘图区域	
setPlotAreaBackgroundBrush(QBrush &brush)	设置绘图区域的背景画刷	
setPlotAreaBackgroundPen(QPen &pen)	设置绘图区域的背景钢笔	
setPlotAreaBackgroundVisible(bool visible=true)	设置绘图区域背景是否可见	
isPlotAreaBackgroundVisible()	获取绘图区域背景是否可见	bool
setTheme(QChart::ChartTheme theme)	设置主题	
theme()	获取主题	QChart::ChartTheme
setTitle(QString &title)	设置标题	
title()	获取标题	QString
setTitleBrush(QBrush &brush)	设置标题的画刷	
setTitleFont(QFont &font)	设置标题的字体	
legend()	获取图例	QLegend *
plotArea()	获取绘图区域	QRectF
zoom(float factor)	根据指定的缩放值进行缩放	
zoomIn()	根据缩放值 2 进行放大	
zoomIn(QRectF rect)	缩放图表使指定区域可见	
zoomOut()	根据缩放值 2 进行缩小	
isZoomed()	获取是否进行过缩放	bool
zoomReset()	重置缩放	

在表 6-2 中，QChart::AnimationOptions 的枚举常量为 QChart::NoAnimation(没有动画效果)、QChart::GridAxisAnimations(坐标轴有动画效果)、QChart::SeriesAnimations(数据序列有动画效果)、QChart::AllAnimations(全部动画效果)。

QChart::ChartTheme 的枚举常量为 QChart::ChartThemeLight(light 主题，也是默认主题)、QChart::ChartThemeBlurCerulean(天蓝色主题)、QChart::ChartThemeDark(黑暗主题)、QChart::ChartThemeBrownSand(沙棕色主题)、QChart::ChartBlueNcs(自然色系统的蓝色主题)、QChart::ChartThemeHighContrast(高对比主题)、QChart::ChartThemeBlueIcy

（冰蓝色主题）、QChart::ChartThemeQt（Qt 主题）。

QChart 类只有一个信号 plotAreaChanged(QRectF &plotArea)，即当绘图范围发生改变时发送信号。

6.2 数据序列

通过实例 6-1 可以得知，绘制的图标类型是由数据序列来决定的。不同的图表类型对应着不同的数据序列类，例如 XY 图对应了 QXYSeries 类、面积图对应了 QAreaSeries 类、饼图对应了 QPieSeries 类、条形图对应了 QBarSeries 类、蜡烛图对应了 QCandlestickSeries 类、箱形图对应了 QBoxPlotSeries 类。这些数据序列类的继承关系如图 6-3 所示。

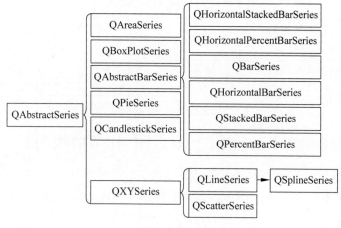

图 6-3　数据序列类的继承关系

6.2.1 数据序列抽象类 QAbstractSeries

在 Qt 6 中，QAbstractSeries 是所有数据序列类的基类，其方法和信号都会被其子类继承。

QAbstractSeries 类的常用方法见表 6-3。

表 6-3　**QAbstractSeries 类的常用方法**

方法及参数类型	说　　明	返回值的类型
attach(QAbstractAxis * axis)	关联坐标轴，若成功，则返回值为 true	bool
attachedAxis()	获取关联的坐标轴列表	QList＜QAbstractAxis *＞
detachAxis(QAbstractAxis * axis)	断开与坐标轴的关联	bool
setName(QString &name)	设置数据序列的名称	
name()	获取数据序列的名称	QString
setUseOpenGL(bool enable=true)	设置是否使用 OpenGL 加速显示	
useOpenGL()	获取是否使用 OpenGL 加速显示	QString
setOpacity(float opacity)	设置不透明度，范围为 0.0～1.0	

方法及参数类型	说 明	返回值的类型
opacity()	获取不透明度	float
setVisible(bool visible=true)	设置数据序列是否可见	
isVisible()	获取数据序列是否可见	bool
hide()	隐藏数据序列	
show()	显示数据序列	
chart()	获取数据序列所在的图表	QChart *

QAbstractSeries 类的信号见表 6-4。

表 6-4　QAbstractSeries 类的信号

信号及参数类型	说 明
nameChanged()	当数据序列的名称发生改变时发送信号
opacityChanged()	当不透明度发生改变时发送信号
useOpenGLChanged()	当 OpenGL 的状态发生改变时发送信号
visibleChanged()	当可见度发生改变时发送信号

6.2.2　绘制 XY 图(折线图、散点图、样条曲线图)

在 Qt 6 中,使用 QXYSeries 类及其子类创建 XY 图序列对象。XY 图表示数据序列由横坐标 X 数据和纵坐标 Y 数据构成,包括折线图(对应 QLineSeries 类)、散点图(对应 QScatterSeries 类)、样条曲线图(对应 QSplineSeries 类)。

QLineSeries 类、QScatterSeries 类、QSplineSeries 类都是 QXYSeries 类的子类,继承了 QXYSeries 类的方法和信号,其继承关系如图 6-3 所示。

QLineSeries 类、QSplineSeries 类、QScatterSeries 类的构造函数如下:

```
QLineSeries(QObject * parent = nullptr)
QSplineSeries(QObject * parent = nullptr)
QScatterSeries(QObject * parent = null)
```

其中,parent 表示 QObject 类及其子类创建的对象指针。

1. QXYSeries 类的方法和信号

QXYSeries 类的常用方法见表 6-5。

表 6-5　QXYSeries 类的常用方法

方法及参数类型	说 明	返回值的类型
clear()	清空所有数据点	
append(QPointF &point)	添加数据点	
append(QList<QPointF> &points)	添加数据点	
append(float x,float y)	添加数据点	
insert(int index,QPointF &point)	根据索引插入数据点	

续表

方法及参数类型	说 明	返回值的类型
at(int index)	根据索引获取数据点	QPointF &
points()	获取数据点列表	QList < QPointF >
remove(int index)	根据索引移除数据点	
remove(QPointF &point)	移除指定数据点	
remove(float x,float y)	移除指定数据点	
removePoints(int index,int count)	根据索引移除指定数量的数据点	
replace(int index,QPointF &newPoint)	根据索引替换数据点	
replace(int index,float newX,float newY)	根据索引替换数据点	
replace(QPointF &oldPoint,QPointF &newPoint)	用新数据点替换旧数据点	
replace(float oldX,float oldY,float newX,float newY)	用新数据点替换旧数据点	
replace(QList < QPointF > &points)	用多个数据点替换当前数据点	
count()	获取数据点的数量	
setBrush(QBrush &brush)	设置画刷	
setColor(QColor &color)	设置颜色	
setPen(QPen &pen)	设置钢笔	
setPointsVisible(bool visible=true)	设置数据点是否可见	
setPointLabelsVisible(bool visible=true)	设置数据点标签是否可见	
setPointLabelsFormat(QString &format)	设置数据点标签的格式	
setPointLabelsClipping(bool enabled=true)	设置当数据点标签超过绘图区域时被裁剪	
setPointLabelsColor(QColor &color)	设置数据点标签的颜色	
setPointLabelsQFont(QFont &font)	设置数据点标签的字体	
setPointSelected(int index,bool selected)	根据索引设置某个点是否被选中	
setMarkerSize(float size)	设置标志的尺寸,默认值为 15.0	
setLightMarker(QImage &lightMarker)	设置灯光标志	
selectAllPoints()	选择所有数据点	
selectPoint(int index)	根据索引选择一个数据点	
selectPoints(QList < int > &indexes)	根据索引选择多个数据点	
selectedPoints()	获取选中的点的索引列表	QList < int >
setSelectedColor(QColor &color)	设置选中的数据点颜色	
toggleSelection(QList < int > &indexes)	将索引列表中的数据点切换为选中状态	
sizeBy(QList < float > &sourceData,float minSize,float maxSize)	根据 sourceData 值,设置点的尺寸,尺寸在最小值和最大值之间映射	
setBestFitLineVisible(bool visible=true)	设置逼近直线是否可见	
setBestFitLineColor(QColor &color)	设置逼近直线的颜色	
setBestFitLinePen(QPen &pen)	设置逼近直线的绘图钢笔	

QXYSeries 类的信号见表 6-6。

表 6-6　QXYSeries 类的信号

信号及参数类型	说　　明
clicked(QPointF &point)	当单击时发送信号
pressed(QPointF &point)	当按下鼠标时发送信号
released(QPointF &point)	当释放鼠标按键时发送信号
doubleClicked(QPointF &point)	当双击时发送信号
colorChanged(QColor color)	当颜色改变时发送信号
hovered(QPointF &point, bool state)	当光标移开或悬停时发送信号。悬停时,state 为 true,移开时 state 为 false
penChanged(QPen &pen)	当钢笔改变时发送信号
pointAdded(int index)	当添加点时发送信号
pointLabelsClippingChanged(bool clipping)	当数据点标签裁剪状态发生改变时发送信号
pointLabelsColorChanged(QColor &color)	当数据点标签颜色发生改变时发送信号
pointLabelsFontChanged(QFont &font)	当数据点标签字体发生改变时发送信号
pointLabelsFormatChanged(QString &format)	当数据点标签格式发生改变时发送信号
pointLabelsVisibilityChanged(bool visible)	当数据点标签可见性发生改变时发送信号
pointRemoved(int index)	当移除数据点时发送信号
pointsRemoved(int index, int count)	当移除指定数量的数据点时发送信号
pointReplaced(int index)	当替换数据点时发送信号
pointsReplaced()	当替换多个数据点时发送信号
lightMarkerChanged(QImage &lightMarker)	当灯光标志发生改变时发送信号
markerSizeChanged(float size)	当标志的尺寸发生改变时发送信号
selectedColorChanged(QColor &color)	当选中的数据点的颜色发生改变时发送信号
bestFitLineVisibilityChanged(bool visible)	当逼近线的可见性发生改变时发送信号
bestFitLineColorChanged(QColor &color)	当逼近线的颜色发生改变时发送信号

2. QLineSeries、QSplineSeries 的方法和信号

在 Qt 6 中,QLineSeries 类和 QSplineSeries 类没有自己独有的方法和信号,只有从 QXYSeries 类继承的方法和信号。

【实例 6-2】 使用 QLineSeries 类绘制正弦函数曲线图,使用 QSplineSeries 类绘制余弦函数曲线图,操作步骤如下:

(1) 使用 Qt Creator 创建一个模板为 Qt Widgets Application 的项目,将该项目命名为 demo2,并保存在 D 盘的 Chapter6 文件夹下;在向导对话框中选择基类 QMainWindow,不勾选 Generate form 复选框。

(2) 在项目的配置文件 demo2.pro 中添加下面一行语句:

```
QT += charts
```

(3) 编写 mainwindow.h 文件中的代码,代码如下:

```cpp
/* 第 6 章 demo2 mainwindow.h */
#ifndef MAINWINDOW_H
#define MAINWINDOW_H

#include <QMainWindow>
#include <QChartView>
#include <QChart>
#include <QLineSeries>
#include <QSplineSeries>
#include <QValueAxis>
#include <cmath>

class MainWindow : public QMainWindow
{
    Q_OBJECT
public:
    MainWindow(QWidget *parent = nullptr);
    ~MainWindow();
private:
    QChart *chart;                        //图表指针
    QChartView *chartView;                //图表视图指针
    QLineSeries *seriesSin;               //折线数据序列指针
    QSplineSeries *seriesCos;             //样条曲线数据序列指针
    QValueAxis *axisX, *axisY;            //坐标轴指针
    float pi = 3.14159265358979;          //圆周率
};
#endif //MAINWINDOW_H
```

(4) 编写 mainwindow.cpp 文件中的代码,代码如下:

```cpp
/* 第 6 章 demo2 mainwindow.cpp */
#include "mainwindow.h"

MainWindow::MainWindow(QWidget *parent):QMainWindow(parent)
{
    setGeometry(300,300,580,280);
    setWindowTitle("QLineSeries、QSplineSeries");
    //创建图表视图控件
    chartView = new QChartView();
    setCentralWidget(chartView);
    //创建图表
    chart = new QChart();
    chartView->setChart(chart); //设置图表视图中的图表
    chart->setTitle("正弦、余弦");
    //创建折线数据序列、样条曲线数据序列
    seriesSin = new QLineSeries();
    seriesCos = new QSplineSeries();
    //设置数据序列的名称
    seriesSin->setName("sin");
    seriesCos->setName("cos");
```

```
//向数据序列中添加数据
for(int i = 0;i <= 720;i++){
    seriesSin->append(i,sin(i*pi/180));
    seriesCos->append(i,cos(i*pi/180));
}
//向图表中添加数据序列
chart->addSeries(seriesSin);
chart->addSeries(seriesCos);
//创建坐标轴
axisX = new QValueAxis();
axisX->setRange(0,720);
axisX->setTitleText("角度");
axisY = new QValueAxis();
axisY->setRange(-1,1);
axisY->setTitleText("数值");
//向图表中添加坐标轴
chart->addAxis(axisX,Qt::AlignBottom);
chart->addAxis(axisY,Qt::AlignLeft);
}

MainWindow::~MainWindow() {}
```

(5) 其他文件保持不变,运行结果如图 6-4 所示。

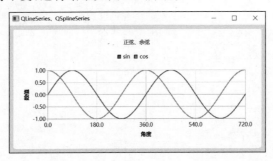

图 6-4　项目 demo2 的运行结果

3. QScatterSeries 类的方法和信号

在 Qt 6 中,QScatterSeries 类不仅具有从 QXYSeries 类继承的方法和信号,还有自己独有的方法和信号。

QScatterSeries 类的独有方法见表 6-7。

表 6-7　QScatterSeries 类的独有方法

方法及参数类型	说明	返回值的类型
setMarkerShape(QScatterSeries::MarkerShape)	设置散点标志的形状	
setMarkerSize(float size)	设置散点标志的尺寸	
setBorderColor(QColor &color)	设置边界颜色	
markerShape()	获取散点标志的形状	QScatterSeries::MarkerShape
markerSize()	获取散点标志的大小	float
borderColor()	获取边界颜色	QColor

在表 6-7 中，QScatterSeries∷MarkerShape 的枚举常量为 QScatterSeries∷MarkerShapeCircle（默认值）、QScatterSeries∷MarkerShapeRectangle、QScatterSeries∷MarkerShapeRotatedRectangle、QScatterSeries∷MarkerShapeTrigangle、QScatterSeries∷MarkerShapeStar、QScatterSeries∷MarkerShapePentagon。

QScatterSeries 类的独有信号见表 6-8。

表 6-8　QScatterSeries 类的独有信号

信号及参数类型	说　明
borderColorChanged(QColor color)	当边界颜色发生改变时发送信号
colorChanged(QColor color)	当颜色发生改变时发送信号
markerSizeChanged(float size)	当散点尺寸改变时发送信号
markerShapeChanged(QScatterSeries∷MarkerShape)	当散点的标志改变时发送信号

【实例 6-3】　使用 QScatterSeries 类绘制正弦函数曲线图、余弦函数曲线图，操作步骤如下：

(1) 使用 Qt Creator 创建一个模板为 Qt Widgets Application 的项目，将该项目命名为 demo3，并保存在 D 盘的 Chapter6 文件夹下；在向导对话框中选择基类 QMainWindow，不勾选 Generate form 复选框。

(2) 在项目的配置文件 demo3.pro 中添加下面一行语句：

```
QT += charts
```

(3) 编写 mainwindow.h 文件中的代码，代码如下：

```
/* 第 6 章 demo3 mainwindow.h */
#ifndef MAINWINDOW_H
#define MAINWINDOW_H

#include <QMainWindow>
#include <QChartView>
#include <QChart>
#include <QScatterSeries>
#include <QValueAxis>
#include <cmath>

class MainWindow : public QMainWindow
{
    Q_OBJECT
public:
    MainWindow(QWidget * parent = nullptr);
    ~MainWindow();
private:
    QChart * chart;                              //图表指针
    QChartView * chartView;                      //图表视图指针
    QScatterSeries * seriesSin, * seriesCos;     //散点数据序列指针
    QValueAxis * axisX, * axisY;                 //坐标轴指针
```

```cpp
    float pi = 3.14159265358979;          //圆周率
};
#endif //MAINWINDOW_H
```

(4) 编写 mainwindow.cpp 文件中的代码,代码如下:

```cpp
/* 第6章 demo3 mainwindow.cpp */
#include "mainwindow.h"

MainWindow::MainWindow(QWidget *parent):QMainWindow(parent)
{
    setGeometry(300,300,580,280);
    setWindowTitle("QScatterSeries");
    //创建图表视图控件
    chartView = new QChartView();
    setCentralWidget(chartView);
    //创建图表
    chart = new QChart();
    chartView->setChart(chart);            //设置图表视图中的图表
    chart->setTitle("正弦、余弦");
    //创建散点数据序列
    seriesSin = new QScatterSeries();
    seriesCos = new QScatterSeries();
    //设置数据序列的名称
    seriesSin->setName("sin");
    seriesCos->setName("cos");
    //向数据序列中添加数据
    for(int i = 0;i<=360;i = i + 10){
        seriesSin->append(i,sin(i*pi/180));
        seriesCos->append(i,cos(i*pi/180));
    }
    //向图表中添加数据序列
    chart->addSeries(seriesSin);
    chart->addSeries(seriesCos);
    //创建坐标轴
    axisX = new QValueAxis();
    axisX->setRange(0,360);
    axisX->setTitleText("角度");
    axisY = new QValueAxis();
    axisY->setRange(-1,1);
    axisY->setTitleText("数值");
    //向图表中添加坐标轴
    chart->addAxis(axisX,Qt::AlignBottom);
    chart->addAxis(axisY,Qt::AlignLeft);
}

MainWindow::~MainWindow() {}
```

（5）其他文件保持不变，运行结果如图 6-5 所示。

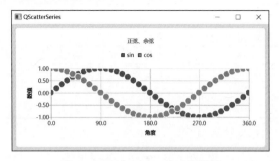

图 6-5　项目 demo3 的运行结果

6.2.3　绘制面积图

在 Qt 6 中，使用 QAreaSeries 类创建面积图序列类。面积图序列通常由两个折线数据序列 QLineSeries 构成，在上下两个折线之间填充颜色，也可以只有上折线数据序列，将 x 轴当作下折线数据序列。

QAreaSeries 类位于 Qt 6 的 Qt Charts 子模块下，其构造函数如下：

```
QAreaSeries(QObject *parent = nullptr)
QAreaSeries(QLineSeries *upperSeries,QLineSeries *lowerSeries)
```

其中，parent 表示 QObject 类及其子类创建的对象指针；upperSeries 表示上折线序列指针；lowerSeries 表示下折线序列指针。

QAreaSeries 类的常用方法见表 6-9。

表 6-9　QAreaSeries 类的常用方法

方法及参数类型	说　　明	返回值的类型
pen()	获取钢笔	QPen
brush()	获取画刷	QBrush
color()	获取填充颜色	QColor
setUpperSeries(QLineSeries *series)	设置上折线数据序列	
upperSeries()	获取上折线数据序列	QLineSeries *
setLowerSeries(QLineSeries *series)	设置下折线数据序列	
lowerSeries()	获取下折线数据序列	QLineSeries *
setBorderColor(QColor &color)	设置边框颜色	
setBrush(QBrush &brush)	设置画刷	
setColor(QColor &color)	设置填充颜色	
setPen(QPen &pen)	设置钢笔	
setPointLabelsClipping(bool enabled=true)	设置当数据点的标签超过绘图区域时被裁剪	
setPointLabelsColor(QColor &color)	设置标签颜色	

续表

方法及参数类型	说 明	返回值的类型
setPointLabelsQFont(QFont &font)	设置标签字体	
setPointLabelsFormat(QString &formula)	设置标签格式	
setPointLabelsVisible(bool visible=true)	设置标签是否可见	
pointLabelsVisible()	获取标签是否可见	bool
setPointsVisible(bool visible=true)	设置数据点是否可见	

QAreaSeries 类的信号见表 6-10。

表 6-10 QAreaSeries 类的信号

信号及参数类型	说 明
clicked(QPointF &point)	当单击时发送信号
pressed(QPointF &point)	当按下鼠标时发送信号
released(QPointF &point)	当释放鼠标按键时发送信号
doubleClicked(QPointF &point)	当双击时发送信号
colorChanged(QColor color)	当颜色改变时发送信号
hovered(QPointF &point, bool state)	当光标移开或悬停时发送信号。悬停时,state 为 true,移开时,state 为 false
borderColorChanged(QColor color)	当边框颜色发生改变时发送信号
pointLabelsClippingChanged(bool clipping)	当数据点标签裁剪状态发生改变时发送信号
pointLabelsColorChanged(QColor &color)	当数据点标签颜色发生改变时发送信号
pointLabelsFontChanged(QFont &font)	当数据点标签字体发生改变时发送信号
pointLabelsFormatChanged(QString &format)	当数据点标签格式发生改变时发送信号
pointLabelsVisibilityChanged(bool visible)	当数据点标签可见性发生改变时发送信号

【实例 6-4】 使用 QAreaSeries 类绘制正弦函数曲线与余弦函数曲线构成的面积图,操作步骤如下:

(1) 使用 Qt Creator 创建一个模板为 Qt Widgets Application 的项目,将该项目命名为 demo4,并保存在 D 盘的 Chapter6 文件夹下;在向导对话框中选择基类 QMainWindow,不勾选 Generate form 复选框。

(2) 在项目的配置文件 demo4.pro 中添加下面一行语句:

```
QT += charts
```

(3) 编写 mainwindow.h 文件中的代码,代码如下:

```
/* 第 6 章 demo4 mainwindow.h */
#ifndef MAINWINDOW_H
#define MAINWINDOW_H

#include <QMainWindow>
#include <QChartView>
#include <QChart>
#include <QLineSeries>
```

```cpp
#include <QAreaSeries>
#include <QValueAxis>
#include <cmath>
#include <QColor>

class MainWindow : public QMainWindow
{
    Q_OBJECT
public:
    MainWindow(QWidget * parent = nullptr);
    ~MainWindow();
private:
    QChart * chart;                              //图表指针
    QChartView * chartView;                      //图表视图指针
    QLineSeries * seriesSin, * seriesCos;        //折线数据序列指针
    QAreaSeries * seriesArea;                    //面积数据序列指针
    QValueAxis * axisX, * axisY;                 //坐标轴指针
    float pi = 3.14159265358979;                 //圆周率
};
#endif //MAINWINDOW_H
```

(4) 编写 mainwindow.cpp 文件中的代码,代码如下:

```cpp
/* 第6章 demo4 mainwindow.cpp */
#include "mainwindow.h"

MainWindow::MainWindow(QWidget * parent):QMainWindow(parent)
{
    setGeometry(300,300,580,280);
    setWindowTitle("QAreaSeries");
    //创建图表视图控件
    chartView = new QChartView();
    setCentralWidget(chartView);
    //创建图表
    chart = new QChart();
    chartView->setChart(chart);                  //设置图表视图中的图表
    chart->setTitle("面积图");
    //创建折线数据序列
    seriesSin = new QLineSeries();
    seriesCos = new QLineSeries();
    //向折线数据序列中添加数据
    for(int i = 0; i <= 720; i++){
        seriesSin->append(i,sin(i*pi/180));
        seriesCos->append(i,cos(i*pi/180));
    }
    //创建面积图数据序列
    seriesArea = new QAreaSeries();
    seriesArea->setUpperSeries(seriesSin);
    seriesArea->setLowerSeries(seriesCos);
    seriesArea->setName("sin-cos");
    //向图表中添加面积数据序列
    chart->addSeries(seriesArea);
```

```
        //设置边框颜色
        QColor color1 = seriesArea->borderColor();
        color1.setRgb(255,0,0);
        seriesArea->setBorderColor(color1);
        //设置填充颜色
        QColor color2 = seriesArea->color();
        color2.setRgb(0,255,0);
        seriesArea->setColor(color2);
        //创建坐标轴
        axisX = new QValueAxis();
        axisX->setRange(0,360);
        axisX->setTitleText("角度");
        axisY = new QValueAxis();
        axisY->setRange(-1,1);
        axisY->setTitleText("数值");
        //向图表中添加坐标轴
        chart->addAxis(axisX,Qt::AlignBottom);
        chart->addAxis(axisY,Qt::AlignLeft);
}

MainWindow::~MainWindow() { }
```

(5) 其他文件保持不变,运行结果如图 6-6 所示。

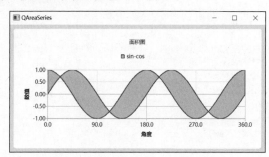

图 6-6　项目 demo4 的运行结果

6.2.4　绘制饼图

在 Qt 6 中,使用 QPieSeries 类创建饼图数据序列对象。饼图就是把 1 个圆切分成多个扇形,每个扇形就是 1 个切片,每个切片被赋予一个数值。使用 QPieSlice 类创建切片对象。每个切片的大小与其数值在切片总值的百分比成正比。如果在饼图中间添加圆孔,则饼图将成为圆孔图。

QPieSeries 类和 QPieSlice 类都位于 Qt 6 的 Qt Charts 子模块下,这两个类的构造函数如下:

```
QPieSeries(QObject * parent = nullptr)
QPieSlice(QObject * parent = nullptr)
QPieSlice(QString label,float value,QObject * parent = nullptr)
```

其中,parent 表示 QObject 类及其子类创建的对象指针;label 表示切片的标签;value 表示切片的数值。

1. QPieSeries 类的方法和信号

在 Qt 6 中,QPieSeries 类的常用方法见表 6-11。

表 6-11　QPieSeries 类的常用方法

方法及参数类型	说　　明	返回值的类型
clear()	删除所有切片	
count()	获取切片的数量	int
append(QPieSlice * slice)	添加切片,若成功,则返回值为 true	bool
append(QList < QPieSlice * > &slices)	添加切片,若成功,则返回值为 true	bool
append(QString &label,float value)	添加切片,并返回该切片对象	QPieSlice *
insert(int index,QPieSlice * slice)	根据索引插入切片,若成功,则返回值为 true	bool
slices()	获取切片列表	QList < QPieSlice * >
remove(QPieSlice * slice)	移除并删除切片	
take(QPieSlice * slice)	移除但不删除切片	
sum()	计算所有切片的和	float
isEmpty()	获取是否含有切片	bool
setPieSize(float relativeSize)	设置饼图的相对尺寸,参数值为 0～1	
setHoleSize(float holeSize)	设置饼图内孔的相对尺寸,参数值为 0～1	
setHorizontalPosition(float relativePosition)	设置饼图的水平相对位置,参数值为 0～1	
setVerticalPosition(float relativePosition)	设置饼图的竖直相对位置,参数值为 0～1	
setLabelsVisible(bool visible=true)	设置切片的标签是否可见	
setLabelsPosition(QPieSlice::LabelPosition position)	设置切片标签的位置	
setPieStartAngle(float startAngle)	设置饼图的起始角	
setPieEndAngle(float endAngle)	设置饼图的结束角	

QPieSeries 类的信号见表 6-12。

表 6-12　QPieSeries 类的信号

信号及参数类型	说　　明
added(QList < QPieSlice * > &slices)	当添加切片时发送信号
clicked(QPieSlice * slice)	当单击切片时发送信号
countChanged()	当切片数量发生改变时发送信号
doubleClicked(QPieSlice * slice)	当双击切片时发送信号
hovered(QPieSlice * slice,bool state)	当光标在切片上悬停或离开时发送信号。当光标悬停时,state 为 true;当光标移开时,state 为 false
pressed(QPieSlice * slice)	当在切片上按下鼠标按键时发送信号
released(QPieSlice * slice)	当在切片上释放鼠标按键时发送信号
removed(QList < QPieSlice * > &slices)	当移除切片时发送信号
sumChanged()	当切片的总值发生改变时发送信号

2. QPieSlice 类的方法和信号

在 Qt 6 中,QPieSlice 类的常用方法见表 6-13。

表 6-13 QPieSlice 类的常用方法

方法及参数类型	说　明	返回值的类型
pen()	获取钢笔	QPen
brush()	获取画刷	QBrush
color()	获取填充颜色	QColor
setLabel(QString &label)	设置切片的标签文字	
label()	获取切片的标签文字	QString
setValue(float value)	设置切片的值	
value()	获取切片的值	float
percentage()	获取切片的百分比值	float
setPen(QPen &pen)	设置钢笔	
setBorderColor(QColor color)	设置边框的颜色	
setBorderWidth(int width)	设置边框的宽度	
setBrush(QBrush &brush)	设置画刷	
setColor(QColor color)	设置填充颜色	
setExploded(bool exploded=true)	设置切片是否处于爆炸状态	
isExploded()	获取切片是否处于爆炸状态	bool
setExplodeDistanceFactor(float factor)	设置爆炸距离	
explodeDistanceFactor()	获取爆炸距离	float
setLabelVisible(bool visible=true)	设置切片标签是否可见	
isLabelVisible()	获取切片标签是否可见	bool
setLabelArmLengthFactors(float factor)	设置切片标签的长度	
setLabelBrush(QBrush &brush)	设置切片标签的画刷	
setLabelColor(QColor color)	设置切片标签的颜色	
setLabelFont(QFont font)	设置切片标签的字体	
setLabelPosition(QPieSlice::LabelPosition position)	设置切片标签的位置	
labelPosition()	获取切片标签的位置	QPieSlice::LabelPosition
series()	获取切片所在的数据序列	QPieSeries *
startAngle()	获取切片的起始角	float
angleSpan()	获取切片的跨度角	float

在表 6-13 中,QPieSlice::LabelPosition 的枚举常量为 QPieSlice::LabelOutside、QPieSlice::LabelInsideHorizontal、QPieSlice::LabelInsideTangential、QPieSlice::LabelInsideNormal。

QPieSlice 类的信号见表 6-14。

表 6-14 QPieSlice 类的信号

信号及参数类型	说　明
angleSpanChanged()	当跨度角发生改变时发送信号
borderColorChanged()	当边框颜色发生改变时发送信号

续表

信号及参数类型	说　　明
borderWidthChanged()	当边框宽度发生改变时发送信号
brushChanged()	当画刷发生改变时发送信号
clicked()	当被鼠标单击时发送信号
colorChanged()	当颜色发生改变时发送信号
doubleClicked()	当被鼠标双击时发送信号
hovered(bool state)	当光标在切片上悬停或移开时发送信号。当光标悬停时，state 为 true；当光标移开时，state 为 false
labelBrushChanged()	当标签画刷发生改变时发送信号
labelChanged()	当标签发生改变时发送信号
labelColorChanged()	当标签颜色发生改变时发送信号
labelFontChanged()	当标签字体发生改变时发送信号
labelVisibleChanged()	当标签可见性发生改变时发送信号
penChanged()	当切片的钢笔发生改变时发送信号
percentageChanged()	当切片的百分比值发生改变时发送信号
pressed()	当鼠标按下时发送信号
released()	当鼠标释放时发送信号
startAngleChanged()	当起始角度发生改变时发送信号
valueChanged()	当切片的数值发生改变时发送信号

【实例 6-5】 使用 QPieSeries、QPieSlice 类绘制圆环图，并将其中的一个切片设置为爆炸切片，操作步骤如下：

（1）使用 Qt Creator 创建一个模板为 Qt Widgets Application 的项目，将该项目命名为 demo5，并保存在 D 盘的 Chapter6 文件夹下；在向导对话框中选择基类 QMainWindow，不勾选 Generate form 复选框。

（2）在项目的配置文件 demo5.pro 中添加下面一行语句：

```
QT += charts
```

（3）编写 mainwindow.h 文件中的代码，代码如下：

```
/* 第 6 章 demo5 mainwindow.h */
#ifndef MAINWINDOW_H
#define MAINWINDOW_H

#include <QMainWindow>
#include <QChartView>
#include <QChart>
#include <QPieSeries>
#include <QPieSlice>

class MainWindow : public QMainWindow
{
    Q_OBJECT
```

```
public:
    MainWindow(QWidget *parent = nullptr);
    ~MainWindow();
private:
    QChart *chart;                          //图表指针
    QChartView *chartView;                  //图表视图指针
    QPieSeries *seriesPie;                  //饼图数据序列指针
    QPieSlice *first,*second;               //切片指针
};
#endif //MAINWINDOW_H
```

(4) 编写 mainwindow.cpp 文件中的代码,代码如下:

```
/* 第6章 demo5 mainwindow.cpp */
#include "mainwindow.h"

MainWindow::MainWindow(QWidget *parent):QMainWindow(parent)
{
    setGeometry(300,300,580,280);
    setWindowTitle("QPieSeries、QPieSlice");
    //创建图表视图控件
    chartView = new QChartView();
    setCentralWidget(chartView);
    //创建图表
    chart = new QChart();
    chartView->setChart(chart);             //设置图表视图中的图表
    //创建饼图数据序列
    seriesPie = new QPieSeries();
    seriesPie->setLabelsPosition(QPieSlice::LabelOutside);
    seriesPie->setPieStartAngle(90);
    seriesPie->setPieEndAngle(-270);
    //创建切片
    first = new QPieSlice("优秀",22);
    second = new QPieSlice("良好",32);
    //设置爆炸切片
    second->setExploded(true);
    //向饼图数据序列中添加切片
    seriesPie->append(first);
    seriesPie->append(second);
    seriesPie->append("及格",46);
    seriesPie->append("不及格",50);
    //设置标签可见
    seriesPie->setLabelsVisible(true);
    seriesPie->setHoleSize(0.4);            //设置圆孔的尺寸
    chart->addSeries(seriesPie);            //向图表中添加数据序列
}

MainWindow::~MainWindow() {}
```

（5）其他文件保持不变，运行结果如图 6-7 所示。

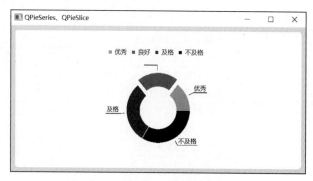

图 6-7　项目 demo5 的运行结果

6.2.5　绘制条形图

条形图是以水平条或竖直条显示数据的。Qt 6 提供了以下几种条形图数据序列类。

QBarSeries 类：用于绘制竖直条形图的数据序列类。

QHorizontalBarSeries 类：用于绘制水平条形图的数据序列类。

QStackedBarSeries 类：用于绘制竖直堆叠条形图的数据序列类。

QHorizontalStackedBarSeries 类：用于绘制水平堆叠条形图的数据序列类。

QPercentBarSeries 类：用于绘制百分比条形图的数据序列类。

QHorizontalPercentBarSeries 类：用于绘制水平百分比条形图的数据序列类。

以上这 6 个类都是 QAbstractBarSeries 类的子类，并且没有各自独有的方法和信号，只有继承自 QAbstractBarSeries 类的方法和信号，其继承关系如图 6-3 所示。这 6 个类的构造函数如下：

```
QBarSeries(QObject * parent = nullptr)
QHorizontalBarSeries(QObject * parent = nullptr)
QStackedBarSeries(QObject * parent = nullptr)
QHorizontalStackedBarSeries(QObject * parent = nullptr)
QPercentBarSeries(QObject * parent = nullptr)
QHorizontalPercentBarSeries(QObject * parent = nullptr)
```

其中，parent 表示 QObject 类及其子类创建的对象指针。

条形图数据序列对象由数据项 QBarset 对象构成，每个数据项包含多个数据。可以使用 QBarset 类创建数据项对象，其构造函数如下：

```
QBarset(QString label,QObject * parent = nullptr)
```

其中，parent 表示 QObject 类及其子类创建的对象指针；label 表示数据项的标签文本。

1. QAbstractBarSeries 类的方法和信号

在 Qt 6 中，QAbstractBarSeries 类的常用方法见表 6-15。

表 6-15　QAbstractBarSeries 类的常用方法

方法及参数类型	说　　明	返回值的类型
clear()	删除所有数据项	
count()	获取数据项的个数	
append(QBarset * set)	添加数据项,若成功,则返回值为 true	bool
append(QList < QBarset * > &sets)	添加多个数据项,若成功,则返回值为 true	bool
insert(int index,QBarset * set)	根据索引插入数据项,若成功,则返回值为 true	bool
barSets()	获取数据项列表	QList < QBarSet * >
remove(QBarset * set)	删除数据项,若成功,则返回值为 true	bool
take(QBarset * set)	移除数据项,若成功,则返回值为 true	bool
setBarWidth(float width)	设置条形的宽度	
barWidth()	获取条形的宽度	float
setLabelsAngle(float angle)	设置标签的旋转角度	
setLabelsVisible(bool visible=true)	设置标签是否可见	
isLabelsVisible()	获取标签是否可见	bool
setLabelsPosition(QAbstractBarSeries::LabelsPosition position)	设置标签的位置	
setLabelsFormat(QString &format)	设置标签的格式	
setLabelsPrecision(int precision)	设置标签的精度	

在表 6-15 中,QAbstractBarSeries::LabelsPosition 的枚举常量为 QAbstractBarSeries::LabelsCenter、QAbstractBarSeries::LabelsInsideEnd、QAbstractBarSeries::LabelsInsideBase、QAbstractBarSeries::LabelsOutsideEnd。

QAbstractBarSeries 类的信号见表 6-16。

表 6-16　QAbstractBarSeries 类的信号

信号及参数类型	说　　明
barsetsAdded(QList < QBarset * > &sets)	当添加数据项时发送信号
barsetsRemoved(QList < QBarset * > &sets)	当移除数据项时发送信号
clicked(int index,QBarset * barset)	当单击数据项时发送信号
doubleClicked(int index,QBarset * barset)	当双击数据项时发送信号
pressed(int index,QBarset * barset)	当在数据项上按下鼠标按键时发送信号
released(int index,QBarset * barset)	当在数据项上释放鼠标按键时发送信号
hovered(bool status,int index,QBarset * barset)	当光标在数据项上悬停或移开时发送信号,当光标悬停时,status 为 true;当光标移开时,status 为 false
labelsAngleChanged(float angle)	当标签角度发生改变时发送信号
labelsFormatChanged(QString &format)	当标签格式发生改变时发送信号
labelsPositionChanged(QAbstractBarSeries::LabelsPosition position)	当标签位置发生改变时发送信号
labelsPrecisionChanged(int precision)	当标签精度发生改变时发送信号

续表

信号及参数类型	说　明
labelsVisibleChanged()	当标签可见性发生改变时发送信号
countChanged()	当数据项的个数发生改变时发送信号

2．QBarSet 类的方法和信号

在 Qt 6 中，QBarSet 类的常用方法见表 6-17。

表 6-17　QBarSet 类的常用方法

方法及参数类型	说　明	返回值的类型
pen()	获取钢笔	QPen
brush()	获取画刷	QBrush
color()	获取填充颜色	QColor
append(float value)	添加条目的值	
append(QList＜float＞&values)	添加多个条目的值	
insert(int index,float value)	根据索引插入条目的值	
at(int index)	根据索引获取条目的值	float
count()	获取条目值的个数	int
sum()	获取所有条目值的和	float
remove(int index,int count＝1)	根据索引移除指定数量的值	
replace(int index,float value)	根据索引替换值	
setBorderColor(QColor color)	设置边框颜色	
setPen(QPen &pen)	设置钢笔	
setBrush(QBrush &brush)	设置画刷	
setColor(QColor color)	设置颜色	
setLabel(QString label)	设置数据项在图例中的名称	
label()	获取数据项在图例中的名称	QString
setLabelBrush(QBrush &brush)	设置标签画刷	
setLabelColor(QColor color)	设置标签颜色	
setLabelFont(QFont &font)	设置标签字体	
setBarSelected(int index,bool selected)	根据索引选中数据项	
setSelectedColor(QColor &color)	设置选中的数据项的颜色	
selectAllBars()	选中所有的数据项	
selectBar(int index)	根据索引选中数据项	
selectBars(QList＜int＞&indexes)	根据索引选中多个数据项	
selectedBars()	获取选中数据项的索引列表	QList＜QBarset*＞
deselectedBars(QList＜int＞&indexes)	根据索引取消选择	
isBarSelected(int index)	获取指定索引的数据项是否被选中	bool
toggleSelection(QList＜int＞&indexes)	根据索引切换选中状态	
deselectBar(int index)	根据索引取消选中状态	
deselectAllBars()	根据索引取消所有的选中状态	

QBarSet 类的信号见表 6-18。

表 6-18 QBarSet 类的信号

信号及参数类型	说明
valueAdded(int index,int count)	当添加值时发送信号
valueRemoved(int index,int count)	当移除值时发送信号
valueChanged(int index)	当值发生改变时发送信号
borderColorChanged(QColor color)	当边框颜色发生改变时发送信号
brushChanged()	当画刷发生改变时发送信号
clicked(int index)	当单击鼠标时发送信号
colorChanged(QColor color)	当颜色发生改变时发送信号
doubleClicked(int index)	当双击鼠标时发送信号
hovered(bool status,int index)	当光标在数据项上悬停或移开时发送信号,当光标悬停时,status 为 true;当光标移开时,status 为 false
labelBrushChanged()	当标签画刷发生改变时发送信号
labelChanged()	当标签发生改变时发送信号
labelColorChanged(QColor color)	当标签颜色发生改变时发送信号
labelFontChanged()	当标签字体发生改变时发送信号
penChanged()	当钢笔发生改变时发送信号
pressed(int index)	当按下鼠标按键时发送信号
released(int index)	当释放鼠标按键时发送信号

【实例 6-6】 使用 QBarSeries、QBarSet 类绘制条形图,操作步骤如下:

(1) 使用 Qt Creator 创建一个模板为 Qt Widgets Application 的项目,将该项目命名为 demo6,并保存在 D 盘的 Chapter6 文件夹下;在向导对话框中选择基类 QMainWindow,不勾选 Generate form 复选框。

(2) 在项目的配置文件 demo6.pro 中添加下面一行语句:

```
QT += charts
```

(3) 编写 mainwindow.h 文件中的代码,代码如下:

```
/* 第 6 章 demo6 mainwindow.h */
#ifndef MAINWINDOW_H
#define MAINWINDOW_H

#include <QMainWindow>
#include <QChartView>
#include <QChart>
#include <QBarSeries>
#include <QBarSet>
#include <QValueAxis>
#include <QBarCategoryAxis>

class MainWindow : public QMainWindow
{
```

```cpp
    Q_OBJECT
public:
    MainWindow(QWidget *parent = nullptr);
    ~MainWindow();
private:
    QChart *chart;                       //图表指针
    QChartView *chartView;               //图表视图指针
    QBarSeries *seriesBar;               //条形图数据序列指针
    QBarSet *set1,*set2,*set3;           //数据项指针
    QBarCategoryAxis *axisX;             //坐标轴指针
    QValueAxis *axisY;                   //坐标轴指针
};
#endif //MAINWINDOW_H
```

(4) 编写 mainwindow.cpp 文件中的代码，代码如下：

```cpp
/* 第6章 demo6 mainwindow.cpp */
#include "mainwindow.h"

MainWindow::MainWindow(QWidget *parent):QMainWindow(parent)
{
    setGeometry(300,300,580,280);
    setWindowTitle("QBarSeries、QBarSet");
    //创建图表视图控件
    chartView = new QChartView();
    setCentralWidget(chartView);
    //创建图表
    chart = new QChart();
    chartView->setChart(chart);          //设置图表视图中的图表
    //创建条形图数据序列
    seriesBar = new QBarSeries();
    //创建数据项
    set1 = new QBarSet("孙悟空的考试成绩");
    set1->append({70,80,90});
    set2 = new QBarSet("猪八戒的考试成绩");
    set2->append({56,86,96});
    set3 = new QBarSet("沙僧的考试成绩");
    set3->append({73,63,93});
    //创建横轴的坐标轴
    axisX = new QBarCategoryAxis();
    axisX->append({"语文","数学","英文"});
    //创建纵轴的坐标轴
    axisY = new QValueAxis();
    //向图表中添加坐标轴
    chart->addAxis(axisX,Qt::AlignBottom);
    chart->addAxis(axisY,Qt::AlignLeft);
    //向数据序列中添加数据项
    seriesBar->append({set1,set2,set3});
    //向图表中添加数据序列
    chart->addSeries(seriesBar);
}

MainWindow::~MainWindow() {}
```

(5) 其他文件保持不变，运行结果如图 6-8 所示。

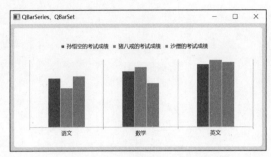

图 6-8　项目 demo6 的运行结果

【实例 6-7】　在 1 个窗口中，分别使用 QStackedBarSeries 类、QPercentBarSeries 类绘制条形图，操作步骤如下：

(1) 使用 Qt Creator 创建一个模板为 Qt Widgets Application 的项目，将该项目命名为 demo7，并保存在 D 盘的 Chapter6 文件夹下；在向导对话框中选择基 QWidget，不勾选 Generate form 复选框。

(2) 在项目的配置文件 demo7.pro 中添加下面一行语句：

```
QT += charts
```

(3) 编写 widget.h 文件中的代码，代码如下：

```
/* 第 6 章 demo7 widget.h */
#ifndef WIDGET_H
#define WIDGET_H

#include <QWidget>
#include <QHBoxLayout>
#include <QChart>
#include <QChartView>
#include <QStackedBarSeries>
#include <QBarSet>
#include <QPercentBarSeries>

class Widget : public QWidget
{
    Q_OBJECT
public:
    Widget(QWidget * parent = nullptr);
    ~Widget();
private:
    QHBoxLayout * hbox;                              //水平布局指针
    QChartView * chartView1, * chartView2;           //图表视图指针
    QChart * chart1, * chart2;                       //图表指针
    QStackedBarSeries * seriesStacked;               //条形图数据序列指针
    QPercentBarSeries * seriesPercent;               //条形图数据序列指针
    QBarSet * set1, * set2, * set3;                  //数据项指针
};
#endif //WIDGET_H
```

（4）编写 widget.cpp 文件中的代码，代码如下：

```cpp
/* 第 6 章 demo7 widget.cpp */
#include "widget.h"

Widget::Widget(QWidget *parent):QWidget(parent)
{
    setGeometry(300,300,580,280);
    setWindowTitle("QStackedBarSeries、QPercentBarSeries");
    hbox = new QHBoxLayout(this);
    //创建图表视图控件
    chartView1 = new QChartView();
    chartView2 = new QChartView();
    hbox->addWidget(chartView1);
    hbox->addWidget(chartView2);
    //创建图表
    chart1 = new QChart();
    chart2 = new QChart();
    chartView1->setChart(chart1);
    chartView2->setChart(chart2);
    //创建条形图数据序列
    seriesStacked = new QStackedBarSeries();
    seriesPercent = new QPercentBarSeries();
    //创建数据项
    set1 = new QBarSet("孙悟空的考试成绩");
    set1->append({70,20,90});
    set2 = new QBarSet("猪八戒的考试成绩");
    set2->append({36,86,96});
    set3 = new QBarSet("沙僧的考试成绩");
    set3->append({73,63,63});
    //向数据序列中添加数据项
    seriesStacked->append({set1,set2,set3});
    seriesPercent->append({set1,set2,set3});
    //向图表中添加数据序列
    chart1->addSeries(seriesStacked);
    chart2->addSeries(seriesPercent);
}

Widget::~Widget() {}
```

（5）其他文件保持不变，运行结果如图 6-9 所示。

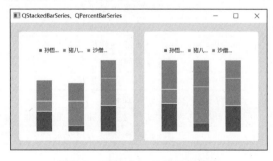

图 6-9 项目 demo7 的运行结果

6.2.6 绘制蜡烛图

蜡烛图是一种能表示一段时间内的初始值、结束值、最小值、最大值的图。蜡烛图被广泛地应用在股票、期货交易中,例如某只股票的价格在某一天的开盘值、收盘值、最低值、最高值。

在 Qt 6 中,使用 QCandlestickSeries 类创建蜡烛图的数据序列;使用 QCandlestickSet 类创建蜡烛数据序列的数据项。QCandlestickSeries 类和 QCandlestickSet 类都位于 Qt Charts 子模块下,这两个类的构造函数如下:

```
QCandlestickSeries(QObject * parent = nullptr)
QCandlestickSet(float timestamp = 0.0, QObject * parent = nullptr)
QCandlestickSet(float open, float high, float low, float close, float timestamp = 0.0, QObject
 * parent = nullptr)
```

其中,parent 表示 QObject 类及其子类创建的对象指针;timestamp 表示时间戳;open、close 表示某段时间的初始值、结束值;high、low 表示某段时间的最大值、最小值。

1. 蜡烛图数据序列类 QCandlestickSeries 类的方法和信号

在 Qt 6 中,QCandlestickSeries 类的常用方法见表 6-19。

表 6-19 QCandlestickSeries 类的常用方法

方法及参数类型	说　　明	返回值的类型
pen()	获取钢笔	QPen
brush()	获取画刷	QBrush
append(QCandlestickSet * set)	添加蜡烛数据项,若成功,则返回值为 true	bool
append(QList < QCandlestickSet * > &sets)	添加多个蜡烛数据项,若成功,则返回值为 true	bool
insert(int index,QCandlestickSet * set)	根据索引插入蜡烛数据项	bool
sets()	获取蜡烛数据项列表	QList < QCandlestickSet * >
clear()	删除所有蜡烛数据项	
count()	获取蜡烛数据项的数量	int
remove(QCandlestickSet * set)	删除蜡烛数据项	bool
remove(QList < QCandlestickSet * > &sets)	删除多个蜡烛数据项	bool
take(QCandlestickSet * set)	移除蜡烛数据项	bool
setBodyOutlineVisible(bool bodyOutlineVisible)	设置蜡烛轮廓线是否可见	
setBodyWidth(float bodyWidth)	设置蜡烛的相对宽度,取值范围为 0～1	
bodyWidth()	获取蜡烛宽度	float
setBrush(QBrush &brush)	设置画刷	
setCapsVisible(bool capsVisible)	设置最大值和最小值的帽线是否可见	
capsVisible()	获取帽线是否可见	bool

续表

方法及参数类型	说　明	返回值的类型
setCapsWidth(float capsWidth)	设置帽线相对于蜡烛的宽度,取值范围为 0～1	
capsWidth()	获取帽线的相对宽度	float
setDecreasingColor(QColor &decreasingColor)	设置下跌时的颜色	
decreasingColor()	获取下跌时的颜色	QColor
setIncreasingColor(QColor &increasingColor)	设置上涨时的颜色	
increasingColor()	获取上涨时的颜色	QColor
setMaximumColumnWidth(float)	设置最大列宽(像素),若参数值为负值,则表示没有最大列宽限制	
maximumColumnWidth()	获取最大宽度	float
setMinimumColumnWidth(float)	设置最小列宽(像素),若参数值为负值,则表示没有最小列宽限制	
minimumColumnWidth()	获取最小宽度	float
setPen(QPen &pen)	设置钢笔	

QCandlestickSeries 类的信号见表 6-20。

表 6-20　QCandlestickSeries 类的信号

信号及参数类型	说　明
bodyOutlineVisibilityChanged()	当轮廓发生改变时发送信号
bodyWidthChanged()	当宽度发生改变时发送信号
brushChanged()	当画刷发生改变时发送信号
candlestickSetsAdded(QList< QCandlestickSet * > &sets)	当添加蜡烛数据项时发送信号
candlestickSetsRemoved(QList< QCandlestickSet * > &sets)	当删除蜡烛数据项时发送信号
capsVisibilityChanged()	当帽线的可见性发生改变时发送信号
capsWidthChanged()	当帽线的宽度发生改变时发送信号
clicked(QCandlestickSet * set)	当单击时发送信号
countChanged()	当蜡烛项的数量发生改变时发送信号
doubleClicked(QCandlestickSet * set)	当双击时发送信号
hovered(bool status, QCandlestickSet * set)	当光标在数据项上悬停或移开时发送信号,当光标悬停时,status 为 true;当光标移开时,status 为 false
increasingColorChanged()	当上涨颜色发生改变时发送信号
maximumColumnWidthChanged()	当最大列宽发生改变时发送信号
minimumColumnWidthChanged()	当最小列宽发生改变时发送信号
penChanged()	当钢笔发生改变时发送信号
pressed(QCandlestickSet * set)	当在数据项上按下鼠标按键时发送信号
released(QCandlestickSet * set)	当在数据项上释放鼠标按键时发送信号

2. 蜡烛数据项类 QCandlestickSet 类的方法和信号

在 Qt 6 中，QCandlestickSet 类的常用方法见表 6-21。

表 6-21 QCandlestickSet 类的常用方法

方法及参数类型	说明	返回值的类型
setOpen(float open)	设置初始值	
open()	获取初始值	float
setClose(float close)	设置结束值	
close()	获取结束值	float
setHigh(float high)	设置最高值	
high()	获取最高值	float
setLow(float low)	设置最低值	
low()	获取最低值	float
setTimestamp(float timestamp)	设置时间戳	
timestamp()	获取时间戳	float
setPen(QPen &pen)	设置钢笔	
pen()	获取钢笔	QPen
setBrush(QBrush &brush)	设置画刷	
brush()	获取画刷	QBrush

QCandlestickSet 类的信号见表 6-22。

表 6-22 QCandlestickSet 类的信号

信号及参数类型	说明
brushChanged()	当画刷发生改变时发送信号
clicked()	当在数据项上单击鼠标时发送信号
closeChanged()	当结束值发生改变时发送信号
doubleClicked()	当在数据项上双击鼠标时发送数据
highChanged()	当最高值发生改变时发送信号
hovered(bool status)	当光标在数据项上悬停或移开时发送信号，当光标悬停时，status 为 true；当光标移开时，status 为 false
lowChanged()	当最低值发生改变时发送信号
openChanged()	当初始值发生改变时发送信号
penChanged()	当钢笔发生改变时发送信号
pressed()	当在数据项上按下鼠标按键时发送信号
released()	当在数据项上释放鼠标按键时发送信号
timestampChanged()	当时间戳发生改变时发送信号

【实例 6-8】 使用 QCandlestickSeries 类、QCandlestickSet 类绘制 5 个蜡烛图，操作步骤如下。

(1) 使用 Qt Creator 创建一个模板为 Qt Widgets Application 的项目，将该项目命名为 demo8，并保存在 D 盘的 Chapter6 文件夹下；在向导对话框中选择基类 QMainWindow，不勾选 Generate form 复选框。

（2）在项目的配置文件 demo8.pro 中添加下面一行语句：

```
QT += charts
```

（3）编写 mainwindow.h 文件中的代码，代码如下：

```
/* 第6章 demo8 mainwindow.h */
#ifndef MAINWINDOW_H
#define MAINWINDOW_H

#include <QMainWindow>
#include <QChartView>
#include <QChart>
#include <QCandlestickSeries>
#include <QCandlestickSet>
#include <QValueAxis>
#include <QBarCategoryAxis>

class MainWindow : public QMainWindow
{
    Q_OBJECT
public:
    MainWindow(QWidget *parent = nullptr);
    ~MainWindow();
private:
    QChart *chart;                              //图表指针
    QChartView *chartView;                      //图表视图指针
    QCandlestickSeries *candlestickSeries;      //蜡烛图数据序列指针
    QCandlestickSet *candleSet;                 //数据项指针
    QValueAxis *axisY;                          //坐标轴指针
    QBarCategoryAxis *axisX;                    //坐标轴指针
};
#endif //MAINWINDOW_H
```

（4）编写 mainwindow.cpp 文件中的代码，代码如下：

```
/* 第6章 demo8 mainwindow.cpp */
#include "mainwindow.h"

MainWindow::MainWindow(QWidget *parent):QMainWindow(parent)
{
    setGeometry(300,300,580,280);
    setWindowTitle("QCandlestickSeries、QCandlestickset");
    //创建图表视图控件
    chartView = new QChartView();
    setCentralWidget(chartView);
    //创建图表
    chart = new QChart();
    chartView->setChart(chart);                          //设置图表视图中的图表
    chart->setTitle("蜡烛图");
    //创建数据
    QList<float> begin = {23.0,23.3,22.8,23.5,24.5};     //开始值
```

```cpp
    QList<float> high = {25.3,24.3,24.7,24.3,25.1};              //最高值
    QList<float> low = {22.1,21.8,21.7,23.1,23.4};               //最低值
    QList<float> close = {24.0,22.7,22.5,23.9,24.7};             //结束值
    //创建蜡烛图数据序列
    candlestickSeries = new QCandlestickSeries();
    candlestickSeries->setMaximumColumnWidth(20);                //设置最大列宽
    candlestickSeries->setIncreasingColor(Qt::red);              //设置上涨颜色
    candlestickSeries->setDecreasingColor(Qt::green);            //设置下跌颜色
    candlestickSeries->setCapsVisible(true);                     //显示帽线
    for(int i = 0;i < begin.size();i++){
        candleSet = new QCandlestickSet();                       //蜡烛数据项
        candleSet->setOpen(begin[i]);                            //设置初始值
        candleSet->setHigh(high[i]);                             //设置最高值
        candleSet->setLow(low[i]);                               //设置最低值
        candleSet->setClose(close[i]);                           //设置结束值
        candlestickSeries->append(candleSet);                    //添加蜡烛数据项
    }
    //向图表中添加数据序列
    chart->addSeries(candlestickSeries);
    //创建坐标轴
    axisX = new QBarCategoryAxis();
    axisX->append({"1","2","3","4","5"});
    axisY = new QValueAxis();
    axisY->setRange(21,26);
    //向图表中添加坐标轴
    chart->addAxis(axisX,Qt::AlignBottom);
    chart->addAxis(axisY,Qt::AlignLeft);
    //将数据序列与坐标轴关联
    candlestickSeries->attachAxis(axisX);
    candlestickSeries->attachAxis(axisY);
}

MainWindow::~MainWindow() {}
```

(5) 其他文件保持不变,运行结果如图 6-10 所示。

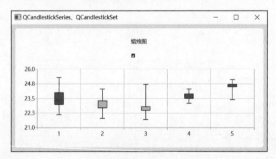

图 6-10 项目 demo8 的运行结果

6.2.7 绘制箱形图

箱形图也称为箱线图、盒式图、盒须图,是一种用于显示一组数据分散情况的统计图,因

形状像盒子而得名。箱形图可以不受异常值的影响，以一种相对稳定的方式描述数据的离散分布情况，因此被应用于各领域。箱形图也被用于异常值的识别。

在 Qt 6 中，使用 QBoxPlotSeries 类创建箱形图的数据序列对象；使用 QBoxSet 类创建箱形图数据序列的数据项。QBoxPloySeries 类和 QBoxSet 类都位于 Qt Charts 子模块下，这两个类的构造函数如下：

```
QBoxPlotSeries(QObject * parent = nullptr)
QBoxSet(const QString label, QObject * parent = nullptr)
QBoxSet(float le, float lq, float m, float uq, float ue, const QString label, QObject * parent = 
    nullptr)
```

其中，parent 表示 QObject 类及其子类创建的对象指针；label 表示数据项的标签；le 表示最小值（Lower Extreme）；lq 表示下四分位数（Lower Quartile）；m 表示中位数（Median）；uq 表示上四分位数（Upper Quartile）；ue 表示最大值（Upper Extreme）。

1. 箱形图数据序列类 QBoxPlotSeries 类的方法和信号

在 Qt 6 中，QBoxPlotSeries 类的常用方法见表 6-23。

表 6-23　QBoxPlotSeries 类的常用方法

方法及参数类型	说　　明	返回值的类型
clear()	清除所有箱形图数据项	
count()	获取箱形图数据项的个数	int
append(QBoxSet * set)	添加箱形图数据项，若成功，则返回值为 true	bool
append(QList < QBoxSet * > &sets)	添加多个箱形图数据项	bool
insert(int index, QBoxSet * set)	根据索引插入数据项	bool
boxSets()	获取箱形图数据项列表	QList < QBoxSet * >
setBoxOutlineVisible(bool visible)	设置轮廓是否可见	
boxOutlineVisible()	获取轮廓是否可见	bool
setBoxWidth(float width)	设置箱形图宽度	
boxWidth()	获取箱形图宽度	float
setBrush(QBrush &brush)	设置画刷	
brush()	获取画刷	QBrush
setPen(QPen &pen)	设置钢笔	
pen()	获取钢笔	QPen
remove(QBoxSet * set)	删除箱形图数据项	bool
take(QBoxSet * set)	移除箱形图数据项	bool

QBoxPlotSeries 类的信号见表 6-24。

表 6-24　QBoxPlotSeries 类的信号

信号及参数类型	说　　明
boxOutlineVisibilityChanged()	当箱形图的轮廓线发生改变时发送信号
boxWidthChanget()	当箱形图的宽度发生改变时发送信号
boxsetsAdded(QList < QBoxset * > &sets)	当添加箱形图数据项时发送信号

续表

信号及参数类型	说明
boxsetsRemoved(QList＜QBoxset *＞ &sets)	当移除箱形图数据项时发送信号
brushChanged()	当画刷发生改变时发送信号
hovered(bool status,QBoxSet * boxset)	当光标在数据项上悬停或移开时发送信号,当光标悬停时,status 为 true；当光标移开时,status 为 false
clicked(QBoxset * boxset)	当单击数据项时发送信号
countChanged()	当数据项个数发生改变时发送信号
doubleClicked(QBoxset * boxset)	当双击数据项时发送信号
penChanged()	当钢笔发生改变时发送信号
pressed(QBoxSet * boxset)	当在数据项上按下鼠标按键时发送信号
released(QBoxSet * boxset)	当在数据项上释放鼠标按键时发送信号

2. 箱形图数据项 QBoxSet 类的方法和信号

在 Qt 6 中,QBoxSet 类的常用方法见表 6-25。

表 6-25　QBoxSet 类的常用方法

方法及参数类型	说　　明	返回值的类型
clear()	清除所有数据	
count()	获取数据的个数	int
append(float value)	添加数据	
append(QList＜float＞ &values)	添加多个数据	
setValue(int index,float value)	根据索引设置数据的值	
at(int index)	根据索引获取数据的值	float
setLabel(QString label)	设置标签	
label()	获取标签	QString
setBrush(QBrush &brush)	设置画刷	
brush()	获取画刷	QBrush
setPen(QPen &pen)	设置钢笔	
pen()	获取钢笔	QPen

QBoxSet 类的信号见表 6-26。

表 6-26　QBoxSet 类的信号

信号及参数类型	说　　明
brushChanged()	当画刷发生改变时发送信号
hovered(bool status)	当光标在数据项上悬停或移开时发送信号,当光标悬停时,status 为 true；当光标移开时,status 为 false
cleared()	当清空数据时发送信号
clicked()	当单击数据项时发送信号
doubleClicked()	当双击数据项时发送信号
penChanged()	当钢笔发生改变时发送信号
pressed()	当在数据项上按下鼠标按键时发送信号

信号及参数类型	说 明
released()	当在数据项上释放鼠标按键时发送信号
valueChanged(int index)	当数据项的值发生改变时发送信号
valueChanged()	当多个数据项的值发生改变时发送信号

【实例 6-9】 使用 QBoxPlotSeries 类、QBoxSet 类绘制 3 个箱形图,操作步骤如下:

(1) 使用 Qt Creator 创建一个模板为 Qt Widgets Application 的项目,将该项目命名为 demo9,并保存在 D 盘的 Chapter6 文件夹下;在向导对话框中选择基类 QMainWindow,不勾选 Generate form 复选框。

(2) 在项目的配置文件 demo9.pro 中添加下面一行语句:

```
QT += charts
```

(3) 编写 mainwindow.h 文件中的代码,代码如下:

```cpp
/* 第 6 章 demo9 mainwindow.h */
#ifndef MAINWINDOW_H
#define MAINWINDOW_H

#include <QMainWindow>
#include <QChartView>
#include <QChart>
#include <QBoxPlotSeries>
#include <QBoxSet>
#include <QList>
#include <QValueAxis>
#include <QBarCategoryAxis>

class MainWindow : public QMainWindow
{
    Q_OBJECT
public:
    MainWindow(QWidget *parent = nullptr);
    ~MainWindow();
private:
    QChart *chart;                          //图表指针
    QChartView *chartView;                  //图表视图指针
    QBoxPlotSeries *seriesBox;              //箱形图数据序列指针
    QBoxSet *boxSet;                        //数据项指针
    QValueAxis *axisY;                      //坐标轴指针
    QBarCategoryAxis *axisX;                //坐标轴指针
};
#endif //MAINWINDOW_H
```

(4) 编写 mainwindow.cpp 文件中的代码,代码如下:

```cpp
/* 第 6 章 demo9 mainwindow.cpp */
#include "mainwindow.h"

MainWindow::MainWindow(QWidget *parent):QMainWindow(parent)
```

```cpp
{
    setGeometry(300,300,580,280);
    setWindowTitle("QBoxPlotSeries、QBoxSet");
    //创建图表视图控件
    chartView = new QChartView();
    setCentralWidget(chartView);
    //创建图表
    chart = new QChart();
    chartView->setChart(chart);        //设置图表视图中的图表
    chart->setTitle("箱形图");
    //创建数据
    QList<float> data1 = {21,22,30,25,26};
    QList<float> data2 = {11,12,15,17,18};
    QList<float> data3 = {21,22,23,28,29};
    QList<QList<float>> data = {data1,data2,data3};
    //创建箱形图数据序列
    seriesBox = new QBoxPlotSeries();
    for(int i=0;i<data.size();i++){
        boxSet = new QBoxSet();
        for(int j=0;j<data[0].size();j++)
            boxSet->append(data[i][j]);
        seriesBox->append(boxSet);
    }
    //向图表中添加数据序列
    chart->addSeries(seriesBox);
    //创建坐标轴
    axisX = new QBarCategoryAxis();
    axisX->append({"1","2","3"});
    axisY = new QValueAxis();
    axisY->setRange(11,30);
    //向图表中添加坐标轴
    chart->addAxis(axisX,Qt::AlignBottom);
    chart->addAxis(axisY,Qt::AlignLeft);
    //将数据序列与坐标轴关联
    seriesBox->attachAxis(axisX);
    seriesBox->attachAxis(axisY);
}

MainWindow::~MainWindow() {}
```

(5) 其他文件保持不变,运行结果如图 6-11 所示。

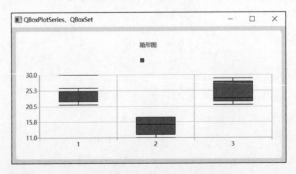

图 6-11 项目 demo9 的运行结果

6.3 绘制极坐标图表

在 Qt 6 中,绘制二维极坐标图表,需要使用图表视图类 QChartView、极坐标图表类 QPolarChart、数据序列类(例如 QLineSeries、QScatterSeries、QXYSeries)。

6.3.1 极坐标图表类 QPolarChart

在 Qt 6 中,使用 QPolarChart 类创建极坐标图表。QPolarChart 类位于 Qt Charts 子模块下,其构造函数如下:

```
QPolarChart(QGraphicsItem * parent = nullptr,Qt::WindowFlags wFlags)
```

其中,parent 表示 QGraphicsItem 类及其子类创建的对象指针;wFlags 表示窗口标识,保存默认即可。

QPolarChart 类是 QChart 类的子类,继承了 QChart 类的方法和信号。除此之外,QPolarChart 类还有其独有的方法。QPolarChart 类独有的方法见表 6-27。

表 6-27 QPolarChart 类独有的方法

方法及参数类型	说明	返回值的类型
[static]axisPolarOrientation(QAbstractAxis * axis)	获取指定坐标轴的方向	PolarOrientation
addAxis(QAbstractAxis * axis,QPolarChart::PolarOrientation polarOrientation)	添加坐标轴	

在表 6-27 中,QPolarChart::PolarOrientation 的枚举常量为 QPolarChart::PolarOrientationRadial(半径方向)、QPolarChart::PolarOrientationAngular(角度方向)。

6.3.2 应用例题

【实例 6-10】 使用 QPolarChart 类绘制极坐标图表,并绘制折线图、散点图。折线图的曲线方程为 $r=20\times\cos(20\times\theta/180)$;散点图的曲线方程为 $r=(5^2+(5\times\pi\times\theta/180)^2)^{1/2}$,其中,$\theta$ 表示角度值,操作步骤如下:

(1) 使用 Qt Creator 创建一个模板为 Qt Widgets Application 的项目,将该项目命名为 demo10,并保存在 D 盘的 Chapter6 文件夹下;在向导对话框中选择基类 QMainWindow,不勾选 Generate form 复选框。

(2) 在项目的配置文件 demo10.pro 中添加下面一行语句:

```
QT += charts
```

(3) 编写 mainwindow.h 文件中的代码,代码如下:

```
/* 第 6 章 demo10 mainwindow.h */
#ifndef MAINWINDOW_H
#define MAINWINDOW_H

#include <QMainWindow>
```

```cpp
#include <QChartView>
#include <QPolarChart>
#include <QLineSeries>
#include <QScatterSeries>
#include <QValueAxis>
#include <cmath>

class MainWindow : public QMainWindow
{
    Q_OBJECT
public:
    MainWindow(QWidget *parent = nullptr);
    ~MainWindow();
private:
    QPolarChart *chart;                          //图表指针
    QChartView *chartView;                       //图表视图指针
    QLineSeries *lineSeries;                     //数据序列指针
    QScatterSeries *scatterSeries;               //数据序列指针
    QValueAxis *axisAngle, *axisRadius;          //坐标轴指针
    float pi = 3.14159265358979;                 //圆周率
};
#endif //MAINWINDOW_H
```

(4) 编写 mainwindow.cpp 文件中的代码，代码如下：

```cpp
/* 第 6 章 demo10 mainwindow.cpp */
#include "mainwindow.h"

MainWindow::MainWindow(QWidget *parent):QMainWindow(parent)
{
    setGeometry(300,300,580,380);
    setWindowTitle("QPolarChart");
    //创建图表视图控件
    chartView = new QChartView();
    setCentralWidget(chartView);
    //创建图表
    chart = new QPolarChart();
    chartView->setChart(chart);              //设置图标视图中的图表
    chart->setTitle("极坐标图表");
    //创建折线图数据序列
    lineSeries = new QLineSeries();
    lineSeries->setName("折线图");
    //创建散点图数据序列
    scatterSeries = new QScatterSeries();
    scatterSeries->setName("散点图");
    //向折线数据序列中添加数据
    int r0 = 20;
    for(int angle = 0;angle < 360;angle++){
        float r = r0 * cos(20 * angle/180);
        lineSeries->append(angle,r);
    }
    //向散点图数据序列中添加数据
```

```
        int r1 = 5;
        for(int angle = 0;angle < 360;angle = angle + 5){
            float s = pow(r1,2) + pow(pi * r1 * angle/180,2);
            float r = pow(s,0.5);
            scatterSeries -> append(angle,r);
        }
        //向图表中添加数据序列
        chart -> addSeries(lineSeries);
        chart -> addSeries(scatterSeries);
        //创建、设置坐标轴
        axisAngle = new QValueAxis();
        axisAngle -> setTitleText("Angle");
        axisAngle -> setRange(0,360);
        axisAngle -> setLinePenColor(Qt::black);
        axisRadius = new QValueAxis();
        axisRadius -> setTitleText("Distance");
        axisRadius -> setRange(0,36);
        axisRadius -> setGridLineColor(Qt::gray);
        //向极坐标图表中添加坐标轴
        chart -> addAxis(axisAngle,QPolarChart::PolarOrientationAngular);
        chart -> addAxis(axisRadius,QPolarChart::PolarOrientationRadial);
        //设置数据序列与坐标轴的关联
        lineSeries -> attachAxis(axisAngle);
        lineSeries -> attachAxis(axisRadius);
        scatterSeries -> attachAxis(axisAngle);
        scatterSeries -> attachAxis(axisRadius);
    }

    MainWindow::~MainWindow() {}
```

（5）其他文件保持不变，运行结果如图 6-12 所示。

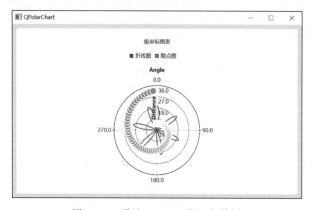

图 6-12　项目 demo10 的运行结果

6.4　设置图表的坐标轴

在 Qt.6 中，绘制图表经常需要设置坐标轴。可以使用 Chart 或 QPolarChart 类的 createDefaultAxes()方法创建默认坐标轴，可以使用 axes()获取图表的坐标轴，可以使用

addAxis()方法添加坐标轴。也可以使用数据序列类的 attachAxis()方法关联坐标轴。这些常用方法被应用在前面的实例中。

在实际应用中,开发者可根据数据序列的类型创建坐标轴对象,并向图表中添加坐标轴。Qt 6 提供了多种类型的坐标轴类,包括数值坐标轴类 QValueAxis、对数坐标轴类 QLogValueAxis、条形图坐标轴类 QBarCategoryAxis、条目坐标轴类 QCategoryAxis、时间坐标轴类 QDateTimeAxis、抽象坐标轴类 QAbstractAxis。这些类的继承关系如图 6-13 所示。

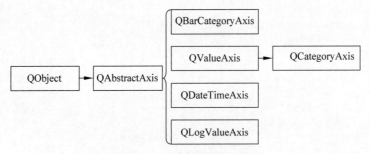

图 6-13 坐标轴类的继承关系

6.4.1 抽象坐标轴类 QAbstractAxis

在 Qt 6 中,QAbstractAxis 类是各种坐标轴类的基类。QAbstractAxis 类是一个抽象类,不能直接使用,可以使用其子类创建坐标轴对象。

QAbstractAxis 类位于 Qt Charts 子模块下,其常用的方法见表 6-28。

表 6-28 QAbstractAxis 类的常用方法

方法及参数类型	说 明	返回值的类型
alignment()	获取对齐方式	Qt::Alignment
show()	显示坐标轴	
hide()	隐藏坐标轴	
setVisible(bool visible=true)	设置坐标轴是否可见	
isVisible()	获取坐标轴是否可见	bool
setMin(QVariant &min)	设置坐标轴的最小值	
setMax(QVariant &max)	设置坐标轴的最大值	
setRange(QVariant &min, QVariant &max)	设置坐标轴的范围	
setReverse(bool reverse=true)	设置坐标轴的方向是否反转	
isReverse()	获取坐标轴的方向是否反转	bool
setTitleText(QString &title)	设置坐标轴的标题	
setTitleVisible(bool visible=true)	设置坐标轴的标题是否可见	
isTitleVisible()	获取坐标轴的标题是否可见	bool
setTitleBrush(QBrush &brush)	设置标题的画刷	
setTitleFont(QFont &font)	设置标题的字体	

续表

方法及参数类型	说　明	返回值的类型
setGridLineColor(QColor &color)	设置主网格线的颜色	
setGridLinePen(QPen &pen)	设置主网格线的钢笔	
setGridLineVisible(bool visible=true)	设置主网格线是否可见	
isGridLineVisible()	获取主网格线是否可见	bool
setMinorGridLineColor(QColor &color)	设置次网格线的颜色	
setMinorGridLinePen(QPen &pen)	设置次网格线的钢笔	
setMinorGridLineVisible(bool visible=true)	设置次网格线是否可见	
isMinorGridLineVisible()	获取次网格线是否可见	bool
setLabelsBrush(QBrush &brush)	设置刻度标签的画刷	
setLabelsAngle(int)	设置刻度标签的旋转角度	
setLabelsColor(QColor &color)	设置刻度标签的颜色	
setLabelsEditable(bool editable=true)	设置刻度标签是否可编辑	
setLabelsFont(QFont &font)	设置刻度标签的字体	
setLabelsVisible(bool visible=true)	设置刻度标签是否可见	
setTruncateLabel(bool truncateLabes=true)	当无法全部显示刻度标签时，设置是否可以截断显示	
setLinePen(QPen &pen)	设置坐标轴线条的钢笔	
setLinePenColor(QColor &color)	设置坐标轴线条的钢笔颜色	
setLineVisible(bool visible=true)	设置坐标轴线条是否可见	
isLineVisible()	获取坐标轴线条是否可见	bool
setShadesBorderColor(QColor color)	设置阴影边框的颜色	
setShadesBrush((QBrush &brush)	设置阴影的画刷	
setShadesColor(QColor color)	设置阴影的颜色	
setShadesPen(QPen &pen)	设置阴影的钢笔	
setShadesVisible(bool visible=true)	设置阴影是否可见	

QAbstractAxis 类的信号见表 6-29。

表 6-29　QAbstractAxis 类的信号

信号及参数类型	说　明
colorChanged(QColor color)	当坐标轴的颜色发生改变时发送信号
gridLineColorChanged(QColor color)	当主网格线的颜色发生改变时发送信号
gridLinePenChanged(QPen &pen)	当主网格线的钢笔发生改变时发送信号
gridVisibleChanged(bool visible)	当主网格线的可见性发生改变时发送信号
labelsAngleChanged(int angle)	当刻度标签的角度发生改变时发送信号
labelsBrushChanged(QBrush &brush)	当刻度标签的画刷发生改变时发送信号
labelsColorChanged(QColor color)	当刻度标签的颜色发生改变时发送信号
labelsEditableChanged(bool editable)	当刻度标签的可编辑性发生改变时发送信号
labelsFontChanged(QFont &font)	当刻度标签的字体发生改变时发送信号

续表

信号及参数类型	说明
labelsTruncatedChanged(bool labelsTruncated)	当刻度标签的截断显示发生改变时发送信号
labelsVisibleChanged(bool visible)	当刻度标签的可见性发生改变时发送信号
linePenChanged(QPen &pen)	当坐标轴线的钢笔发生改变时发送信号
lineVisibleChanged(bool visible)	当坐标轴线的可见性发生改变时发送信号
minorGridLinePenChanged(QPen &pen)	当次网格线的钢笔发生改变时发送信号
minorGridVisibleChanged(bool visible)	当次网格线的可见性发生改变时发送信号
reverseChanged(bool reverse)	当坐标轴的反转效果发生改变时发送信号
shadesBorderColorChanged(QColor color)	当阴影边框颜色发生改变时发送信号
shadesBrushChanged(QBrush &brush)	当阴影画刷发生改变时发送信号
shadesColorChanged(QColor color)	当阴影颜色发生改变时发送信号
shadesPenChanged(QPen &pen)	当阴影钢笔发生改变时发送信号
shadesVisibleChanged(bool visible)	当阴影可见性发生改变时发送信号
titleBrushChanged(QBrush &brush)	当标题画刷发生改变时发送信号
titleFontChanged(QFont &font)	当标题字体发生改变时发送信号
titleTextChanged(QString &text)	当标题文本发生改变时发送信号
titleVisibleChanged(bool visible)	当标题可见性发生改变时发送信号
visibleChanged(bool visible)	当坐标轴的可见性发生改变时发送信号

6.4.2 数值坐标轴类 QValueAxis

在 Qt 6 中，使用 QValueAxis 类创建数值坐标轴，用于具有连续坐标的图表。QValueAxis 类的构造函数如下：

```
QValueAxis(QObject * parent = nullptr)
```

其中，parent 表示 QObject 类及其子类创建的对象指针。

QValueAxis 类继承了 QAbstractAxis 类的属性、方法、信号，除此之外，QValueAxis 类还增加了一些设置坐标轴刻度的方法。QValueAxis 类的常用方法见表 6-30。

表 6-30 QValueAxis 类的常用方法

方法及参数类型	说明	返回值的类型
[slot]applyNiceNumbers()	使用智能的方法设置刻度的标签	
setTickCount(int)	设置刻度线的数量	
setTickAnchor(float)	设置刻度锚点	
setTickInterval(float)	设置刻度间隔值	
setTickType(QValueAxis::TickType type)	设置刻度类型	
setMinorTickCount(int)	设置次刻度的数量	
setMax(float)	设置最大值	
setMin(float)	设置最小值	
setRange(float min,float max)	设置坐标轴的最小值和最大值	

续表

方法及参数类型	说　明	返回值的类型
max()	获取最大值	float
min()	获取最小值	float
setLabelFormat(QString &format)	设置刻度标签的格式符,可以使用"％"格式,例如"％2"表示输出2位整数,"％7.2"表示输出宽度为7位的小数,小数占2位,整数占4位,小数点占1位	

在表 6-30 中,QValueAxis::TickType 的枚举常量为 QValueAxis::TicksDynamic(动态刻度)、QValueAxis::TicksFixed(固定刻度)。

QValueAxis 类的信号见表 6-31。

表 6-31　QValueAxis 类的信号

信号及参数类型	说　明
labelFormatChanged(QString &format)	当刻度标签格式发生改变时发送信号
maxChanged(float max)	当刻度标签的最大值发生改变时发送信号
minChanged(float min)	当刻度标签的最小值发生改变时发送信号
minorTickCountChanged(int tickCount)	当次刻度的数量发生改变时发送信号
rangeChanged(float min, float max)	当刻度标签的范围发生改变时发送信号
tickAnchorChanged(float anchor)	当刻度标签的锚点发生改变时发送信号
tickCountChanged(int tickCount)	当刻度数量发生改变时发送信号
tickIntervalChanged(int interval)	当刻度间隔值发生改变时发送信号
tickTypeChanged(QValueAxis::TickType type)	当刻度类型发生改变时发送信号

对于 QValueAxis 类的简单用法可参考【实例 6-2】。

6.4.3　对数坐标轴类 QLogValueAxis

在 Qt 6 中,使用 QLogValueAxis 类创建对数坐标轴,这是一个非线性值变化的坐标轴。QLogValueAxis 类的构造函数如下:

```
QLogValueAxis(QObject * parent = nullptr)
```
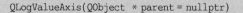

其中,parent 表示 QObject 类及其子类创建的对象指针。

QValueAxis 类继承了 QAbstractAxis 类的属性、方法、信号,除此之外,QLogValueAxis 类还增加了一些设置坐标轴刻度的方法。QLogValueAxis 类的常用方法见表 6-32。

表 6-32　QLogValueAxis 类的常用方法

方法及参数类型	说　明	返回值的类型
minorTickCount()	获取次刻度的数量	int
setBase(float base)	设置对数的底	
setMin(float min)	设置标签幅度的最小值	

续表

方法及参数类型	说　明	返回值的类型
setMax(float max)	设置标签幅度的最大值	
setRange(float min,float max)	设置标签幅度的范围	
setMinorTickCount(int minorTickCount)	设置次网格的数量	
tickCount()	获取刻度的数量	int

QLogValueAxis 类的信号见表 6-33。

表 6-33　QLogValueAxis 类的信号

信号及参数类型	说　明
baseChanged(float base)	当对数的底发生改变时发送信号
labelFormatChanged(QString &format)	当对数的标签发生改变时发送信号
maxChanged(float max)	当幅度的最大值发生改变时发送信号
minChanged(float min)	当幅度的最小值发生改变时发送信号
minorTickCountChanged(int minorTickCount)	当次刻度数量发生改变时发送信号
rangeChanged(float min,float max)	当幅度范围发生改变时发送信号
tickCountChanged(int tickCount)	当刻度数量发生改变时发送信号

【实例 6-11】　使用 Qt 6 中 QRandomGenerator 类的 generateDouble()函数可以产生 [0.0,1.0)范围的随机浮点数。使用 QRandomGenerator 类的 generateDouble()函数创建 200 个取值范围为[0.0,10000.0)的随机数,根据这些随机数绘制折线图,横坐标轴为数值坐标轴,纵坐标轴为对数坐标轴,操作步骤如下:

(1) 使用 Qt Creator 创建一个模板为 Qt Widgets Application 的项目,将该项目命名为 demo11,并保存在 D 盘的 Chapter6 文件夹下;在向导对话框中选择基类 QMainWindow,不勾选 Generate form 复选框。

(2) 在项目的配置文件 demo11.pro 中添加下面一行语句:

```
QT += charts
```

(3) 编写 mainwindow.h 文件中的代码,代码如下:

```
/* 第 6 章 demo11 mainwindow.h */
#ifndef MAINWINDOW_H
#define MAINWINDOW_H

#include <QMainWindow>
#include <QChartView>
#include <QChart>
#include <QLineSeries>
#include <QLogValueAxis>
#include <QValueAxis>
#include <QRandomGenerator>
#include <QPen>
```

```cpp
class MainWindow : public QMainWindow
{
    Q_OBJECT
public:
    MainWindow(QWidget *parent = nullptr);
    ~MainWindow();
private:
    QChart *chart;                   //图表指针
    QChartView *chartView;           //图表视图指针
    QLineSeries *lineSeries;         //折线数据序列指针
    QValueAxis *axisX;               //坐标轴指针
    QLogValueAxis *axisY;            //坐标轴指针
    QRandomGenerator random;         //生成随机数对象
};
#endif //MAINWINDOW_H
```

(4) 编写 mainwindow.cpp 文件中的代码，代码如下：

```cpp
/* 第6章 demo11 mainwindow.cpp */
#include "mainwindow.h"

MainWindow::MainWindow(QWidget *parent):QMainWindow(parent)
{
    setGeometry(300,300,580,280);
    setWindowTitle("QValueAxis、QLogValueAxis");
    //创建图表视图控件
    chartView = new QChartView();
    setCentralWidget(chartView);
    //创建图表
    chart = new QChart();
    chartView->setChart(chart);              //设置图表视图中的图表
    chart->setTitle("随机数据");
    //创建折线数据序列
    lineSeries = new QLineSeries();
    lineSeries->setName("折线数据序列");
    //向折线数据序列中添加随机数据
    for(int i = 0;i < 200;i++){
        lineSeries->append(i,1000 * random.generateDouble());
    }
    chart->addSeries(lineSeries);            //向图表中添加数据序列
    //创建数值坐标轴
    axisX = new QValueAxis();
    axisX->setTitleText("数值坐标轴");        //设置坐标轴的标题
    axisX->setTitleBrush(Qt::black);         //设置画刷颜色
    axisX->setLabelsColor(Qt::black);        //设置标签颜色
    axisX->setRange(0,100);                  //设置坐标轴的范围
    axisX->setTickCount(10);                 //设置刻度的数量
    axisX->applyNiceNumbers();               //应用智能刻度标签
    axisX->setLinePenColor(Qt::black);       //设置坐标轴的颜色
    QPen pen1 = axisX->linePen();            //获取坐标轴的钢笔
```

```
        pen1.setWidth(2);                              //设置钢笔的宽度
        axisX->setLinePen(pen1);                       //设置坐标轴的钢笔
        axisX->setGridLineColor(Qt::gray);             //设置网格线的颜色
        QPen pen2 = axisX->gridLinePen();              //获取网格线的钢笔
        pen2.setWidth(2);                              //设置钢笔宽度
        axisX->setGridLinePen(pen2);                   //设置网格线的钢笔
        axisX->setMinorTickCount(3);                   //设置次刻度的数量
        axisX->setLabelFormat("%5.1f");                //设置标签的格式
        //创建对数坐标轴
        axisY = new QLogValueAxis();
        axisY->setBase(10.0);                          //设置对数的底
        axisY->setMax(10000.0);                        //设置最大值
        axisY->setMin(10.0);                           //设置最小值
        axisY->setTitleText("对数坐标轴");              //设置标题
        axisY->setMinorTickCount(9);                   //设置次网格线的数量
        axisY->setLabelFormat("%6d");                  //设置标签的格式
        //向图表中添加坐标轴
        chart->addAxis(axisX,Qt::AlignBottom);
        chart->addAxis(axisY,Qt::AlignLeft);
    }

    MainWindow::~MainWindow() {}
```

（5）其他文件保持不变，运行结果如图 6-14 所示。

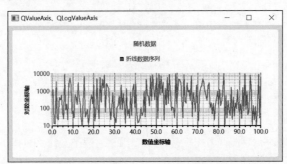

图 6-14　项目 demo11 的运行结果

6.4.4　条形图坐标轴类 QBarCategoryAxis

在 Qt 6 中，使用 QBarCategoryAxis 类创建条形图坐标轴，主要应用在条形图中，也可以应用在其他图表中。QBarCategoryAxis 类的构造函数如下：

```
QBarCategoryAxis(QObject * parent = nullptr)
```

其中，parent 表示 QObject 类及其子类创建的对象指针。

QBarCategoryAxis 类继承了 QAbstractAxis 类的属性、方法、信号，除此之外，QBarCategoryAxis 类还增加了一些设置条目的方法。QBarCategoryAxis 类的常用方法见表 6-34。

表 6-34　QBarCategoryAxis 类的常用方法

方法及参数类型	说　明	返回值的类型
clear()	清空所有条目	
count()	获取条目的数量	int
append(QString &category)	添加条目	
append(QStringList categories)	添加多个条目	
insert(int index, QString &category)	根据索引插入条目	
at(int index)	根据索引获取条目	QString
categories()	获取条目列表	QStringList
remove(QString &category:)	移除条目	
replace(QString &oldCategory, QString &newCategory)	用新条目替换旧条目	
setCategories(QStringList &categories)	重新设置条目	
setMax(QString &max)	设置最大条目	
setMin(QString &min)	设置最小条目	
setRange(QString &minCategory, QString &maxCategory)	设置范围	
min()	获取最小条目	QString
max()	获取最大条目	QString

QBarCategoryAxis 类的信号见表 6-35。

表 6-35　QBarCategoryAxis 类的信号

信号及参数类型	说　明
categoriesChanged()	当条目发生改变时发送信号
countChanged()	当条目数量发生改变时发送信号
maxChanged(QString &max)	当最大条目发生改变时发送信号
minChanged(QString &min)	当最小条目发生改变时发送信号
rangeChanged(QString &min, QString &max)	当范围发生改变时发送信号

【实例 6-12】　在窗口中绘制条形图、折线图，并使用 QBarCategoryAxis 类设置条形图的坐标轴，操作步骤如下：

（1）使用 Qt Creator 创建一个模板为 Qt Widgets Application 的项目，将该项目命名为 demo12，并保存在 D 盘的 Chapter6 文件夹下；在向导对话框中选择基类 QMainWindow，不勾选 Generate form 复选框。

（2）在项目的配置文件 demo12.pro 中添加下面一行语句：

```
QT += charts
```

（3）编写 mainwindow.h 文件中的代码，代码如下：

```
/* 第 6 章 demo12 mainwindow.h */
#ifndef MAINWINDOW_H
#define MAINWINDOW_H

#include <QMainWindow>
```

```cpp
#include <QChartView>
#include <QChart>
#include <QBarSeries>
#include <QBarSet>
#include <QLineSeries>
#include <QBarCategoryAxis>
#include <QValueAxis>

class MainWindow : public QMainWindow
{
    Q_OBJECT
public:
    MainWindow(QWidget * parent = nullptr);
    ~MainWindow();
private:
    QChart * chart;                            //图表指针
    QChartView * chartView;                    //图表视图指针
    QBarSeries * barSeries;                    //条形图数据序列指针
    QLineSeries * lineSeries;                  //折线图数据序列指针
    QBarSet * set1, * set2, * set3;            //数据项指针
    QBarCategoryAxis * axisX;                  //坐标轴指针
    QValueAxis * axisY;                        //坐标轴指针
};
#endif //MAINWINDOW_H
```

(4) 编写 mainwindow.cpp 文件中的代码,代码如下:

```cpp
/* 第6章 demo12 mainwindow.cpp */
#include "mainwindow.h"

MainWindow::MainWindow(QWidget * parent):QMainWindow(parent)
{
    setGeometry(300,300,580,280);
    setWindowTitle("QBarCategoryAxis");
    //创建图表视图控件
    chartView = new QChartView();
    setCentralWidget(chartView);
    //创建图表
    chart = new QChart();
    chartView->setChart(chart);              //设置图表视图中的图表
    //创建条形图数据序列
    barSeries = new QBarSeries();
    //创建数据项
    set1 = new QBarSet("孙悟空的考试成绩");
    set1->append({60,80,70});
    set2 = new QBarSet("猪八戒的考试成绩");
    set2->append({63,72,86});
    set3 = new QBarSet("沙僧的考试成绩");
    set3->append({95,62,75});
    //向条形图数据序列中添加数据项
    barSeries->append({set1,set2,set3});
    //创建折线图数据序列、添加数据
```

```
    lineSeries = new QLineSeries();
    lineSeries->setName("各科成绩的最高分");
    lineSeries->append(0,95);
    lineSeries->append(1,80);
    lineSeries->append(2,86);
    //向图表中添加数据序列
    chart->addSeries(barSeries);
    chart->addSeries(lineSeries);
    //创建条形图坐标轴
    axisX = new QBarCategoryAxis();
    axisX->append({"语文成绩","数学成绩","外语成绩"});
    //创建数值坐标轴
    axisY = new QValueAxis();
    axisY->setRange(0,100);              //设置坐标轴的数值范围
    //向图表中添加坐标轴
    chart->addAxis(axisX,Qt::AlignBottom);
    chart->addAxis(axisY,Qt::AlignRight);
    //将数据序列与坐标轴关联
    barSeries->attachAxis(axisX);
    barSeries->attachAxis(axisY);
    lineSeries->attachAxis(axisX);
    lineSeries->attachAxis(axisY);
}

MainWindow::~MainWindow() {}
```

(5) 其他文件保持不变,运行结果如图 6-15 所示。

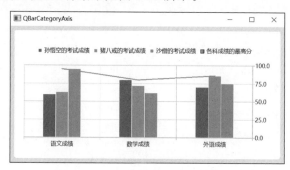

图 6-15 项目 demo12 的运行结果

6.4.5 条目坐标轴类 QCategoryAxis

在 Qt 6 中,使用 QCategoryAxis 类创建条目坐标轴,条目坐标轴可以定义每个条目的宽度,通常被应用在竖直轴上,实现坐标轴的不等分。QCategoryAxis 类的构造函数如下:

```
QCategoryAxis(QObject * parent = nullptr)
```

其中,parent 表示 QObject 类及其子类创建的对象指针。

QCategoryAxis 类继承了 QValueAxis 类的属性、方法、信号,除此之外,QCategoryAxis 类还增加了一些设置条目的方法。QCategoryAxis 类的常用方法见表 6-36。

表 6-36 QCategoryAxis 类的常用方法

方法及参数类型	说明	返回值的类型
append(QString &label, float categoryEndValue)	添加条目	
categoriesLabels()	获取条目列表	QStringList
count()	获取条目的数量	int
endValue(QString &categoryLabel)	获取指定条目的结束值	float
remove(QString &label)	移除指定的条目	
replaceLabel(QString &oldLabel, QString &newLabel)	用新条目替换旧条目	
setLabelsPosition(QCategoryAxis::AxisLabelsPosition)	设置标签的位置	
setStartValue(float min)	设置条目的最小值	
startValue(QString &categoryLabel)	设置指定条目的开始值	

在表 6-36 中,QCategoryAxis::AxisLabelsPosition 的枚举常量为 QCategoryAxis::AxisLabelsPositionCenter(标签在条目的中间位置)、QCategoryAxis::AxisLabelsPositionOnValue(标签在条目的最大值处)。

QCategoryAxis 类的信号见表 6-37。

表 6-37 QCategoryAxis 类的信号

信号及参数类型	说明
categoriesChanged()	当条目发生改变时发送信号
labelsPositionChanged(QCategoryAxis::AxisLabelsPosition)	当标签的位置发生改变时发送信号

【实例 6-13】 使用 QBarSeries 类绘制条形图,并使用 QCategoryAxis 类设置条形图的纵坐标轴,操作步骤如下:

(1) 使用 Qt Creator 创建一个模板为 Qt Widgets Application 的项目,将该项目命名为 demo13,并保存在 D 盘的 Chapter6 文件夹下;在向导对话框中选择基类 QMainWindow,不勾选 Generate form 复选框。

(2) 在项目的配置文件 demo13.pro 中添加下面一行语句:

```
QT += charts
```

(3) 编写 mainwindow.h 文件中的代码,代码如下:

```
/* 第 6 章 demo13 mainwindow.h */
#ifndef MAINWINDOW_H
#define MAINWINDOW_H

#include <QMainWindow>
#include <QChartView>
#include <QChart>
#include <QBarSeries>
#include <QBarSet>
#include <QCategoryAxis>
#include <QBarCategoryAxis>

class MainWindow : public QMainWindow
```

```
{
    Q_OBJECT
public:
    MainWindow(QWidget * parent = nullptr);
    ~MainWindow();
private:
    QChart * chart;                        //图表指针
    QChartView * chartView;                //图表视图指针
    QBarSeries * barSeries;                //条形图数据序列指针
    QBarSet * set1, * set2, * set3;        //数据项指针
    QBarCategoryAxis * axisX;              //坐标轴指针
    QCategoryAxis * axisY;                 //坐标轴指针
};
#endif //MAINWINDOW_H
```

(4) 编写 mainwindow.cpp 文件中的代码，代码如下：

```
/* 第6章 demo13 mainwindow.cpp */
#include "mainwindow.h"

MainWindow::MainWindow(QWidget * parent):QMainWindow(parent)
{
    setGeometry(300,300,580,280);
    setWindowTitle("QCategoryAxis");
    //创建图表视图控件
    chartView = new QChartView();
    setCentralWidget(chartView);
    //创建图表
    chart = new QChart();
    chartView->setChart(chart);            //设置图表视图中的图表
    //创建条形图数据序列
    barSeries = new QBarSeries();
    //创建数据项
    set1 = new QBarSet("孙悟空的考试成绩");
    set1->append({60,80,70});
    set2 = new QBarSet("猪八戒的考试成绩");
    set2->append({63,72,86});
    set3 = new QBarSet("沙僧的考试成绩");
    set3->append({95,62,75});
    //向条形图数据序列中添加数据项
    barSeries->append({set1,set2,set3});
    //向图表中添加数据序列
    chart->addSeries(barSeries);
    //创建条形图坐标轴
    axisX = new QBarCategoryAxis();
    axisX->append({"语文成绩","数学成绩","外语成绩"});
    //创建条目坐标轴
    axisY = new QCategoryAxis();
    axisY->setRange(0,101);
    axisY->append("不及格",59.9);
    axisY->append("及格",75);
    axisY->append("良好",90);
```

```
        axisY->append("优秀",100);
        axisY->setStartValue(10);
        //向图表中添加坐标轴
        chart->addAxis(axisX,Qt::AlignBottom);
        chart->addAxis(axisY,Qt::AlignRight);
        //将数据序列与坐标轴关联
        barSeries->attachAxis(axisX);
        barSeries->attachAxis(axisY);
    }

    MainWindow::~MainWindow() {}
```

(5) 其他文件保持不变,运行结果如图 6-16 所示。

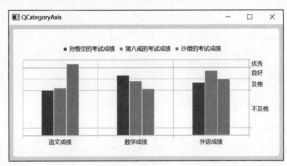

图 6-16 项目 demo13 的运行结果

8min

6.4.6 时间坐标轴类 QDateTimeAxis

在 Qt 6 中,使用 QDateTimeAxis 类创建时间坐标轴,时间坐标轴可应用于折线图、散点图、样条曲线图。QDateTimeAxis 类的构造函数如下:

```
QDateTimeAxis(QObject *parent = nullptr)
```

其中,parent 表示 QObject 类及其子类创建的对象指针。

QDateTimeAxis 类继承了 QAbstractAxis 类的属性、方法、信号,除此之外,QDateTimeAxis 类还增加了一些设置坐标轴的方法。QDateTimeAxis 类的常用方法见表 6-38。

表 6-38 QDateTimeAxis 类的常用方法

方法及参数类型	说 明	返回值的类型
setFormat(QString format)	设置显示时间的格式	
format()	获取格式	QString
setMax(QDateTime max)	设置坐标轴的最大时间	
max()	获取最大时间	QDateTime
setMin(QDateTime min)	设置坐标轴的最小时间	
min()	获取最小时间	QDateTime

续表

方法及参数类型	说明	返回值的类型
setRange(QDateTime min,QDateTime max)	设置时间范围	
setTickCount(int count)	设置刻度数量	
tickCount()	获取刻度数量	int

QDateTimeAxis 类的信号见表 6-39。

表 6-39　QDateTimeAxis 类的信号

信号及参数类型	说　　明
formatChanged(QString format)	当时间格式发生改变时发送信号
maxChanged(QDateTime max)	当最大值发生改变时发送信号
minChanged(QDateTime min)	当最小值发生改变时发送信号
rangeChanged(QDateTime min,QDateTime max)	当范围发生改变时发送信号
tickCountChanged(int tickCount)	当刻度数量发生改变时发送信号

【实例 6-14】　在窗口中绘制连续 7 天的最高气温折线图,横坐标轴需使用时间坐标轴,操作步骤如下:

(1) 使用 Qt Creator 创建一个模板为 Qt Widgets Application 的项目,将该项目命名为 demo14,并保存在 D 盘的 Chapter6 文件夹下;在向导对话框中基类 QMainWindow,不勾选 Generate form 复选框。

(2) 在项目的配置文件 demo14.pro 中添加下面一行语句:

```
QT += charts
```

(3) 编写 mainwindow.h 文件中的代码,代码如下:

```
/* 第 6 章 demo14 mainwindow.h */
#ifndef MAINWINDOW_H
#define MAINWINDOW_H

#include <QMainWindow>
#include <QChartView>
#include <QChart>
#include <QLineSeries>
#include <QDateTimeAxis>
#include <QValueAxis>
#include <QList>
#include <QDateTime>
#include <QDate>
#include <QTime>

class MainWindow : public QMainWindow
{
    Q_OBJECT
public:
    MainWindow(QWidget * parent = nullptr);
    ~MainWindow();
```

```cpp
private:
    QChart *chart;                  //图表指针
    QChartView *chartView;          //图表视图指针
    QLineSeries *lineSeries;        //折线数据序列指针
    QDateTimeAxis *axisX;           //坐标轴指针
    QValueAxis *axisY;              //坐标轴指针
};
#endif //MAINWINDOW_H
```

(4) 编写 mainwindow.cpp 文件中的代码，代码如下：

```cpp
/* 第6章 demo14 mainwindow.cpp */
#include "mainwindow.h"

MainWindow::MainWindow(QWidget *parent):QMainWindow(parent)
{
    setGeometry(300,300,580,280);
    setWindowTitle("QDateTimeAxis");
    //创建图表视图控件
    chartView = new QChartView();
    setCentralWidget(chartView);
    //创建图表
    chart = new QChart();
    chartView->setChart(chart);          //设置图表视图中的图表
    //创建折线数据序列、添加数据
    lineSeries = new QLineSeries();
    lineSeries->setName("最高气温折线图");
    QList<float> high = {29.1,26.1,31.5,34.6,35.4,38.8,42.3};
    for(int i = 0;i < high.size();i++){
        lineSeries->append(i,high[i]);
    }
    //向图表中添加数据序列
    chart->addSeries(lineSeries);
    //创建时间坐标轴
    axisX = new QDateTimeAxis();
    QDateTime dtime1 = QDateTime(QDate(2025,6,19),QTime(00,00,00));
    QDateTime dtime2 = QDateTime(QDate(2025,6,26),QTime(00,00,00));
    //设置时间坐标轴的范围、格式、刻度数量
    axisX->setRange(dtime1,dtime2);
    axisX->setFormat("MM/dd/yyyy");
    axisX->setTickCount(7);
    //创建数值坐标轴
    axisY = new QValueAxis();
    axisY->setRange(25,43);              //设置坐标轴的数值范围
    //向图表中添加坐标轴
    chart->addAxis(axisX,Qt::AlignBottom);
    chart->addAxis(axisY,Qt::AlignRight);
}

MainWindow::~MainWindow() {}
```

（5）其他文件保持不变，运行结果如图 6-17 所示。

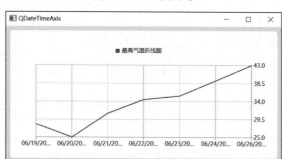

图 6-17　项目 demo14 的运行结果

6.5　设置图表的图例

在 Qt 6 中，绘制图表经常需要设置图表的图例。可以使用 QChart 或 QPolarChart 类的 legend()方法获取图例对象（QLegend）。如果要设置图例的位置、颜色、可见性，则需要使用图例类 QLegend 的方法；如果要设置数据序列的图例标志，则需要使用图例标志类 QLegendMarker 的方法。

6.5.1　图例类 QLegend

QLegend 类是 QGraphicsWidget 类的子类，位于 Qt Charts 子模块下。通常使用 QChart 类的 legend()方法获取 QLegend 类的实例对象。

QLegend 类的常用方法见表 6-40。

表 6-40　QLegend 类的常用方法

方法及参数类型	说　　明	返回值的类型
alignment()	获取图例在图表中的位置	Qt::Alignment
borderColor()	获取边框颜色	QColor
brush()	获取画刷	QBrush
color()	获取填充色	QColor
pen()	获取钢笔	QPen
setAlignment(Qt::Alignment alignment)	设置图例在图表中的位置	
setBackgroundVisible(bool visible=true)	设置图例的背景是否可见	
setBorderColor(QColor color)	当背景可见时设置边框的颜色	
setBrush(QBrush &brush)	设置画刷	
setColor(QColor color)	设置填充色	
setFont(QFont &font)	设置字体	
setLabelBrush(QBrush &brush)	设置标签画刷	
setLabelColor(QColor color)	设置标签颜色	
setMarkerShape(QLegend::MarkerShape shape)	设置数据序列标志的形状	

续表

方法及参数类型	说明	返回值的类型
markerShape()	获取标志的形状	QLegend::MarkerShape
setPen(QPen &pen)	设置边框的钢笔	
setReverseMarker(bool reverseMarkers=true)	设置数据序列的标志是否反向	
setToolTip(QString &tip)	设置提示信息	
setShowToolTips(bool show)	设置是否显示提示信息	
detachFromChart()	使图例与图表失去关联	
attachToChart()	使图例与图表建立关联	
isAttachedToChart()	获取图例与图表是否有关联	bool
setInteractive(bool interactive)	设置图例是否为交互模式	
markers(QAbstractSeries * series=nullptr)	获取图例中的标志对象列表	QList< QLegendMarker * >

在表 6-40 中,QLegend::MarkerShape 的枚举常量为 QLegend::MarkerShapeDefault (默认形状)、QLegend::MarkerShapeRectangle、QLegend::MarkerShapeCircle、QLegend::MarkerShapeFromSeries(根据数据序列的类型确定形状)、QLegend::MarkerShapeRotatedRectangle、QLegend::MarkerShapeTriangle、QLegend::MarkerShapeStar、QLegend::MarkerShapePentagon。

QLegend 类的信号见表 6-41。

表 6-41 QLegend 类的信号

信号及参数类型	说明
attachedToChartChanged(bool attached)	当图例与图表的关联状态发生改变时发送信号
backgroundVisibleChanged(bool visible)	当背景可见性发生改变时发送信号
borderColorChanged(QColor color)	当背景颜色发生改变时发送信号
colorChanged(QColor color)	当颜色发生改变时发送信号
fontChanged(QFont font)	当字体发生改变时发送信号
labelColorChanged(QColor color)	当标签颜色发生改变时发送信号
markerShapeChanged(QLegend::MarkerShape shape)	当标志形状发生改变时发送信号
reverseMarkersChanged(bool reverseMarkers)	当标志反转状态发生改变时发送信号
showToolTipsChanged(bool showToolTips)	当提示信息显示状态发生改变时发送信号

6.5.2 图例标志类 QLegendMarker

在 Qt 6 中,使用 QLegendMaker 类表示图例标志。可以使用 QLegendMarker 类中的方法对每个图例标志对象进行设置。QLegendMarker 类有 6 个子类,这 6 个子类主要继承了 QLegendMarker 类的方法和信号,只有少数子类具有其独有方法。QLegendMarker 类的子类如图 6-18 所示。

在实际开发中,可使用 QLegend 类的 markers(QAbstractSeries * series=nullptr)获取图表上的数据序列的图例标志对象列表。

QLegendMarker 类的常用方法见表 6-42。

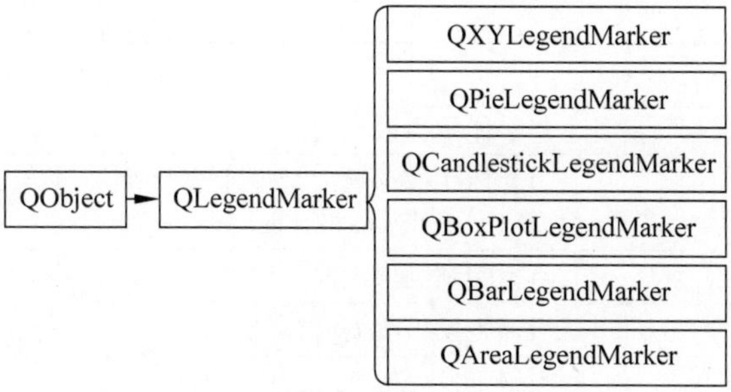

```
                              ┌──────────────────────────┐
                              │    QXYLegendMarker       │
                              ├──────────────────────────┤
                              │    QPieLegendMarker      │
                              ├──────────────────────────┤
┌─────────┐   ┌──────────────┐│ QCandlestickLegendMarker │
│ QObject │──▶│ QLegendMarker ├┤ QBoxPlotLegendMarker    │
└─────────┘   └──────────────┘├──────────────────────────┤
                              │   QBarLegendMarker       │
                              ├──────────────────────────┤
                              │   QAreaLegendMarker      │
                              └──────────────────────────┘
```

图 6-18　QLegendMarker 类的子类

表 6-42　QLegendMarker 类的常用方法

方法及参数类型	说　　明	返回值的类型
brush()	获取画刷	QBrush
font()	获取字体	QFont
isVisible()	获取是否可见	bool
label()	获取标签文本	QString
labelBrush()	获取标签画刷	QBrush
pen()	获取钢笔	QPen
series()	获取关联的数据序列	QAbstractSeries *
setBrush(QBrush &brush)	设置画刷	
setFont(QFont &font)	设置字体	
setLabel(QString &label)	设置标签	
setLabelBrush(QPen &brush)	设置标签的画刷	
setPen(QPen &pen)	设置钢笔	
setShape(QLegend::MarkerShape shape)	设置形状	
setVisible(bool visible)	设置可见性	
shape()	获取形状	QLegend::MarkerShape
type()	获取类型	QLegendMarker::LegendMarkerType

另外，使用 QBarLegendMarker 类的 barset() 方法可获取 QBarset 对象指针；使用 QPieLegendMarker 类的 slice() 方法可获取 QPieSlice 对象指针。

在表 6-42 中，QLegendMarker::LegendMarkerType 的枚举常量为 QLegendMarker::LegendMarkerTypeArea、QLegendMarker::LegendMarkerTypeBar、QLegendMarker::LegendMarkerTypePie、QLegendMarker::LegendMarkerTypeXY、QLegendMarker::LegendMarkerTypeBoxPlot、QLegendMarker::LegendMarkerTypeCandlestick。

QLegendMarker 类的信号见表 6-43。

表 6-43　QLegendMarker 类的信号

信号及参数类型	说　　明
brushChanged()	当画刷发生改变时发送信号
clicked()	当被鼠标单击时发送信号

续表

信号及参数类型	说 明
fontChanged()	当字体发生改变时发送信号
hovered(bool status)	当光标在数据项上悬停或移开时发送信号,当光标悬停时,status 为 true；当光标移开时,status 为 false
labelBrushChanged()	当标签画刷发生改变时发送信号
labelChanged()	当标签发生改变时发送信号
penChanged()	当钢笔发生改变时发送信号
shapeChanged()	当标志形状发生改变时发送信号
visibleChanged()	当可见性发生改变时发送信号

【实例 6-15】 在窗口中绘制折线图、条形图,要求使用 QLegend 类、QLegendMarker 类设置图例、图例标志,操作步骤如下:

(1) 使用 Qt Creator 创建一个模板为 Qt Widgets Application 的项目,将该项目命名为 demo15,并保存在 D 盘的 Chapter6 文件夹下；在向导对话框中选择基类 QMainWindow,不勾选 Generate form 复选框。

(2) 在项目的配置文件 demo15.pro 中添加下面一行语句:

```
QT += charts
```

(3) 编写 mainwindow.h 文件中的代码,代码如下:

```
/* 第 6 章 demo15 mainwindow.h */
#ifndef MAINWINDOW_H
#define MAINWINDOW_H

#include <QMainWindow>
#include <QChartView>
#include <QChart>
#include <QBarSeries>
#include <QBarSet>
#include <QLineSeries>
#include <QBarCategoryAxis>
#include <QValueAxis>
#include <QLegend>
#include <QLegendMarker>
#include <QPen>
#include <QFont>
#include <QList>

class MainWindow : public QMainWindow
{
    Q_OBJECT
public:
    MainWindow(QWidget *parent = nullptr);
    ~MainWindow();
private:
```

```cpp
    QChart  * chart;                    //图表指针
    QChartView * chartView;             //图表视图指针
    QBarSeries * barSeries;             //条形图数据序列指针
    QLineSeries * lineSeries;           //折线图数据序列指针
    QBarSet * set1, * set2, * set3;     //数据项指针
    QBarCategoryAxis * axisX;           //坐标轴指针
    QValueAxis * axisY;                 //坐标轴指针
    QLegend * legend;                   //图例指针
};
#endif //MAINWINDOW_H
```

（4）编写 mainwindow.cpp 文件中的代码，代码如下：

```cpp
/* 第 6 章 demo15 mainwindow.cpp */
#include "mainwindow.h"

MainWindow::MainWindow(QWidget * parent):QMainWindow(parent)
{
    setGeometry(300,300,580,280);
    setWindowTitle("QLegend、QLegendMarker");
    //创建图表视图控件
    chartView = new QChartView();
    setCentralWidget(chartView);
    //创建图表
    chart = new QChart();
    chartView->setChart(chart);         //设置图表视图中的图表
    //创建条形图数据序列
    barSeries = new QBarSeries();
    //创建数据项
    set1 = new QBarSet("孙悟空的考试成绩");
    set1->append({60,80,70});
    set2 = new QBarSet("猪八戒的考试成绩");
    set2->append({63,72,86});
    set3 = new QBarSet("沙僧的考试成绩");
    set3->append({95,62,75});
    //向条形图数据序列中添加数据项
    barSeries->append({set1,set2,set3});
    //创建折线图数据序列、添加数据
    lineSeries = new QLineSeries();
    lineSeries->setName("各科成绩的最高分");
    lineSeries->append(0,95);
    lineSeries->append(1,80);
    lineSeries->append(2,86);
    //向图表中添加数据序列
    chart->addSeries(barSeries);
    chart->addSeries(lineSeries);
    //创建条形图坐标轴
    axisX = new QBarCategoryAxis();
    axisX->append({"语文成绩","数学成绩","外语成绩"});
    //创建数值坐标轴
    axisY = new QValueAxis();
    axisY->setRange(0,100);             //设置坐标轴的数值范围
```

```cpp
//向图表中添加坐标轴
chart->addAxis(axisX,Qt::AlignBottom);
chart->addAxis(axisY,Qt::AlignRight);
//将数据序列与坐标轴关联
barSeries->attachAxis(axisX);
barSeries->attachAxis(axisY);
lineSeries->attachAxis(axisX);
lineSeries->attachAxis(axisY);
//获取图例
legend = chart->legend();
//设置图例
legend->setAlignment(Qt::AlignBottom);
legend->setBackgroundVisible(true);
legend->setBorderColor(Qt::black);
legend->setColor(Qt::white);
QPen pen = legend->pen();
pen.setWidth(4);
legend->setPen(pen);
legend->setToolTip("图例");
legend->setMarkerShape(QLegend::MarkerShapeFromSeries);
//获取图例标志、设置图例标志
QList<QLegendMarker *> markers = legend->markers();
QLegendMarker * i;
foreach(i,markers){
    QFont font = i->font();
    font.setPointSize(12);
    i->setFont(font);
    if(i->type() == QLegendMarker::LegendMarkerTypeBar)
        i->setShape(QLegend::MarkerShapeRotatedRectangle);
    else
        i->setShape(QLegend::MarkerShapeFromSeries);
}
}

MainWindow::~MainWindow() {}
```

(5) 其他文件保持不变，运行结果如图 6-19 所示。

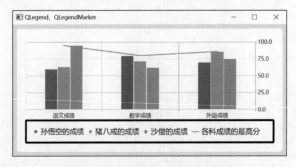

图 6-19　项目 demo15 的运行结果

6.6 小结

本章主要介绍了使用 Qt 6 绘制二维图表的方法,主要使用了图表视图类 QChartView、图表类 QChart(或极坐标图表类 QPolarChart)、数据序列类。

绘制不同类型的图表,需要使用不同类型的数据序列类。Qt 6 提供了不同的数据序列类,使用这些数据序列类可绘制 XY 图、面积图、饼图、条形图、蜡烛图、箱形图。

针对不同的图表类型,Qt 6 提供了不同的坐标轴类和图例类。

第 7 章 绘制三维图表

在 Qt 6 中,有一个子模块 Qt Data Visualization。使用 Qt Data Visualization 模块中的类可以绘制三维图表,包括三维散点图、三维曲面图、三维柱状图。使用 Qt Data Visualization 模块中的类可以实现数据的三维可视化。

7.1 Qt Data Visualization 子模块概述

在 Qt 6 中,由于 Qt Data Visualization 是附加模块,所以要安装该模块。安装步骤可参考本书 2.4.1 节的介绍,安装过程如图 7-1 所示。

图 7-1 安装 Qt Data Visualization

在 Qt 6 中,Qt Data Visualization 子模块与 Qt Charts 子模块类似,这两个子模块都使用 Graphics/View 框架绘制图表。与绘制二维图表类似,绘制三维图表需要三维图表类、三维数据序列类、三维坐标轴类。例如要绘制三维散点图,需要使用三维散点图表类 Q3DScatter、三维散点图数据序列类 QScatter3DSeries、三维坐标轴类 QValue3DAxis。

开发者如果要使用 Qt Data Visualization 中的类,则需要在项目的配置文件中添加下面一行语句:

```
QT += datavisualization
```

并且需要在头文件添加下面一行语句：

```
#include <QtDataVisualization>
```

7.1.1 三维图表类

一个三维图由图表、数据序列、坐标轴构成，Qt 6 提供的三维图表类包括三维散点图表类 Q3DScatter、三维曲面图表类 Q3DSurface、三维条形图类 Q3DBars。这 3 个类的继承关系如图 7-2 所示。

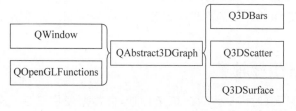

图 7-2　三维图表类的继承关系

7.1.2 三维数据序列类

绘制三维图表需要三维数据序列，Qt 6 提供的三维数据序列类包括三维散点序列类 QScatter3DSeries、三维曲面序列类 QSurface3DSeries、三维条形序列类 QBar3DSeries，这 3 个类的继承关系如图 7-3 所示。

与二维数据序列类不同，三维数据序列类只能适用于一种三维图表类，例如 QScatter3DSeries 类只适用于三维散点图表；QSurface3DSeries 类只适用于三维曲面图表；QBar3DSeries 类只适用于三维条形图表。

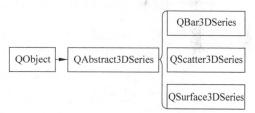

图 7-3　三维数据序列类的继承关系

绘制不同类型的三维图表，需要的数据序列的数据元素不同，例如绘制三维散点图，数据元素为三维数据点的控件坐标(x,y,z)；绘制三维曲面图，数据元素为二维数组。针对这一问题，Qt 6 提供了数据代理类处理此类问题。数据代理类包括散点图数据代理类 QScatterDataProxy、曲面数据代理类 QSurfaceDataProxy、条形数据代理类 QBarDataProxy。这些数据代理类也位于 Qt 6 的 Qt Data Visualization 子模块下，其继承关系如图 7-4 所示。

由于三维数据代理类是基于项的数据模型类，所以每个数据代理类都有一个基于项数据模型的数据代理子类。例如 QBarDataProxy 类的数据代理子类为 QItemModelBarDataProxy 类，QScatterDataProxy 类的数据代理子类为 QItemModelScatterDataProxy 类，QSurfaceDataProxy 类的数据代理子类为 QItemModelSurfaceDataProxy 类。

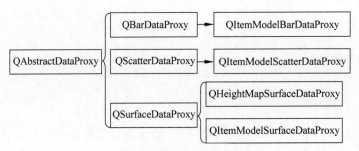

图 7-4　三维数据代理类的继承关系

在图 7-4 中，QHeightMapSurfaceDataProxy 类是一个专门用于显示地图高程数据的数据代理类，可以将一张图片表示的高程数据显示为三维曲面。开发者也可以创建自定义数据代理类。

7.1.3　三维坐标轴类

如果在绘制三维图表时需要设置三维坐标轴，则需要使用三维坐标轴类的方法。Qt 6 提供的三维坐标轴类包括数值坐标轴类 QValue3DAxis、文字条目坐标轴类 QCategory3DAxis，这两个类都是抽象类 QAbstract3DAxis 的子类，其继承关系如图 7-5 所示。

图 7-5　三维坐标轴类的继承关系

7.1.4　绘制一个简单的三维图表

百闻不如一见，下面通过一个例子展示如何使用 Q3DScatter 类、QScatter3DSeries 类、QScatterDataProxy 类绘制三维散点图。

【实例 7-1】　绘制三维曲线 $\begin{cases} x = z\sin 20z \\ y = z\cos 20z \\ z = z \end{cases}$ 的三维散点图，z 的区间是 $[0, 1.2]$，操作步骤如下：

（1）使用 Qt Creator 创建一个模板为 Qt Widgets Application 的项目，将该项目命名为 demo1，并保存在 D 盘的 Chapter7 文件夹下；在向导对话框中选择基类 QMainWindow，不勾选 Generate form 复选框。

（2）在项目的配置文件 demo1.pro 中添加下面一行语句：

```
QT += datavisualization
```

（3）编写 mainwindow.h 文件中的代码，代码如下：

```
/* 第 7 章 demo1 mainwindow.h */
#ifndef MAINWINDOW_H
#define MAINWINDOW_H
```

```cpp
#include <QMainWindow>
#include <QtDataVisualization>
#include <cmath>
#include <QWidget>

class MainWindow : public QMainWindow
{
    Q_OBJECT
public:
    MainWindow(QWidget *parent = nullptr);
    ~MainWindow();
private:
    QWidget *container;                  //三维图表容器指针
    Q3DScatter *graph3D;                 //三维散点图表指针
    QScatterDataProxy *dataProxy;        //三维散点图的数据代理指针
    QScatter3DSeries *series;            //数据序列指针
    QScatterDataArray *itemArray;        //散点数组指针
};
#endif //MAINWINDOW_H
```

(4) 编写 mainwindow.cpp 文件中的代码,代码如下:

```cpp
/* 第7章 demo1 mainwindow.cpp */
#include "mainwindow.h"

MainWindow::MainWindow(QWidget *parent):QMainWindow(parent)
{
    setGeometry(300,300,580,280);
    setWindowTitle("Q3DScatter、QScatter3DSeries、QScatterDataProxy");
    //创建三维散点图表
    graph3D = new Q3DScatter();
    //创建三维图表容器
    container = createWindowContainer(graph3D);
    setCentralWidget(container);

    dataProxy = new QScatterDataProxy();                    //创建三维散点图的数据代理
    series = new QScatter3DSeries(dataProxy);               //根据数据代理创建数据序列
    series->setItemLabelFormat("(x,z,y) = (@xLabel,@zLabel,@yLabel)");
    series->setMeshSmooth(true);                            //使用预定义网格的平滑版本
    graph3D->addSeries(series);

    //获取三维图表的坐标轴、设置坐标轴
    graph3D->axisX()->setTitle("axis X");
    graph3D->axisX()->setTitleVisible(true);
    graph3D->axisY()->setTitle("axis Y");
    graph3D->axisY()->setTitleVisible(true);
    graph3D->axisZ()->setTitle("axis Z");
    graph3D->axisZ()->setTitleVisible(true);

    graph3D->activeTheme()->setLabelBackgroundEnabled(false);
    series->setMesh(QAbstract3DSeries::MeshSphere);         //设置散点的形状
```

```
        series->setItemSize(0.15);
        //创建数据代理的代理项
        int N = 200;                                    //数据点总数
        float x,y,z = 0;
        itemArray = new QScatterDataArray();
        for(int i = 0;i < N;i++){
            x = z * sin(20 * z);
            y = z * cos(20 * z);
            QVector3D vector3D(x,z,y);                  //三维坐标点
            QScatterDataItem item(vector3D);            //空间中的一个散点数据项
            itemArray->append(item);
            z = z + 0.006;
        }
        dataProxy->resetArray(itemArray);               //重置数据代理的数组
    }

    MainWindow::~MainWindow() {}
```

(5) 其他文件保持不变,运行结果如图 7-6 所示。

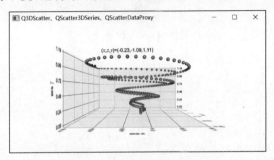

图 7-6 项目 demo1 的运行结果

注意:开发者可通过转动鼠标滚轮的方式来调整三维图表的大小。

7.1.5 三维图表抽象类 QAbstract3DGraph

在 Qt 6 中,QAbstract3DGraph 类是三维图表类的基类,这也是一个抽象类,并不能直接使用。Q3DScatter 类、Q3DSurface 类、Q3DBar 类继承了 QAbstract3DGraph 类的方法和信号。

QAbstract3DGraph 类的常用方法见表 7-1。

表 7-1 QAbstract3DGraph 类的常用方法

方法及参数类型	说明	返回值的类型
activeInputHandler()	获取输入处理器	QAbstract3DInputHandle *
activeTheme()	获取主题	Q3DTheme *
addCustomItem(QCustomItem * item)	添加数据项,并返回该数据项的索引	int

续表

方法及参数类型	说　明	返回值的类型
addInputHandler(QAbstract3DInputHandler * inputHandler)	添加输入处理器	
addTheme(Q3DTheme * theme)	添加主题	
aspectRatio()	获取水平面上最长轴与 y 轴的图形缩放比率	float
setAspectRatio(float ratio)	设置水平面上最长轴与 y 轴的图形缩放比率	
clearSelection()	清空所有关联的数据序列	
currentFps()	获取最后 1s 的渲染结果	float
hasContext()	如果图形的 OpenGL 上下文已成功初始化，则返回值为 true	bool
hasSeries(QAbstract3DSeries * series)	获取是否添加了指定的数据序列	bool
horizontalAspectRatio()	获取图形在 x 轴和 z 轴的缩放比率	float
setHorizontalAspectRatio(ratio:float)	设置图形在 x 轴和 z 轴的缩放比率	
inputHandlers()	获取输入处理器的列表	QList < QAbstract3DInputHandler * >
isOrthoProjection()	获取是否使用正射影来显示图形	bool
setOrthoProjection(bool enable)	设置是否使用正射影来显示图形	
isPolar()	获取水平坐标系是否为极坐标系	bool
setPolar(bool enable)	设置水平坐标系是否为极坐标系	
isReflection()	获取地板反射是否开启	bool
setReflection(bool enable)	设置地板反射是否开启	
locale()	获取存放数据格式的标签	QLocale
setLocale(QLocate &locale)	设置存放数据格式的标签	
margin()	用于可绘图图形区域的边缘与图形背景边缘之间的剩余空间的绝对值	float
setMargin(float margin)	设置可绘图图形区域的边缘与图形背景边缘之间的剩余空间的绝对值	
measureFps()	获取渲染是否为连续进行	bool
setMeasureFps(bool enable)	设置渲染是否为连续进行	
optimizationHints()	获取是使用默认模式还是使用静态模式进行呈现及优化	OptimizationHints
setOptimizationHints(QAbstract3DGraph::OptimizationHints hints)	设置呈现及优化的模式	

续表

方法及参数类型	说　明	返回值的类型
queriedGraphPosition()	获取每个轴最近查询的图形位置值	QVector3D
radialLabelOffset()	获取径向轴标签的水平偏移量	float
setRadioLabelOffset(float offset)	设置径向轴标签的水平偏移量	
reflectivity()	获取地面反射率	float
setReflectivity(float reflectivity)	设置地面反射率	
releaseCustomItem(QCustom3DItem * item)	获取指定数据项的所有权并从图中删除该数据项	
releaseInputHandler(QAbstract3DInputHandler * inputHandler)	将指定的输入处理器的所有权返还给调用者	
releaseTheme(Q3DTheme * theme)	将指定的主题的所有权返还给调用者	
removeCustomItem(QCustom3DItem * item)	移除指定数据项	
removeCustomItemAt(QVector3D &pos)	移除指定位置的数据项	
removeCustomItems()	移除所有的数据项	
renderToImage(int msaaSample=0, QSize&imageSize)	将当前帧渲染为指定尺寸的图像,默认尺寸为窗口的尺寸	
scene()	获取三维场景对象,可用于操纵场景和访问场景元素,如活动摄像机	Q3DScene *
selectedAxis()	获取选中的数据轴	QAbstract3DAxis *
selectedCustomItem()	获取选中的数据项	QCustom3DItem *
selectedCustomItemIndex()	获取选中数据项的索引	int
selectedElement()	获取选中元素的类型	QAbstract3DGraph::ElementType
selectedLabelIndex()	获取选中的标签的索引	int
selectionMode()	获取选择模式	QAbstract3DGraph::SelectionFlags
setSelectionMode(QAbstract3DGraph::SelectionFlags mode)	设置选择模式	
setActiveInputHandler(QAbstract3DInputHandler * inputHandler)	设置输入处理器	
setActiveTheme(Q3DTheme * theme)	设置活动主题	
setShadowQuality(QAbstract3DGraph::ShadowQuality quality)	设置阴影质量	
shadowQuality()	获取阴影质量	QAbstract3DGraph::ShadowQuality
themes()	获取主题列表	QList< Q3DTheme *>
shadowSupported()	如果当前配置支持阴影,则返回值为 true	bool

在表 7-1 中，QAbstract3DGraph::SelectionFlag 的枚举常量见表 7-2。

表 7-2　QAbstract3DGraph::SelectionFlag 的枚举常量

枚 举 常 量	说　　明
QAbsract3DGraph::SelectionNone	不允许选择
QAbsract3DGraph::SelectionItem	选择并且高亮显示一项
QAbsract3DGraph::SelectionRow	选择并且高亮显示一行
QAbsract3DGraph::SelectionItemAndRow	选择一项和一行，用不同的颜色高亮显示
QAbsract3DGraph::SelectionColumn	选择并且高亮显示一列
QAbsract3DGraph::SelectionItemAndColumn	选择一项和一列，用不同的颜色高亮显示
QAbsract3DGraph::SelectionRowAndColumn	选择交叉的一行和一列
QAbsract3DGraph::SelectionItemRowAndColumn	选择交叉的一行和一列，用不同的颜色高亮显示
QAbsract3DGraph::SelectionSlice	切片选择，需要 SelectionRow 和 SelectionColumn 结合使用
QAbsract3DGraph::SelectionMultiSeries	选中同一个位置的多个序列的项

QAbstract3DGraph 类的信号见表 7-3。

表 7-3　QAbstract3DGraph 类的信号

信号及参数类型	说　　明
activeInputHandlerChanged(QAbstract3DInputHandler * inputHandler)	当输入处理器发生改变时发送信号
activeThemeChanged(Q3DTheme * theme)	当活动主题发生改变时发送信号
aspectRatioChanged(float ratio)	当水平面上最长轴与 y 轴的图形缩放比率发生改变时发送信号
currentFpsChanged(float fps)	当最后 1s 的渲染结果发生改变时发送信号
horizontalAspectRatioChanged(float ratio)	当 x 轴和 z 轴的缩放比率发生改变时发送信号
localeChanged(QLocale &locale)	当存放数据格式的标签发生改变时发送信号
marginChanged(float margin)	当边距发生改变时发送信号
measureFpsChanged(bool enabled)	当渲染方式发生改变时发送信号
optimizationHintsChanged(QAbstract3DGraph::OptizationHints hints)	当优化模式发生改变时发送信号
orthorProjectionChanged(bool enabled)	是否使用正射影发生改变时发送信号
polarChanged(bool enabled)	是否使用极坐标发生改变时发送信号
queriedGraphPositionChanged(QVector3D &data)	当图形位置值发生改变时发送信号
radialLabelOffsetChanged(float offset)	当径向轴标签的水平偏移量发生改变时发送信号
reflectionChanged(bool enabled)	是否使用地板反射发生改变时发送信号
reflectivityChanged(float reflectivity)	当地板反射率发生改变时发送信号
selectionElementChanged(QAbstract3DGraph::ElementType type)	当选中的元素类型发生改变时发送信号
selectionModeChanged(QAbstract3DGraph::SelectionFlags)	当选择模式发生改变时发送信号
showQualityChanged(QAbstract3DGraph::ShadowQuality)	当阴影质量发生改变时发送信号

7.1.6 三维场景类 Q3DScene 和三维相机类 Q3DCamera

在 Qt 6 中，使用 QAbstract3DGraph 类的 scene()方法可获取 Q3DScene 对象，这是三维图表的场景对象。

Q3DScene 类的常用方法见表 7-4。

表 7-4 Q3DScene 类的常用方法

方法及参数类型	说　　明	返回值的类型
activeCamera()	获取相机对象	Q3DCamera *
activeLight()	获取光源对象	Q3DLight *
setActiveCamera(Q3DCamera * camera)	设置相机	
setActiveLight(Q3DLight * light)	设置光源	
viewport()	获取视口的尺寸	QRect

从表 7-4 中，可以得知：在场景对象中有相机（Q3DCamera）对象指针和光源（Q3DLight）对象指针。在创建三维图表时会自动创建默认的相机对象和光源对象。相机对象类似于人的眼睛，通过相机位置的控制可实现图形的旋转、缩放、平移。通过 Q3DLight 的方法可设置光源是否自动跟随相机。

Q3DCamera 类的常用方法见表 7-5。

表 7-5 Q3DCamera 类的常用方法

方法及参数类型	说　　明	返回值的类型
cameraPreset()	获取相机视角	Q3DCamera::CameraPreset
setCameraPreset(Q3DCamera::CameraPresent preset)	设置相机的视角	
maxZoomLevel()	获取相机的最大变焦	float
setMaxZoomLevel(float zoomLevel)	设置相机的最大变焦	
minZoomLevel()	获取相机的最小变焦	float
setMinZoomLevel(float zoomLevel)	设置相机的最小变焦	
setCameraPositon（float horizontal，float vertical，float zoom=100.0f）	设置相机的位置	
setZoomLevel(float zoomLevel)	设置相机的变焦级别，参数的默认值为 100.0	
target()	获取场景中目标的位置	QVector3D
setTarget(QVector3D &target)	设置场景中目标的位置	
setWrapXRotatiom(bool isEnabled)	设置绕 x 轴旋转的最小和最大极限的行为	
wrapXRotation()	获取绕 x 轴旋转是否有最小和最大极限的行为	bool
setWrapYRotation(bool isEnabled)	设置绕 y 轴旋转的最小和最大极限的行为	
wrapYRotation()	获取绕 y 轴是否有旋转的最小和最大极限的行为	bool

续表

方法及参数类型	说　明	返回值的类型
setXRotation(float rotation)	设置绕 x 轴旋转的角度，rotation 的范围是 $-180\sim180$	
xRotation()	获取绕 x 轴旋转的角度	float
setYRotation(float rotation)	设置沿 y 轴旋转的角度，rotation 的范围是 $-180\sim180$	
yRotation()	获取绕 y 轴旋转的角度	float

在表 7-5 中，Q3DCamera::CameraPresent 的枚举常量见表 7-6。

表 7-6　Q3DCamera::CameraPresent 的枚举常量

枚　举　常　量	说　明
Q3DCamera::CameraPresetNone	未设置预设视角或场景可以自由旋转
Q3DCamera::CameraPresetFontLow	前下方
Q3DCamera::CameraPresetFont	正前方
Q3DCamera::CameraPresetFontHigh	前上方
Q3DCamera::CameraPresetLeftLow	左下方
Q3DCamera::CameraPresetLeft	正左方
Q3DCamera::CameraPresetLeftHigh	左上方
Q3DCamera::CameraPresetRightLow	右下方
Q3DCamera::CameraPresetRight	正右方
Q3DCamera::CameraPresetRightHigh	右前方
Q3DCamera::CameraPresetBehindLow	后下方
Q3DCamera::CameraPresetBehind	正后方
Q3DCamera::CameraPresetBehindHigh	后前方
Q3DCamera::CameraPresetIsometricLeft	相机预设等距线左
Q3DCamera::CameraPresetIsometricRight	相机预设等距线右
Q3DCamera::CameraPresetIsometricRightHigh	相机预设等距线右上
Q3DCamera::CameraPresetDirectlyAbove	
Q3DCamera::CameraPresetDirectlyAboveCW45	
Q3DCamera::CameraPresetDirectlyAboveCCW45	
Q3DCamera::CameraPresetFrontBelow	在三维条形图中，从 CameraPresetFrontBelow 开始，这些只适用于包括负值的图形
Q3DCamera::CameraPresetLeftBelow	
Q3DCamera::CameraPresetRightBelow	
Q3DCamera::CameraPresetBehindBelow	
Q3DCamera::CameraPresetDrectlyBelow	只适用于整数值的三维条形图

【实例 7-2】　绘制三维曲线 $\begin{cases} x = z\sin 20z \\ y = z\cos 20z \\ z = z \end{cases}$ 的是三维散点图，z 的区间是 $[0,1.2]$。要求

创建 6 个按压按钮,使用按压按钮可设置不同的视角。要求可根据输入的数值进行水平旋转、垂直旋转、缩放显示,操作步骤如下:

(1) 使用 Qt Creator 创建一个模板为 Qt Widgets Application 的项目,将该项目命名为 demo2,并保存在 D 盘的 Chapter7 文件夹下;在向导对话框中选择基类 QWidget,不勾选 Generate form 复选框。

(2) 在项目的配置文件 demo2.pro 中添加下面一行语句:

```
QT += datavisualization
```

(3) 编写 widget.h 文件中的代码,代码如下:

```cpp
/* 第7章 demo2 widget.h */
#ifndef WIDGET_H
#define WIDGET_H

#include <QWidget>
#include <QtDataVisualization>
#include <QHBoxLayout>
#include <QVBoxLayout>
#include <QLabel>
#include <QDoubleSpinBox>
#include <QPushButton>

class Widget : public QWidget
{
    Q_OBJECT
public:
    Widget(QWidget * parent = nullptr);
    ~Widget();
private:
    QVBoxLayout * vbox;                                      //垂直布局指针
    QHBoxLayout * hbox1, * hbox2;                            //水平布局指针
    QPushButton * btnFont, * btnFontLow, * btnFontHigh;      //按钮指针
    QPushButton * btnLeft, * btnLeftLow, * btnLeftHigh;      //按钮指针
    QLabel * xLabel, * yLabel, * zoomLabel;                  //标签指针
    QDoubleSpinBox * xRot, * yRot, * zoom;                   //数字输入框指针
    QWidget * container;                                     //三维图表容器指针
    Q3DScatter * graph3D;                                    //三维散点图表指针
    QScatterDataProxy * dataProxy;                           //三维散点图的数据代理指针
    QScatter3DSeries * series;                               //数据序列指针
    QScatterDataArray * itemArray;                           //散点数组指针
private slots:
    void preset_font();
    void preset_fontLow();
    void preset_fontHigh();
    void preset_left();
    void preset_leftLow();
    void preset_leftHigh();
    void x_rotation(double num);
    void y_rotation(double num);
```

```cpp
    void zoom_changed(double num);
};
#endif //WIDGET_H
```

(4) 编写 widget.cpp 文件中的代码,代码如下:

```cpp
/* 第7章 demo2 widget.cpp */
#include "widget.h"

Widget::Widget(QWidget *parent):QWidget(parent)
{
    setGeometry(300,300,580,280);
    setWindowTitle("Q3DScene、Q3DCamera");
    //创建设置视角的按钮和布局
    hbox1 = new QHBoxLayout();
    btnFont = new QPushButton("正前方");
    btnFontLow = new QPushButton("前下方");
    btnFontHigh = new QPushButton("前上方");
    btnLeft = new QPushButton("正左方");
    btnLeftLow = new QPushButton("左下方");
    btnLeftHigh = new QPushButton("左上方");
    hbox1->addWidget(btnFont);
    hbox1->addWidget(btnFontLow);
    hbox1->addWidget(btnFontHigh);
    hbox1->addWidget(btnLeft);
    hbox1->addWidget(btnLeftLow);
    hbox1->addWidget(btnLeftHigh);
    //创建旋转、缩放的数字输入控件
    hbox2 = new QHBoxLayout();
    xLabel = new QLabel("水平旋转角度:");
    xRot = new QDoubleSpinBox();
    xRot->setRange(-180,180);
    yLabel = new QLabel("垂直旋转角度:");
    yRot = new QDoubleSpinBox();
    yRot->setRange(-180,180);
    zoomLabel = new QLabel("缩放数值:");
    zoom = new QDoubleSpinBox();
    zoom->setRange(10,500);                         //默认值为100
    hbox2->addWidget(xLabel);
    hbox2->addWidget(xRot);
    hbox2->addWidget(yLabel);
    hbox2->addWidget(yRot);
    hbox2->addWidget(zoomLabel);
    hbox2->addWidget(zoom);
    //将窗口的布局方式设置为垂直布局
    vbox = new QVBoxLayout(this);
    vbox->addLayout(hbox1);
    vbox->addLayout(hbox2);
    //创建三维散点图表
    graph3D = new Q3DScatter();
    //创建三维图表容器
    container = createWindowContainer(graph3D);
```

```cpp
    vbox->addWidget(container);
    dataProxy = new QScatterDataProxy();                //创建三维散点图的数据代理
    series = new QScatter3DSeries(dataProxy);           //根据数据代理创建数据序列
    series->setItemLabelFormat("(x,z,y) = (@xLabel,@zLabel,@yLabel)");
    series->setMeshSmooth(true);                        //使用预定义网格的平滑版本
    graph3D->addSeries(series);
    //获取三维图表的坐标轴、设置坐标轴
    graph3D->axisX()->setTitle("axis X");
    graph3D->axisX()->setTitleVisible(true);
    graph3D->axisY()->setTitle("axis Y");
    graph3D->axisY()->setTitleVisible(true);
    graph3D->axisZ()->setTitle("axis Z");
    graph3D->axisZ()->setTitleVisible(true);
    graph3D->activeTheme()->setLabelBackgroundEnabled(false);
    series->setMesh(QAbstract3DSeries::MeshSphere);     //设置散点的形状
    series->setItemSize(0.15);
    //创建数据代理的代理项
    int N = 200;                                        //数据点总数
    float x,y,z = 0;
    itemArray = new QScatterDataArray();
    for(int i = 0;i < N;i++){
        x = z * sin(20 * z);
        y = z * cos(20 * z);
        QVector3D vector3D(x,z,y);                      //三维坐标点
        QScatterDataItem item(vector3D);                //空间中的一个散点数据项
        itemArray->append(item);
        z = z + 0.006;
    }
    dataProxy->resetArray(itemArray);                   //重置数据代理的数组
    //使用信号/槽
    connect(btnFont,SIGNAL(clicked()),this,SLOT(preset_font()));
    connect(btnFontLow,SIGNAL(clicked()),this,SLOT(preset_fontLow()));
    connect(btnFontHigh,SIGNAL(clicked()),this,SLOT(preset_fontHigh()));
    connect(btnLeft,SIGNAL(clicked()),this,SLOT(preset_left()));
    connect(btnLeftLow,SIGNAL(clicked()),this,SLOT(preset_leftLow()));
    connect(btnLeftHigh,SIGNAL(clicked()),this,SLOT(preset_leftHigh()));

    connect(xRot,SIGNAL(valueChanged(double)),this,SLOT(x_rotation(double)));
    connect(yRot,SIGNAL(valueChanged(double)),this,SLOT(y_rotation(double)));
    connect(zoom,SIGNAL(valueChanged(double)),this,SLOT(zoom_changed(double)));
}

Widget::~Widget() {}

void Widget::preset_font(){
    Q3DCamera::CameraPreset view = Q3DCamera::CameraPresetFront;
    graph3D->scene()->activeCamera()->setCameraPreset(view);
}

void Widget::preset_fontLow(){
    Q3DCamera::CameraPreset view = Q3DCamera::CameraPresetFrontLow;
```

```cpp
    graph3D->scene()->activeCamera()->setCameraPreset(view);
}

void Widget::preset_fontHigh(){
    Q3DCamera::CameraPreset view = Q3DCamera::CameraPresetFrontHigh;
    graph3D->scene()->activeCamera()->setCameraPreset(view);
}

void Widget::preset_left(){
    Q3DCamera::CameraPreset view = Q3DCamera::CameraPresetLeft;
    graph3D->scene()->activeCamera()->setCameraPreset(view);
}

void Widget::preset_leftLow(){
    Q3DCamera::CameraPreset view = Q3DCamera::CameraPresetLeftLow;
    graph3D->scene()->activeCamera()->setCameraPreset(view);
}

void Widget::preset_leftHigh(){
    Q3DCamera::CameraPreset view = Q3DCamera::CameraPresetLeftHigh;
    graph3D->scene()->activeCamera()->setCameraPreset(view);
}

void Widget::x_rotation(double num){
    graph3D->scene()->activeCamera()->setXRotation(num);
}

void Widget::y_rotation(double num){
    graph3D->scene()->activeCamera()->setYRotation(num);
}

void Widget::zoom_changed(double num){
    graph3D->scene()->activeCamera()->setZoomLevel(num);
}
```

（5）其他文件保持不变，运行结果如图 7-7 所示。

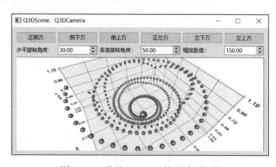

图 7-7　项目 demo2 的运行结果

7.1.7 三维坐标类 QVector3D

在 Qt 6 中,使用 QVector3D 可创建三维坐标对象或三维向量对象。QVector3D 类位于 Qt GUI 子模块下,其构造函数如下:

```
QVector3D(QPoint point)                              //创建三维坐标对象,z 坐标值为 0
QVector3D(QPointF point)                             //创建三维坐标对象,z 坐标值为 0
QVector3D(QVector2D vector)                          //创建三维坐标对象,z 坐标值为 0
QVector3D(QVector2D vector, float zpos)              //创建三维坐标对象,z 轴坐标值为 zpos
QVector3D(QVector4D vector)                          //创建三维坐标对象,舍弃 w 坐标值
QVector3D(float xpos, float ypos, float zpos)
```

在项目 demo1 中,已经使用 QVector3D 类构建三维坐标点对象。在 Q3DCamera 类中,可以使用 target()方法获取三维坐标对象。

QVector3D 类的常用方法见表 7-7。

表 7-7 QVector3D 类的常用方法

方法及参数类型	说 明	返回值的类型
x()	获取 x 坐标值	float
y()	获取 y 坐标值	float
z()	获取 z 坐标值	float
setX(float x)	设置 x 坐标值	
setY(float y)	设置 y 坐标值	
setZ(float z)	设置 z 坐标值	
toPoint()	舍弃 z 坐标,转换为平面坐标点	QPoint
toPointF()	舍弃 z 坐标,转换为平面坐标点	QPointF
toVector2D()	舍弃 z 向量,转换为二维向量	QVector2D
toVector4D()	转换为四维向量对象,w 向量为 0	QVector4D

【实例 7-3】 绘制三维曲线 $\begin{cases} x = z\sin 20z \\ y = z\cos 20z \\ z = z \end{cases}$ 的是三维散点图,z 的区间是 $[0, 1.2]$。要求创建 6 个按压按钮,使用按钮可平移(上移、下移、左移、右移、近移、远移)三维图表,操作步骤如下:

(1) 使用 Qt Creator 创建一个模板为 Qt Widgets Application 的项目,将该项目命名为 demo3,并保存在 D 盘的 Chapter7 文件夹下;在向导对话框中选择基类 QWidget,不勾选 Generate form 复选框。

(2) 在项目的配置文件 demo3.pro 中添加下面一行语句:

```
QT += datavisualization
```

(3) 编写 widget.h 文件中的代码,代码如下:

```
/* 第 7 章 demo3 widget.h */
#ifndef WIDGET_H
```

```cpp
#define WIDGET_H

#include <QWidget>
#include <QtDataVisualization>
#include <cmath>
#include <QHBoxLayout>
#include <QVBoxLayout>
#include <QPushButton>
#include <QVector3D>

class Widget : public QWidget
{
    Q_OBJECT
public:
    Widget(QWidget *parent = nullptr);
    ~Widget();
private:
    QVBoxLayout * vbox;                         //垂直布局指针
    QHBoxLayout * hbox;                         //水平布局指针
    QPushButton * btnLeft, * btnRight, * btnUp; //按钮指针
    QPushButton * btnDown, * btnFar, * btnNear; //按钮指针
    QWidget * container;                        //三维图表容器指针
    Q3DScatter * graph3D;                       //三维散点图表指针
    QScatterDataProxy * dataProxy;              //三维散点图的数据代理指针
    QScatter3DSeries * series;                  //数据序列指针
    QScatterDataArray * itemArray;              //散点数组指针
private slots:
    void move_left();
    void move_right();
    void move_up();
    void move_down();
    void move_far();
    void move_near();
};
#endif //WIDGET_H
```

（4）编写 widget.cpp 文件中的代码，代码如下：

```cpp
/* 第 7 章 demo3 widget.cpp */
#include "widget.h"

Widget::Widget(QWidget * parent):QWidget(parent)
{
    setGeometry(300,300,580,280);
    setWindowTitle("QVector3D");
    //创建设置图表平移的按钮和布局
    hbox = new QHBoxLayout();
    btnLeft = new QPushButton("左移");
    btnRight = new QPushButton("右移");
    btnUp = new QPushButton("上移");
    btnDown = new QPushButton("下移");
    btnFar = new QPushButton("远移");
```

```cpp
    btnNear = new QPushButton("近移");
    hbox->addWidget(btnLeft);
    hbox->addWidget(btnRight);
    hbox->addWidget(btnUp);
    hbox->addWidget(btnDown);
    hbox->addWidget(btnFar);
    hbox->addWidget(btnNear);
    //将窗口的布局方式设置为垂直布局
    vbox = new QVBoxLayout(this);
    vbox->addLayout(hbox);
    //创建三维散点图表
    graph3D = new Q3DScatter();
    //创建三维图表容器
    container = createWindowContainer(graph3D);
    vbox->addWidget(container);
    dataProxy = new QScatterDataProxy();                    //创建三维散点图的数据代理
    series = new QScatter3DSeries(dataProxy);               //根据数据代理创建数据序列
    series->setItemLabelFormat("(x,z,y) = (@xLabel,@zLabel,@yLabel)");
    series->setMeshSmooth(true);                            //使用预定义网格的平滑版本
    graph3D->addSeries(series);
    //获取三维图表的坐标轴、设置坐标轴
    graph3D->axisX()->setTitle("axis X");
    graph3D->axisX()->setTitleVisible(true);
    graph3D->axisY()->setTitle("axis Y");
    graph3D->axisY()->setTitleVisible(true);
    graph3D->axisZ()->setTitle("axis Z");
    graph3D->axisZ()->setTitleVisible(true);
    graph3D->activeTheme()->setLabelBackgroundEnabled(false);
    series->setMesh(QAbstract3DSeries::MeshSphere);         //设置散点的形状
    series->setItemSize(0.15);
    //创建数据代理的代理项
    int N = 200;                                            //数据点总数
    float x,y,z = 0;
    itemArray = new QScatterDataArray();
    for(int i = 0;i < N;i++){
        x = z * sin(20 * z);
        y = z * cos(20 * z);
        QVector3D vector3D(x,z,y);                          //三维坐标点
        QScatterDataItem item(vector3D);                    //空间中的一个散点数据项
        itemArray->append(item);
        z = z + 0.006;
    }
    dataProxy->resetArray(itemArray);                       //重置数据代理的数组
    //使用信号/槽
    connect(btnLeft,SIGNAL(clicked()),this,SLOT(move_left()));
    connect(btnRight,SIGNAL(clicked()),this,SLOT(move_right()));
    connect(btnUp,SIGNAL(clicked()),this,SLOT(move_up()));
    connect(btnDown,SIGNAL(clicked()),this,SLOT(move_down()));
    connect(btnFar,SIGNAL(clicked()),this,SLOT(move_far()));
```

```cpp
    connect(btnNear,SIGNAL(clicked()),this,SLOT(move_near()));
}

Widget::~Widget() {}

void Widget::move_left(){
    QVector3D target3D = graph3D->scene()->activeCamera()->target();
    float x = target3D.x();
    target3D.setX(x + 0.1);
    graph3D->scene()->activeCamera()->setTarget(target3D);
}

void Widget::move_right(){
    QVector3D target3D = graph3D->scene()->activeCamera()->target();
    float x = target3D.x();
    target3D.setX(x - 0.1);
    graph3D->scene()->activeCamera()->setTarget(target3D);
}

void Widget::move_up(){
    QVector3D target3D = graph3D->scene()->activeCamera()->target();
    float y = target3D.y();
    target3D.setY(y - 0.1);
    graph3D->scene()->activeCamera()->setTarget(target3D);
}

void Widget::move_down(){
    QVector3D target3D = graph3D->scene()->activeCamera()->target();
    float y = target3D.y();
    target3D.setY(y + 0.1);
    graph3D->scene()->activeCamera()->setTarget(target3D);
}

void Widget::move_far(){
    QVector3D target3D = graph3D->scene()->activeCamera()->target();
    float z = target3D.z();
    target3D.setZ(z - 0.1);
    graph3D->scene()->activeCamera()->setTarget(target3D);
}

void Widget::move_near(){
    QVector3D target3D = graph3D->scene()->activeCamera()->target();
    float z = target3D.z();
    target3D.setZ(z + 0.1);
    graph3D->scene()->activeCamera()->setTarget(target3D);
}
```

(5) 其他文件保持不变,运行结果如图 7-8 所示。

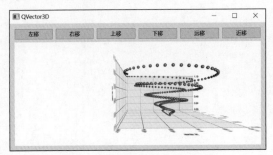

图 7-8　项目 demo3 的运行结果

7.1.8　三维主题类 Q3DTheme

在 Qt 6 中,使用 Q3DTheme 类可创建三维主题对象。三维主题对象被用于设置三维图表的背景颜色、字体、网格线颜色、环境光源强度等外观效果。Q3DTheme 类位于 Qt Data Visualization 子模块下,其构造函数如下:

```
Q3DTheme(QObject * parent = nullptr)
Q3DTheme(Q3DTheme::Theme themeType,QObject * parent = nullptr)
```

其中,parent 表示 QObject 类及其子类创建的对象指针;type 表示主题的类型。

在实际编程中,可使用三维图表类的 activeTheme() 方法获取三维图表的 Q3DTheme 对象。

Q3DTheme 类的常用方法见表 7-8。

表 7-8　Q3DTheme 类的常用方法

方法及参数类型	说　　明	返回值的类型
ambientLightStrength()	获取环境光源强度	float
setAmbientLightStrength(float strength)	设置环境光源强度	
backgroundColor()	获取背景颜色	QColor
setBackgroundColor(QColor &color)	设置背景颜色	
baseColors()	获取图表中对象的颜色列表	QList＜QColor＞
setBaseColors(QList＜QColor＞ &colors)	设置图表中对象的颜色	
baseGradients()	获取图表中对象的渐变色列表	QList＜QLinearGradient＞
setBaseGradients(QList＜QLinearGradient＞ &gradients)	设置图表中对象的渐变色	
colorStyle()	获取颜色风格	Q3DTheme::QColorStyle
setColorStyle(Q3DTheme::QColorStyle)	设置颜色风格	
font()	获取字体	QFont
setFont(QFont &font)	设置字体	
setGridEnabled(bool enabled)	设置是否显示网格线	

续表

方法及参数类型	说　明	返回值的类型
gridLineColor()	获取网格线颜色	QColor
setGridLineColor(QColor &color)	设置网格线颜色	
highlightLightStrength()	获取所选对象的反射光源强度	float
setHighlightLightStrength(float strength)	设置所选对象的反射光源强度	
isBackgroundEnabled()	获取背景是否可见	bool
isGridEnabled()	获取网格线是否可见	bool
isLabelBackgroundEnabled()	获取标签背景是否可见	bool
isLabelBorderEnabled()	获取标签边框线是否可见	bool
labelBackgroundColor()	获取标签背景颜色	QColor
setLabelBackgroundColor(QColor &color)	设置标签背景颜色	
setLabelBorderEnabled(bool enabled)	设置标签边框线是否可见	bool
labelTextColor()	获取标签文本颜色	QColor
setLabelTextColor(QColor &color)	设置标签文本颜色	
lightColor()	获取环境光和反射光的颜色	QColor
setLightColor(QColor &color)	设置反射光强度	
lightStrength()	获取反射光强度	float
setLightStrength(float strength)	设置反射光强度	
multiHighlightColor()	获取选中的多个对象的高亮颜色	QColor
setMultiHighlightColor(QColor &color)	设置选中的多个对象的高亮颜色	
multiHighlightGradient()	获取选中的多个对象的高亮渐变色	QLinearGradient
setMultiHighlightGradient(QLinearGradient &gradient)	设置选中的多个对象的高亮渐变色	
setSingleHighlightColor(Qcolor &color)	设置选中的单个对象的高亮颜色	
singleHighlightColor()	获取选中的单个对象的高亮颜色	QColor
setSingleHighlightGradient(QLinearGradient &gradient)	设置选中的单个对象的高亮渐变色	
singleHighlightGradient()	获取选中的单个对象的高亮渐变色	QLinearGradient
setType(Q3DTheme::Theme themeType)	设置主题类型	
type()	获取主题类型	Q3DTheme::Type
windowColor()	获取窗口颜色	QColor
setWindowColor(QColor &color)	设置窗口颜色	

在表 7-8 中，Q3DTheme::Theme 的枚举常量为 Q3DTheme::ThemeQt、Q3DTheme::ThemePrimaryColors、Q3DTheme::ThemeDigia、Q3DTheme::ThemeStoneMoss、Q3DTheme::ThemeArmyBlue、Q3DTheme::ThemeRetro、Q3DTheme::ThemeEbony、Q3DTheme::ThemeIsabelle、Q3DTheme::ThemeUserDefined。

【实例 7-4】 绘制三维曲线 $\begin{cases} x = z\sin 20z \\ y = z\cos 20z \\ z = z \end{cases}$ 的是三维散点图，z 的区间是 $[0, 1.2]$。要求

创建4个按压按钮,使用按钮更改三维图表的主题类型、显示标签背景、隐藏网格线,操作步骤如下:

(1) 使用Qt Creator创建一个模板为Qt Widgets Application的项目,将该项目命名为demo4,并保存在D盘的Chapter7文件夹下;在向导对话框中选择基类QWidget,不勾选Generate form复选框。

(2) 在项目的配置文件demo4.pro中添加下面一行语句:

```
QT += datavisualization
```

(3) 编写widget.h文件中的代码,代码如下:

```cpp
/* 第7章 demo4 widget.h */
#ifndef WIDGET_H
#define WIDGET_H

#include <QWidget>
#include <QtDataVisualization>
#include <cmath>
#include <QHBoxLayout>
#include <QVBoxLayout>
#include <QPushButton>

class Widget : public QWidget
{
    Q_OBJECT
public:
    Widget(QWidget *parent = nullptr);
    ~Widget();
private:
    QHBoxLayout * hbox;                                              //水平布局指针
    QVBoxLayout * vbox;                                              //垂直布局指针
    QPushButton * btnType1, * btnType2, * btnBack, * btnGrid;        //标签指针
    QWidget * container;                                             //三维图表容器指针
    Q3DScatter * graph3D;                                            //三维散点图表指针
    QScatterDataProxy * dataProxy;                                   //三维散点图的数据代理指针
    QScatter3DSeries * series;                                       //数据序列指针
    QScatterDataArray * itemArray;                                   //散点数组指针
private slots:
    void change_type1();
    void change_type2();
    void show_back();
    void hide_grid();
};
#endif //WIDGET_H
```

(4) 编写widget.cpp文件中的代码,代码如下:

```cpp
/* 第7章 demo4 widget.cpp */
#include "widget.h"

Widget::Widget(QWidget * parent):QWidget(parent)
```

```cpp
{
    setGeometry(300,300,580,300);
    setWindowTitle("Q3DTheme");
    //创建按钮控件及其布局
    hbox = new QHBoxLayout();
    btnType1 = new QPushButton("主题类型 1");
    btnType2 = new QPushButton("主题类型 2");
    btnBack = new QPushButton("显示标签背景");
    btnGrid = new QPushButton("隐藏网格线");
    hbox->addWidget(btnType1);
    hbox->addWidget(btnType2);
    hbox->addWidget(btnBack);
    hbox->addWidget(btnGrid);
    //设置窗口的布局方式
    vbox = new QVBoxLayout(this);
    vbox->addLayout(hbox);
    //创建三维散点图表
    graph3D = new Q3DScatter();
    //创建三维图表容器
    container = createWindowContainer(graph3D);
    vbox->addWidget(container);
    dataProxy = new QScatterDataProxy();                    //创建三维散点图的数据代理
    series = new QScatter3DSeries(dataProxy);               //根据数据代理创建数据序列
    series->setItemLabelFormat("(x,z,y) = (@xLabel,@zLabel,@yLabel)");
    series->setMeshSmooth(true);                            //使用预定义网格的平滑版本
    graph3D->addSeries(series);
    //获取三维图表的坐标轴、设置坐标轴
    graph3D->axisX()->setTitle("axis X");
    graph3D->axisX()->setTitleVisible(true);
    graph3D->axisY()->setTitle("axis Y");
    graph3D->axisY()->setTitleVisible(true);
    graph3D->axisZ()->setTitle("axis Z");
    graph3D->axisZ()->setTitleVisible(true);
    graph3D->activeTheme()->setLabelBackgroundEnabled(false);
    series->setMesh(QAbstract3DSeries::MeshSphere);         //设置散点的形状
    series->setItemSize(0.15);
    //创建数据代理的代理项
    int N = 200;                                            //数据点总数
    float x,y,z = 0;
    itemArray = new QScatterDataArray();
    for(int i = 0;i < N;i++){
        x = z * sin(20 * z);
        y = z * cos(20 * z);
        QVector3D vector3D(x,z,y);                          //三维坐标点
        QScatterDataItem item(vector3D);                    //空间中的一个散点数据项
        itemArray->append(item);
        z = z + 0.006;
    }
    dataProxy->resetArray(itemArray);                       //重置数据代理的数组
    //使用信号/槽
    connect(btnType1,SIGNAL(clicked()),this,SLOT(change_type1()));
```

```
        connect(btnType2,SIGNAL(clicked()),this,SLOT(change_type2()));
        connect(btnBack,SIGNAL(clicked()),this,SLOT(show_back()));
        connect(btnGrid,SIGNAL(clicked()),this,SLOT(hide_grid()));
}

Widget::~Widget() {}

void Widget::change_type1(){
    graph3D->activeTheme()->setType(Q3DTheme::ThemeArmyBlue);
}

void Widget::change_type2(){
    graph3D->activeTheme()->setType(Q3DTheme::ThemePrimaryColors);
}

void Widget::show_back(){
    graph3D->activeTheme()->setLabelBackgroundEnabled(true);
    graph3D->activeTheme()->setBackgroundColor(Qt::red);
}

void Widget::hide_grid(){
    graph3D->activeTheme()->setGridEnabled(false);
}
```

(5) 其他文件保持不变,运行结果如图 7-9 所示。

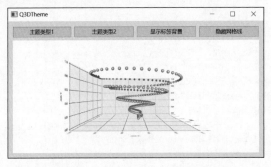

图 7-9　代码 demo4.py 的运行结果

注意：在 Qt 6 中,Q3DScene 类、Q3DCamera 类、QVector3D 类、Q3DTheme 类都有各自的信号。有兴趣的读者可查看其帮助文档。

7.1.9　三维数据序列抽象类 QAbstract3DSeries

4min

在 Qt 6 中,QAbstract3DSeries 类是三维数据序列类的基类,这也是一个抽象类,并不能直接使用。QScatter3DSeries 类、QSurface3DSeries 类、QBar3DSeries 类继承了 QAbstract3DSeries 类的方法和信号。

QAbstract3DSeries 类的常用方法见表 7-9。

表 7-9 QAbstract3DSeries 类的常用方法

方法及参数类型	说明	返回值的类型
baseColor()	获取数据序列的颜色	QColor
setBaseColor(QColor &color)	设置数据序列的颜色	
baseGradient()	获取数据序列的渐变色	QLinearGradient
setBaseGradient(QLinearGradient &gradient)	设置数据序列的渐变色	
colorStyle()	获取数据序列的颜色风格	Q3DTheme::ColorStyle
setColorStyle(Q3DTheme::ColorStyle)	设置颜色风格	
isItemLabelVisible()	获取数据标签是否可见	bool
isMeshSmooth()	是否使用预定义网格的平滑版本	bool
isVisible()	获取是否可见	bool
itemLabel()	获取数据项的标签文本	QString
itemLabelFormat()	获取数据项标签文本的格式	QString
setItemLabelFormat(QString &format)	设置数据项标签文本的格式	
setItemLabelVisible(bool visible)	设置数据项标签是否可见	
mesh()	获取数据项的形状	QAbstractSeries::Mesh
setMesh(QAbstract3DSeries::Mesh type)	设置数据项的形状	
setMeshAxisAndAngle(QVector3D &axis, float angle)	设置从坐标和角度构造网格旋转四元数的方便函数	
meshRotation()	获取适用于所有数据项的网格旋转	QQuaternion
setMeshRotation(QQuaternion &rotation)	设置数据项的网格旋转	
multiHighlightColor()	获取多个数据项的高亮颜色	QColor
setMultiHighlightColor(QColor &color)	设置多个数据项的高亮颜色	
multiHighlightGradient()	获取多个数据项的高亮渐变色	QLinearGradient
setMultiHighlightGradient(QLinearGradient &gradient)	设置多个数据项的高亮渐变色	
name()	获取数据序列的名称	QString
setName(QString &name)	设置数据序列的名称	
singleHighlightColor()	获取单个数据项的高亮颜色	QColor
setSingleHighlightColor(QColor &color)	设置单个数据项的高亮颜色	
singleHighlightGradient()	获取单个数据项的高亮渐变色	QLinearGradient
setSingleHighlightGradient(QLinearGradient &gradient)	设置单个数据项的高亮渐变色	
setUserDefineMesh(QString &fileName)	设置用户自定义数据项形状的名称	
setVisible(bool visiblel)	设置是否可见	
type()	获取数据序列的类型	QAbstract3DSeries::SeriesType
userDefineMesh()	获取用户自定义数据项形状	QString

在表 7-9 中，QAbstract3DSeries::SeriesType 的枚举常量为 QAbstract3DSeries::SeriesTypeNone、QAbstract3DSeries::SeriesTypeBar、QAbstract3DSeries::SeriesTypeScatter、QAbstract3DSeries::SeriesTypeSurface。

QAbstract3DSeries::Mesh 的枚举常量见表 7-10。

表 7-10　QAbstract3DSeries::Mesh 的枚举常量

枚举常量	枚举常量
QAbstract3DSeries::MeshUserDefined	QAbstract3DSeries::MeshBevelBar
QAbstract3DSeries::MeshBar	QAbstract3DSeries::MeshBevelCube
QAbstract3DSeries::MeshCube	QAbstract3DSeries::MeshSphere
QAbstract3DSeries::MeshPyramid	QAbstract3DSeries::MeshMinimal
QAbstract3DSeries::MeshCone	QAbstract3DSeries::MeshArrow
QAbstract3DSeries::MeshCylinder	QAbstract3DSeries::MeshPoint

QAbstract3DSeries 类的信号见表 7-11。

表 7-11　QAbstract3DSeries 类的信号

信号及参数类型	说　　明
baseColorChanged(QColor &color)	当颜色发生改变时发送信号
baseGradientChanged(QLinearGradient &gradient)	当渐变色发生改变时发送信号
colorStyleChanged(Q3DTheme::ColorStyle style)	当颜色风格发生改变时发送信号
itemLabelChanged(QString &label)	当数据项标签文本发生改变时发送信号
itemLabelFormatChanged(QString format)	当数据项标签格式发生改变时发送信号
itemLabelVisibilityChanged(bool visible)	当数据项标签可见性发生改变时发送信号
meshChanged(QAbstract3DSeries::Mesh)	当数据项形状发生改变时发送信号
meshRotationChanged(QQuaternion &rotation)	当数据项的网格旋转发生改变时发送信号
meshSmoothChanged(bool enabled)	当数据项的平滑效果发生改变时发送信号
multiHighlightColorChanged(QColor &color)	当多个数据项的高亮颜色发生改变时发送信号
multiHighlightGradientChanged(QLinearGradient &gradient)	当多个数据项的高亮渐变色发生改变时发送信号
nameChanged(QString &name)	当数据序列的名称发生改变时发送信号
singleHighlightColorChanged(QColor &color)	当单个数据项的高亮颜色发生改变时发送信号
singleHighlightGradientChanged(QLinearGradient &gradient)	当单个数据项的高亮渐变色发生改变时发送信号
userDefineMeshChanged(QString &fileName)	当自定义的数据项形状发生改变时发送信号
visiblityChanged(bool visible)	当数据序列的可见性发生改变时发送信号

7.2　绘制三维散点图

在 Qt 6 中，可以使用 Q3DScatter、QScatter3DSeries、QScatterDataProxy 绘制三维散点图。本节将介绍这些类的方法和信号。

7.2.1 三维散点图表类 Q3DScatter

在 Qt 6 中，使用 Q3DScatter 类创建三维图表对象。Q3DScatter 类是 QAbstract3DGraph 类的子类，其继承关系如图 7-1 所示。Q3DScatter 类的构造函数如下：

```
Q3DScatter(const QSurfaceFormat * format = nullptr,QWindow * parent = nullptr)
```

其中，format 表示指向三维图表格式对象的指针，保持默认即可；parent 表示指向父窗口或父容器的对象指针。

Q3DScatter 类不仅继承了 QAbstract3DGraph 类的属性、方法、信号，还有自己独有的方法和信号。Q3DScatter 类的独有方法见表 7-12。

表 7-12　Q3DScatter 类的独有方法

方法及参数类型	说　　明	返回值的类型
addAxis(QValue3DAxis * axis)	添加坐标轴	
addSeries(QScatter3DSeries * series)	添加数据序列	
axes()	获取坐标轴对象序列	QList < QScatter3DSeries * >
axisX()	获取 x 坐标轴	QValue3DAxis *
axisY()	获取 y 坐标轴	QValue3DAxis *
axisZ()	获取 z 坐标轴	QValue3DAxis *
releaseAxis(QValue3DAxis * axis)	将指定坐标轴的所有权释放回调用者	
removeSeries(QScatter3DSeries * series)	移除指定的数据序列	
selectedSeries()	获取选中的数据序列	QScatter3DSeries *
seriesList()	获取数据序列对象列表	QList < QScatter3DSeries * >
setAxisX(QValue3DAxis * axis)	设置 x 坐标轴	
setAxisY(QValue3DAxis * axis)	设置 y 坐标轴	
setAxisZ(QValue3DAxis * axis)	设置 z 坐标轴	

Q3DScatter 类的独有信号见表 7-13。

表 7-13　Q3DScatter 类的独有信号

信号及参数类型	说　　明
axisXChanged(QValue3DAxis * axis)	当 x 坐标轴发生改变时发送信号
axisYChanged(QValue3DAxis * axis)	当 y 坐标轴发生改变时发送信号
axisZChanged(QValue3DAxis * axis)	当 z 坐标轴发生改变时发送信号
selectedSeriesChanged(QScatter3DSeries * series)	当选中的数据序列发生改变时发送信号

7.2.2 三维散点数据序列类 QScatter3DSeries

在 Qt 6 中，使用 QScatter3DSeries 类创建三维散点图的数据序列对象。QScatter3DSeries 类是 QAbstract3DSeries 类的子类，其继承关系如图 7-3 所示。QScatter3DSeries 类的构造函数如下：

```
QScatter3DSeries(QObject * parent = nullptr)
QScatter3DSeries(QScatterDataProxy * dataProxy,QObject * parent = nullptr)
```

其中,dataProxy 表示数据代理对象指针;parent 表示 QObject 类及其子类创建的对象指针,保持默认即可。

QScatter3DSeries 类不仅继承了 QAbstract3DSeries 类的属性、方法、信号,还有自己独有的方法和信号。QScatter3DSeries 类的独有方法见表 7-14。

表 7-14　QScatter3DSeries 类的独有方法

方法及参数类型	说　明	返回值的类型
[static]invalidSelectionIndex()	返回一个无效的选择索引	int
dataProxy()	获取数据代理	QScatterDataProxy *
itemSize()	获取数据项的大小	float
selectedItem()	获取被选中的数据项索引	int
setDataProxy(QScatterDataProxy * proxy)	设置数据代理	
setItemSize(float size)	设置数据项的大小	
setSelectedItem(int index)	根据索引选中数据项	

使用 QScatter3DSeries 类的 setItemLabelFormat(QString &format)方法设置数据项的标签格式,数据项的标签格式见表 7-15。

表 7-15　数据项的标签格式

格　式	说　明	格　式	说　明
@xTitle	x 轴标题	@xLabel	x 坐标值
@yTitle	y 轴标题	@yLabel	y 坐标值
@zTitle	z 轴标题	@zLabel	z 坐标值
@seriesName	数据序列的名称		

QScatter3DSeries 类的独有信号见表 7-16。

表 7-16　QScatter3DSeries 类的独有信号

信号及参数类型	说　明
dataProxyChanged(QScatterDataProxy * proxy)	当数据代理发生改变时发送信号
itemSizeChanged(float size)	当数据项的大小发生改变时发送信号
selectedItemChanged(int index)	当被选中的数据项发生改变时发送信号

7.2.3　三维散点数据代理类 QScatterDataProxy

在 Qt 6 中,与 QScatter3DSeries 类配套的数据代理类为 QScatterDataProxy。使用 QScatterDataProxy 类可以创建三维散点数据代理对象,可用于存储、管理 QScatter3DSeries 数据序列中的数据项。与 QScatter3DSeries 类对应的数据项类为 QScatterDataItem。

1. QScatterDataProxy 类的方法和信号

QScatterDataProxy 类位于 Qt 6 的 Qt Data Visualization 子模块下,其构造函数如下:

```
QScatterDataProxy(QObject * parent = nullptr)
```

其中，parent 表示 QObject 类及其子类创建的对象指针。

QScatterDataProxy 类的常用方法见表 7-17。

表 7-17　QScatterDataProxy 类的常用方法

方法及参数类型	说　明	返回值的类型
addItem(QScatterDataItem &item)	在末尾添加数据项，并返回该数据项的索引	index
addItems(QScatterDataArray &items)	在末尾添加多个数据项，并返回第 1 个数据项的索引	
array()	返回指向数据项数组的对象指针	QScatterDataItem *
insertItem(int index, QScatterDataItem &item)	在指定的索引处插入数据项	
insertItems(int index, QScatterDataArray &items)	在指定的索引处插入多个数据项	
itemAt(int index)	获取指定索引的数据项	QScatterDataItem *
itemCount()	获取数据项的个数	int
removeItems(int index, int removeCount)	从指定的索引开始，删除指定数量的数据项	
resetArray(QScatterDataArray * newArray)	重置数据项数组	
series()	获取对应的数据序列对象	QScatter3DSeries *
setItem(int index, QScatterDataItem &item)	根据索引替换数据项	
setItems(int index, QScatterDataArray &items)	从指定的索引开始，替换指定数量的数据项	

QScatterDataProxy 类的信号见表 7-18。

表 7-18　QScatterDataProxy 类的信号

信号及参数类型	说　明
arrayReset()	当重置数据项时发送信号
itemCountChanged(int count)	当数据项的个数发生改变时发送信号
itemsAdded(int startIndex, int count)	当添加数据项时发送信号
itemsChanged(int startIndex, int count)	当数据项发生改变时发送信号
itemsInserted(int startIndex, int count)	当插入数据项时发送信号
itemsRemoved(int startIndex, int count)	当移除数据项时发送信号
seriesChanged(QScatter3DSeries * series)	当关联的数据序列发生改变时发送信号

2. QScatterDataItem 类的方法

QScatterDataItem 类位于 Qt 6 的 Qt Data Visualization 子模块下，其构造函数如下：

```
QScatterDataItem(const QScatterDataItem &other)
QScatterDataItem(const QVector3D &position)
QScatterDataItem(const QVector3D &position, QQuaternion &rotation)
```

其中，othter 表示 QScatterDataItem 类创建的实例对象；position 表示 QVector3D 类创建的实例对象。

QScatterDataItem 类的常用方法见表 7-19。

表 7-19 QScatterDataItem 类的常用方法

方法及参数类型	说　明	返回值的类型
position()	获取数据	QVector3D
rotation()	获取数据的旋转	QQuaternion
setPosition(QVector3D &pos)	设置数据	
setRotation(QQuaternion &rot)	设置数据的旋转	
setX(float value)	设置 x 坐标值	
setY(float value)	设置 y 坐标值	
setZ(float value)	设置 z 坐标值	
x()	获取 x 坐标值	float
y()	获取 y 坐标值	float
z()	获取 z 坐标值	float

7.2.4 典型应用

【实例 7-5】　绘制三维曲线 $\begin{cases} x = 2\sin 20z \\ y = 2\cos 20z \\ z = z \end{cases}$ 的三维散点图，z 的区间是 $[0, 2.2]$，要求散点的形状为棱锥体，操作步骤如下：

(1) 使用 Qt Creator 创建一个模板为 Qt Widgets Application 的项目，将该项目命名为 demo5，并保存在 D 盘的 Chapter7 文件夹下；在向导对话框中选择基类 QMainWindow，不勾选 Generate form 复选框。

(2) 在项目的配置文件 demo5.pro 中添加下面一行语句：

```
QT += datavisualization
```

(3) 编写 mainwindow.h 文件中的代码，代码如下：

```
/* 第 7 章 demo5 mainwindow.h */
#ifndef MAINWINDOW_H
#define MAINWINDOW_H

#include <QMainWindow>
#include <QtDataVisualization>
#include <cmath>
#include <QWidget>

class MainWindow : public QMainWindow
{
    Q_OBJECT
public:
    MainWindow(QWidget *parent = nullptr);
    ~MainWindow();
private:
```

```cpp
    QWidget *container;                 //三维图表容器指针
    Q3DScatter *graph3D;                //三维散点图表指针
    QScatterDataProxy *dataProxy;       //三维散点图的数据代理指针
    QScatter3DSeries *series;           //数据序列指针
    QScatterDataArray *itemArray;       //散点数组指针
};
#endif //MAINWINDOW_H
```

（4）编写 mainwindow.cpp 文件中的代码,代码如下：

```cpp
/* 第 7 章 demo5 mainwindow.cpp */
#include "mainwindow.h"

MainWindow::MainWindow(QWidget *parent):QMainWindow(parent)
{
    setGeometry(300,300,580,280);
    setWindowTitle("Q3DScatter、QScatter3DSeries、QScatterDataProxy");
    //创建三维散点图表
    graph3D = new Q3DScatter();
    //创建三维图表容器
    container = createWindowContainer(graph3D);
    setCentralWidget(container);
    dataProxy = new QScatterDataProxy();                    //创建三维散点图的数据代理
    series = new QScatter3DSeries(dataProxy);               //根据数据代理创建数据序列
    series->setItemLabelFormat("(x,z,y) = (@xLabel,@zLabel,@yLabel)");
    series->setMeshSmooth(true);                            //使用预定义网格的平滑版本
    graph3D->addSeries(series);
    //获取三维图表的坐标轴、设置坐标轴
    graph3D->axisX()->setTitle("axis X");
    graph3D->axisX()->setTitleVisible(true);
    graph3D->axisY()->setTitle("axis Y");
    graph3D->axisY()->setTitleVisible(true);
    graph3D->axisZ()->setTitle("axis Z");
    graph3D->axisZ()->setTitleVisible(true);
    graph3D->activeTheme()->setLabelBackgroundEnabled(false);
    series->setMesh(QAbstract3DSeries::MeshPyramid);        //设置散点的形状
    series->setItemSize(0.15);
    //设置视角
    Q3DCamera::CameraPreset camView = Q3DCamera::CameraPresetFrontHigh;
    graph3D->scene()->activeCamera()->setCameraPreset(camView);
    //创建数据代理的代理项
    int N = 440;                                            //数据点总数
    float x,y,z = 0;
    itemArray = new QScatterDataArray();
    for(int i = 0;i < N;i++){
        x = 2 * sin(20 * z);
        y = 2 * cos(20 * z);
        QVector3D vector3D(x,z,y);                          //三维坐标点
        QScatterDataItem item(vector3D);                    //空间中的一个散点数据项
        itemArray->append(item);
        z = z + 0.005;
    }
```

```
        dataProxy->resetArray(itemArray);          //重置数据代理的数组
    }

    MainWindow::~MainWindow() {}
```

(5) 其他文件保持不变,运行结果如图 7-10 所示。

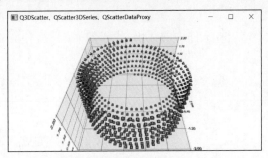

图 7-10　项目 demo5 的运行结果

7.3　绘制三维曲面图、三维地形图

在 Qt 6 中,可以使用 Q3DSurface、QSurface3DSeries、QSurfaceDataProxy 绘制三维曲面图。当 QSurface3DSeries 数据序列使用 QHeightMapSurfaceDataProxy 类创建的对象作为数据代理时可绘制三维地形图。本节将介绍这些类的方法和信号。

7.3.1　三维曲面图表类 Q3DSurface

在 Qt 6 中,使用 Q3DSurface 类创建三维曲面图表对象。Q3DSurface 类是 QAbstract3DGraph 类的子类,其继承关系图如图 7-2 所示。Q3DSurface 类的构造函数如下:

```
Q3DSurface(QSurfaceFormat * format = nullptr, QWindow * parent = nullptr)
```

其中,format 表示指向三维图表格式对象的指针,保持默认即可;parent 表示指向父窗口或父容器的对象指针,保持默认即可。

Q3DSurface 类不仅继承了 QAbstract3DGraph 类的属性、方法、信号,还有自己独有的方法和信号。Q3DSurface 类的独有方法见表 7-20。

表 7-20　Q3DSurface 类的独有方法

方法及参数类型	说　　明	返回值的类型
addAxis(QValue3DAxis * axis)	添加坐标轴	
addSeries(QSurface3DSeries * series)	添加数据序列	
axes()	获取所有坐标轴	QList<QValue3DAxis *>
axisX()	获取 x 坐标轴	QValue3DAxis *
axisY()	获取 y 坐标轴	QValue3DAxis *
axisZ()	获取 z 坐标轴	QValue3DAxis *

续表

方法及参数类型	说 明	返回值的类型
flipHorizontalGrid()	获取水平网格是否显示在图形的顶部	bool
setFlipHorizontalGrid(bool flip)	设置是否将水平网络显示在图形的顶部	
releaseAxis(QValue3DAxis * axis)	将指定坐标轴的所有权释放给调用方	
removeSeries(QSurfaceSeries * series)	移除数据序列	
selectedSeries()	获取选中的数据序列	QSurface3DSeries *
seriesList()	获取添加到图表的数据序列列表	QList < QSurface3DSeries * >
setAxisX(QValue3DAxis * axis)	设置 x 坐标轴	
setAxisY(QValue3DAxis * axis)	设置 y 坐标轴	
setAxisZ(QValue3DAxis * axis)	设置 z 坐标轴	

Q3DSurface 类的独有信号见表 7-21。

表 7-21　Q3DSurface 类的独有信号

信号及参数类型	说 明
axisXChanged(QValue3DAxis * axis)	当 x 坐标轴发生改变时发送信号
axisYChanged(QValue3DAxis * axis)	当 y 坐标轴发生改变时发送信号
axisZChanged(QValue3DAxis * axis)	当 z 坐标轴发生改变时发送信号
flipHorizontalGridChanged(bool flip)	当水平网格的位置发生改变时发送信号
selectedSeriesChanged(QSurface3DSeries * series)	当选择的数据序列发生改变时发送信号

7.3.2　三维曲面数据序列类 QSurface3DSeries

在 Qt 6 中，使用 QSurface3DSeries 类创建三维曲面图的数据序列对象。QSurface3DSeries 类是 QAbstract3DSeries 类的子类，其继承关系如图 7-3 所示。QSurface3DSeries 类的构造函数如下：

```
QSurface3DSeries(QObject * parent = nullptr)
QSurface3DSeries(QSurfaceDataProxy * dataProxy,QObject * parent = nullptr)
```

其中，dataProxy 表示数据代理对象指针；parent 表示 QObject 类及其子类创建的对象指针。

QSurface3DSeries 类不仅继承了 QAbstract3DSeries 类的属性、方法、信号，还有自己独有的方法和信号。QSurface3DSeries 类的独有方法见表 7-22。

表 7-22　QSurface3DSeries 类的独有方法

方法及参数类型	说 明	返回值的类型
[static]invalidSelectionPosition()	获取无效选择位置的坐标点	QPoint
dataProxy()	获取数据代理	QSurfaceDataProxy *
drawMode()	获取绘图模式	QSurface3DSeries::DrawFlags

续表

方法及参数类型	说　明	返回值的类型
isFlatShadingEnabled()	是否启用平面着色	bool
setFlatShadingEnabled(bool enbled)	设置是否启用平面着色	
isFlatShadingSupported()	当前系统是否支持平面着色	bool
selectedPoint()	获取选中的数据点	QPoint
setDataProxy(QSurfaceDataProxy * proxy)	设置数据代理	
setDrawMode(QSurface3DSeries::DrawFlags)	设置绘图模式	
setSelectedPoint(QPoint &position)	根据平面坐标选择曲面数据点	
setTexture(QImage &texture)	将表面纹理图保存为 QImage 图像	
setTextureFile(QString &fileName)	将表面纹理图保存为文件	
setWireframeColor(QColor &color)	设置表面线框的颜色	
texture()	获取表面纹理图像	QImage
textureFile()	获取表面纹理的文件名	QString
wireframeColor()	获取表面线框的颜色	QColor

QSurface3DSeries 类的独有信号见表 7-23。

表 7-23　QSurface3DSeries 类的独有信号

信号及参数类型	说　明
dataProxyChanged(QSurfaceDataProxy * proxy)	当数据代理发生改变时发送信号
drawModeChanged(QSurface3DSeries::DrawFlags)	当绘图模式发生改变时发送信号
flatShadingEnabledChanged(bool enable)	当平面是否着色发生改变时发送信号
flatShadingSupportedChanged(bool enable)	当系统是否支持着色发生改变时发送信号
selectedPointChanged(QPoint &position)	当选择的坐标点发生改变时发送信号
textureChanged(QImage &image)	当曲面纹理图像发生改变时发送信号
textureFileChanged(QString &filename)	当曲面纹理的文件发生改变时发送信号
wireframeColorChanged(QColor &color)	当表面线框的颜色发生改变时发送信号

7.3.3　三维曲面数据代理类 QSurfaceDataProxy

在 Qt 6 中，与 QSurface3DSeries 类配套的数据代理类为 QSurfaceDataProxy。使用 QSurfaceDataProxy 类可以创建三维曲面代理对象，可用于存储、管理 QSurface3DSeries 数据序列中的数据项。与 QSurface3DSeries 类对应的数据项类为 QSurfaceDataItem。

1. QSurfaceDataProxy 类的方法和信号

QSurfaceDataProxy 类位于 Qt 6 的 Qt Data Visualization 子模块下，其构造函数如下：

```
QSurfaceDataProxy(QObject * parent = nullptr)
```

其中，parent 表示 QObject 类及其子类创建的对象指针。

QSurfaceDataProxy 类的常用方法见表 7-24。

表 7-24 QSurfaceDataProxy 类的常用方法

方法及参数类型	说 明	返回值的类型
addRow(QSurfaceDataRow * row)	在末尾添加一行数据项	int
addRows(QSurfaceDataArray * rows)	在末尾添加多行数据项	int
array()	获取数据项数组	QSurfaceDataArray *
columnCount()	获取列数	int
insertRow(int rowIndex, QSurfaceDataRow * row)	在指定的索引位置插入一行数据项	
insertRows(int rowIndex, QSurfaceDataArray &rows)	从指定的索引位置开始,插入多行数据项	
itemAt(QPoint &position)	获取指定坐标的数据项	QSurfaceDataItem *
itemAt(int rowIndex, int columnIndex)	根据行索引、列索引获取数据项	QSurfaceDataItem *
removeRows(int rowIndex, int removeCount)	从指定的索引开始,移除指定行的数据项	
resetArray(QSurfaceDataArray * newArray)	重置数组	
rowCount()	获取行数	int
series()	获取数据序列	QSurface3DSeries *
setItem(QPoint &pos, QSurfaceDataItem &item)	在指定的位置更新数据项	
setItem(int rowIndex, int columnIndex, QSurfaceDataItem &item)	根据行索引、列索引更新数据项	
setRow(int rowIndex, QSurfaceDataRow * row)	根据行索引替换一行数据项	
setRows(int rowIndex, QSurfaceDataArray &rows)	从指定的行索引位置开始,替换多行数据项	

QSurfaceDataProxy 类的信号见表 7-25。

表 7-25 QSurfaceDataProxy 类的信号

信号及参数类型	说 明
arrayReset()	当重置数据项时发送信号
columnCountChanged(int count)	当列数发生改变时发送信号
itemChanged(int rowIndex, int columnIndex)	当数据项发生改变时发送信号
rowCountChanged(int count)	当行数发生改变时发送信号
rowsAdded(int startIndex, int count)	当增加一行或多行数据项时发送信号
rowsChanged(int startIndex, int count)	当更新一行或多行数据项时发送信号
rowsInserted(int startIndex, int count)	当插入一行或多行数据项时发送信号
rowsRemoved(int startIndex, int count)	当移除一行或多行数据项时发送信号
seriesChanged(QSurface3DSeries * series)	当数据序列发生改变时发送信号

2. QSurfaceDataItem 类的方法

QSurfaceDataItem 类位于 Qt 6 的 Qt Data Visualization 子模块下,其构造函数如下:

```
QSurfaceDataItem(const SurfaceDataItem &other)
QSurfaceDataItem(const QVector3D &position)
```

其中,othter 表示 QSurfaceDataItem 类创建的实例对象;position 表示 QVector3D 类创建

的实例对象。

QSurfaceDataItem 类的常用方法见表 7-26。

表 7-26　QSurfaceDataItem 类的常用方法

方法及参数类型	说　明	返回值的类型
position()	获取数据	QVector3D
setPosition(QVector3D &pos)	设置数据	
setX(float value)	设置 x 坐标值	
setY(float value)	设置 y 坐标值	
setZ(float value)	设置 z 坐标值	
x()	获取 x 坐标值	float
y()	获取 y 坐标值	float
z()	获取 z 坐标值	float

7.3.4　绘制三维曲面图

【实例 7-6】 根据曲面方程 $z=\cos\sqrt{x^2+y^2}$ 绘制三维曲面图，x 的区间是 $[-6,6]$，y 的区间是 $[-6,6]$，操作步骤如下：

(1) 使用 Qt Creator 创建一个模板为 Qt Widgets Application 的项目，将该项目命名为 demo6，并保存在 D 盘的 Chapter7 文件夹下；在向导对话框中选择基类 QMainWindow，不勾选 Generate form 复选框。

(2) 在项目的配置文件 demo6.pro 中添加下面一行语句：

```
QT += datavisualization
```

(3) 编写 mainwindow.h 文件中的代码，代码如下：

```
/* 第 7 章 demo6 mainwindow.h */
#ifndef MAINWINDOW_H
#define MAINWINDOW_H

#include <QMainWindow>
#include <QtDataVisualization>
#include <cmath>
#include <QWidget>
#include <QVector3D>

class MainWindow : public QMainWindow
{
    Q_OBJECT
public:
    MainWindow(QWidget * parent = nullptr);
    ~MainWindow();
private:
    QWidget * container;              //三维图表容器指针
    Q3DSurface * graph3D;             //三维曲面图表指针
```

```cpp
    QSurfaceDataProxy *dataProxy;                //三维曲面图的数据代理指针
    QSurface3DSeries *series;                    //数据序列指针
    QSurfaceDataArray *itemArray;                //散点数组指针
    QValue3DAxis *axisX,*axisY,*axisZ;           //三维坐标轴指针
};
#endif //MAINWINDOW_H
```

(4) 编写 mainwindow.cpp 文件中的代码,代码如下:

```cpp
/* 第7章 demo6 mainwindow.cpp */
#include "mainwindow.h"

MainWindow::MainWindow(QWidget *parent):QMainWindow(parent)
{
    setGeometry(300,300,580,280);
    setWindowTitle("Q3DSurface、QSurface3DSeries、QSurfaceDataProxy");
    //创建三维曲面图表
    graph3D = new Q3DSurface();
    //创建三维图表容器
    container = createWindowContainer(graph3D);
    graph3D->activeTheme()->setLabelBackgroundEnabled(false);
    setCentralWidget(container);

    dataProxy = new QSurfaceDataProxy();                 //创建三维曲面图表的数据代理
    series = new QSurface3DSeries(dataProxy);            //根据数据代理创建数据序列
    series->setItemLabelFormat("(x,z,y) = (@xLabel,@zLabel,@yLabel)");
    series->setMeshSmooth(true);                         //使用预定义网格的平滑版本
    series->setMesh(QAbstract3DSeries::MeshSphere);      //设置单点的样式
    graph3D->addSeries(series);
    //设置视角
    Q3DCamera::CameraPreset camView = Q3DCamera::CameraPresetFrontHigh;graph3D->scene()->activeCamera()->setCameraPreset(camView);

    //获取三维图表的坐标轴、设置坐标轴
    axisX = new QValue3DAxis();
    axisX->setTitle("Axis X");
    axisX->setTitleVisible(true);
    axisX->setRange(-10,10);
    graph3D->setAxisX(axisX);

    axisY = new QValue3DAxis();                          //垂直方向的坐标轴
    axisY->setTitle("Axis Y");
    axisY->setTitleVisible(true);
    axisY->setAutoAdjustRange(true);                     //垂直方向自动调整范围
    graph3D->setAxisY(axisY);

    axisZ = new QValue3DAxis();
    axisZ->setTitle("Axis Z");
    axisZ->setTitleVisible(true);
    axisZ->setRange(-8,8);
    //axisZ->setAutoAdjustRange(true);
    graph3D->setAxisZ(axisZ);
```

```
    //创建数据代理的代理项
    int N = 60;                                    //单重循环的次数
    float x = -6,y,z;
    itemArray = new QSurfaceDataArray();
    for(int i = 0;i<N;i++){
        QSurfaceDataRow * row = new QSurfaceDataRow();
        y = -6;
        for(int j = 0;j<N;j++){
            float z0 = qSqrt(pow(x,2) + pow(y,2));
            z = cos(z0);
            QVector3D vector3D(x,z,y);             //三维坐标点
            QSurfaceDataItem item(vector3D);       //三维曲面的数据项
            row->append(item);                     //向 row 中添加一个数据项
            y = y + 0.2;
        }
        dataProxy->addRow(row);                    //在末尾添加一行数据项
        x = x + 0.2;
    }
}

MainWindow::~MainWindow(){}
```

(5) 其他文件保持不变,运行结果如图 7-11 所示。

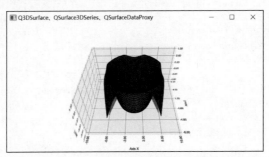

图 7-11 代码 demo6.py 的运行结果

7.3.5 绘制三维地形图

在 Qt 6 中,如果 QSurface3DSeries 类配套的数据代理类为 QHeightMapSurfaceDataProxy,则可以读取图像文件,并将图像像素的颜色值作为高程数据绘制三维地形图。

QHeightMapSurfaceDataProxy 类位于 Qt 6 的 Qt Data Visualization 子模块下,其构造函数如下:

```
QHeightMapSurfaceDataProxy(QObject * parent = nullptr)
QHeightMapSurfaceDataProxy(const QImage &image,QObject * parent = nullptr)
QHeightMapSurfaceDataProxy(const QString &filename,QObject * parent = nullptr)
```

其中,image 表示 QImage 实例对象;parent 表示 QObject 类及其子类创建的对象指针;filename 表示图像文件的路径和名称。

【**实例 7-7**】 使用 QHeightMapSurfaceDataProxy 类读取图像，并绘制三维地形图，操作步骤如下：

（1）使用 Qt Creator 创建一个模板为 Qt Widgets Application 的项目，将该项目命名为 demo7，并保存在 D 盘的 Chapter7 文件夹下；在向导对话框中选择基类 QMainWindow，不勾选 Generate form 复选框。

（2）在项目的配置文件 demo7.pro 中添加下面一行语句：

```
QT += datavisualization
```

（3）编写 mainwindow.h 文件中的代码，代码如下：

```cpp
/* 第 7 章 demo7 mainwindow.h */
#ifndef MAINWINDOW_H
#define MAINWINDOW_H

#include <QMainWindow>
#include <QtDataVisualization>
#include <QImage>

class MainWindow : public QMainWindow
{
    Q_OBJECT
public:
    MainWindow(QWidget *parent = nullptr);
    ~MainWindow();
private:
    QWidget *container;                              //三维图表容器指针
    Q3DSurface *graph3D;                             //三维曲面图表指针
    QHeightMapSurfaceDataProxy *dataProxy;           //三维地形图的数据代理指针
    QSurface3DSeries *series;                        //数据序列指针
    QValue3DAxis *axisX, *axisY, *axisZ;             //三维坐标轴指针
};
#endif //MAINWINDOW_H
```

（4）编写 mainwindow.cpp 文件中的代码，代码如下：

```cpp
/* 第 7 章 demo7 mainwindow.cpp */
#include "mainwindow.h"

MainWindow::MainWindow(QWidget *parent):QMainWindow(parent)
{
    setGeometry(300,300,580,280);
    setWindowTitle("QHeightMapSurfaceDataProxy");
    //创建三维曲面图表
    graph3D = new Q3DSurface();
    //创建三维图表容器
    container = createWindowContainer(graph3D);
    graph3D->activeTheme()->setLabelBackgroundEnabled(false);
    setCentralWidget(container);
    //读取图像文件、创建 QImage 对象
    QImage heightMapImage("D://Chapter7//mountain1.png");        //灰度图片
```

```cpp
    //创建数据代理
    dataProxy = new QHeightMapSurfaceDataProxy(heightMapImage);
    dataProxy->setValueRanges(-5000,5000,-5000,5000);
    //创建数据序列
    series = new QSurface3DSeries(dataProxy);
    series->setItemLabelFormat("(x,z,y) = (@xLabel,@zLabel,@yLabel)");
    series->setFlatShadingEnabled(false);              //曲面更光滑
    series->setMeshSmooth(true);                       //使用预定义网格的平滑版本
    series->setDrawMode(QSurface3DSeries::DrawSurface); //只画曲面
    series->setMesh(QAbstract3DSeries::MeshSphere);    //设置单点的样式
    graph3D->addSeries(series);
    //获取三维图表的坐标轴、设置坐标轴
    axisX = new QValue3DAxis();
    axisX->setTitle("AxisX:西 -- 东");
    axisX->setTitleVisible(true);
    axisX->setLabelFormat("%.1f 米");
    axisX->setRange(-5000,5000);
    graph3D->setAxisX(axisX);

    axisY = new QValue3DAxis();
    axisY->setTitle("AxisY:高度");
    axisY->setTitleVisible(true);
    axisY->setRange(-10,10);
    axisY->setAutoAdjustRange(true);                   //垂直方向自动调整范围
    graph3D->setAxisY(axisY);

    axisZ = new QValue3DAxis();
    axisZ->setTitle("AxisZ:南 -- 北");
    axisZ->setTitleVisible(true);
    axisZ->setRange(-5000,5000);
    axisZ->setAutoAdjustRange(true);
    graph3D->setAxisZ(axisZ);
}

MainWindow::~MainWindow() {}
```

（5）其他文件保持不变，运行结果如图 7-12 所示。

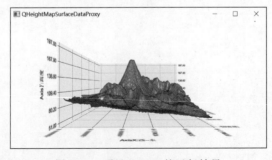

图 7-12　项目 demo7 的运行结果

注意：QHeightMapSurfaceDataProxy 类有其独有的方法和信号，有兴趣的读者可查看其帮助文档。

7.4 绘制三维柱形图

在 Qt 6 中，可以使用 Q3DBars、QBar3DSeries、QBarDataProxy 绘制三维柱形图。本节将介绍这些类的方法和信号。

7.4.1 三维柱形图表类 Q3DBars

在 Qt 6 中，使用 Q3DBars 类创建三维柱形图表对象。Q3DBars 类是 QAbstract3DGraph 类的子类，其继承关系如图 7-2 所示。Q3DBars 类的构造函数如下：

```
Q3DBars(QSurfaceFormat * format = nullptr,QWindow * parent = nullptr)
```

其中，format 表示指向三维图表格式对象的指针，保持默认即可；parent 表示指向父窗口或父容器的对象指针，保持默认即可。

Q3DBars 类不仅继承了 QAbstract3DGraph 类的属性、方法、信号，还有自己独有的方法和信号。Q3DBars 类的独有方法见表 7-27。

表 7-27　Q3DBars 类的独有方法

方法及参数类型	说　　明	返回值的类型
addAxis(QAbstract3DAxis * axis)	添加坐标轴	
addSeries(QBar3DSeries * series)	添加数据序列	
axes()	获取坐标轴	QList < QAbstract3DSeries * >
barSeriesMargin()	获取数据在 x 和 z 维度之间的边距	QSizeF
setBarSeriesMargin(QSizeF &margin)	设置数据在 x 和 z 维度之间的边距	
barSpacing()	柱形在 x 和 z 维的间距	QSizeF
setBarSpacing(QSizeF &spacing)	设置柱形在 x 和 z 维的间距	
barThickness()	x 和 z 维之间的柱厚比	float
setBarThickness(float thicknessRatio)	设置柱形 x 和 z 维之间的柱厚比	
columnAxis()	获取列坐标轴	QCategory3DAxis *
setColumnAxis(QCategory3DAxis * axis)	设置列坐标轴	
floorLevel()	获取 y 轴坐标的地板水平值	float
setFloorLevel(float level)	设置 y 轴坐标的地板水平值	
insertSeries(int index,QBar3DSeries * series)	在指定的索引处插入数据序列	
isBarSpacingRelative()	柱形图之间的间距是否为相对的	bool
setBarSpacingRelative(bool relative)	设置柱形图之间的间距是否为相对的	
isMultiSeriesUniform()	获取多个柱形是否按比例设置为单个系列柱形	bool

续表

方法及参数类型	说明	返回值的类型
setMultiSeriesUniform(bool uniform)	设置多个柱形是否按比例设置为单个系列柱形	
primarySeries()	获取首要的数据序列	QBar3DSeries *
setPrimarySeries(QBar3DSeries * axis)	设置首要的数据序列	
releaseAxis(QAbstract3DAxis * axis)	将坐标轴的所有权返还给调用者	
removeSeries(QBar3DSeries * series)	移除数据序列	
rowAxis()	获取行坐标轴	QCategory3DAxis *
setRowAxis(QCategory3DAxis * axis)	设置行坐标轴	
selectedSeries()	获取选中的数据序列	QBar3DSeries *
seriesList()	获取数据序列列表	QList< QBar3DSeries * >
setValueAxis(QValueAxis * axis)	设置数值坐标轴	
valueAxis()	获取数值坐标轴	QValue3DAxis *

Q3DBars 类的独有信号见表 7-28。

表 7-28　Q3DBars 类的独有信号

信号及参数类型	说明
barSeriesMarginChanged(QSizeF &margin)	当柱形的边距发生改变时发送信号
barSpacingChanged(QSizeF &spacing)	当柱形的间距发生改变时发送信号
barSpacingRelativeChanged(bool relative)	当是否使用相对间距发生改变时发送信号
barThicknessChanged(float thicknessRatio)	当柱厚比发生改变时发送信号
columnAxisChanged(QCategory3DAxis * axis)	当列坐标轴发生改变时发送信号
floorLevelChanged(float level)	当 y 轴坐标的地板水平值发生改变时发送信号
multiSeriesUniformChanged(bool uniform)	当柱形的单系列状态发生改变时发送信号
primarySeriesChanged(QBar3DSeries * series)	当首要的数据序列发生改变时发送信号
rowAxisChanged(QCategory3DAxis * axis)	当行坐标轴发生改变时发送信号
selectedSeriesChanged(QBar3DSeries * series)	当选中的数据序列发生改变时发送信号
valueAxisChanged(QValueAxis * axis)	当数值坐标轴发生改变时发送信号

7.4.2　三维柱形数据序列类 QBar3DSeries

在 Qt 6 中，使用 QBar3DSeries 类创建三维柱形数据序列对象。QBar3DSeries 类是 QAbstract3DSeries 类的子类，其继承关系如图 7-2 所示。QBar3DSeries 类的构造函数如下：

```
QBar3DSeries(QObject * parent = nullptr)
QBar3DSeries(QBarDataProxy * dataProxy,QObject * parent = nullptr)
```

其中，dataProxy 表示数据代理类创建的对象指针；parent 表示 QObject 类及其子类创建的对象指针。

QBar3DSeries 类不仅继承了 QAbstract3DSeries 类的属性、方法、信号，还有自己独有的方法和信号。QBar3DSeries 类的独有方法见表 7-29。

表 7-29　QBar3DSeries 类的独有方法

方法及参数类型	说　　明	返回值的类型
[static]invalidSelectionPosition()	返回选择的无效位置	QPoint
dataProxy()	获取数据代理	QBarDataProxy *
meshAngle()	获取数据旋转的角度	float
rowColors()	获取一行数据序列的颜色	QList < QColor >
setRowColors(QList < QColor > &colors)	设置一行数据序列的颜色	
selectedBar()	获取选中条形的坐标(行索引、列索引)	QPoint
setSelectedBar(QPoint &position)	根据行索引和列索引选中条形	
setDataProxy(QBarDataProxy * proxy)	设置数据代理	
setMeshAngle(float angle)	设置数据序列的旋转角度	

QBar3DSeries 类的独有信号见表 7-30。

表 7-30　QBar3DSeries 类的独有信号

信号及参数类型	说　　明
dataProxyChanged(QBarDataProxy * proxy)	当数据序列发生改变时发送信号
meshAngleChanged(float angle)	当旋转角度发生改变时发送信号
rowColorsChanged(QList < QColor > &rowcolors)	当行颜色发生改变时发送信号
selectedBarChanged(QPoint &position)	当选择的柱形发生改变时发送信号

7.4.3　三维柱形数据代理类 QBarDataProxy

在 Qt 6 中，与 QBar3DSeries 类配套的数据代理类为 QBarDataProxy。使用 QBarDataProxy 类可以创建三维柱形数据代理对象，可用于存储、管理 QBar3DSeries 序列中的数据项。与 QBar3DSeries 类对应的数据项类为 QBarDataItem。

1. QBarDataProxy 类的方法和信号

QBarDataProxy 类位于 Qt 6 的 Qt Data Visualization 子模块下，其构造函数如下：

```
QBarDataProxy(QObject * parent = nullptr)
```

其中，parent 表示 QObject 类及其子类创建的对象指针。

QBarDataProxy 类的常用方法见表 7-31。

表 7-31　QBarDataProxy 类的常用方法

方法及参数类型	说　　明	返回值的类型
addRow(QBarDataRow * row)	添加一行柱形数据	int
addRow(QBarDataRow * row, QString &label)	添加一行柱形数据	int
addRows(QBarDataArray &rows)	添加多行柱形数据	int
addRows(QBarDataArray &rows, QStringList &labels)	添加多行柱形数据	int
array()	获取数据项的数组	QBarDataArray *

续表

方法及参数类型	说明	返回值的类型
columnLabels()	获取列标签	QStringList
insertRow(int rowIndex,QBarDataRow * row)	在指定的索引处插入一行柱形数据	
insertRow(int rowIndex,QBatDataArray * row,QString &label)	在指定的索引处插入一行柱形数据	
insertRows(int rowIndex,QBarDataArray &rows)	在指定的索引处插入多行柱形数据	
insertRows(int rowIndex,QBarDataArray &rows,QStringList &labels)	在指定的索引处插入多行柱形数据	
itemAt(QPoint &position)	获取指定位置的数据项	QBarDataItem *
itemAt(int rowIndex,int columnIndex)	根据行索引、列索引获取数据项	QBarDataItem *
removeRows(int rowIndex,int removeCount,bool removeLabels=true)	在指定的索引处移除指定行的数据项	
resetArray()	清除所有的数据项、行标签、列标签	
resetArray(QBarDataArray * newArray)	重置数据项	
resetArray(QBarDataArray * newArray,const QStringList rowLabels,const QStringList columnLabels)	重置数据项	
rowAt(int rowIndex)	根据行索引获取一行的数据项	QBarDataRow *
rowCount()	获取行数	int
rowLabels()	获取行索引	QStringList
series()	获取数据序列	QBar3DSeries *
setColumnLabels(QStringList labels)	设置行标签	
setItem(QPoint &position,QBarDataItem &item)	根据位置更换数据项	
setItem(int rowIndex,int columnIndex,QBarDataItem &item)	根据行索引、列索引更换数据项	
setRow(int rowIndex,QBarDataRow * row)	根据行索引更换一行数据项	
setRow(int rowIndex,QBarDataRow * row,QString label)	根据行索引更换一行数据项	
setRowLabels(QStringList &labels)	设置行标签	
setRows(int rowIndex,QBarDataArray &rows)	从指定的行索引开始,更换多行数据项	
setRows(int rowIndex,QBarDataArray &rows,QStringList &labels)	从指定的行索引开始,更换多行数据项	

QBarDataProxy 类的信号见表 7-32。

表 7-32 QBarDataProxy 类的信号

信号及参数类型	说明
arrayReset()	当重置数据项时发送信号
columnLabelsChanged()	当列标签发生改变时发送信号

续表

信号及参数类型	说 明
itemChanged(int rowIndex,int columnIndex)	当数据项发生改变时发送信号
rowCountChanged(int count)	当行数发生改变时发送信号
rowLabelsChanged()	当行标签发生改变时发送信号
rowsChanged(int startIndex,int count)	当添加一行或多行数据项时发送信号
rowsInserted(int startIndex,int count)	当插入一行或多行数据项时发送信号
rowsRemoved(int startIndex,int count)	当移除一行或多行数据项时发送信号
seriesChanged(QBar3DSeries * series)	当数据序列发生改变时发送信号

2. QBarDataItem 类的方法

QBarDataItem 类位于 Qt 6 的 Qt Data Visualization 子模块下,其构造函数如下:

```
QBarDataItem(const QBarDataItem &other)
QBarDataItem(float value)
QBarDataItem(float value,float angle)
```

其中,other 表示 QBarDataItem 类创建的实例对象;value 表示数值;angle 表示旋转角度。

QBarDataItem 类的常用方法见表 7-33。

表 7-33　QBarDataItem 类的常用方法

方法及参数类型	说 明	返回值的类型
rotation()	获取数据项的旋转角度	float
setRotation(float angle)	设置数据项的旋转角度	
setValue(float val)	设置数据项的数值	
value()	获取数据项的数值	float

7.4.4　应用例题

【实例 7-8】　使用 Q3DBars 类、QBar3DSeries 类、QBarDataProxy 类绘制 4 行 7 列的条形图,操作步骤如下:

(1) 使用 Qt Creator 创建一个模板为 Qt Widgets Application 的项目,将该项目命名为 demo8,并保存在 D 盘的 Chapter7 文件夹下;在向导对话框中选择基类 QMainWindow,不勾选 Generate form 复选框。

(2) 在项目的配置文件 demo8.pro 中添加下面一行语句:

```
QT += datavisualization
```

(3) 编写 mainwindow.h 文件中的代码,代码如下:

```
/* 第 7 章 demo8 mainwindow.h */
#ifndef MAINWINDOW_H
#define MAINWINDOW_H

#include <QMainWindow>
#include <QtDataVisualization>
#include <QRandomGenerator>
#include <QStringList>
```

```cpp
class MainWindow : public QMainWindow
{
    Q_OBJECT
public:
    MainWindow(QWidget *parent = nullptr);
    ~MainWindow();
private:
    QWidget *container;                 //三维图表容器指针
    Q3DBars *graph3D;                   //三维曲面图表指针
    QBarDataProxy *dataProxy;           //三维柱状图的数据代理指针
    QBar3DSeries *series;               //数据序列指针
    QRandomGenerator generator;         //随机数产生器
};
#endif //MAINWINDOW_H
```

(4) 编写 mainwindow.cpp 文件中的代码,代码如下:

```cpp
/* 第7章 demo8 mainwindow.cpp */
#include "mainwindow.h"

MainWindow::MainWindow(QWidget *parent):QMainWindow(parent)
{
    setGeometry(300,300,580,251);
    setWindowTitle("Q3DBars、QBar3DSeries、QBarDataProxy");
    //创建三维曲面图表
    graph3D = new Q3DBars();
    //创建三维图表容器
    container = createWindowContainer(graph3D);
    graph3D->activeTheme()->setLabelBackgroundEnabled(false);
    setCentralWidget(container);
    //创建三维柱状图数据序列
    series = new QBar3DSeries();
    series->setMesh(QAbstract3DSeries::MeshCylinder);    //柱状样式
    //设置柱状标签显示格式
    series->setItemLabelFormat("(@rowLabel,@colLabel): %.1f");
    series->setName("三维柱状图数据序列");
    graph3D->addSeries(series);                          //向图表中添加数据序列
    //设置视角
    Q3DCamera::CameraPreset camView = Q3DCamera::CameraPresetLeftHigh;
    graph3D->scene()->activeCamera()->setCameraPreset(camView);
    //创建列标签、行标签
    QStringList colLabs = {"One","Two","Three","Four","Five","Six","Seven"};
    QStringList rowLabs = {"Week1","Week2","Week3","Week4"};
    //创建数据代理
    dataProxy = new QBarDataProxy();
    for(int j = 0;j<4;j++){                              //4行
        QBarDataRow *row = new QBarDataRow();            //一行的 QBarDataItem 对象
        for(int i = 0;i<7;i++){                          //7列
            float value = generator.bounded(8,16);       //8~16 的随机数字
            QBarDataItem item(value);
            row->append(item);
```

```
            }
        dataProxy->addRow(row);                  //添加行
    }
    dataProxy->setColumnLabels(colLabs);         //添加行标签
    dataProxy->setRowLabels(rowLabs);            //添加列标签
    series->setDataProxy(dataProxy);             //设置数据代理
}

MainWindow::~MainWindow() {}
```

（5）其他文件保持不变，运行结果如图 7-13 所示。

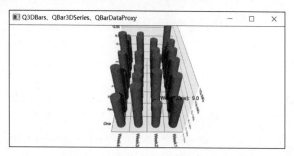

图 7-13　项目 demo8 的运行结果

7.5　设置坐标轴

在 Qt 6 中，可以使用 QValue3DAxis 类、QCategory3DAxis 类的方法设置三维图表的坐标轴。QValue3DAxis 类和 QCategory3DAxis 类都是三维坐标轴抽象类 QAbstract3DAxis 类的子类，其继承关系如图 7-5 所示。本节将介绍这些类的方法和信号。

7.5.1　三维坐标轴抽象类 QAbstract3DAxis

在 Qt 6 中，QAbstract3DAxis 类是三维坐标轴的抽象类，不能直接使用。QValue3DAxis 类和 QCategory3DAxis 类继承了 QAbstract3DAxis 类的方法和信号。

QAbstract3DAxis 类的常用方法见表 7-34。

表 7-34　QAbstract3DAxis 类的常用方法

方法及参数类型	说　　明	返回值的类型
isAutoAdjustRange()	是否自动调整坐标轴的范围	bool
setAutoAdjustRange(bool autoAdjust)	设置是否自动调整坐标轴的范围	
isTitleFixed()	标题是否固定	bool
setTitleFixed(bool fixed)	设置标题是否固定	
setTitleVisible(bool visible)	设置标题是否可见	
isTitleVisible()	标题是否可见	bool
labelAutoRotation()	当相机旋转时，标签是否可改变最大旋转角度	bool

续表

方法及参数类型	说明	返回值的类型
setLabelAutoRotation(float angle)	设置标签自动旋转的最大角度	
labels()	获取坐标轴的标签	QStringList
max()	获取坐标轴的最大值	float
setMax(float max)	设置坐标轴的最大值	
min()	获取坐标轴的最小值	float
setMin(float min)	设置坐标轴的最小值	
setRange(float min, float max)	设置坐标轴的范围	
orientation()	获取坐标轴的方向	QAbstract3DAxis::AxisOrientation
setLabels(QStringList &labels)	设置坐标轴的标签	
setTitle(QString &title)	设置标题	
title()	获取标题文本	QString
type()	获取坐标轴类型	QAbstract3DAxis::AxisType

在表 7-34 中，QAbstract3DAxis::AxisType 的枚举常量为 QAbstract3DAxis::AxisTypeNone、QAbstract3DAxis::AxisTypeCategory、QAbstract3DAxis::AxisTypeValue。

QAbstract3DAxis::AxisOrientation 的枚举常量为 QAbstract3DAxis::AxisOrientationNone、QAbstract3DAxis::AxisOrientationX、QAbstract3DAxis::AxisOrientationY、QAbstract3DAxis::AxisOrientationZ。

QAbstract3DAxis 类的信号见表 7-35。

表 7-35　QAbstract3DAxis 类的信号

信号及参数类型	说明
autoAdjustRangeChanged(bool autoAdjust)	当是否自动调整坐标轴发生改变时发送信号
labelAutoRotationChanged(float angle)	当标签自动旋转的最大角度发生改变时发送信号
labelsChanged()	当标签发生改变时发送信号
maxChanged(float value)	当标签最大值发生改变时发送信号
minChanged(float value)	当标签最小值发生改变时发送信号
orientationChanged(QAbstractt3DAxis::AxisOrientation)	当坐标轴的方向发生改变时发送信号
rangeChanged(float min, float max)	当坐标轴的范围发生改变时发送信号
titleChanged(QString &newTitle)	当坐标轴的标题发生改变时发送信号
titleFixedChanged(bool fixed)	当标题的固定状态发生改变时发送信号
titleVisibilityChanged(bool visible)	当标题的可见性发生改变时发送信号

7.5.2　三维数值坐标轴类 QValue3DAxis

在 Qt 6 中，使用 QValue3DAxis 类创建数值坐标轴对象，也可以使用三维散点图表类 Q3DScatter、三维曲面图表类 Q3DSurface 的方法获取数值坐标轴对象。QValue3DAxis 类的构造函数如下：

```
QValue3DAxis(QObject * parent = nullptr)
```

其中，parent 表示 QObject 类及其子类创建的对象指针。

QValue3DAxis 类不仅继承了 QAbstract3DAxis 类的属性、方法、信号，还有自己独有的方法和信号。QValue3DAxis 类的独有方法见表 7-36。

表 7-36　QValue3DAxis 类的独有方法

方法及参数类型	说　明	返回值的类型
formatter()	获取坐标轴的格式化器	QValue3DAxisFormatter *
setFormatter(QValue3DAxisFormatter * fm)	设置坐标轴的格式化器	
labelFormat()	获取坐标轴的标签格式	QString
setLabelFormat(QString &format)	设置坐标轴的格式标签	
reversed()	获取坐标轴是否反向	bool
setReversed(bool enable)	设置坐标轴是否反向	
segmentCount()	获取坐标轴上的主刻度数	int
setSegmentCount(int count)	设置坐标轴上的主刻度数	
subSegmentCount()	获取坐标轴上的次刻度数	int
setSubSegmentCount(int count)	设置坐标轴上的次刻度数	

QValue3DAxis 类的独有信号见表 7-37。

表 7-37　QValue3DAxis 类的独有信号

信号及参数类型	说　明
formatterChanged(QValue3DAxisFormatter * formatter)	当坐标轴的格式化器发生改变时发送信号
labelFormatChanged(QString &format)	当坐标轴的标签格式发生改变时发送信号
reversedChanged(bool enable)	当坐标轴的反向状态发生改变时发送信号
segmentCountChanged(int count)	当坐标轴的主刻度数发生改变时发送信号
subSegmentCountChanged(int count)	当坐标轴的次刻度数发生改变时发送信号

【实例 7-9】　根据曲面方程 $z=2(e^{-x^2-y^2}-e^{-(x-1)^2-(y-1)^2})$ 绘制三维曲面图，x 的区间是 $[-3,3]$，y 的区间是 $[-3,3]$。要求设置 3 个坐标轴的范围和标题，标题需包含中文，操作步骤如下：

（1）使用 Qt Creator 创建一个模板为 Qt Widgets Application 的项目，将该项目命名为 demo9，并保存在 D 盘的 Chapter7 文件夹下；在向导对话框中选择基类 QMainWindow，不勾选 Generate form 复选框。

（2）在项目的配置文件 demo9.pro 中添加下面一行语句：

```
QT += datavisualization
```

（3）编写 mainwindow.h 文件中的代码，代码如下：

```
/* 第 7 章 demo9 mainwindow.h */
#ifndef MAINWINDOW_H
#define MAINWINDOW_H

#include <QMainWindow>
#include <QtDataVisualization>
```

```cpp
#include <cmath>
#include <QWidget>
#include <QVector3D>

class MainWindow : public QMainWindow
{
    Q_OBJECT
public:
    MainWindow(QWidget *parent = nullptr);
    ~MainWindow();
private:
    QWidget *container;                                    //三维图表容器指针
    Q3DSurface *graph3D;                                   //三维曲面图表指针
    QSurfaceDataProxy *dataProxy;                          //三维曲面图的数据代理指针
    QSurface3DSeries *series;                              //数据序列指针
    QSurfaceDataArray *itemArray;                          //散点数组指针
    QValue3DAxis *axisX, *axisY, *axisZ;                   //三维坐标轴指针
};
#endif //MAINWINDOW_H
```

（4）编写mainwindow.cpp文件中的代码，代码如下：

```cpp
/* 第7章 demo9 mainwindow.cpp */
#include "mainwindow.h"

MainWindow::MainWindow(QWidget *parent):QMainWindow(parent)
{
    setGeometry(300,300,580,300);
    setWindowTitle("QValue3DAxis");
    //创建三维曲面图表
    graph3D = new Q3DSurface();
    //创建三维图表容器
    container = createWindowContainer(graph3D);
    graph3D->activeTheme()->setLabelBackgroundEnabled(false);
    setCentralWidget(container);

    dataProxy = new QSurfaceDataProxy();                   //创建三维曲面图的数据代理
    series = new QSurface3DSeries(dataProxy);              //根据数据代理创建数据序列
    series->setItemLabelFormat("(x,z,y) = (@xLabel,@zLabel,@yLabel)");
    series->setMeshSmooth(true);                           //使用预定义网格的平滑版本
    series->setMesh(QAbstract3DSeries::MeshSphere);        //设置单点的样式
    graph3D->addSeries(series);
    //设置视角
    Q3DCamera::CameraPreset camView = Q3DCamera::CameraPresetFrontHigh;
    graph3D->scene()->activeCamera()->setCameraPreset(camView);

    //获取三维图表的坐标轴、设置坐标轴
    axisX = new QValue3DAxis();
    axisX->setTitle("x轴");
    axisX->setTitleVisible(true);
    axisX->setRange(-4,4);
    graph3D->setAxisX(axisX);
```

```
axisY = new QValue3DAxis();                    //垂直方向的坐标轴
axisY->setTitle("y轴");
axisY->setTitleVisible(true);
axisY->setAutoAdjustRange(true);               //垂直方向自动调整范围
graph3D->setAxisY(axisY);

axisZ = new QValue3DAxis();
axisZ->setTitle("z轴");
axisZ->setTitleVisible(true);
axisZ->setRange(-3.6,3.6);
graph3D->setAxisZ(axisZ);

//创建数据代理的代理项
int N = 60;                                    //单重循环的次数
float e = M_E;                                 //自然常数 e
float x = -3,y,z;
itemArray = new QSurfaceDataArray();
for(int i = 0;i < N;i++){
    QSurfaceDataRow * row = new QSurfaceDataRow();
    y = -3;
    for(int j = 0;j < N;j++){
        float f1 = pow(e,-pow(x,2)-pow(y,2));
        float f2 = pow(e,-pow(x-1,2)-pow(y-1,2));
        z = 2 * (f1-f2);
        QVector3D vector3D(x,z,y);             //三维坐标点
        QSurfaceDataItem item(vector3D);       //三维曲面的数据项
        row->append(item);                     //向 row 中添加一个数据项
        y = y + 0.1;
    }
    dataProxy->addRow(row);                    //在末尾添加一行数据项
    x = x + 0.1;
}
}

MainWindow::~MainWindow() {}
```

（5）其他文件保持不变,运行结果如图 7-14 所示。

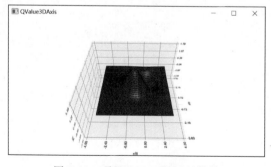

图 7-14 项目 demo9 的运行结果

7.5.3　三维条目坐标轴类 QCategory3DAxis

在 Qt 6 中,使用 QCategory3DAxis 类创建三维条目坐标轴对象,也可以使用三维柱形图表类 Q3DBars 的方法获取三维条目坐标轴对象指针。QCategory3DAxis 类的构造函数如下:

```
QCategory3DAxis(QObject * parent = nullptr)
```

其中,parent 表示 QObject 类及其子类创建的对象指针。

QCategory3DAxis 类只有继承自 QAbstract3DAxis 类的属性、方法、信号,没有独有的方法和信号。

【实例 7-10】　绘制一个 4 行 5 列的三维柱状图表,需设置三维条目坐标轴的标签,要求使用中文,操作步骤如下:

(1) 使用 Qt Creator 创建一个模板为 Qt Widgets Application 的项目,将该项目命名为 demo10,并保存在 D 盘的 Chapter7 文件夹下;在向导对话框中选择基类 QMainWindow,不勾选 Generate form 复选框。

(2) 在项目的配置文件 demo10.pro 中添加下面一行语句:

```
QT += datavisualization
```

(3) 编写 mainwindow.h 文件中的代码,代码如下:

```
/* 第 7 章 demo10 mainwindow.h */
#ifndef MAINWINDOW_H
#define MAINWINDOW_H

#include <QMainWindow>
#include <QtDataVisualization>
#include <QRandomGenerator>
#include <QStringList>

class MainWindow : public QMainWindow
{
    Q_OBJECT
public:
    MainWindow(QWidget * parent = nullptr);
    ~MainWindow();
private:
    QWidget * container;               //三维图表容器指针
    Q3DBars * graph3D;                 //三维曲面图表指针
    QBarDataProxy * dataProxy;         //三维柱状图的数据代理指针
    QBar3DSeries * series;             //数据序列指针
    QRandomGenerator generator;        //随机数产生器
};
#endif //MAINWINDOW_H
```

(4) 编写 mainwindow.cpp 文件中的代码,代码如下:

```
/* 第 7 章 demo10 mainwindow.cpp */
#include "mainwindow.h"
```

```cpp
MainWindow::MainWindow(QWidget *parent):QMainWindow(parent)
{
    setGeometry(300,300,580,280);
    setWindowTitle("QCategory3DAxis");
    //创建三维曲面图表
    graph3D = new Q3DBars();
    //创建三维图表容器
    container = createWindowContainer(graph3D);
    graph3D->activeTheme()->setLabelBackgroundEnabled(false);
    setCentralWidget(container);
    //创建三维柱状图数据序列
    series = new QBar3DSeries();
    series->setMesh(QAbstract3DSeries::MeshCylinder);    //柱状样式
    //设置柱状标签显示格式
    series->setItemLabelFormat("(@rowLabel,@colLabel): % .1f");
    series->setName("三维柱状图数据序列");
    graph3D->addSeries(series);                          //向图表中添加数据序列
    //设置视角
    Q3DCamera::CameraPreset camView = Q3DCamera::CameraPresetFrontHigh;
    graph3D->scene()->activeCamera()->setCameraPreset(camView);
    //创建列标签、行标签
    QStringList colLabs = {"星期一","星期二","星期三","星期四","星期五"};
    QStringList rowLabs = {"第1周","第2周","第3周","第4周"};
    //创建数据代理
    dataProxy = new QBarDataProxy();
    for(int j = 0;j < 4;j++){                            //4行
        QBarDataRow * row = new QBarDataRow();           //一行的 QBarDataItem 对象
        for(int i = 0;i < 5;i++){                        //7列
            float value = generator.bounded(8,16);       //8~16 的随机数字
            QBarDataItem item(value);
            row->append(item);
        }
        dataProxy->addRow(row);                          //添加行
    }
    dataProxy->setColumnLabels(colLabs);                 //添加行标签
    dataProxy->setRowLabels(rowLabs);                    //添加列标签
    series->setDataProxy(dataProxy);                     //设置数据代理
}

MainWindow::~MainWindow() {}
```

(5) 其他文件保持不变,运行结果如图 7-15 所示。

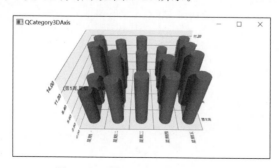

图 7-15 项目 demo10 的运行结果

7.6 小结

本章主要介绍了使用 Qt 6 的 Qt Data Visulization 子模块绘制三维图表的方法。可以使用 Q3DScatter、QScatter3DSeries、QScatterDataProxy 绘制三维散点图表。可以使用 Q3DSurface、QSurface3DSeries、QSurfaceDataProxy 绘制三维曲面图。可以使用 Q3DBars、QBar3DSeries、QBarDataProxy 绘制三维柱形图。

本章也介绍了设置三维图表的方法,主要使用了三维场景类 Q3DScene、三维相机类 Q3DCamera、三维主题类 Q3DTheme 提供的方法。

最后介绍了三维坐标轴,包括三维数值坐标轴类 QValue3DAxis、三维条目坐标轴类 QCategory3DAxis 的用法。

第四部分

第 8 章 网 络

在 Qt 6 中,有一个子模块 Qt Network。使用 Qt Network 模块中的类可以获取主机的网络信息、进行 TCP 通信、进行 UDP 通信、基于 HTTP 协议进行通信。本章将介绍这些类的用法。

8.1 主机信息查询

在 Qt 6 中,可以使用 QHostInfo 类、QNetworkInterface 类获取主机的网络信息,这些网络信息是网络通信应用的基本信息。QHostInfo 类和 QNetworkInterface 类都位于 Qt Network 子模块下,本节将介绍这两个类的用法。

如果开发者要使用 Qt Network 模块下的类,则需要在项目的配置文件中添加下面一行语句:

```
QT += network
```

8.1.1 主机信息类 QHostInfo

在 Qt 6 中,可以使用 QHostInfo 类查询主机的 IP 地址,或通过 IP 地址查询主机名。QHostInfo 类的构造函数如下:

```
QHostInfo(const QHostInfo &other)
QHostInfo(int id = -1)
```

其中,other 表示 QHostInfo 类创建的实例对象;id 表示该对象的识别号码,保持默认即可。

1. QHostInfo 类的常用方法

QHostInfo 类的常用方法见表 8-1。

表 8-1 QHostInfo 类的常用方法

方法及参数类型	说 明	返回值的类型
[static]abortHostLookup(int id)	中断主机查询	
[static] lookupHost(QString &name, QObject * receiver,char * member)	以异步的方式根据主机名查找主机的 IP 地址,并返回本次查找的 ID,可用作 abortHostLookup()方法的参数,receiver 表示自定义槽函数	int

续表

方法及参数类型	说 明	返回值的类型
[static]fromName(QString &name)	返回主机名的 IP 地址	QHostInfo
[static]localDomainName()	获取本机的 DNS 域名	QString
[static]localHostName	返回本机的主机名	QString
addresses()	获取与 hostName()对应的主机关联的 IP 地址列表	QList< QHostAddress >
setAddresses(QList< QHostAddress > &addresses)	设置管理的 IP 地址列表	
error()	如果主机查询失败,则返回失败类型	QHostInfo::HostInfoError
setError(QHostInfo::HostInfoError)	设置失败类型	
errorString()	如果主机查询失败,则返回描述错误的字符串	QString
setErrorString(QString &str)	设置描述错误的字符串	
hostName()	获取通过 IP 地址查询到的主机名	QString
setHostName(QString &hostName)	设置主机名	
lookupId()	获取本次查找的 ID	int
setLookupId(int id)	设置查找的 ID	
swap(QHostInfo &other)	将其他主机信息与此主机信息交换	

在表 8-1 中,QHostInfo::HostInfoError 的枚举常量为 QHostInfo::NoError(没有错误)、QHostInfo::HostNotFound(没有找到与主机名关联的 IP 地址)、QHostInfo::UnknownError(发生未知错误)。

2. QHostAddress 类的常用方法

在 Qt 6 中,使用 QHostAddress 类表示 IP 地址对象,通常与 QTcpSocket 类、QTcpServer 类、QUdpSocket 类搭配使用。

QHostAddress 类位于 Qt Network 子模块下,其构造函数如下:

```
QHostAddress(quint32 ip4Addr)
QHostAddress(const quint8 * ip6Addr)
QHostAddress(const QString &address)
QHostAddress(const socketaddr * sockaddr)
QHostAddress(QHostAddress::SpecialAddress address)
QHostAddress(const QHostAddress &addr)
```

其中,ip4Addr 表示 IPv4 地址;ip6Addr 表示指向 IPv6 地址的指针;addr 表示 QHostAddress 类的实例对象;address 表示 QHostAddress::SpecialAddress 的枚举常量。

在 Qt 6 中,QHostAddress::SpecialAddress 类的枚举常量见表 8-2。

表 8-2 QHostAddress::SpecialAddress 类的枚举常量

枚举常量	说 明
QHostAddress::Null	空地址对象,相当于 QHostAddress()
QHostAddress::LocalHost	IPv4 的本地主机地址,相当于 QHostAddress(" 127.0.0.1 ")

续表

枚 举 常 量	说　　明
QHostAddress::LocalHostIPv6	IPv6 的本地主机地址，相当于 QHostAddress("::1")
QHostAddress::BroadCast	IPv4 的广播地址，相当于 QHostAddress("255.255.255.255")
QHostAddress::AnyIPv4	IPv4 的任意地址，相当于 QHostAddress("0.0.0.0")，绑定此地址的套接字只监听 IPv4 接口
QHostAddress::AnyIPv6	IPv6 的任意地址，相当于 QHostAddress("::")，绑定此地址的套接字只监听 IPv6 接口
QHostAddress::Any	双栈任意地址，绑定此地址的套接字将同时监 IPv4 和 IPv6 接口

QHostAddress 类的常用方法见表 8-3。

表 8-3　QHostAddress 类的常用方法

方法及参数类型	说　　明	返回值的类型
[static]parseSubnet(subnet)	解析子网中包含的 IP 和子网信息，并返回该网络的网络前缀及其长度	QPair＜QHostAddress，int＞
clear()	清空主机地址，设置协议为 QAbstractSocket::UnknownNetworkLayerProtocol	
isBroadcast()	获取是否为 IPv4 的广播地址(255.255.255.255)	bool
isEqual(QHostAddress &other, QHostAddress::ConversionMode mode=ToerantConversion)	判断两个地址是否等价	bool
isGlobal()	获取是否为全局地址	bool
isInSubnet(QHostAddress &subnet, int netmask)	如果此 IP 在由网络前缀 subnet 和 netmask 描述的子网中，则返回值为 true	bool
isInsubnet(QPair＜QHostAddress, int＞ &subnet)	这是一个重载函数，如果此 IP 在 subnet 描述的子网中，则返回值为 true	bool
isLinkLocal()	如果地址是 IPv4 或 IPv6 链路本地地址，则返回值为 true	bool
isLoopback()	如果地址是 IPv6 环回地址，则返回值为 true	bool
isMulticast()	如果地址是 IPv4 或 IPv6 组播地址，则返回值为 true	bool
isNull()	如果此主机地址对任何主机或接口都无效，则返回值为 true	bool
isSiteLocal()	如果地址是 IPv6 本地站点地址，则返回值为 true	bool
isUniqueLocalUnicast()	如果地址是 IPv6 唯一本地单播地址，则返回值为 true	bool
protocol()	获取地址的网络协议	NetworkLayerProtocol

续表

方法及参数类型	说 明	返回值的类型
scopeId()	返回 IPv6 地址的作用域 ID。对于 IPv4 地址，或者如果地址不包含作用域 ID，则返回空字符串	QString
setScopeId(QString &id)	设置 IPv6 地址的作用域 ID，该函数对于 IPv4 地址无效	
setAddress(QHostAddress::SpecialAddress address)	设置特殊地址	
setAddress(Q_IPV6ADDR &ip6Addr)	设置 IPv6 地址	
setAddress(QString &address)	设置地址	bool
setAddress(int ip4Addr)	设置 IPv4 地址	
swap(QHostAddress &other)	将该主机地址与其他主机地址交换	
toIPv4Address(bool *ok=nullptr)	以数字形式返回 IPv4 地址	int
toIPv6Address()	以 Q_IPV6ADDR 结构返回 IPv6 地址	Q_IPV6ADDR
toString()	以字符串形式返回地址	QString

在 Qt 6 中，QHostAddress::ConversionMode 类的枚举常量见表 8-4。

表 8-4　QHostAddress::ConversionMode 类的枚举常量

枚举常量	说 明
QHostAddress::StrictConversion	当比较两个不同协议的 QHostAddress 对象时，不要将 IPv6 地址转换为 IPv4 地址，这样它们总会被认为是不同的
QHostAddress::ConvertV4MappedToIPv6	当比较 QHostAddress 对象时，可以将 IPv4 转换映射为 IPv6 地址。例如 QHostAddress("::ffff:192.168.1.1")等价于 QHostAddress("192.168.1.1")
QHostAddress::ConvertV4CompatedToIPv4	当比较 QHostAddress 对象时，可以将 IPv4 转换为兼容的 IPv6 地址。例如 QHostAddress("::192.168.1.1")等价于 QHostAddress("192.168.1.1")
QHostAddress::ConvertLocalHost	当比较 QHostAddress 对象时，可以将 IPv6 环回地址转换为 IPv4 环回地址。例如 QHostAddress("::1")与 QHostAddress("127.0.0.1")等价
QHostAddress::ConvertUnspecifiedAddress	所有未指定的地址比较后的结果为相等，即 AnyIPv4、AnyIPv6 和 Any 为等价地址
QHostAddress::ConversionTolerantConversion	设置前面 3 个枚举常量

【实例 8-1】创建一个窗口，该窗口包含两个按钮、一个单行文本输入框、一个多行纯文本输入框。单击 1 个按钮可获取主机的名称，单击另一个按钮可获取主机的 IP 地址，操作步骤如下：

(1) 使用 Qt Creator 创建一个模板为 Qt Widgets Application 的项目，将该项目命名为 demo1，并保存在 D 盘的 Chapter8 文件夹下；在向导对话框中选择基类 QWidget，不勾选 Generate form 复选框。

(2) 在项目的配置文件 demo1.pro 中添加下面一行语句：

```
QT += network
```

(3) 编写 widget.h 文件中的代码，代码如下：

```cpp
/* 第 8 章 demo1 widget.h */
#ifndef WIDGET_H
#define WIDGET_H

#include <QWidget>
#include <QVBoxLayout>
#include <QHBoxLayout>
#include <QPushButton>
#include <QPlainTextEdit>
#include <QLineEdit>
#include <QString>
#include <QHostInfo>
#include <QHostAddress>
#include <QList>
#include <QMetaEnum>

class Widget : public QWidget
{
    Q_OBJECT
public:
    Widget(QWidget *parent = nullptr);
    ~Widget();
private:
    QVBoxLayout *vbox;                      //垂直布局指针
    QHBoxLayout *hbox;                      //水平布局指针
    QPushButton *btnName, *btnInfo;         //按钮指针
    QLineEdit *lineEdit;                    //单行输入控件指针
    QPlainTextEdit *textEdit;               //多行纯文本输入控件指针
private slots:
    void btn_name();
    void btn_info();
};
#endif //WIDGET_H
```

(4) 编写 widget.cpp 文件中的代码，代码如下：

```cpp
/* 第 8 章 demo1 widget.cpp */
#include "widget.h"

Widget::Widget(QWidget *parent):QWidget(parent)
{
    setGeometry(300,300,580,230);
    setWindowTitle("QHostInfo");
    //创建水平布局，添加控件
    btnName = new QPushButton("获取主机名称");
    lineEdit = new QLineEdit();
    hbox = new QHBoxLayout();
```

```
    hbox->addWidget(btnName);
    hbox->addWidget(lineEdit);
    //创建垂直布局,并添加其他布局、控件
    vbox = new QVBoxLayout(this);
    textEdit = new QPlainTextEdit();
    btnInfo = new QPushButton("获取主机的IP地址");
    vbox->addLayout(hbox);
    vbox->addWidget(btnInfo);
    vbox->addWidget(textEdit);
    //使用信号/槽
    connect(btnName,SIGNAL(clicked()),this,SLOT(btn_name()));
    connect(btnInfo,SIGNAL(clicked()),this,SLOT(btn_info()));
}

Widget::~Widget() {}

void Widget::btn_name(){
    QString name = QHostInfo::localHostName();
    lineEdit->setText(name);
}

void Widget::btn_info(){
    textEdit->clear();
    QString name = QHostInfo::localHostName();
    QHostInfo hostInfo = QHostInfo::fromName(name);
    QList<QHostAddress> adList = hostInfo.addresses();
    for(int i = 0;i < adList.count();i++){
        QMetaEnum metaEum = QMetaEnum::fromType<QAbstractSocket::NetworkLayerProtocol>();
        QString str = metaEum.valueToKey(adList[i].protocol()); //将枚举常量转换为字符串
        textEdit->appendPlainText("协议: " + str);
        textEdit->appendPlainText("本机 IP 地址: " + adList[i].toString());
    }
}
```

(5) 其他文件保持不变,运行结果如图 8-1 所示。

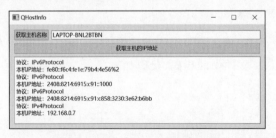

图 8-1 项目 demo1 的运行结果

【实例 8-2】 创建一个窗口,该窗口包含 1 个按钮、1 个单行文本输入框、1 个多行纯文本输入框。可以向单行文本输入框输入主机名,然后单击按钮获取该主机的 IP 地址,操作步骤如下:

(1) 使用 Qt Creator 创建一个模板为 Qt Widgets Application 的项目,将该项目命名为

demo2,并保存在 D 盘的 Chapter8 文件夹下;在向导对话框中选择基类 QWidget,不勾选 Generate form 复选框。

(2) 在项目的配置文件 demo2.pro 中添加下面一行语句:

```
QT += network
```

(3) 编写 widget.h 文件中的代码,代码如下:

```
/* 第 8 章 demo2 widget.h */
#ifndef WIDGET_H
#define WIDGET_H

#include <QWidget>
#include <QHBoxLayout>
#include <QVBoxLayout>
#include <QPushButton>
#include <QLabel>
#include <QLineEdit>
#include <QPlainTextEdit>
#include <QHostInfo>
#include <QString>
#include <QHostAddress>
#include <QList>

class Widget : public QWidget
{
    Q_OBJECT
public:
    Widget(QWidget * parent = nullptr);
    ~Widget();
private:
    QLabel * label;                    //标签指针
    QLineEdit * lineEdit;              //单行输入控件指针
    QHBoxLayout * hbox;                //水平布局指针
    QVBoxLayout * vbox;                //垂直布局指针
    QPushButton * btnInfo;             //按钮指针
    QPlainTextEdit * textEdit;         //多行纯文本输入控件指针
private slots:
    void btn_info();
    void lookedUp(QHostInfo host);
};
#endif //WIDGET_H
```

(4) 编写 widget.cpp 文件中的代码,代码如下:

```
/* 第 8 章 demo2 widget.cpp */
#include "widget.h"

Widget::Widget(QWidget * parent):QWidget(parent)
{
    setGeometry(300,300,580,230);
    setWindowTitle("QHostInfo");
```

```
    //创建水平布局对象,添加控件
    label = new QLabel("输入主机名: ");
    lineEdit = new QLineEdit();
    hbox = new QHBoxLayout();
    hbox->addWidget(label);
    hbox->addWidget(lineEdit);
    //创建垂直布局对象,并添加其他布局、控件
    vbox = new QVBoxLayout(this);
    btnInfo = new QPushButton("获取主机的 IP 地址");
    textEdit = new QPlainTextEdit();
    vbox->addLayout(hbox);
    vbox->addWidget(btnInfo);
    vbox->addWidget(textEdit);
    //使用信号/槽
    connect(btnInfo,SIGNAL(clicked()),this,SLOT(btn_info()));
}

Widget::~Widget() {}

void Widget::btn_info(){
    QString name = lineEdit->text();
    if(name == "")
        return;
    QHostInfo::lookupHost(name,this,lookedUp);
}

void Widget::lookedUp(QHostInfo host){
    textEdit->clear();
    if(host.error()!= QHostInfo::NoError){
        textEdit->appendPlainText("Lookup failed:" + host.errorString());
        return;
    }
    QList<QHostAddress> adList = host.addresses();
    for(int i = 0;i < adList.count();i++){
        textEdit->appendPlainText("Found address:" + adList[i].toString());
    }
}
```

(5) 其他文件保持不变,运行结果如图 8-2 所示。

图 8-2　项目 demo2 的运行结果

8.1.2 网络接口类 QNetworkInterface

在 Qt 6 中,可以使用 QNetworkInterface 类获得运行系统主机的所有的 IP 地址和网络接口列表。QNetworkInterface 类的构造函数如下:

6min

```
QNetworkInterface()
QNetworkInterface(const QNetworkInterface &other)
```

其中,other 表示 QNetworkInterface 类创建的实例对象。

1. QNetworkInterface 类的常用方法

QNetworkInterface 类的常用方法见表 8-5。

表 8-5 QNetworkInterface 类的常用方法

方法及参数类型	说 明	返回值的类型
[static]allAddresses()	获取主机上所有的 IP 地址列表	QList < QHostAddress >
[static]allInterface()	获取主机上所有网络接口的列表	QList < QNetworkInterface >
[static]interfaceFromIndex(int index)	根据索引获取网络接口对象	QNetworkInterface
[static]interfaceFromName(QString &name)	根据名称获取网络接口对象	QNetworkInterface
[static]interfaceIndexFromName (QString &name)	根据名称获取网络接口的索引,如果没有该名称的接口,则返回 0	int
[static]interfaceNameFromIndex(int index)	根据索引获取网络接口的名称,如果没有该索引的接口,则返回空字符串	QString
addressEntries()	获取网络接口的网络地址条目列表	QList < QNetworkAddressEntry >
flags()	获取该网络接口关联的标志	QNetworkInterface::InterfaceFlags
hardwareAddress()	获取接口的低级硬件地址,在以太网中就是 MAC 地址	QString
humanReadableName()	获取可以读懂的接口名称,如果名称不确定,则获取 name() 方法的返回值	QString
index()	获取接口的系统索引	int
isValid()	如果接口信息有效,则返回值为 true	bool
maximunTransmissionUnit()	返回该接口的最大传输单元	int
name()	获取网络接口的名称	QString
swap(QNetworkInterface &other)	将该网络接口实例与其他网络接口实例交换	
type()	获取网络接口的类型	QNetworkInterface::InterfaceType

【**实例 8-3**】 使用 QNetworkInterface 类的方法获取应用程序所在主机的设备名称、硬件地址、接口类型,并打印这些信息,操作步骤如下:

（1）使用 Qt Creator 创建一个模板为 Qt Console Application 的项目，将该项目命名为 demo3，并保存在 D 盘的 Chapter8 文件夹下。

（2）在项目的配置文件 demo3.pro 中添加下面一行语句：

```
QT += network
```

（3）编写 main.cpp 文件中的代码，代码如下：

```cpp
/* 第 8 章 demo3 main.cpp */
#include <QCoreApplication>
#include <QNetworkInterface>
#include <QNetworkAddressEntry>
#include <QList>
#include <QDebug>

int main(int argc, char *argv[])
{
    QCoreApplication a(argc, argv);
    QList<QNetworkInterface> list = QNetworkInterface::allInterfaces();
    for(int i = 0; i < list.count(); i++){
        qDebug()<<"设备名称："<<list[i].humanReadableName();
        qDebug()<<"硬件地址："<<list[i].hardwareAddress();
        qDebug()<<"接口类型："<<list[i].type();
    }
    return a.exec();
}
```

（4）其他文件保持不变，运行结果如图 8-3 所示。

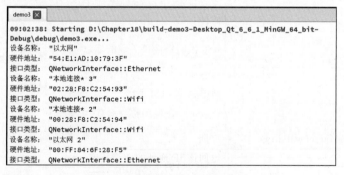

图 8-3　项目 demo3 的运行结果

注意：图 8-3 只显示了运行结果的一部分，没有完整地显示运行结果。

2. QNetworkAddressEntry 类的常用方法

在 Qt 6 中，使用 QNetworkInterface 类的 addressEntries()方法可获取包含网络地址条目(QNetworkAddressEntry)对象的列表。网络地址条目对象中包含了网络接口的 IP 地址、子网掩码、广播地址。当然，也可以使用 QNetworkAddressEntry 创建网络地址条目地址对象。

QNetworkAddressEntry 类位于 Qt 6 的 Qt Network 子模块下，其构造函数如下：

```
QNetworkAddressEntry()
QNetworkAddressEntry(const QNetworkAddressEntry &other)
```

其中，other 表示 QNetworkAddressEntry 类创建的实例对象。

QNetworkAddressEntry 类的常用方法见表 8-6。

表 8-6　QNetworkAddressEntry 类的常用方法

方法及参数类型	说　明	返回值的类型
broadcast()	获取网络接口的广播地址	QHostAddress
setBroadcast(QHostAddress &newBroadcast)	设置新的广播地址	
clearAddressLifetime()	重置该地址的首选生存期和有效生存期，应用该方法后，isLifetimeKnown() 方法的返回值为 false	
dnsEligibility()	获取该地址是否有资格在域名系统（DNS）或类似的名称解析机制中发布	QNetworkEntry::DnsEligibilityStatus
setDnsEligibility(QNetworkAddress::DnsEligibilityStatus status)	设置该地址的 DNS 资格标志	
ip()	获取该网络接口的 IPv4 或 IPv6 地址	QHostAddress
setIP(QHostAddress &newIp)	设置该网络接口的 IP 地址	
isLifetimeKnown()	如果地址生存期已知，则返回值为 true	bool
isPermanent()	如果该地址在此接口上是永久的，则返回值为 true	bool
isTemporary()	如果此地址在此接口上是临时的，则返回值为 true	bool
netmask()	获取网络接口的子网掩码	QHostAddress
setNetmask(QHostAddress &newNetmask)	设置网络接口的子网掩码	
preferredLifetime()	返回此地址弃用（不再首选）时的截止日期	QDeadlineTimer
setAddressLifetime(QDeadlineTimer preferred, QDeadlineTimer validity)	设置该地址的首选生存期和有效生存期	
prefixLength()	返回该 IP 地址的前缀长度	int
setPrefixLength()	设置该 IP 地址的前缀长度	int
swap(QNetAddressEntry &other)	将此网络地址实例与其他实例交换	
validityLifetime()	如果地址变为无效，则返回该地址的最后期限	QDeadlineTimer

【实例 8-4】　使用 QNetworkInterface 类的方法获取应用程序所在主机的 IP 地址，包括子网掩码、广播地址，并打印这些信息，操作步骤如下：

（1）使用 Qt Creator 创建一个模板为 Qt Console Application 的项目，将该项目命名为 demo4，并保存在 D 盘的 Chapter8 文件夹下。

（2）在项目的配置文件 demo4.pro 中添加下面一行语句：

```
QT += network
```

（3）编写main.cpp文件中的代码，代码如下：

```cpp
/* 第8章 demo4 main.cpp */
#include <QCoreApplication>
#include <QNetworkInterface>
#include <QNetworkAddressEntry>
#include <QList>
#include <QDebug>

int main(int argc, char *argv[])
{
    QCoreApplication a(argc, argv);
    QList<QNetworkInterface> inList = QNetworkInterface::allInterfaces();
    for(int i = 0; i < inList.count(); i++){
        QList<QNetworkAddressEntry> enList = inList[i].addressEntries();
        for(int j = 0; j < enList.count(); j++){
            qDebug()<<"IP 地址: "<< enList[j].ip().toString();
            qDebug()<<"子网掩码: "<< enList[j].netmask().toString();
            qDebug()<<"广播地址: "<< enList[j].broadcast().toString();
        }
    }
    return a.exec();
}
```

（4）其他文件保持不变，运行结果如图8-4所示。

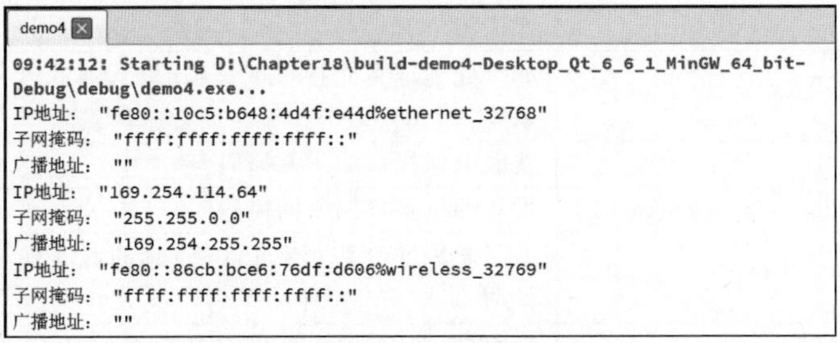

图 8-4　项目 demo4 的运行结果

注意：图 8-4 只显示了运行结果的一部分，没有完整地显示运行结果。

8.2　TCP 通信

TCP(Transmission Control Protocol)表示传输控制协议，这是一种面向连接的、可靠的传输协议。在 Qt 6 中，可以使用 QTcpServer 类、QTcpSocket 类创建 TCP 通信程序。

TCP 通信程序主要采用了客户端/服务器模式(Client/Server)，即客户端向服务器发出请求，服务器收到请求后，提供相应的服务。服务器端程序使用 QTcpServer 类对端口进行监听，建立服务器；使用 QTcpSocket 建立连接，然后使用套接字(Socket)进行通信，如

图 8-5 所示。

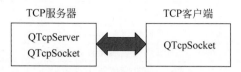

图 8-5　TCP 通信示意图

8.2.1　QTcpServer 类

在 Qt 6 中，QTcpServer 类主要应用在服务器上进行网络监听，创建套接字连接。QTcpServer 类的继承关系如图 8-6 所示。

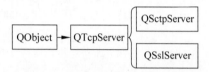

图 8-6　QTcpServer 类的继承关系

QTcpServer 类位于 Qt Network 子模块下，其构造函数如下：

QTcpServer(QObject * parent = nullptr)

其中，parent 表示 QObject 类及其子类创建的对象指针。

QTcpServer 类的常用方法见表 8-7。

表 8-7　QTcpServer 类的常用方法

方法及参数类型	说　　明	返回值的类型
addPendingConnection(QTcpSocket * socket)	由 incomingConnection() 调用,将创建 QTcpSocket 对象指针添加到内部可用的新连接列表	
close()	关闭服务器,停止网络监听	
errorString()	获取可描述的、最近发生的错误	QString
isListening()	如果服务器处于监听状态,则返回值为 true	bool
listen(QHostAddress &adr=QHostAddress::Any,int port=0)	监听指定的 IP 地址和端口号,若成功,则返回值为 true	bool
listenBacklogSize()	返回待接收连接的队列大小	int
setListenBacklogSize(int size)	设置待接收连接的队列大小	
maxPendingConnections()	返回可接收连接的最大数目,默认值为 30	int
setMaxPendingConnections(int numConnections)	设置可接收连接的最大数目	
pauseAccepting()	暂停接收新连接,排队的连接将保持在队列中	
proxy()	返回该套接字的网络代理	QNetworkProxy

续表

方法及参数类型	说　　明	返回值的类型
setProxy(QNetworkProxy &networkProxy)	设置该套接字的网络代理	
resumeAccepting()	恢复接收新连接	
serverAddress()	如果服务器正在侦听连接,则返回服务器的地址	QHostAddress
serverError()	返回上次发生的错误的错误代码	QAbstractSocket::SocketError
serverPort()	如果服务器正在监听,则返回服务器的端口,否则返回 0	int
setSocketDescriptor(qintptr socketDescriptor)	设置此服务器在监听到 socketDescriptor 的传入连接时应该使用的套接字描述符	bool
socketDescriptor()	返回服务器用来监听传入指令的本机套接字描述符	qintptr
waitForNewConnection(int msec=0, bool * timeout=nullptr)	以阻塞的方式等待新的连接	bool
hasPendingConnections()	如果服务器有一个挂起的连接,则返回值为 true,否则返回值为 false	bool
incomingConnection(qintptr socketDescription)	当有一个新的连接可用时,QTcpServer 内部调用此函数,创建一个 QTcpSocket 对象,将其添加到内部可用新连接列表,然后发送 newConnection() 信号	
nextPendingConnection()	返回下一个等待接入的连接	QTcpSocket *

QTcpServer 类的信号见表 8-8。

表 8-8　QTcpServer 类的信号

信号及参数类型	说　　明
acceptError(QAbstractSocket::SocketError)	当接收一个新连接发生错误时发送信号
newConnection()	当有新连接时发送信号
pendingConnectionAvailable()	当一个新的连接被添加到挂起的连接队列中时发送信号

8.2.2　QTcpSocket 类

在 Qt 6 中,可以使用 QTcpServer 类的 nextPendingConnection() 方法接受客户端的连接,然后使用 QTcpSocket 对象与客户端通信,具体的数据通信是通过 QTcpSocket 对象完成的。

QTcpSocket 类提供了 TCP 的接口,也可以使用 QTcpSocket 类实现标准的网络通信协议,例如 POP3、SMTP、NNTP,也可以使用自定义协议。QTcpSocket 类位于 Qt 6 的 Qt Network 子模块下,其继承关系如图 8-7 所示。

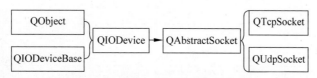

图 8-7　QTcpSocket 类的继承关系

QAbstractSocket 类是 QTcpSocket 类的父类，这是一个抽象类，该类提供了使用套接字通信的方法和信号。

QAbstractSocket 类的常用方法见表 8-9。

表 8-9　QAbstractSocket 类的常用方法

方法及参数类型	说　明	返回值的类型
abort()	中止当前连接并重置套接字	
bind(QHostAddress &addr, int port=0, QAbstractSocket::BindMode mode = QAbstractSocket::DefaultPlatform)	使用 BindMode 模式绑定到指定端口号的地址	bool
connectToHost(QHostAddress &addr, int port=0, QIODeviceBase::OpenMode mode=QIODeviceBase::ReadWrite)	以异步方式连接到指定的 IP 地址和端口的 TCP 服务器，连接成功后会发送 connected() 信号	
error()	返回上次发生的错误类型	QAbstractSocket::SocketError
flush()	此函数将尽可能多地从内部缓冲区写入底层网络套接字，而不会阻塞。如果有数据写入，则这个函数的返回值为 true，否则返回值为 false	bool
isValid()	如果套接字有效并且可以使用，则返回值为 true，否则返回值为 false	bool
localAddress()	如果可用，则返回本地套接字的主机地址，否则返回 QHostAddress::Null	QHostAddress
setLocalAddress(QHostAddress &addr)	设置本地套接字的主机地址	
localPort()	如果可用，则返回本地套接字的主机端口号（以本机字节顺序），否则返回 0	int
setLocalPort(int port)	设置本地套接字的主机端口号	
pauseMode()	返回该套接字的暂停模式	QAbstractSocket::PauseModes
setPauseMode(QAbstractSocket::PauseModes)	设置该套接字的暂停模式	
peerAddress()	如果套接字处于 ConnectedState 状态，则返回被连接对等体的地址，否则返回 QHostAddress::Null	QHostAddress
setPeerAddress(QHostAddress &addr)	设置连接对等体的地址	

续表

方法及参数类型	说 明	返回值的类型
peerName()	返回由 connectToHost()指定的连接名称	QString
setPeerName(QString &name)	设置连接对等体的名称	
peerPort()	如果套接字处于 ConnectedState 状态，则返回被连接对等体的端口	int
setPeerPort(int port)	设置连接对等体的端口	
protocolTag()	返回该套接字的协议标记	QString
setProtocolTag(QString &tag)	设置该套接字的协议标记	
proxy()	返回该套接字的网络代理	QNetworkProxy
readBufferSize()	返回内部缓冲区的大小。这决定了 read()或 readAll()函数能读取数据量的大小	int
setReadBufferSize(int size)	设置内部缓冲区的大小	
setProxy(QNetworkProxy &networkProxy)	设置该套接字的网络代理	
setSocketError(QAbstractSocket::SocketError)	设置发生的错误类型	
setSocketState(QAbstractSocket::SocketState)	设置套接字的状态	
socketType()	返回套接字类型（TCP、UDP 或其他）	QAbstractSocket::SocketType
state()	返回套接字的状态	QAbstractSocket::SocketState
disconnectFromHost()	断开套接字连接，成功断开后发射 disconnected()信号	
resume()	继续在套接字上传输数据。此方法只应在套接字被设置为收到通知时暂停并且收到通知后使用	
setSocketDescriptor(qintptr socketDescriptor, QAbstractSocket::SocketState state=QAbstractSocket::ConnectedState, QIODeviceBase::OpenMode mode=QIODeviceBase::ReadWrite)	用本机套接字描述符 socketDescriptor 初始化 QAbstractSocket。如果 socketDescriptor 被接受为有效的套接字描述符，则返回值为 true	bool
socketDescriptor()	返回套接字描述符	qintptr
setSocketOption(QAbstractSocket::SocketOption option, QVariant &value)	将指定选项设置为由 value 描述的值	
socketOption(QAbstractSocket::SocketOption)	返回指定选项的值	QVariant
waitForConnected(int msecs=30000)	等待建立套接字连接，可设置等待时间，默认等待 30s	
waitForDisconnected(int msecs=30000)	等待断开套接字连接，可设置等待时间，默认等待 30s	

QAbstractSocket 类的信号见表 8-10。

表 8-10　QAbstractSocket 类的信号

信号及参数类型	说　　明
connected()	当使用 connectToHost() 方法连接到服务器时发送信号
disconnected()	当断开套接字连接时发送信号
errorOccurred(QAbstractSocket::SocketError error)	当套接字发生错误时发送此信号
hostFound()	当使用 connectToHost() 找到主机后发送此信号
stateChanged(QAbstractSocket::SocketState state)	当套接字的状态发生变化时发送此信号
readyRead()	当缓冲区有新数据时发射此信号，可在此信号的槽函数中读取缓冲区数据，这是其父类 QIODevice 定义的一个信号
proxyAuthenticationRequired(QNetworkProxy &proxy, QAuthenticator * authenticator)	当使用需要身份验证的代理时发送信号

8.2.3　TCP 服务器端程序设计

在 Qt 6 中，创建 TCP 服务器端，并与客户端实现数据通信，步骤如下：

（1）使用 QTcpServer 类创建 QTcpServer 对象，然后使用 QTcpServer 对象的 nextPendingConnection() 等待并返回建立连接的 QTcpSocket 对象。

（2）如果与某个 QTcpSocket 对象建立连接，则使用该对象的方法和信号传输数据。

【实例 8-5】　使用 QTcpServer 类与 QTcpSocket 类创建 TCP 服务器端程序，使用该程序可与客户端建立连接，并传输数据，操作步骤如下：

（1）使用 Qt Creator 创建一个模板为 Qt Widgets Application 的项目，将该项目命名为 demo5，并保存在 D 盘的 Chapter8 文件夹下；在向导对话框中选择基类为 QWidget，不勾选 Generate form 复选框。

（2）在项目的配置文件 demo5.pro 中添加下面一行语句：

```
QT += network
```

（3）编写 widget.h 文件中的代码，代码如下：

```
/* 第 8 章 demo5 widget.h */
#ifndef WIDGET_H
#define WIDGET_H

#include <QWidget>
#include <QVBoxLayout>
#include <QHBoxLayout>
#include <QPushButton>
#include <QPlainTextEdit>
#include <QLineEdit>
#include <QLabel>
#include <QSpinBox>
```

```cpp
#include <QByteArray>
#include <QHostInfo>
#include <QAbstractSocket>
#include <QTcpServer>
#include <QTcpSocket>
#include <QHostAddress>
#include <QList>
#include <QString>

class Widget : public QWidget
{
    Q_OBJECT
public:
    Widget(QWidget * parent = nullptr);
    ~Widget();
private:
    QVBoxLayout * vbox;                                          //垂直布局指针
    QHBoxLayout * hbox1, * hbox2, * hbox3, * hbox4;              //水平布局指针
    QPushButton * btnListen, * btnStop, * btnClear, * btnExit, * btnSend;//按钮指针
    QLabel * labelIP, * labelPort, * labelState, * labelSocket;  //标签指针
    QLineEdit * lineIP, * lineMsg;                               //单行文本框指针
    QSpinBox * spinPort;                                         //数字输入控件指针
    QPlainTextEdit * textEdit;                                   //多行纯文本框指针
    QTcpServer * tcpServer;                                      //TCP 服务器指针
    QTcpSocket * tcpSocket = nullptr;                            //TCP 通信的套接字对象指针
    QString get_localIP();
private slots:
    void do_newConnection();
    void do_clientConnected();
    void do_clientDisConnected();
    void do_socketStateChanged(QAbstractSocket::SocketState state);
    void do_socketReadyRead();
    void btn_listen();
    void btn_stop();
    void btn_send();
    void btn_clear();
};
#endif //WIDGET_H
```

(4) 编写 widget.cpp 文件中的代码,代码如下:

```cpp
/* 第 8 章 demo5 widget.cpp */
#include "widget.h"

Widget::Widget(QWidget * parent):QWidget(parent)
{
    setGeometry(200,100,580,280);
    //创建水平布局对象,添加 4 个按钮
    btnListen = new QPushButton("开始监听");
    btnStop = new QPushButton("停止监听");
    btnClear = new QPushButton("清空文本框");
    btnExit = new QPushButton("退出");
```

```cpp
    hbox1 = new QHBoxLayout();
    hbox1->addWidget(btnListen);
    hbox1->addWidget(btnStop);
    hbox1->addWidget(btnClear);
    hbox1->addWidget(btnExit);
    //创建两个标签、1个单行文本框、1个数字输入控件
    labelIP = new QLabel("监听地址:");
    lineIP = new QLineEdit();
    lineIP->setText("127.0.0.1");
    labelPort = new QLabel("监听端口:");
    spinPort = new QSpinBox();
    spinPort->setRange(1200,99999);
    hbox2 = new QHBoxLayout();
    hbox2->addWidget(labelIP);
    hbox2->addWidget(lineIP);
    hbox2->addWidget(labelPort);
    hbox2->addWidget(spinPort);
    //创建1个单行文本框、1个按钮
    lineMsg = new QLineEdit();
    btnSend = new QPushButton("发送信息");
    hbox3 = new QHBoxLayout();
    hbox3->addWidget(lineMsg);
    hbox3->addWidget(btnSend);
    //创建1个多行纯文本框
    textEdit = new QPlainTextEdit();
    //创建两个标签控件
    labelState = new QLabel("监听状态:");
    labelSocket = new QLabel("Socket 状态:");
    hbox4 = new QHBoxLayout();
    hbox4->addWidget(labelState);
    hbox4->addWidget(labelSocket);
    //设置主窗口的布局
    vbox = new QVBoxLayout(this);
    vbox->addLayout(hbox1);
    vbox->addLayout(hbox2);
    vbox->addLayout(hbox3);
    vbox->addWidget(textEdit);
    vbox->addLayout(hbox4);
    QString localIP = get_localIP();
    setWindowTitle("本地 IP 地址: " + localIP);
    //创建 TCP 服务器对象
    tcpServer = new QTcpServer();
    connect(tcpServer,SIGNAL(newConnection()),this,SLOT(do_newConnection()));
    //使用信号/槽
    connect(btnListen,SIGNAL(clicked()),this,SLOT(btn_listen()));
    connect(btnStop,SIGNAL(clicked()),this,SLOT(btn_stop()));
    connect(btnSend,SIGNAL(clicked()),this,SLOT(btn_send()));
    connect(btnClear,SIGNAL(clicked()),this,SLOT(btn_clear()));
    connect(btnExit,SIGNAL(clicked()),this,SLOT(close()));
}
```

```cpp
Widget::~Widget() {}

QString Widget::get_localIP(){
    QString name = QHostInfo::localHostName();
    QHostInfo hostInfo = QHostInfo::fromName(name);
    QList<QHostAddress> ipList = hostInfo.addresses();
    for(int i = 0; i < ipList.size(); i++){
        if(ipList[i].protocol() == QAbstractSocket::IPv4Protocol){
            QString localIP = ipList[i].toString();
            return localIP;
        }
    }
}
//开始监听
void Widget::btn_listen(){
    QString ip = lineIP->text();
    if(ip == "")
        return;
    QHostAddress address(ip);
    int port = spinPort->value();
    tcpServer->listen(address, port);
    textEdit->appendPlainText("** 开始监听 **");
    QString serverAddress = tcpServer->serverAddress().toString();
    textEdit->appendPlainText("** 服务器地址: " + serverAddress);
    QString serverPort = QString::number(tcpServer->serverPort());
    textEdit->appendPlainText("** 服务器端口: " + serverPort);
    btnListen->setEnabled(false);
    labelState->setText("监听状态: 正在监听");
}
//建立连接
void Widget::do_newConnection(){
    tcpSocket = tcpServer->nextPendingConnection();
    connect(tcpSocket, SIGNAL(connected()), this, SLOT(do_clientConnected()));
    do_clientConnected();
    connect(tcpSocket, SIGNAL(disconnected()), this, SLOT(do_clientDisConnected()));
    connect(tcpSocket, SIGNAL(stateChanged(QAbstractSocket::SocketState)), this, SLOT(do_socketStateChanged(QAbstractSocket::SocketState)));
    do_socketStateChanged(tcpSocket->state());
    connect(tcpSocket, SIGNAL(readyRead()), this, SLOT(do_socketReadyRead()));
}

void Widget::do_clientConnected(){
    textEdit->appendPlainText("** client socket connectd");
    QString peerAddr = tcpSocket->peerAddress().toString();
    textEdit->appendPlainText("** peer address:" + peerAddr);
    QString peerPort = QString::number(tcpSocket->peerPort());
    textEdit->appendPlainText("** peer port:" + peerPort);
}

void Widget::do_clientDisConnected(){
    textEdit->appendPlainText("** client socket disconnectd");
```

```cpp
        tcpSocket->abort();
}

void Widget::do_socketStateChanged(QAbstractSocket::SocketState state){
    if(state == QAbstractSocket::UnconnectedState){
        labelSocket->setText("Socket 状态: UnconnectedState");
        return;
    }
    else if(state == QAbstractSocket::HostLookupState){
        labelSocket->setText("Socket 状态: HostLookupState");
        return;
    }
    else if(state == QAbstractSocket::ConnectingState){
        labelSocket->setText("Socket 状态: ConnectingState");
        return;
    }
    else if(state == QAbstractSocket::ConnectedState){
        labelSocket->setText("Socket 状态: ConnectedState");
        return;
    }
    else if(state == QAbstractSocket::BoundState){
        labelSocket->setText("Socket 状态: BoundState");
        return;
    }
    else if(state == QAbstractSocket::ClosingState){
        labelSocket->setText("Socket 状态: ClosingState");
        return;
    }
    else if(state == QAbstractSocket::ListeningState){
        labelSocket->setText("Socket 状态: ListeningState");
        return;
    }
}
//读取传输数据
void Widget::do_socketReadyRead(){
    if(tcpSocket->isReadable())
        textEdit->appendPlainText("[In] " + tcpSocket->readLine());
}
//停止监听
void Widget::btn_stop(){
    if(tcpServer->isListening()){
        if(tcpSocket == nullptr)
            return;
        if(tcpSocket->state() == QAbstractSocket::ConnectedState)
            tcpSocket->disconnectFromHost();
        tcpServer->close();
        btnListen->setEnabled(true);
        btnStop->setEnabled(false);
        labelState->setText("监听状态: 已停止监听");
    }
}
```

```
//发送数据
void Widget::btn_send(){
    QString msg = lineMsg->text();
    if(msg == "")
        return;
    textEdit->appendPlainText("[Out] " + msg);
    lineMsg->clear();
    lineMsg->setFocus();
    QByteArray byteArray = msg.toUtf8();
    tcpSocket->write(byteArray);
}
//清空文本框
void Widget::btn_clear(){
    textEdit->clear();
}
```

（5）其他文件保持不变，运行结果如图 8-8 所示。

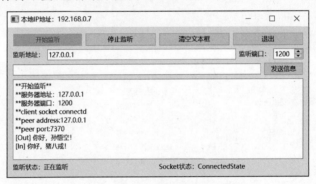

图 8-8 项目 demo5 的运行结果

8.2.4 TCP 客户端程序设计

在 Qt 6 中，创建 TCP 客户端，并与服务器端实现数据通信，步骤如下：

（1）使用 QTcpSocket 类创建 QTcpSocket 对象，然后使用 QTcpSocket 对象的 connectHost()方法连接指定 IP 地址和端口的 TCP 服务器。

（2）如果与 TCP 服务器端建立连接，则使用 QTcpSocket 对象的方法和信号传输数据。

【实例 8-6】 使用 QTcpSocket 类创建 TCP 客户端程序，使用该程序可与服务器端建立连接，并传输数据，操作步骤如下：

（1）使用 Qt Creator 创建一个模板为 Qt Widgets Application 的项目，将该项目命名为 demo6，并保存在 D 盘的 Chapter8 文件夹下；在向导对话框中选择基类 QWidget，不勾选 Generate form 复选框。

（2）在项目的配置文件 demo6.pro 中添加下面一行语句：

```
QT += network
```

（3）编写 widget.h 文件中的代码，代码如下：

```cpp
/* 第8章 demo6 widget.h */
#ifndef WIDGET_H
#define WIDGET_H

#include <QWidget>
#include <QVBoxLayout>
#include <QHBoxLayout>
#include <QPushButton>
#include <QPlainTextEdit>
#include <QLineEdit>
#include <QLabel>
#include <QSpinBox>
#include <QByteArray>
#include <QHostInfo>
#include <QAbstractSocket>
#include <QTcpSocket>
#include <QHostAddress>
#include <QList>
#include <QString>

class Widget : public QWidget
{
    Q_OBJECT
public:
    Widget(QWidget * parent = nullptr);
    ~Widget();
private:
    QVBoxLayout * vbox;                                          //垂直布局指针
    QHBoxLayout * hbox1, * hbox2, * hbox3, * hbox4;              //水平布局指针
    QPushButton * btnStart, * btnEnd, * btnClear, * btnExit, * btnSend;   //按钮指针
    QLabel * labelIP, * labelPort, * labelSocket;                //标签指针
    QLineEdit * lineIP, * lineMsg;                               //单行文本框指针
    QSpinBox * spinPort;                                         //数字输入控件指针
    QPlainTextEdit * textEdit;                                   //多行纯文本框指针
    QTcpSocket * tcpClient;                                      //TCP通信的套接字对象指针
    QString get_localIP();
private slots:
    void do_connected();
    void do_disConnected();
    void do_socketStateChanged(QAbstractSocket::SocketState state);
    void do_socketReadyRead();
    void btn_start();
    void btn_end();
    void btn_send();
    void btn_clear();
};
#endif //WIDGET_H
```

(4) 编写 widget.cpp 文件中的代码,代码如下:

```cpp
/* 第 8 章 demo6 widget.cpp */
#include "widget.h"

Widget::Widget(QWidget *parent):QWidget(parent)
{
    setGeometry(550,200,580,280);
    //创建水平布局对象,添加 4 个按钮
    btnStart = new QPushButton("连接服务器");
    btnEnd = new QPushButton("断开服务器");
    btnClear = new QPushButton("清空文本框");
    btnExit = new QPushButton("退出");
    hbox1 = new QHBoxLayout();
    hbox1->addWidget(btnStart);
    hbox1->addWidget(btnEnd);
    hbox1->addWidget(btnClear);
    hbox1->addWidget(btnExit);
    //创建两个标签、1 个单行文本框、1 个数字输入控件
    labelIP = new QLabel("监听地址:");
    lineIP = new QLineEdit();
    lineIP->setText("127.0.0.1");
    labelPort = new QLabel("监听端口:");
    spinPort = new QSpinBox();
    spinPort->setRange(1200,99999);
    hbox2 = new QHBoxLayout();
    hbox2->addWidget(labelIP);
    hbox2->addWidget(lineIP);
    hbox2->addWidget(labelPort);
    hbox2->addWidget(spinPort);
    //创建 1 个单行文本框、1 个按钮
    lineMsg = new QLineEdit();
    btnSend = new QPushButton("发送信息");
    hbox3 = new QHBoxLayout();
    hbox3->addWidget(lineMsg);
    hbox3->addWidget(btnSend);
    //创建 1 个多行纯文本框
    textEdit = new QPlainTextEdit();
    //创建 1 个标签控件
    labelSocket = new QLabel("Socket 状态:");
    hbox4 = new QHBoxLayout();
    hbox4->addWidget(labelSocket);
    //设置主窗口的布局
    vbox = new QVBoxLayout(this);
    vbox->addLayout(hbox1);
    vbox->addLayout(hbox2);
    vbox->addLayout(hbox3);
    vbox->addWidget(textEdit);
    vbox->addLayout(hbox4);
    QString localIP = get_localIP();
    setWindowTitle("本地 IP 地址:" + localIP);
    //创建套接字
```

```cpp
    tcpClient = new QTcpSocket();
    //使用信号/槽
    connect(btnStart,SIGNAL(clicked()),this,SLOT(btn_start()));
    connect(tcpClient,SIGNAL(connected()),this,SLOT(do_connected()));
    connect(tcpClient,SIGNAL(disconnected()),this,SLOT(do_disConnected()));
    connect(tcpClient,SIGNAL(stateChanged(QAbstractSocket::SocketState)),this,SLOT(do_socketStateChanged(QAbstractSocket::SocketState)));
    connect(tcpClient,SIGNAL(readyRead()),this,SLOT(do_socketReadyRead()));
    connect(btnSend,SIGNAL(clicked()),this,SLOT(btn_send()));
    connect(btnEnd,SIGNAL(clicked()),this,SLOT(btn_end()));
    connect(btnClear,SIGNAL(clicked()),this,SLOT(btn_clear()));
    connect(btnExit,SIGNAL(clicked()),this,SLOT(close()));
}

Widget::~Widget(){}

QString Widget::get_localIP(){
    QString name = QHostInfo::localHostName();
    QHostInfo hostInfo = QHostInfo::fromName(name);
    QList<QHostAddress> ipList = hostInfo.addresses();
    for(int i = 0;i < ipList.size();i++){
        if(ipList[i].protocol() == QAbstractSocket::IPv4Protocol){
            QString localIP = ipList[i].toString();
            return localIP;
        }
    }
}
//开始连接
void Widget::btn_start(){
    QString ip = lineIP->text();
    if(ip == "")
        return;
    QHostAddress address(ip);
    int port = spinPort->value();
    tcpClient->connectToHost(address,port);
}

void Widget::do_connected(){
    textEdit->appendPlainText("**已连接到服务器**");
    QString peerAddr = tcpClient->peerAddress().toString();
    textEdit->appendPlainText("** peer address:" + peerAddr);
    QString peerPort = QString::number(tcpClient->peerPort());
    textEdit->appendPlainText("** peer port:" + peerPort);
    btnStart->setEnabled(false);
    btnEnd->setEnabled(true);
}

void Widget::do_disConnected(){
    textEdit->appendPlainText("**已断开与服务器的连接");
    btnStart->setEnabled(true);
    btnEnd->setEnabled(false);
```

```cpp
}
//读取传输数据
void Widget::do_socketReadyRead(){
    if(tcpClient->isReadable())
        textEdit->appendPlainText("[In] " + tcpClient->readLine());
}

void Widget::do_socketStateChanged(QAbstractSocket::SocketState state){
    if(state == QAbstractSocket::UnconnectedState){
        labelSocket->setText("Socket 状态: UnconnectedState");
        return;
    }
    else if(state == QAbstractSocket::HostLookupState){
        labelSocket->setText("Socket 状态: HostLookupState");
        return;
    }
    else if(state == QAbstractSocket::ConnectingState){
        labelSocket->setText("Socket 状态: ConnectingState");
        return;
    }
    else if(state == QAbstractSocket::ConnectedState){
        labelSocket->setText("Socket 状态: ConnectedState");
        return;
    }
    else if(state == QAbstractSocket::BoundState){
        labelSocket->setText("Socket 状态: BoundState");
        return;
    }
    else if(state == QAbstractSocket::ClosingState){
        labelSocket->setText("Socket 状态: ClosingState");
        return;
    }
    else if(state == QAbstractSocket::ListeningState){
        labelSocket->setText("Socket 状态: ListeningState");
        return;
    }
}
//发送数据
void Widget::btn_send(){
    QString msg = lineMsg->text();
    if(msg == "")
        return;
    textEdit->appendPlainText("[Out] " + msg);
    lineMsg->clear();
    lineMsg->setFocus();
    QByteArray byteArray = msg.toUtf8();
    tcpClient->write(byteArray);
}
//清空文本框
void Widget::btn_clear(){
    textEdit->clear();
```

```
}
//断开服务器
void Widget::btn_end(){
    if(tcpClient->state()==QAbstractSocket::ConnectedState)
        tcpClient->disconnectFromHost();
    btnStart->setEnabled(true);
    btnEnd->setEnabled(false);
}
```

（5）其他文件保持不变，运行结果如图 8-9 所示。

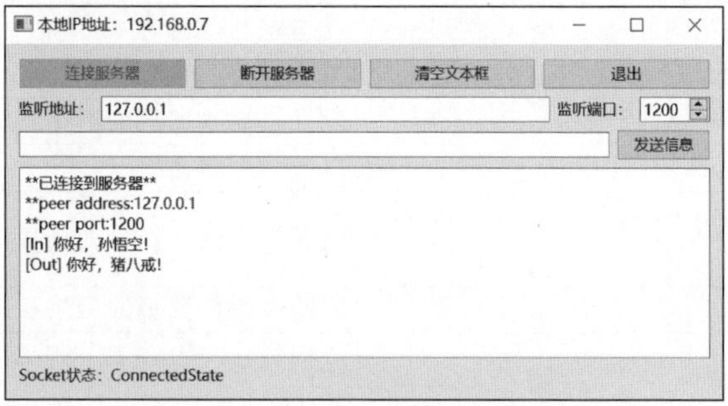

图 8-9　项目 demo6 的运行结果

8.3　UDP 通信

UDP(User Datagram Protocol)表示用户数据报协议，这是一种轻量的、不可靠的、面向数据报的、无连接的传输协议。UDP 协议被用于可靠性要求不高的传输程序中。在 Qt 6 中，可以使用 QUdpSocket 类创建 UDP 通信程序。

与 TCP 通信不同，UDP 通信不区分客户端和服务器端，UDP 通信程序都是客户端程序，主要使用 QUdpSocket 类进行通信，如图 8-10 所示。

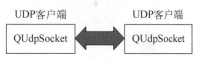

图 8-10　UDP 通信示意图

8.3.1　QUdpSocket 类

在 Qt 6 中，主要使用 QUdpSocket 类进行 UDP 通信。与 QTcpSocket 类相同，QUdpSocket 类也是 QAbstractSocket 类的子类，其继承关系如图 8-7 所示。QTcpSocket 类使用连续的数据流传输数据，而 QUdpSocket 类主要使用数据报传输数据。

QUdpSocket 类位于 Qt Network 子模块下，其构造函数如下：

```
QUdpSocket(QObject * parent = nullptr)
```

其中，parent 表示 QObject 类及其子类创建的对象指针。

1. QUdpSocket 类的常用方法

QUdpSocket 类不仅继承了 QAbstractSocket 类的方法、信号，还有独有的方法。QUdpSocket 类的独有方法见表 8-11。

表 8-11　QUdpSocket 类的独有方法

方法及参数类型	说　　明	返回值的类型
bind(QHostAddress &address,int port=0, QAbstractSocket::BindMode mode=QAbstractSocket::DefaultForPlatform)	为 UDP 通信绑定一个端口	bool
hasPendingDatagrams()	当至少有一个数据报需要读取时,返回值为 true	bool
joinMulticastGroup(QHostAddress &groupAddress)	加入一个多播组	bool
joinMulticastGroup(QHostAddress &groupAddress, QNetworkInterface &iface)	在指定的网络接口下加入一个多播组	bool
setMulticastInterface(QNetworkInterface &iface)	设置组播数据报的网络接口	
leaveMulticastGroup(QHostAddress &groupAddress)	离开一个多播组	bool
leaveMulticastGroup(QHostAddress &groupAddress, QNetworkInterface &iface)	离开指定网络接口的多播组	bool
multicastInterface()	返回多播数据报的网络接口	QNetworkInterface
pendingDatagramSize()	返回第 1 个待读取的数据报的大小	int
readDatagram(char * data,int maxSize,QHostAddress * address=nullptr,int * port=nullptr)	读取一个数据报,若成功,则读取该数据报的内容、地址、端口号	int
receiveDatagram(int maxSize=-1)	接收不大于 maxSize 字节的数据报,并在 QNetworkDatagram 对象中返回它,以及发送方的主机地址和端口	QNetworkDatagram
writeDatagram(QByteArray &datagram,QHostAddress &address,int port)	向指定地址和端口的 UDP 客户端发送数据报,若成功,则返回发送的字节数	int
writeDatagram(char * data,int size, QHostAddress &address,int port)	同上	int
writeDatagram(QNetworkDatagram &datagram)	同上	int

2. 单播、广播、组播

使用 UDP 发送消息分为单播、广播、组播 3 种模式,如图 8-11 所示。

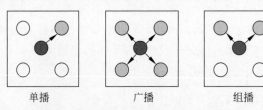

图 8-11　UDP 客户端通信的 3 种模式

单播(Unicast)表示一个 UDP 客户端发出的数据报被传送到一个 UDP 客户端(指定地址、指定端口),是一对一的数据传输。

广播(Broadcast)表示一个 UDP 客户端发出的数据报被传送到同一网络范围内的所有 UDP 客户端。QUdpSocket 类支持 IPv4 广播,广播经常用于实现网络发现的协议。

组播(Multicast)也称为多播,表示一个 UDP 客户端加入一个由组播 IP 地址指定的多播组,该多播组中的一个 IP 地址接受组播的主机发送的数据报。任何一个成员向组播地址发送数据报,该组播的成员都可以接收到数据报,类似于 QQ 群的功能。

使用广播和组播模式,UDP 可以实现一些比较灵活的通信功能。UDP 通信在数据传输准确性上不及 TCP 通信,但 UDP 通信更灵活,一般的即时通信软件是基于 UDP 通信的。

8.3.2 单播、广播程序设计

在 Qt 6 中,创建 UDP 客户端,并与其他 UDP 客户端实现数据通信,步骤如下:

(1) 使用 QUdpSocket 类创建 QUdpSocket 对象,然后使用 QUdpSocket 对象的 bind()方法绑定指定的端口。

(2) 如果要发送信息,则无论是单播模式还是多播模式都使用 QUdpSocket 对象的 writeDatagram()方法。如果要接收信息,则无论是单播模式还是多播模式都使用 QUdpSocket 对象的 readDatagram()方法。

【实例 8-7】 使用 QUdpSocket 类创建 UDP 客户端程序,使用该程序可与其他 UDP 客户端建立连接,并传输数据,操作步骤如下:

(1) 使用 Qt Creator 创建一个模板为 Qt Widgets Application 的项目,将该项目命名为 demo7,并保存在 D 盘的 Chapter8 文件夹下;在向导对话框中选择基类 QWidget,不勾选 Generate form 复选框。

(2) 在项目的配置文件 demo7.pro 中添加下面一行语句:

```
QT += network
```

(3) 编写 widget.h 文件中的代码,代码如下:

```
/* 第 8 章 demo7 widget.h */
#ifndef WIDGET_H
#define WIDGET_H

#include <QWidget>
#include <QVBoxLayout>
#include <QHBoxLayout>
#include <QPushButton>
#include <QPlainTextEdit>
#include <QLineEdit>
#include <QLabel>
#include <QSpinBox>
#include <QByteArray>
#include <QHostInfo>
#include <QAbstractSocket>
#include <QUdpSocket>
```

```cpp
#include <QHostAddress>
#include <QList>
#include <QString>

class Widget : public QWidget
{
    Q_OBJECT
public:
    Widget(QWidget *parent = nullptr);
    ~Widget();
private:
    QVBoxLayout * vbox;                                             //垂直布局指针
    QHBoxLayout * hbox1, * hbox2, * hbox3, * hbox4;                 //水平布局指针
    QPushButton * btnBind, * btnEnd, * btnClear, * btnExit;         //按钮对象指针
    QPushButton * btnUnicast, * btnBroadcast;                       //按钮对象指针
    QLabel * labelPort, * labelTarget, * labelTargetPort, * labelSocket;//标签指针
    QLineEdit * lineTarget, * lineMsg;                              //单行文本框指针
    QSpinBox * port, * targetPort;                                  //数字输入控件指针
    QPlainTextEdit * textEdit;                                      //多行纯文本框指针
    QUdpSocket * udpSocket;                                         //UDP 通信的套接字对象指针
    QString get_localIP();
private slots:
    void do_socketStateChanged(QAbstractSocket::SocketState state);
    void do_socketReadyRead();
    void btn_bind();
    void btn_end();
    void btn_unicast();
    void btn_broadcast();
    void btn_clear();
};
#endif //WIDGET_H
```

(4) 编写 widget.cpp 文件中的代码,代码如下:

```cpp
/* 第 8 章 demo7 widget.cpp */
#include "widget.h"

Widget::Widget(QWidget * parent):QWidget(parent)
{
    setGeometry(550,200,580,280);
    //创建水平布局对象,添加 4 个按钮
    btnBind = new QPushButton("绑定端口");
    btnEnd = new QPushButton("解除绑定");
    btnClear = new QPushButton("清空文本框");
    btnExit = new QPushButton("退出");
    hbox1 = new QHBoxLayout();
    hbox1 -> addWidget(btnBind);
    hbox1 -> addWidget(btnEnd);
    hbox1 -> addWidget(btnClear);
    hbox1 -> addWidget(btnExit);
    //创建 3 个标签、1 个单行文本框、两个数字输入控件
    labelPort = new QLabel("绑定端口: ");
```

```cpp
port = new QSpinBox();
port->setRange(1200,99999);
labelTarget = new QLabel("目标地址：");
lineTarget = new QLineEdit();
lineTarget->setText("127.0.0.1");
labelTargetPort = new QLabel("目标端口：");
targetPort = new QSpinBox();
targetPort->setRange(1200,99999);
hbox2 = new QHBoxLayout();
hbox2->addWidget(labelPort);
hbox2->addWidget(port);
hbox2->addWidget(labelTarget);
hbox2->addWidget(lineTarget);
hbox2->addWidget(labelTargetPort);
hbox2->addWidget(targetPort);
//创建1个单行文本框、两个按钮
lineMsg = new QLineEdit();
btnUnicast = new QPushButton("发送信息");
btnBroadcast = new QPushButton("广播信息");
hbox3 = new QHBoxLayout();
hbox3->addWidget(lineMsg);
hbox3->addWidget(btnUnicast);
hbox3->addWidget(btnBroadcast);
//创建1个多行纯文本框
textEdit = new QPlainTextEdit();
//创建1个标签控件
labelSocket = new QLabel("Socket 状态：");
hbox4 = new QHBoxLayout();
hbox4->addWidget(labelSocket);
//设置主窗口的布局
vbox = new QVBoxLayout(this);
vbox->addLayout(hbox1);
vbox->addLayout(hbox2);
vbox->addLayout(hbox3);
vbox->addWidget(textEdit);
vbox->addLayout(hbox4);
QString localIP = get_localIP();
setWindowTitle("本地 IP 地址："+ localIP);
//创建套接字
udpSocket = new QUdpSocket();
//使用信号/槽
connect(udpSocket,SIGNAL(stateChanged(QAbstractSocket::SocketState)),this,SLOT(do_socketStateChanged(QAbstractSocket::SocketState)));
do_socketStateChanged(udpSocket->state());       //调用一次槽函数
connect(btnBind,SIGNAL(clicked()),this,SLOT(btn_bind()));
connect(btnUnicast,SIGNAL(clicked()),this,SLOT(btn_unicast()));
connect(btnBroadcast,SIGNAL(clicked()),this,SLOT(btn_broadcast()));
connect(udpSocket,SIGNAL(readyRead()),this,SLOT(do_socketReadyRead()));
connect(btnEnd,SIGNAL(clicked()),this,SLOT(btn_end()));
connect(btnClear,SIGNAL(clicked()),this,SLOT(btn_clear()));
connect(btnExit,SIGNAL(clicked()),this,SLOT(close()));
```

```cpp
}
Widget::~Widget() {}
QString Widget::get_localIP(){
    QString name = QHostInfo::localHostName();
    QHostInfo hostInfo = QHostInfo::fromName(name);
    QList<QHostAddress> ipList = hostInfo.addresses();
    for(int i = 0;i < ipList.size();i++){
        if(ipList[i].protocol() == QAbstractSocket::IPv4Protocol){
            QString localIP = ipList[i].toString();
            return localIP;
        }
    }
}
void Widget::do_socketStateChanged(QAbstractSocket::SocketState state){
    if(state == QAbstractSocket::UnconnectedState){
        labelSocket->setText("Socket 状态: UnconnectedState");
        return;
    }
    else if(state == QAbstractSocket::HostLookupState){
        labelSocket->setText("Socket 状态: HostLookupState");
        return;
    }
    else if(state == QAbstractSocket::ConnectingState){
        labelSocket->setText("Socket 状态: ConnectingState");
        return;
    }
    else if(state == QAbstractSocket::ConnectedState){
        labelSocket->setText("Socket 状态: ConnectedState");
        return;
    }
    else if(state == QAbstractSocket::BoundState){
        labelSocket->setText("Socket 状态: BoundState");
        return;
    }
    else if(state == QAbstractSocket::ClosingState){
        labelSocket->setText("Socket 状态: ClosingState");
        return;
    }
    else if(state == QAbstractSocket::ListeningState){
        labelSocket->setText("Socket 状态: ListeningState");
        return;
    }
}
//绑定端口
void Widget::btn_bind(){
    int port1 = port->value();
    if(udpSocket->bind(port1)){
        textEdit->appendPlainText("** 已成功绑定");
```

```cpp
        int port2 = udpSocket->localPort();
        QString str = QString::number(port2);
        textEdit->appendPlainText("绑定端口: " + str);
        btnBind->setEnabled(false);
        btnEnd->setEnabled(true);
        btnUnicast->setEnabled(true);
        btnBroadcast->setEnabled(true);
    }
}
//发送信息
void Widget::btn_unicast(){
    QString targetIP = lineTarget->text();
    QHostAddress targetAddress(targetIP);
    quint16 targetPort1 = targetPort->value();
    QString msg = lineMsg->text();
    if(msg == "")
        return;
    QByteArray byte = msg.toUtf8();
    udpSocket->writeDatagram(byte,targetAddress,targetPort1);
    textEdit->appendPlainText("[out] " + msg);
    lineMsg->clear();
    lineMsg->setFocus();
}

void Widget::do_socketReadyRead(){
    if(udpSocket->hasPendingDatagrams() == false)
        return;
    QByteArray datagram;
    datagram.resize(udpSocket->pendingDatagramSize());    //等待读取的数据报的字节数
    QHostAddress peerAddr;                                //对方地址
    quint16 peerPort;                                     //对方端口
    udpSocket->readDatagram(datagram.data(),datagram.size(),&peerAddr,&peerPort);
    QString str = datagram.data();
    QString peer = "[From " + peerAddr.toString() + ":" + QString::number(peerPort) + "]";
    textEdit->appendPlainText(peer + str);
}
//广播信息
void Widget::btn_broadcast(){
    quint16 targetPort1 = targetPort->value();
    QString msg = lineMsg->text();
    QByteArray byte = msg.toUtf8();
    udpSocket->writeDatagram(byte,QHostAddress::Broadcast,targetPort1);
    textEdit->appendPlainText("[broadcast] " + msg);
    lineMsg->clear();
    lineMsg->setFocus();
}
//解除绑定
void Widget::btn_end(){
    udpSocket->abort();
    btnBind->setEnabled(true);
    btnEnd->setEnabled(false);
```

```
        btnUnicast->setEnabled(false);
        btnBroadcast->setEnabled(false);
        textEdit->appendPlainText("**已解除绑定");
}
//清空文本框
void Widget::btn_clear(){
        textEdit->clear();
}
```

(5) 其他文件保持不变,运行结果如图 8-12 和图 8-13 所示。

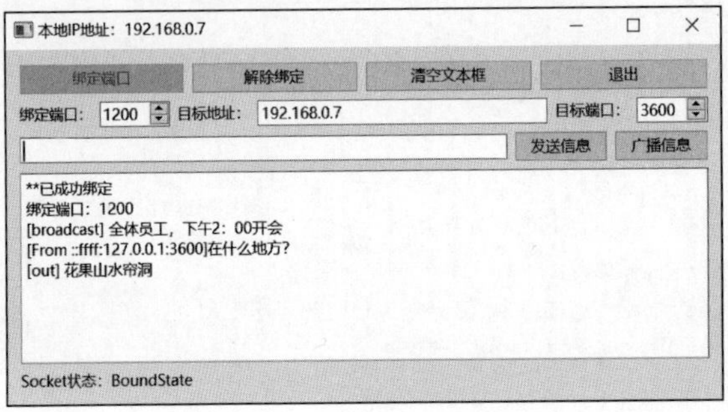

图 8-12　项目 demo7 的运行结果(绑定端口 1200)

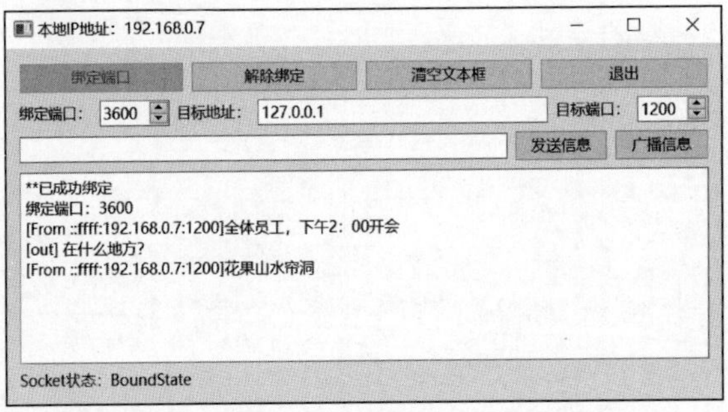

图 8-13　项目 demo7 的运行结果(绑定端口 3600)

8.3.3　UDP 组播程序设计

UDP 组播是主机之间"一对一组"的通信模式。首先多个主机客户端要加入由一个组播地址定义的多播组,然后任何一个客户端向组播地址和端口发送 UDP 数据报,多播组内的所有客户端都可以接收到 UDP 数据报,其功能类似于 QQ 群。

组播报文的目标地址使用 D 类 IP 地址,D 类地址不能出现在 IP 报文的源 IP 字段中。所有的信息接收者都要加入一个组。当加入组后,流向组播地址的数据报立即开始向接收者传输信息,组内的所有成员都能接收到数据报。组内的成员是动态变化的,主机可以在任何时刻加入、离开组。

使用 UDP 组播必须使用一个组播地址。组播地址是 D 类的 IP 地址,有特定的地址段。多播组既可以是永久的,也可以是临时的。如果多播组地址是由官方分配的,则该多播组为永久多播组。永久多播组的 IP 地址保持不变,组内的成员可以发生任意变化,甚至有 0 个组成员。临时多播组主要使用那些没有被永久多播组使用的 IP 地址,关于组播 IP 地址,有以下约定:

(1) 224.0.0.0~224.0.0.255 表示预留的组播地址(永久组地址),地址 224.0.0.0 保留不分配,其他地址供路由协议使用。

(2) 224.0.1.0~224.0.1.255 表示公用组播地址,可用于 Internet。

(3) 224.0.2.0~238.255.255.255 表示用户可用的组播地址(临时组地址),全网范围有效。

(4) 239.0.0.0~239.255.255.255 表示本地管理组播地址,仅在特定的本地范围有效。

如果要在家庭或办公室局域网内测试 UDP 组播功能,则可以使用的组播地址范围为 239.0.0.0~239.255.255.255。

在 Qt 6 中,创建 UDP 客户端,并与其他 UDP 客户端实现数据通信,步骤如下:

(1) 使用 QUdpSocket 类创建 QUdpSocket 对象,然后使用 QUdpSocket 对象的 bind()方法加入多播组。

(2) 如果要发送信息,则使用 QUdpSocket 对象的 writeDatagram()方法。如果要接收信息,则使用 QUdpSocket 对象的 readDatagram()方法。

【实例 8-8】 使用 QUdpSocket 类创建 UDP 组播客户端程序,使用该程序可与其他 UDP 组播客户端建立连接,并传输数据,操作步骤如下:

(1) 使用 Qt Creator 创建一个模板为 Qt Widgets Application 的项目,将该项目命名为 demo8,并保存在 D 盘的 Chapter8 文件夹下;在向导对话框中选择基类 QWidget,不勾选 Generate form 复选框。

(2) 在项目的配置文件 demo8.pro 中添加下面一行语句:

```
QT += network
```

(3) 编写 widget.h 文件中的代码,代码如下:

```
/* 第 8 章 demo8 widget.h */
#ifndef WIDGET_H
#define WIDGET_H

#include <QWidget>
#include <QVBoxLayout>
#include <QHBoxLayout>
#include <QPushButton>
#include <QPlainTextEdit>
#include <QLineEdit>
#include <QLabel>
#include <QSpinBox>
#include <QByteArray>
#include <QHostInfo>
#include <QAbstractSocket>
```

```cpp
#include <QUdpSocket>
#include <QHostAddress>
#include <QList>
#include <QString>

class Widget : public QWidget
{
    Q_OBJECT
public:
    Widget(QWidget *parent = nullptr);
    ~Widget();
private:
    QVBoxLayout *vbox;                                          //垂直布局指针
    QHBoxLayout *hbox1, *hbox2, *hbox3, *hbox4;                 //水平布局指针
    QPushButton *btnStart, *btnEnd, *btnClear, *btnExit;        //按钮对象指针
    QPushButton *btnMulticast;                                  //按钮对象指针
    QLabel *labelPort, *labelIP, *labelSocket;                  //标签指针
    QLineEdit *lineIP, *lineMsg;                                //单行文本框指针
    QSpinBox *port;                                             //数字输入控件指针
    QPlainTextEdit *textEdit;                                   //多行纯文本框指针
    QUdpSocket *udpSocket;                                      //UDP通信的套接字对象指针
    QHostAddress groupAddress;                                  //多播组地址
    QString get_localIP();
private slots:
    void do_socketStateChanged(QAbstractSocket::SocketState state);
    void do_socketReadyRead();
    void btn_start();
    void btn_end();
    void btn_multicast();
    void btn_clear();
};
#endif //WIDGET_H
```

(4) 编写 widget.cpp 文件中的代码,代码如下:

```cpp
/* 第8章 demo8 widget.cpp */
#include "widget.h"

Widget::Widget(QWidget *parent):QWidget(parent)
{
    setGeometry(550,200,580,280);
    //创建水平布局对象,添加4个按钮
    btnStart = new QPushButton("加入组播");
    btnEnd = new QPushButton("退出组播");
    btnClear = new QPushButton("清空文本框");
    btnExit = new QPushButton("退出");
    hbox1 = new QHBoxLayout();
    hbox1->addWidget(btnStart);
    hbox1->addWidget(btnEnd);
    hbox1->addWidget(btnClear);
    hbox1->addWidget(btnExit);
    //创建两个标签、1个单行文本框、1个数字输入控件
```

```cpp
    labelPort = new QLabel("组播端口：");
    port = new QSpinBox();
    port->setRange(33331,99999);
    labelIP = new QLabel("目标地址：");
    lineIP = new QLineEdit();
    lineIP->setText("224.0.1.22");
    hbox2 = new QHBoxLayout();
    hbox2->addWidget(labelPort);
    hbox2->addWidget(port);
    hbox2->addWidget(labelIP);
    hbox2->addWidget(lineIP);
    //创建1个单行文本框、1个按钮
    lineMsg = new QLineEdit();
    btnMulticast = new QPushButton("组播信息");
    hbox3 = new QHBoxLayout();
    hbox3->addWidget(lineMsg);
    hbox3->addWidget(btnMulticast);
    //创建1个多行纯文本框
    textEdit = new QPlainTextEdit();
    //创建1个标签控件
    labelSocket = new QLabel("Socket 状态：");
    hbox4 = new QHBoxLayout();
    hbox4->addWidget(labelSocket);
    //设置主窗口的布局
    vbox = new QVBoxLayout(this);
    vbox->addLayout(hbox1);
    vbox->addLayout(hbox2);
    vbox->addLayout(hbox3);
    vbox->addWidget(textEdit);
    vbox->addLayout(hbox4);
    QString localIP = get_localIP();
    setWindowTitle("本地 IP 地址： " + localIP);
    //创建套接字
    udpSocket = new QUdpSocket();
    udpSocket->setSocketOption(QAbstractSocket::MulticastTtlOption,1);
    //使用信号/槽
    connect(udpSocket,SIGNAL(stateChanged(QAbstractSocket::SocketState)),this,SLOT(do_socketStateChanged(QAbstractSocket::SocketState)));
    do_socketStateChanged(udpSocket->state());      //调用一次槽函数
    connect(btnStart,SIGNAL(clicked()),this,SLOT(btn_start()));
    connect(udpSocket,SIGNAL(readyRead()),this,SLOT(do_socketReadyRead()));
    connect(btnMulticast,SIGNAL(clicked()),this,SLOT(btn_multicast()));
    connect(btnEnd,SIGNAL(clicked()),this,SLOT(btn_end()));
    connect(btnClear,SIGNAL(clicked()),this,SLOT(btn_clear()));
    connect(btnExit,SIGNAL(clicked()),this,SLOT(close()));
}

Widget::~Widget() {}
//获取本机 IP 地址
QString Widget::get_localIP(){
    QString name = QHostInfo::localHostName();
```

```cpp
    QHostInfo hostInfo = QHostInfo::fromName(name);
    QList<QHostAddress> ipList = hostInfo.addresses();
    for(int i = 0;i < ipList.size();i++){
        if(ipList[i].protocol() == QAbstractSocket::IPv4Protocol){
            QString localIP = ipList[i].toString();
            return localIP;
        }
    }
}
//Socket 状态改变
void Widget::do_socketStateChanged(QAbstractSocket::SocketState state){
    if(state == QAbstractSocket::UnconnectedState){
        labelSocket->setText("Socket 状态: UnconnectedState");
        return;
    }
    else if(state == QAbstractSocket::HostLookupState){
        labelSocket->setText("Socket 状态: HostLookupState");
        return;
    }
    else if(state == QAbstractSocket::ConnectingState){
        labelSocket->setText("Socket 状态: ConnectingState");
        return;
    }
    else if(state == QAbstractSocket::ConnectedState){
        labelSocket->setText("Socket 状态: ConnectedState");
        return;
    }
    else if(state == QAbstractSocket::BoundState){
        labelSocket->setText("Socket 状态: BoundState");
        return;
    }
    else if(state == QAbstractSocket::ClosingState){
        labelSocket->setText("Socket 状态: ClosingState");
        return;
    }
    else if(state == QAbstractSocket::ListeningState){
        labelSocket->setText("Socket 状态: ListeningState");
        return;
    }
}
//加入组播
void Widget::btn_start(){
    QString ip = lineIP->text();
    groupAddress.setAddress(ip);          //多播组地址
    int groupPort = port->value();
    bool isConnected = udpSocket->bind(QHostAddress::AnyIPv4, groupPort, QUdpSocket::ShareAddress);
    if(isConnected == true){
        udpSocket->joinMulticastGroup(groupAddress);
        textEdit->appendPlainText("** 加入组播成功");
        textEdit->appendPlainText("** 组播 IP 地址: " + ip);
```

```cpp
        textEdit->appendPlainText(" ** 绑定端口:" + QString::number(groupPort));
        btnStart->setEnabled(false);
        btnEnd->setEnabled(true);
        port->setEnabled(false);
        lineIP->setEnabled(false);
        btnMulticast->setEnabled(true);
    }
    else{
        textEdit->appendPlainText(" ** 绑定端口失败");
    }
}
//读取、显示传送的信息
void Widget::do_socketReadyRead(){
    if(udpSocket->hasPendingDatagrams() == false)
        return;
    QByteArray datagram;
    datagram.resize(udpSocket->pendingDatagramSize());  //等待读取的数据报的字节数
    QHostAddress peerAddr;                              //对方地址
    quint16 peerPort;                                   //对方端口
    udpSocket->readDatagram(datagram.data(),datagram.size(),&peerAddr,&peerPort);
    QString str = datagram.data();
    QString peer = "[From " + peerAddr.toString() + ":" + QString::number(peerPort) + "]";
    textEdit->appendPlainText(peer + str);
}
//组播信息
void Widget::btn_multicast(){
    int groupPort = port->value();
    QString msg = lineMsg->text();
    if(msg == "")
        return;
    QByteArray datagram = msg.toUtf8();
    udpSocket->writeDatagram(datagram,groupAddress,groupPort);
    textEdit->appendPlainText("[multicast] " + msg);
    lineMsg->clear();
    lineMsg->setFocus();
}
//退出组播
void Widget::btn_end(){
    udpSocket->leaveMulticastGroup(groupAddress);
    udpSocket->abort();
    btnStart->setEnabled(true);
    btnEnd->setEnabled(false);
    port->setEnabled(true);
    lineIP->setEnabled(true);
    btnMulticast->setEnabled(false);
    textEdit->appendPlainText(" ** 已退出组播,解除端口绑定");
}
//清空文本框
void Widget::btn_clear(){
    textEdit->clear();
}
```

(5) 其他文件保持不变,运行结果如图 8-14 和图 8-15 所示。

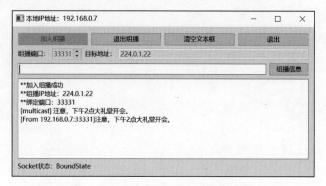

图 8-14　项目 demo8 的运行结果(1)

图 8-15　项目 demo8 的运行结果(2)

8.4　基于 HTTP 的通信

在 Qt 6 中,子模块 Qt Network 提供了一些类以实现网络协议中的高层网络协议,例如 HTTP、FTP。这些类为 QNetworkRequest 类、QNetworkAccessManager 类、QNetworkReply 类。本节将介绍这些类的用法。

8.4.1　HTTP 请求类 QNetworkRequest

在 Qt 6 中,可以使用 QNetworkRequest 类向指定的 URL 发送网络协议请求,也可以保存网络协议的请求信息,目前支持 HTTP、FTP,以及从 URL 下载文件和向 URL 上传文件。

QNetworkRequest 类位于 Qt Network 子模块下,其构造函数如下:

```
QNetworkRequest(const QUrl &url)
QNetworkRequest(const QNetworkRequest &other)
```

其中,url 表示 QUrl 类创建的实例对象;other 表示 QNetworkRequest 类创建的实例对象。 QNetworkRequest 类的常用方法见表 8-12。

表 8-12 QNetworkRequest 类的常用方法

方法及参数类型	说　　明	返回值的类型
attribute(QNetworkRequest::Attribute code,QVariant &defaultValue)	返回与代码 code 关联的属性。如果未设置该属性,则返回 defaultValue	QVariant
decompressedSafetyCheckThreshold()	返回存档检查的阈值	int
setDecompressedSafetyCheckThreshold(int)	设置存档检查的阈值	
hasRawHeader(QByteArray &headerName)	如果此网络请求中存在原始标头 headerName,则返回值为 true	bool
setRawHeader(QByteArray &headerName,QByteArray &headerValue)	设置原始标头 headerName 的值	
header(QNetworkRequest::KnownHeaders)	返回已知网络报头的值(如果在此请求中存在)	QVariant
http2Configuration()	返回 QHttp2Configuration,用于此请求及其底层 HTTP/2 连接的参数	QHttp2Configuration
setHttp2Configuration(QHttp2Configuration &configuration)	设置 HTTP/2 连接的参数	
maximumRedirectsAllowed()	返回网络请求允许重定向的最大数量	int
setMaximumRedirectsAllowed(int max)	设置允许重定向的最大数量	
originationObject()	返回发起此网络请求的对象指针	QObject *
setOriginatingObject(QObject * object)	设置发起此网络请求的对象指针	
peerVerifyName()	返回证书验证设置的主机名,是由 setPeerVerifyName()设置的。在默认情况下,它返回一个空字符串	QString
setPeerVerifyName(QString &name)	设置证书验证的主机名	QString
priority()	返回该网络请求的优先级	QNetworkRequest::Priority
setPriority(QNetworkRequest::Priority)	设置网络请求的优先级	
rawHeader(QByteArray &headerName)	返回 headerName 的原始形式	QByteArray
rawHeaderList()	返回在该网络请求中设置的所有原始标头的列表	QList<QByteArray>
setAttribute(QNetworkRequest::Attribute code,QVariant &value)	将与 code 相关联的属性设置为 value	
setHeader(QNetworkRequest::KnownHeadersheaders,QVariant &value)	设置表头的值	
sslConfiguration()	获取该网络请求的 SSL 配置	QSslConfiguration
setSslConfiguration(QSslConfiguration &fig)	设置该网络请求的 SSL 配置	
transferTimeout()	获取传输超时(毫秒)	int
setTransferTimeout(int timeout)	设置传输超时(毫秒)	
url()	获取网络请求的 URL	QUrl
setUrl(QUrl &url)	设置网络请求的 URL	
swap(QNetWorkRequest &other)	将该网络请求与其他网络请求交换	

8.4.2 HTTP 网络操作类 QNetworkAccessManager

在 Qt 6 中，QNetworkAccessManager 类可用于协调网络，当使用 QNetworkRequest 类发起网络请求后，QNetworkAccessManager 类负责发送网络请求、创建网络响应。QNetworkAccessManager 类的继承关系如图 8-16 所示。

QNetworkAccessManager 类位于 Qt 6 的 Qt Network 子模块下，其构造函数如下：

图 8-16 QNetworkAccessManager 类的继承关系

```
QNetworkAccessManager(QObject * parent = nullptr)
```

其中，parent 表示 QObject 类及其子类创建的对象指针。

QNetworkAccessManager 类的常用方法见表 8-13。

表 8-13 QNetworkAccessManager 类的常用方法

方法及参数类型	说 明	返回值的类型
addStrictTransportSecurityHosts（QList< QHstsPolicy > &knownHosts）	在 HSTS 缓存中添加 HTTP 严格传输安全策略	
autoDeleteReplies()	如果当前配置为自动删除 QNetworkReplies，则返回值为 true	bool
cache()	返回网络数据的缓存	QAbstractNetworkCache *
clearAccessCache()	刷新身份验证数据和网络连接的内部缓存	
clearConnectionCache()	刷新网络连接的内部缓存	
connectToHost（QString &hostName, int port=80）	向指定端口的主机发送网络请求	
connectToHostEncrypted（QString &hostName, int port=443, QSslConfiguration &ssl=defaultConfiguration）	使用 sslConfiguration 配置向指定端口的主机发送网络请求	
connectToHostEncrypted（QString &hostName, int port, QSslConfiguration &ssl, QString &peerName）	这是一个重载函数，使用 sslConfiguration 配置向指定端口的主机发送网络请求	
cookieJar()	返回 QNetworkCookieJar 对象指针，用于存储从网络获得的 cookie 信息	QNetworkCookieJar *
setCookieJar（QNetworkCookieJar * cookieJar）	设置 QNetworkCookieJar 对象	
deleteResource（QNetworkRequest &request）	发送一个删除资源的请求	QNetworkReply *
enableStrictTransportSecurityStore（bool enable, QString &storeDir）	如果 enabled 为 true，则内部 HSTS 缓存将使用持久存储读取和写入 HSTS 策略	

续表

方法及参数类型	说　明	返回值的类型
isStrictTransportsSecurityStoreEnabled()	如果 HSTS 缓存使用永久存储来加载和存储 HSTS 策略,则返回值为 true	bool
isStrictTransportsSecurityEnabled()	如果启用了 HTTP 严格传输安全策略(HSTS),则返回值为 true	bool
get(NetworkRequest &request)	发送网络请求,并返回一个新的 QNetworkReply 对象指针	QNetworkReply *
head(QNetworkRequest &request)	发送网络请求,并返回包含 headers 信息的 QNetworkReply 对象指针	QNetworkReply *
post(QNetworkRequest &request, QHTTPMultiPart * multiPart)	将消息的内容发送到指定的目的地	QNetworkReply *
post(QNetworkRequest &request, QIODevice * data)	同上	QNetworkReply *
post(QNetworkRequest &request, QByteArray &data)	同上	QNetworkReply *
proxy()	获取网络代理	QNetworkProxy *
setProxy(QNetworkProxy &proxy)	设置网络代理	
proxyFactory()	返回请求的代理工厂	QNetworkProxyFactory *
setProxyFactory(QNetworkProxyFactory * factor)	设置代理工厂	
put(QNetworkRequest &request, QHttpMultiPart * multiPart)	将指定的消息内容发送到指定的目的地	QNetworkReply *
put(QNetworkRequest &request, QIODevice * data)	同上	QNetworkReply *
put(QNetworkRequest &request, QByteArray &data)	同上	QNetworkReply *
redirectPolicy()	返回创建新请求时使用的重定向策略	QNetworkRequest::RedirectPolicy
setRedirectPolicy(QNetworkRequest::RedirectPolicy policy)	设置重定向策略	
sendCustomRequest(QNetworRequest &request, QByteArray &verb, QHttpMultiPart * multiPart)	将自定义请求发送到 URL 标识的服务器	QNetworkReply *
sendCustomRequest(QNetworRequest &request, QByteArray &verb, QIODevice * data)	同上	QNetworkReply *
sendCustomRequest(QNetworRequest &request, QByteArray &verb, QByteArray &data)	将指定的消息内容发送到指定的目的地	QNetworkReply *

续表

方法及参数类型	说　明	返回值的类型
setAutoDeleteReplies(bool autoDelete)	设置是否自动删除 QNetworkReplies	
setCache(QAbstractNetworkCache * cache)	将管理器的网络缓存设置为缓存。缓存中有管理器调度的所有请求	
setStrictTransportsSecurityEnabled (bool enabled)	如果 enabled 为 true，则遵循 HTTP 严格传输安全策略（HSTS，RFC6797）	
transferTimeout()	获取传输超时（毫秒）	int
setTransferTimeout(int timeout)	设置传输超时（毫秒）	
strictTransportsSecurityHosts()	返回 HTTP 严格传输安全策略的列表	QList＜QHstsPolicy＞
createRequest(QNetworkAccessManager::Operation op, QNetworkRequest &req, QIODevice * outgoingData)	返回一个新的 QNetworkReply 对象来处理操作和请求	QNetworkReply *
supportedSchemes()	列出访问管理器支持的所有 URL 模式	QStringList
[slot]supportedSchemesImplementation()	槽函数，同上	QStringList

QNetworkAccessManager 类的信号见表 8-14。

表 8-14　QNetworkAccessManager 类的信号

信号及参数类型	说　明
authenticationRequired(QNetworkReply * reply, QAuthenticator * authenticator)	当服务器响应请求的内容之前要求身份验证时发送信号
encrypted(QNetworkReply * reply)	当 SSL/TLS 会话成功完成初始握手时发送信号
finished(QNetworkReply * reply)	当网络响应完成时发送信号
preSharedKeyAuthenticationRequired(QNetworkReply * reply, QSslPreSharedKeyAuthenticator * au)	如果 SSL/TLS 握手协商 PSK 密码套件，则需要 PSK 身份验证发送信号
proxyAuthenticationRequired(NetworkProxy &proxy, QAuthenticator * authenticator)	当代理请求身份验证并且 QNetworkAccessManager 找不到有效的缓存凭据时，发送信号
sslError(QNetworkReply * reply, QList＜QSslError＞ &errors)	如果 SSL/TLS 会话在设置过程中遇到错误，包括证书验证错误，则发送信号

8.4.3　HTTP 响应类 QNetworkReply

在 Qt 6 中，使用 QNetworkReply 类表示网络请求的响应。当使用 QNetworkAccessManager 类的 post()、get()、put() 等方法发起网络请求后，返回的网络响应为 QNetworkReply 对象指针。QNetworkReply 类的继承关系如图 8-17 所示。

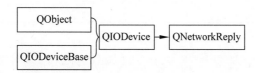

图 8-17 QNetworkReply 类的继承关系

QNetworkReply 类位于 Qt 6 的 Qt Network 子模块下，其构造函数如下：

QNetworkReply(QObject * parent = nullptr)

其中，parent 表示 QObject 类及其子类创建的对象指针。

QNetworkReply 类的常用方法见表 8-15。

表 8-15　QNetworkReply 类的常用方法

方法及参数类型	说　　　明	返回值的类型
attribute(QNetworkRequest::Attribute code)	返回与 code 关联的属性	QVariant
setAttribute(QNetworkRequest::Attribute code, QVariant &value)	设置与 code 关联的属性	
error()	返回在处理此请求时发现的错误	QNetworkReply::NetworkError
hasRawHeader(QByteArray &headerName)	如果名称为 headerName 的原始标头是由远程服务器发送的，则返回值为 true	bool
header(QNetworkRequest::KnownHeaders)	返回已知标头 header 的值	QVariant
ignoreSslErrors()	如果调用此函数，则将忽略与网络连接相关的 SSL 错误，包括证书验证错误	
ignoreSslErrors(QList < QSslError > &errors)	如果调用这个函数，则参数 errors 中给出的 SSL 错误将被忽略	
ignoreSslErrorsImplementation(QList < QSslError > &errors)	该方法是为了覆盖 ignoreSslErrors() 的行为	
isFinished()	如果响应完成或中止，则返回值为 true	bool
setFinished(bool finished)	设置是否完成响应	
isRunning()	如果请求仍在处理中，则返回值为 true	bool
manager()	返回用于创建该对象的 QNetworkAccessManager 对象指针	QNetworkAccessManager *
operation()	返回提交的操作	QNetworkAccessManager::Operation
rawHeader(QByteArray &headerName)	返回服务器发送的报头为 headerName 的原始内容	QByteArray

续表

方法及参数类型	说明	返回值的类型
setRawHeader(QByteArray &headerName, QByteArray &value)	设置指定报头的原始内容	
rawHeaderList()	返回服务器发送的报头字段列表	QList<QByteArray>
setHeader(header: KnownHeaders, value: object)	设置已知报头的值	
rawHeaderPairs()	返回原始报文对的列表	QList<QNetworkReply::RawHeaderPair>&
readBufferSize()	返回缓存区的大小(字节)	int
setReadBufferSize(int size)	设置缓存区的大小	
request()	返回针对该响应发布的网络请求	QNetworkRequest
setError(QNetworkReply::NetworkError errorCode, QString errorString)	将错误条件设置为 errorCode	
setRequest(QNetworkRequest &request)	设置与该对象关联的网络请求	
setSslConfiguration(QSslConfiguration &config)	设置与该对象关联的网络连接的 SSL 配置	
setSslConfigurationImplementation(QSslConfiguration &config)	提供该方法是为了重写 setSslConfiguration() 的行为	
setUrl(QUrl &url)	设置正在处理的 URL	
url()	返回下载或上传文件的 URL	QUrl
abort()	立即中止操作并关闭所有仍然打开的网络连接	
sslConfiguration()	返回与该对象关联的 SSL 配置	QSslConfiguration
sslConfigurationImplementation(QSslConfiguration &config)	提供该方法是为了重写 sslConfiguration() 的行为	

QNetworkReply 类的信号见表 8-16。

表 8-16　QNetworkReply 类的信号

信号及参数类型	说明
downloadProgress(qint64 bytesReceived, qint64 bytesTotal)	发出该信号是为了指示该网络请求的下载部分的进度
encrypted()	当 SSL/TLS 会话成功完成初始握手时发送信号
errorOccurred(QNetworkReply::NetworkError)	当检测到响应处理过程中出现错误时发送信号
finished()	当响应完成时发送信号
metaDataChanged()	当响应中的元数据发生更改时发送信号
preSharedKeyAuthenticationRequired(QSslPreSharedKeyAuthenticator * au)	当 SSL/TLS 握手协商 PSK 密码套件需要 PSK 身份验证时发送信号
redirectAllowed()	当允许重新定向时发送信号

续表

信号及参数类型	说　　明
redirected(QUrl &url)	如果请求中没有设置 ManualRedirectPolicy,并且服务器响应了 3xx 状态(特别是 301、302、303、305、307 或 308 状态码),并且在 location 头中有一个有效的 URL,则发送信号
requestSent()	当发送 1 次或多次请求时发送信号
socketStartedConnecting()	当套接字连接时,在发送请求之前会发送 0 次或更多次信号
sslErrors(QList<QSslError> &errors)	如果 SSL/TLS 会话在设置过程中遇到错误,包括证书验证错误,则发送信号
uploadProgress(int bytesSent,int bytesTotal)	发送这个信号是为了指示这个网络请求的上传部分的进度

8.4.4　典型应用

【实例 8-9】　使用 QNetworkRequest 类、QNetworkAccessManager 类、QNetworkReply 类创建一个可根据 URL 下载文件的窗口程序,要求可显示下载进度,操作步骤如下:

(1) 使用 Qt Creator 创建一个模板为 Qt Widgets Application 的项目,将该项目命名为 demo9,并保存在 D 盘 Chapter8 文件夹下;在向导对话框中选择基类 QWidget,不勾选 Generate form 复选框。

(2) 在项目的配置文件 demo9.pro 中添加下面一行语句:

```
QT += network
```

(3) 编写 widget.h 文件中的代码,代码如下:

```
/* 第 8 章 demo9 widget.h */
#ifndef WIDGET_H
#define WIDGET_H

#include <QWidget>
#include <QVBoxLayout>
#include <QHBoxLayout>
#include <QPushButton>
#include <QProgressBar>
#include <QLineEdit>
#include <QLabel>
#include <QMessageBox>
#include <QNetworkRequest>
#include <QNetworkReply>
#include <QNetworkAccessManager>
#include <QByteArray>
#include <QDir>
#include <QUrl>
#include <QFile>
```

```cpp
#include <QIODevice>

class Widget : public QWidget
{
    Q_OBJECT
public:
    Widget(QWidget * parent = nullptr);
    ~Widget();
private:
    QVBoxLayout * vbox;                                   //垂直布局指针
    QHBoxLayout * hbox1, * hbox2, * hbox3;                //水平布局指针
    QLabel * labelUrl, * labelDir, * labelProgress;       //标签指针
    QLineEdit * lineUrl, * lineDir;                       //单行文本框指针
    QPushButton * btnDownLoad, * btnDir;                  //按钮指针
    QProgressBar * progressBar;                           //进度条指针
    QNetworkAccessManager * networkManager;               //网络操作对象指针
    QNetworkReply * reply;                                //网络响应对象指针
    QFile newFile;
private slots:
    void btn_dir();
    void btn_download();
    void do_readyRead();
    void do_downloadProgress(qint64 byteRead,qint64 totalBytes);
    void do_finished();
};
#endif //WIDGET_H
```

(4) 编写 widget.cpp 文件中的代码，代码如下：

```cpp
/* 第8章 demo9 widget.cpp */
#include "widget.h"

Widget::Widget(QWidget * parent):QWidget(parent)
{
    setGeometry(300,300,580,200);
    setWindowTitle("QNetworkRequest、QNetworkAccessManager、QNetworkReply");
    //创建水平布局，添加标签、单行文本框、按钮
    labelUrl = new QLabel("URL: ");
    lineUrl = new QLineEdit();
    btnDownLoad = new QPushButton("下载");
    hbox1 = new QHBoxLayout();
    hbox1 -> addWidget(labelUrl);
    hbox1 -> addWidget(lineUrl);
    hbox1 -> addWidget(btnDownLoad);
    //创建水平布局，添加标签、单行文本框、按钮
    labelDir = new QLabel("下载文件保存路径: ");
    lineDir = new QLineEdit();
    btnDir = new QPushButton("默认路径");
    hbox2 = new QHBoxLayout();
    hbox2 -> addWidget(labelDir);
    hbox2 -> addWidget(lineDir);
    hbox2 -> addWidget(btnDir);
    //创建水平布局对象,添加标签、滚动条
    labelProgress = new QLabel("文件下载进度: ");
    progressBar = new QProgressBar();
```

```cpp
    hbox3 = new QHBoxLayout();
    hbox3->addWidget(labelProgress);
    hbox3->addWidget(progressBar);
    //设置主窗口的布局
    vbox = new QVBoxLayout(this);
    vbox->addLayout(hbox1);
    vbox->addLayout(hbox2);
    vbox->addLayout(hbox3);
    //创建网络操作对象
    networkManager = new QNetworkAccessManager();
    //使用信号/槽
    connect(btnDir,SIGNAL(clicked()),this,SLOT(btn_dir()));
    connect(btnDownLoad,SIGNAL(clicked()),this,SLOT(btn_download()));
}

Widget::~Widget() {}
//单击"默认路径"按钮
void Widget::btn_dir(){
    QString curPath = QDir::currentPath();
    QDir curDir(curPath);
    curDir.mkdir("temp");
    lineDir->setText(curPath + "\\temp\\");
}
//单击"下载"按钮
void Widget::btn_download(){
    QString strUrl = lineUrl->text();
    if(strUrl == "")
        return;
    QUrl newUrl = QUrl::fromUserInput(strUrl);
    if(newUrl.isValid() == false){
        QMessageBox::information(this,"错误","该地址为无效 URL 网址");
        return;
    }
    QString tempDir = lineDir->text();
    if(tempDir == ""){
        QMessageBox::information(this,"错误","请输入下载文件的路径");
        return;
    }
    QString fullFileName = tempDir + newUrl.fileName();
    if(QFile::exists(fullFileName))
        QFile::remove(fullFileName);
    newFile.setFileName(fullFileName);
    if(newFile.open(QIODevice::WriteOnly) == false){
        QMessageBox::information(this,"错误","临时文件打开错误");
        return;
    }
    btnDownLoad->setEnabled(false);
    //发起网络请求,获取网络响应对象指针
    reply = networkManager->get(QNetworkRequest(newUrl));
    connect(reply,SIGNAL(readyRead()),this,SLOT(do_ready()));
    connect(reply,SIGNAL(downloadProgress(qint64,qint64)),this,SLOT(do_downloadProgress(qint64,qint64)));
```

```cpp
    connect(reply,SIGNAL(finished()),this,SLOT(do_finished()));
}
//下载到本地
void Widget::do_readyRead(){
    newFile.write(reply->readAll());
}
//滚动条显示进度
void Widget::do_downloadProgress(qint64 byteRead, qint64 totalBytes){
    progressBar->setMaximum(totalBytes);
    progressBar->setValue(byteRead);
}
//下载完成
void Widget::do_finished(){
    btnDownLoad->setEnabled(true);
}
```

(5) 其他文件保持不变,运行结果如图 8-18 所示。

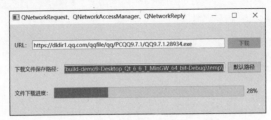

图 8-18　项目 demo9 的运行结果

8.5　小结

本章首先介绍了主机信息查询类,包括主机信息类 QHostInfo、网络接口类 QNetworkInterface。

其次介绍了 TCP 通信类,包括 QTcpServer 类、QTcpSocket 类,以及这两个类的应用实例。

然后介绍了 UDP 通信类,主要是 QUdpSocket 类,以及 UDP 通信的单播、广播、组播的应用实例。

最后介绍了基于 HTTP 的通信类,包括 HTTP 请求类 QNetworkRequest、网络操作类 QNetworkAccessManager、HTTP 响应类 QNetworkReply。

第 9 章 多 媒 体

在 Qt 6 中,有可以处理音频和视频的多媒体模块。Qt 6 提供了完整的多媒体功能,可以播放多种格式的音频文件、视频文件,可以通过话筒录音,可以通过摄像头拍照、摄像。

9.1 多媒体模块概述

在 Qt 6 中,多媒体模块主要包括 Qt Multimedia 子模块(一级子模块)。Qt Multimedia 子模块包括 QtMultimedia 子模块和 QtMultimediaWidgets 子模块(二级子模块)。QtMultimedia 子模块提供了处理音频和视频的类,QtMultimediaWidgets 子模块提供了与多媒体相关的控件。

注意:在 Qt 6 中,一级子模块的名称中的 Qt 后有一个空格;二级子模块名称中 Qt 后没有空格。

开发者如果要使用 QtMultimedia 子模块和 QtMultimediaWidgets 子模块中的类,则首先要安装 Qt Multimedia 附加模块。安装步骤可参考本书 2.4.1 节的介绍,安装过程如图 9-1 所示。

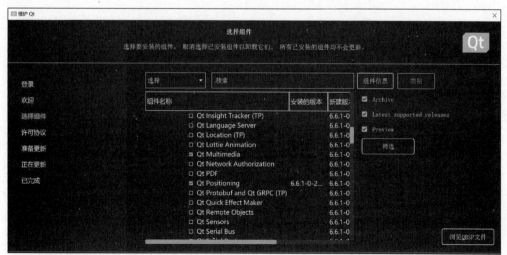

图 9-1 安装 Qt Multimedia

开发者如果要在项目中使用 QtMultimedia 子模块和 QtMultimediaWidgets 子模块,则需要的项目的配置文件中添加下面的语句:

```
QT += multimedia
QT += multimediawidgets
```

开发者如果要在程序文件中用到这两个子模块的类,则需要在头文件中添加下面的语句:

```
#include <QtMultimedia>
#include <QtMultimediaWidgets>
```

这样就可以包含(include)这两个子模块中的大部分类。

Qt 6 的多媒体模块在不同的平台上使用不同的后端,后端只与操作系统有关,而且后端对开发者是隐藏的。Linux 平台上的后端为 GStreamer,Windows 平台上的后端为 WMF,macOS 和 iOS 平台上的后端为 AVFoundation,Android 平台上的后端为安卓多媒体 API。

1. QtMultimedia 子模块

在 Qt 6 中,QtMultimedia 子模块提供了处理音频和视频的类,这些类见表 9-1。

表 9-1 QtMultimedia 子模块提供的类

类	说明
QMediaPlayer	播放音频或视频文件,可以是本地文件或网络上的文件
QMediaCaptureSession	抓取音频和视频的管理器
QCamera	访问连接到系统的摄像头
QAudioInput	访问连接到系统上的音频输入设备,例如话筒
QAudioOutput	访问连接到系统的音频输出设备,例如音箱、耳机
QImageCapture	使用摄像头抓取静态图片
QMediaRecorder	在抓取过程中录制音频或视频
QMediaDevices	提供了系统中可用的音频输入设备(话筒)、音频输出设备(音箱、耳机)、视频输入设备(摄像头)的信息
QMediaFormat	描述音频、视频的编码格式,以及音频、视频的文件格式
QAudioSource	通过音频输入设备采集原始音频数据
QAudioSink	将原始的音频数据发送到音频输出设备
QVideoSink	访问和修改视频中的单帧数据

2. QtMultimediaWidgets 子模块

在 Qt 6 中,QtMultimediaWidgets 子模块提供了显示视频的控件类,这些类见表 9-2。

表 9-2 QtMultimediaWidgets 子模块提供的类

类	说明
QVideoWidget	提供了显示视频的界面控件
QGraphicsVideoItem	提供了显示视频的图形项(基于图形/视图架构)

9.2 播放音频

在 Qt 6 中,可以使用 QMediaPlayer、QAudioOutput 类播放压缩的音频文件,例如 MP3 文件、WMA 文件;可以使用 QSoundEffect 类播放低延迟的音效文件,例如无压缩的 WAV 文件。这 3 个类的继承关系如图 9-2 所示。

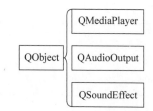

图 9-2 QMediaPlayer、QAudioOutput、QSoundEffect 类的继承关系

9.2.1 QMediaPlayer 类

在 Qt 6 中,使用 QMediaPlayer 类既可以播放本地音频文件,也可以播放网络文件。QMediaPlayer 类的构造函数如下:

```
QMediaPlayer(QObject * parent = nullptr)
```

其中,parent 表示 QObject 类及其子类创建的对象指针。

1. QMediaPlayer 类的方法和信号

QMediaPlayer 类的常用方法见表 9-3。

表 9-3 QMediaPlayer 类的常用方法

方法及参数类型	说　　明	返回值的类型
[slot]pause()	暂停播放	
[slot]play()	开始播放	
[slot]setPlaybackRate(float rate)	设置播放速率	
[slot]setPosition(int position)	设置当前播放位置(毫秒)	
[slot]setSource(QUrl & source)	设置媒体文件来源(本地文件、网络文件)	
[slot]setSourceDevice(QIODevice * device,QUrl & sourceUrl)	设置音频或视频源	
[slot]stop()	停止播放,并将播放位置重置到开始位置	
activeAudioTrack()	获取当前活动的音频轨道	int
setActiveAudioTrack(int index)	设置当前活动的音频轨道	
activeSubtitleTrack()	获取当前活动的字幕轨道	int
setActiveSubtitleTrack(int index)	设置当前活动的字幕轨道	
activeVideoTrack()	返回当前活动的视频轨道	int
setActiveVideoTrack(int index)	设置当前活动的视频轨道	
audioOutput()	获取音频输出设备	QAudioOutput *
setAudioOutput(QAudioOutput * output)	设置音频输出设备	
bufferProgress()	在缓冲数据时返回 0～1 的数字	float
bufferedTimeRange()	返回描述当前缓冲数据的 QMediaTimeRange 对象	QMediaTimeRange
duration()	返回当前媒体文件的持续时间(毫秒)	int
error()	返回当前错误状态	QMediaPlayer::Error

续表

方法及参数类型	说　明	返回值的类型
errorString()	获取描述当前错误的字符串	QString
hasAudio()	获取是否包含音频	bool
hasVideo()	获取是否包含视频	bool
isAvailable()	如果媒体播放器在此平台上受支持,则返回值为 true	bool
isPlaying()	获取是否处于播放状态	bool
isSeekable()	如果媒体文件是可搜索的,则返回值为 true	bool
loops()	获取在播放器停止之前播放媒体文件的次数	int
setLoops(int loops)	设置播放媒体文件的次数	
mediaStatus()	获取当前媒体流的状态	QMediaPlayer::MediaStatus
metaData()	返回媒体播放器播放的当前媒体的元数据	QMediaMetaData
playbackRate()	返回当前播放速率	float
playbackState()	返回当前播放状态	QMediaPlayer::PlaybackState
position	返回正在播放的媒体文件中的当前位置(毫秒)	int
videoOutput()	获取视频输出设备	QObject *
setVideoOutput(QObject * output)	设置视频输出设备	
setVideoSink(QVedioSink * sink)	设置单帧数据来检索视频数据	
source()	获取当前活动媒体源	QUrl
sourceDevice()	返回媒体数据的流源	QIODevice *
subtitleTracks()	列出媒体中可用的字幕轨道集	QList< QMediaMetaData >
videoSink()	获取视频中的单帧数据对象	QVideoSink *

QMediaPlayer 类的信号见表 9-4。

表 9-4　QMediaPlayer 类的信号

信号及参数类型	说　明
activeTracksChanged()	当音频轨道发生改变时发送信号
audioOutputChanged()	当音频输出设备发生改变时发送信号
bufferProgressChanged(float filled)	当本地缓冲区的填充量发生改变时发送信号
durationChanged(int duration)	当媒体文件的持续时间发生变化时发送信号
errorOccurred(QMediaPlayer::Error error, QString &errorString)	当发生错误时发送信号
hasAudioChanged(bool available)	当音频内容的可用性发生改变时发送信号
hasVideoChanged(bool videoAvailable)	当视频内容的可用性发生改变时发送信号

续表

信号及参数类型	说 明
loopsChanged()	当循环次数发生改变时发送信号
mediaStatusChanged(QMediaPlayer::MediaStatus sts)	当媒体文件状态发生改变时发送信号
metaDataChanged()	当媒体文件的元数据发生改变时发送信号
playbackRateChanged(float rate)	当播放速率发生改变时发送信号
playbackStateChanged(QMediaPlayer::PlaybackStatenewState)	当播放状态发生改变时发送信号
playingChanged(bool playing)	当暂停或开始播放时发送信号
positionChanged(int position)	当播放位置发生改变时发送信号
seekableChanged(bool seekable)	当可定位播放状态发生改变时发送信号
sourceChanged(QUrl &media)	当播放媒体源发生改变时发送信号
videoOutputChanged()	当视频输出设备发生改变时发送信号

2. QMediaMetaData 类的方法

在表 9-3 中,使用 QMediaPlayer 类的 metaData() 方法可获取 QMediaMetaData 对象,用于表示当前媒体文件的元数据。

QMediaMetaData 类的常用方法见表 9-5。

表 9-5　QMediaMetaData 类的常用方法

方法及参数类型	说　明	返回值的类型
[static] KeyType(QMediaMetaData::Key key)	返回用于存储指定键的数据的元类型	QMetaType
[static] metaDataKeyToString(QMediaMetaData::Key key)	返回键的字符串表示形式,用于向用户显示元数据	QString
clear()	清除对象中的所有数据	
insert(QMediaMetaData::Key k,QVariant &v)	根据键插入值	
isEmpty()	获取是否为空	bool
keys()	获取所有的键	QList<QMediaMetaData::Key>
remove(QMediaMetaData::Key key)	移除指定键的值	
stringValue(QMediaMetaData::Key key)	获取字符串格式的键	QString
value(QMediaMetaDataKey::Key k)	获取指定键的值	QVariant

QMediaMetaData::Key 的枚举常量见表 9-6。

表 9-6　QMediaMetaData::Key 的枚举常量

枚举常量	说　明	与该键对应值的类型
QMediaMetaData::Title	媒体文件的标题	QString
QMediaMetaData::Author	媒体文件的作者	QStringList
QMediaMetaData::Comment	媒体文件的评论	QString
QMediaMetaData::Description	媒体文件的描述	QString
QMediaMetaData::FileFormat	媒体文件的格式	QMediaFormat::FileFormat

续表

枚 举 常 量	说　明	与该键对应值的类型
QMediaMetaData::Duration	媒体文件的持续时间(毫秒)	int
QMediaMetaData::AudioBitRate	音频流的比特率	int
QMediaMetaData::AudioCodec	音频流的编码格式	QMediaFormat::AudioCodec
QMediaMetaData::VideoFrameRate	视频的帧率	float
QMediaMetaData::VideoBitRate	视频的比特率	int
QMediaMetaData::AlbumTitle	专辑标题	QString
QMediaMetaData::ThumbnailImage	嵌入的专辑缩略图	QImage
QMediaMetaData::Date	媒体文件的日期	QDateTime
QMediaMetaData::Publisher	媒体文件的发行者	QString
QMediaMetaData::Url	媒体文件的 URL 网址	QUrl
QMediaMetaData::Resolution	图像或视频的分辨率	QSize

【实例 9-1】 创建一个窗口,该窗口包含一个按压按钮、一个多行纯文本输入框。当单击按钮时会弹出文件对话框。如果选中一个多媒体文件,则会获取并显示该文件的元数据,操作步骤如下:

(1) 使用 Qt Creator 创建一个模板为 Qt Widgets Application 的项目,将该项目命名为 demo1,并保存在 D 盘的 Chapter9 文件夹下;在向导对话框中选择基类 QWidget,不勾选 Generate form 复选框。

(2) 在项目的配置文件 demo1.pro 中添加下面一行语句:

```
QT += multimedia
```

(3) 编写 widget.h 文件中的代码,代码如下:

```
/* 第 9 章 demo1 widget.h */
#ifndef WIDGET_H
#define WIDGET_H

#include <QWidget>
#include <QtMultimedia>
#include <QPushButton>
#include <QVBoxLayout>
#include <QPlainTextEdit>
#include <QFileDialog>
#include <QDir>
#include <QUrl>

class Widget : public QWidget
{
    Q_OBJECT
public:
    Widget(QWidget *parent = nullptr);
    ~Widget();
private:
```

```
    QMediaPlayer * player;              //QMediaPlayer 对象指针
    QMediaMetaData meta;                 //媒体元数据对象
    QPushButton * btnOpen;               //按钮指针
    QPlainTextEdit * textEdit;           //多行纯文本框指针
    QVBoxLayout * vbox;                  //垂直布局指针
private slots:
    void btn_open();
    void show_data();
};
#endif //WIDGET_H
```

(4) 编写 widget.cpp 文件中的代码,代码如下:

```
/* 第9章 demo1 widget.cpp */
#include "widget.h"

Widget::Widget(QWidget * parent):QWidget(parent)
{
    setGeometry(300,300,580,230);
    setWindowTitle("QMediaPlayer、QMediaMetaData");
    player = new QMediaPlayer(this);
    btnOpen = new QPushButton("打开文件");
    textEdit = new QPlainTextEdit();
    vbox = new QVBoxLayout(this);              //设置主窗口的布局方式
    vbox->addWidget(btnOpen);
    vbox->addWidget(textEdit);
    textEdit->clear();
    //使用信号/槽
    connect(btnOpen,SIGNAL(clicked()),this,SLOT(btn_open()));
}

Widget::~Widget() {}

void Widget::btn_open(){
    QString curPath = QDir::currentPath();     //获取程序当前目录
    QString filter = "音频文件(*.mp3 *.wav *.wma);;所有文件(*.*)";
    QString title = "打开音频文件";              //文件对话框的标题
    QString fileName = QFileDialog::getOpenFileName(this,title,curPath,filter);
    if(fileName.isEmpty())
        return;
    player->setSource(QUrl::fromLocalFile(fileName));
    //使用信号/槽
    connect(player,SIGNAL(metaDataChanged()),this,SLOT(show_data()));
}

void Widget::show_data(){
    meta = player->metaData();                  //获取当前媒体的元数据对象
    if(meta.isEmpty() == true)
        return;
    QString duration = meta.value(QMediaMetaData::Duration).toString();
    QString str1 = "媒体文件的持续时间为 " + duration + "毫秒";
    textEdit->appendPlainText(str1);
```

```
        QString title = meta.stringValue(QMediaMetaData::Title);
        QString str2 = "媒体的标题文件为 " + title;
        textEdit->appendPlainText(str2);
        QString bitRate = meta.stringValue(QMediaMetaData::AudioBitRate);
        QString str3 = "音频比特率为 " + bitRate;
        textEdit->appendPlainText(str3);
        QString code = meta.stringValue(QMediaMetaData::AudioCodec);
        QString str4 = "音频编码为 " + code;
        textEdit->appendPlainText(str4);
        QString format = meta.value(QMediaMetaData::FileFormat).toString();
        QString str5 = "媒体文件格式为 " + format;
        textEdit->appendPlainText(str5);
    }
```

(5) 其他文件保持不变,运行结果如图 9-3 所示。

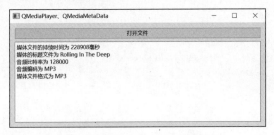

图 9-3　项目 demo1 的运行结果

注意：由于每个多媒体文件包含的元数据都不同,所以选择的某个多媒体文件的某种元数据可能为空。

9.2.2　QAudioOutput 类

在 Qt 6 中,使用 QAudioOutput 类表示音频输出设备。QAudioOutput 类位于 QtMultimedia 子模块下,其构造函数如下:

```
QAudioOutput(QObject * parent = nullptr)
QAudioOutput(QAudioDevice * device,QObject * parent = nullptr)
```

其中,parent 表示 QObject 类及其子类创建的对象指针;device 表示 QAudioDevice 类创建的对象指针。

QAudioOutput 类的常用方法见表 9-7。

表 9-7　QAudioOutput 类的常用方法

方法及参数类型	说　　明	返回值的类型
[slot]setDevice(QAudioDevice &device)	设置连接的音频设备	
[slot]setMuted(bool muted)	设置是否为静音	
[slot]setVolume(float volume)	设置当前音量	

方法及参数类型	说明	返回值的类型
device()	返回连接的音频设备	QAudioDevice
isMuted()	获取是否为静音	bool
volume()	获取当前音量	float

QAudioOutput 类的信号见表 9-8。

表 9-8　QAudioOutput 类的信号

信号及参数类型	说明
deviceChanged()	当连接的音频设备发生改变时发送信号
mutedChanged(bool muted)	当静音状态发生改变时发送信号
volumeChanged(float volume)	当音量发生改变时发送信号

9.2.3　创建 MP3 音频播放器

【实例 9-2】　创建一个 MP3 音频播放器,使用该播放器可以打开、播放 MP3 格式的音频文件,操作步骤如下:

(1) 使用 Qt Creator 创建一个模板为 Qt Widgets Application 的项目,将该项目命名为 demo2,并保存在 D 盘的 Chapter9 文件夹下;在向导对话框中选择基类 QWidget,不勾选 Generate form 复选框。

(2) 在项目的配置文件 demo2.pro 中添加下面一行语句:

```
QT += multimedia
```

(3) 编写 widget.h 文件中的代码,代码如下:

```cpp
/* 第9章 demo2 widget.h */
#ifndef WIDGET_H
#define WIDGET_H

#include <QWidget>
#include <QtMultimedia>
#include <QHBoxLayout>
#include <QVBoxLayout>
#include <QPushButton>
#include <QSlider>
#include <QStyle>
#include <QLabel>
#include <QFileDialog>
#include <QDir>
#include <QUrl>

class Widget : public QWidget
{
    Q_OBJECT
public:
    Widget(QWidget *parent = nullptr);
```

```
        ~Widget();
    private:
        QVBoxLayout * vbox;              //垂直布局指针
        QHBoxLayout * hbox;              //水平布局指针
        QLabel * labelSource, * labelTime;   //标签指针
        QPushButton * btnOpen, * btnPlay;    //按钮指针
        QSlider * slider;                //滑块指针
        QMediaPlayer * player;
        QAudioOutput * audioOutput;
        QString positionTime,durationTime;
    private slots:
        void btn_open();
        void btn_play();
        void playing_changed(bool playing);
        void position_changed(qint64 position);
        void duration_changed(qint64 duration);
        void set_position(int pos);
    };
    #endif //WIDGET_H
```

(4) 编写 widget.cpp 文件中的代码,代码如下:

```
/* 第9章 demo2 widget.cpp */
#include "widget.h"

Widget::Widget(QWidget * parent):QWidget(parent)
{
    setGeometry(300,300,580,150);
    setWindowTitle("QMediaPlayer、QAudioOutput");
    player = new QMediaPlayer();
    audioOutput = new QAudioOutput();
    player->setAudioOutput(audioOutput);
    //创建标签控件
    labelSource = new QLabel("文件来源: ");
    //创建水平布局,添加按钮控件、滑块控件、标签控件
    btnOpen = new QPushButton("打开文件");
    btnPlay = new QPushButton();
    btnPlay->setIcon(style()->standardIcon(QStyle::SP_MediaPlay));
    //设置按钮的图标
    slider = new QSlider(Qt::Horizontal);
    slider->setRange(0,0);
    labelTime = new QLabel();
    hbox = new QHBoxLayout();
    hbox->addWidget(btnOpen);
    hbox->addWidget(btnPlay);
    hbox->addWidget(slider);
    hbox->addWidget(labelTime);
    //创建垂直布局,并添加其他布局控件
    vbox = new QVBoxLayout(this);
    vbox->addWidget(labelSource);
    vbox->addLayout(hbox);
    //使用信号/槽
```

```cpp
    connect(btnOpen,SIGNAL(clicked()),this,SLOT(btn_open()));
    connect(btnPlay,SIGNAL(clicked()),this,SLOT(btn_play()));
    connect(player,SIGNAL(playingChanged(bool)),this,SLOT(playing_changed(bool)));
    connect(player,SIGNAL(positionChanged(qint64)),this,SLOT(position_changed(qint64)));
    connect(player,SIGNAL(durationChanged(qint64)),this,SLOT(duration_changed(qint64)));
    connect(slider,SIGNAL(sliderMoved(int)),this,SLOT(set_position(int)));
}

Widget::~Widget() {}
//打开文件按钮
void Widget::btn_open(){
    QString curPath = QDir::currentPath();   //获取程序当前目录
    QString filter = "音频文件(*.mp3);;所有文件(*.*)";
    QString title = "打开音频文件";           //文件对话框的标题
    QString fileName = QFileDialog::getOpenFileName(this,title,curPath,filter);
    if(fileName.isEmpty())
        return;
    player->setSource(QUrl::fromLocalFile(fileName));
    labelSource->setText("文件来源: " + fileName);
}
//播放或暂停按钮
void Widget::btn_play(){
    if(player->isPlaying() == false){
        player->play();
    }
    else{
        player->pause();
    }
}
//当播放状态发生改变时,更改播放或暂停按钮的图标
void Widget::playing_changed(bool playing){
    if(playing == true){
        btnPlay->setIcon(style()->standardIcon(QStyle::SP_MediaPause));
    }
    else{
        btnPlay->setIcon(style()->standardIcon(QStyle::SP_MediaPlay));
    }
}
//当滑块的位置改变时连接的槽函数
void Widget::position_changed(qint64 position){
    slider->setSliderPosition(position);
    int secs = position/1000;
    int mins = secs/60;
    secs = secs % 60;
    positionTime = QString::number(mins) + ":" + QString::number(secs);
    labelTime->setText(positionTime + "/" + durationTime);
}
//当音频文件的持续时间发生改变时连接的槽函数
void Widget::duration_changed(qint64 duration){
    slider->setMaximum(duration);
    int secs = duration/1000;
```

```
        int mins = secs/60;
        secs = secs % 60;
        durationTime = QString::number(mins) + ":" + QString::number(secs);
}
//当滑块的位置发生改变时连接的槽函数
void Widget::set_position(int pos){
        slider -> setSliderPosition(pos);
        player -> setPosition(pos);
}
```

(5) 其他文件保持不变,运行结果如图 9-4 所示。

图 9-4　项目 demo2 的运行结果

9.2.4　QSoundEffect 类

在 Qt 6 中,使用 QSoundEffect 类可以播放低延迟的音频文件,例如无压缩的 WAV 文件。QSoundEffect 类位于 QtMultimedia 子模块下,其构造函数如下:

```
QSoundEffect(QObject * parent = nullptr)
QSoundEffect(const QAudioDevice &audioDevice,QObject * parent = nullptr)
```

其中,parent 表示 QObject 类及其子类创建的对象指针;audioDevice 表示 QAudioDevice 类创建的对象指针。

QSoundEffect 类的常用方法见表 9-9。

表 9-9　QSoundEffect 类的常用方法

方法及参数类型	说　　明	返回值的类型
[static]supportedMimeType()	获取支持的 mime 类型	QStringList
[slot]play()	开始播放	
[slot]stop	停止播放	
audioDevice()	获取连接的音频设备	QAudioDevice
setAudioDevice(QAudioDevice &device)	设置连接的音频设备	
isLoaded()	返回是否已经加载声源	bool
isPlaying()	返回是否正在播放	bool
isMuted()	获取是否为静音	bool
setMuted(bool muted)	设置是否为静音	
loopCount()	获取播放的总次数	int
setLoopCount(int loopCount)	设置播放的总次数	
loopsRemaining()	获取剩余的播放次数	int

续表

方法及参数类型	说 明	返回值的类型
setSource(QUrl &url)	设置媒体文件源	
source()	获取媒体文件源	QUrl
setVolume(float volume)	设置音量	
volume()	获取音量	float
status()	获取播放状态	QSoundEffect::Status

QSoundEffect 类的信号见表 9-10。

表 9-10 QSoundEffect 类的信号

信号及参数类型	说 明
audioDeviceChanged()	当连接的音频设备发生改变时发送信号
loadedChanged()	当加载状态发生改变时发送信号
loopCountChanged()	当播放总次数发生改变时发送信号
loopsRemainingChanged()	当剩余的播放次数发生改变时发送信号
mutedChanged()	当静音状态发生改变时发送信号
playingChanged()	如果播放的状态发生改变,则发送信号
sourceChanged()	当媒体文件源发生改变时发送信号
statusChanged()	当媒体播放的状态发生改变时发送信号
volumeChanged()	当音量发生改变时发送信号

9.2.5 创建 WAV 音频播放器

【实例 9-3】 创建一个 WAV 音频播放器,使用该播放器可以打开、播放 WAV 格式的音频文件,并可以调节音量,操作步骤如下:

(1) 使用 Qt Creator 创建一个模板为 Qt Widgets Application 的项目,将该项目命名为 demo3,并保存在 D 盘的 Chapter9 文件夹下;在向导对话框中选择基类 QWidget,不勾选 Generate form 复选框。

(2) 在项目的配置文件 demo3.pro 中添加下面一行语句:

```
QT += multimedia
```

(3) 编写 widget.h 文件中的代码,代码如下:

```
/* 第9章 demo3 widget.h */
#ifndef WIDGET_H
#define WIDGET_H

#include <QWidget>
#include <QtMultimedia>
#include <QHBoxLayout>
#include <QVBoxLayout>
#include <QPushButton>
#include <QSlider>
```

```cpp
#include <QStyle>
#include <QLabel>
#include <QFileDialog>
#include <QDir>
#include <QUrl>

class Widget : public QWidget
{
    Q_OBJECT
public:
    Widget(QWidget * parent = nullptr);
    ~Widget();
private:
    QVBoxLayout * vbox;                           //垂直布局指针
    QHBoxLayout * hbox;                           //水平布局指针
    QLabel * labelSource, * labelVolume;          //标签指针
    QPushButton * btnOpen, * btnPlay;             //按钮指针
    QSlider * slider;                             //滑块指针
    QSoundEffect * sound;
private slots:
    void btn_open();
    void btn_play();
    void playing_changed();
    void set_position(int pos);
};
#endif //WIDGET_H
```

(4) 编写 widget.cpp 文件中的代码,代码如下:

```cpp
/* 第 9 章 demo3 widget.cpp */
#include "widget.h"

Widget::Widget(QWidget * parent):QWidget(parent)
{
    setGeometry(300,300,580,150);
    setWindowTitle("QSoundEffect");
    sound = new QSoundEffect();
    //创建标签控件
    labelSource = new QLabel("文件来源: ");
    //创建水平布局,添加按钮控件、滑块控件、标签控件
    btnOpen = new QPushButton("打开文件");
    btnPlay = new QPushButton();
    btnPlay -> setIcon(style() -> standardIcon(QStyle::SP_MediaPlay)); //设置按钮的图标
    btnPlay -> setEnabled(false);
    labelVolume = new QLabel("音量大小: ");
    slider = new QSlider(Qt::Horizontal);
    slider -> setRange(0,100);
    slider -> setSliderPosition(50);
    sound -> setVolume(0.5);
    hbox = new QHBoxLayout();
    hbox -> addWidget(btnOpen);
    hbox -> addWidget(btnPlay);
```

```cpp
    hbox->addWidget(labelVolume);
    hbox->addWidget(slider);
    //创建垂直布局,并添加其他布局控件
    vbox = new QVBoxLayout(this);
    vbox->addWidget(labelSource);
    vbox->addLayout(hbox);
    //使用信号/槽
    connect(btnOpen,SIGNAL(clicked()),this,SLOT(btn_open()));
    connect(btnPlay,SIGNAL(clicked()),this,SLOT(btn_play()));
    connect(sound,SIGNAL(playingChanged()),this,SLOT(playing_changed()));
    connect(slider,SIGNAL(valueChanged(int)),this,SLOT(set_position(int)));
}

Widget::~Widget() {}
//打开文件按钮
void Widget::btn_open(){
    QString curPath = QDir::currentPath();          //获取程序当前目录
    QString filter = "音频文件(*.wav);;所有文件(*.*)";
    QString title = "打开音频文件";                   //文件对话框的标题
    QString fileName = QFileDialog::getOpenFileName(this,title,curPath,filter);
    if(fileName.isEmpty())
        return;
    sound->setSource(QUrl::fromLocalFile(fileName));
    btnPlay->setEnabled(true);
    labelSource->setText("文件来源:" + fileName);
}
//播放或暂停按钮
void Widget::btn_play(){
    if(sound->isPlaying() == false){
        sound->play();
    }
    else{
        sound->stop();
    }
}
//当播放状态发生改变时,更改播放或暂停按钮的图标
void Widget::playing_changed(){
    if(sound->isPlaying() == true){
        btnPlay->setIcon(style()->standardIcon(QStyle::SP_MediaPause));
    }
    else{
        btnPlay->setIcon(style()->standardIcon(QStyle::SP_MediaPlay));
    }
}
//当滑块的数值发生改变时连接的槽函数
void Widget::set_position(int pos){
    float pos1 = static_cast<float>(pos);
    float vol = pos1/100;
    sound->setVolume(vol);
}
```

（5）其他文件保持不变，运行结果如图 9-5 所示。

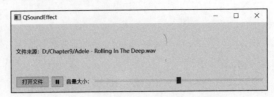

图 9-5　项目 demo3 的运行结果

9.3　录制音频

在 Qt 6 中，可以使用 QMediaCaptureSession 类和 QMediaRecorder 类创建录制音频的程序。媒体捕获器类 QMediaCaptureSession 可以抓取音频和视频内容，该类是音频数据和视频数据的集散地，可以接收 QAudioInput 类和 QCamera 类传递的音频和视频，然后转发给 QMediaRecorder 类录制音频和视频。媒体录制类 QMediaRecorder 用于编码和保存抓取的音频内容或视频内容。QMediaCaptureSession 类和 QMediaRecorder 类的继承关系如图 9-6 所示。

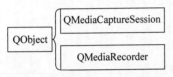

图 9-6　QMediaCaptureSession、QMediaRecorder 类的继承关系

9.3.1　媒体捕获器类 QMediaCaptureSession

在 Qt 6 中，使用 QMediaCaptureSession 类可以抓取音频内容或视频内容。QMediaCaptureSession 类位于 QtMultimedia 子模块下，其构造函数如下：

```
QMediaCaptureSession(QObject * parent = nullptr)
```

其中，parent 表示 QObject 类及其子类创建的对象指针。

QMediaCaptureSession 类的常用方法见表 9-11。

表 9-11　QMediaCaptureSession 类的常用方法

方法及参数类型	说　　明	返回值的类型
audioInput()	获取音频输入设备	QAudioInput *
setAudioInput(QAudioInput * input)	设置音频输入设备	
audioOutput()	获取音频输出设备	QAudioOutput *
setAudioOutput(QAudioOutput * output)	设置音频输出设备	
camera()	获取摄像头	QCamera *
setCamera(QCamera * camera)	设置摄像头	
recorder()	获取媒体录制器	QMediaRecorder *
setRecorder(QMediaRecorder * recorder)	设置媒体录制器	
imageCapture()	获取照相机	QImageCapture *
setImageCapture(QImageCapure * imgCapture)	设置照相机	

续表

方法及参数类型	说　明	返回值的类型
videoOutput()	获取视频输出设备	QObject *
setVideoOutput(QObject * output)	设置视频输出设备	
videoSink()	获取视频预览	QVideoSink *
setVideoSink(QVideoSink * sink)	设置视频预览	

QMediaCaptureSession 类的信号见表 9-12。

表 9-12　QMediaCaptureSession 类的信号

信号及参数类型	说　明
audioInputChanged()	当音频输入设备发生改变时发送信号
audioOutputChanged()	当音频输出设备发生改变时发送信号
cameraChanged()	当摄像头发生改变时发送信号
imageCaptureChanged()	当照相机发生改变时发送信号
recorderChanged()	当媒体录制器发生改变时发送信号
videoOutputChanged()	当视频输出设备发生改变时发送信号

9.3.2　媒体录制类 QMediaRecorder

在 Qt 6 中，使用 QMediaRecorder 类可以通过音频输入设备录制音频，并且编码、保存录制的音频数据。QMediaRecorder 类位于 QtMultimedia 子模块下，其构造函数如下：

```
QMediaRecorder(QObject * parent = nullptr)
```

其中，parent 表示 QObject 类及其子类创建的对象指针。

QMediaRecorder 类的常用方法见表 9-13。

表 9-13　QMediaRecorder 类的常用方法

方法及参数类型	说　明	返回值的类型
[slot]pause()	暂停录制	
[slot]record()	开始录制	
[slot]stop()	停止录制	
actualLocation()	获取实际的输出位置	QUrl
addMetaData(QMediaMetaData &metaData)	向录制的媒体文件中添加元数据	
audioBitRate()	获取音频比特率	int
setAudioBitRate(int bitRate)	设置音频比特率	
audioChannelCount()	获取音频通道数量	int
setAudioChannelCount(int channels)	设置音频通道数量	
audioSampleRate()	获取音频采样率	int
setAudioSampleRate(int sampleRate)	设置音频采样率	
captureSession()	获取关联的媒体捕获器	QMediaCaptureSession *
duration()	获取媒体文件持续的时间	int

续表

方法及参数类型	说明	返回值的类型
encodingMode()	获取编码模式	QMediaRecorder::EncodingMode
setEncodingMode(QMediaRecorder::EncodingMode mode)	设置编码模式	
error()	获取错误类型	QMediaRecorder::Error
errorString()	获取描述当前错误的字符串	QString
isAvailabe()	获取是否可用	bool
mediaFormat()	获取媒体文件的格式	QMediaFormat
setMediaFormat(QMediaFormat &format)	设置录制的媒体文件格式	
metaData()	获取媒体文件的元数据	QMediaMetaData
setMetaData(QMediaMetaData &metaData)	设置媒体文件的元数据	
outputLocation()	获取媒体文件的目标位置	QUrl
setOutputLocation(QUrl &location)	设置媒体文件的目标位置	
quality()	获取媒体文件的品质	QMediaRecorder::Quality
setQuality(QMediaRecorder::Quality q)	设置媒体文件的品质	
recorderState()	获取录制状态	QMediaRecorder::RecorderState
videoBitRate()	获取视频的比特率	int
setVideoBitRate(int bitRate)	设置视频的比特率	
videoFrameRate()	获取视频的帧速	float
setVideoFrameRate(float frameRate)	设置视频的帧速	
videoResolution()	获取视频的分辨率	QSize
setVideoResolution(QSize &size)	设置视频的分辨率	
setVideoResolution(int width, int height)	设置视频的分辨率	

QMediaRecorder 类的信号见表 9-14。

表 9-14 QMediaRecorder 类的信号

信号及参数类型	说明
actualLocationChanged(QUrl &location)	当媒体文件的输出位置发生改变时发送信号
audioBitRateChanged()	当音频文件的比特率发生改变时发送信号
audioChannelCountChanged()	当音频通道数量发生改变时发送信号
audioSampleRateChanged()	当音频采样率发生改变时发送信号
durationChanged(qint64 duration)	当媒体文件的持续时间发生改变时发送信号
encoderSettingsChanged()	当编码模式发生改变时发送信号
errorChanged()	当错误状态发生改变时发送信号
errorOccurred(QMediaRecorder::Error error, QString &str)	当发生错误时发送信号
mediaFormatChanged()	当媒体文件的格式发生改变时发送信号
metaDataChanged()	当媒体文件的元数据发生改变时发送信号

续表

信号及参数类型	说　明
qualityChanged()	当媒体文件的品质发生改变时发送信号
recorderStateChanged(QMediaRecorder::RecorderState state)	当录制状态发生改变时发送信号
videoBitRateChanged()	当视频比特率发生改变时发送信号
videoFrameRateChanged()	当视频帧速发生改变时发送信号
videoResolutionChanged()	当视频分辨率发生改变时发送信号

9.3.3　创建音频录制器

【实例 9-4】 创建一个音频录制器，使用该播放器可以录制 WMA 等格式的音频文件，并可以显示录制的时长，操作步骤如下：

（1）使用 Qt Creator 创建一个模板为 Qt Widgets Application 的项目，将该项目命名为 demo4，并保存在 D 盘的 Chapter9 文件夹下；在向导对话框中选择基类 QWidget，不勾选 Generate form 复选框。

（2）在项目的配置文件 demo4.pro 中添加下面一行语句：

```
QT += multimedia
```

（3）编写 widget.h 文件中的代码，代码如下：

```
/* 第 9 章 demo4 widget.h */
#ifndef WIDGET_H
#define WIDGET_H

#include <QWidget>
#include <QtMultimedia>
#include <QHBoxLayout>
#include <QVBoxLayout>
#include <QPushButton>
#include <QLineEdit>
#include <QLabel>
#include <QStyle>
#include <QUrl>
#include <QFile>

class Widget : public QWidget
{
    Q_OBJECT
public:
    Widget(QWidget *parent = nullptr);
    ~Widget();
private:
    QMediaCaptureSession *session;          //媒体捕获器指针
    QMediaRecorder *recorder;               //媒体录制器指针
    QAudioInput *audioInput;                //音频输入设备指针
    QHBoxLayout *hbox1,*hbox2;              //水平布局指针
    QVBoxLayout *vbox;                      //垂直布局指针
```

```cpp
    QPushButton *btnRecord, *btnPause, *btnStop, *btnExit;   //按钮指针
    QLabel *labelTip, *labelTime;                             //标签指针
    QLineEdit *linePath;                                      //单行文本框指针
private slots:
    void btn_record();
    void btn_stop();
    void duration_changed(qint64 duration);
    void btn_pause();
};
#endif //WIDGET_H
```

(4) 编写 widget.cpp 文件中的代码,代码如下:

```cpp
/* 第9章 demo4 widget.cpp */
#include "widget.h"

Widget::Widget(QWidget *parent):QWidget(parent)
{
    setGeometry(300,300,580,150);
    setWindowTitle("QMediaCaptureSession、QMediaRecorder");
    //创建、设置 QMediaCaptureSession 对象
    session = new QMediaCaptureSession();
    recorder = new QMediaRecorder();
    audioInput = new QAudioInput(this);
    session->setAudioInput(audioInput);
    session->setRecorder(recorder);
    //创建水平布局对象,添加4个按钮控件
    hbox1 = new QHBoxLayout();
    btnRecord = new QPushButton("录音");
    btnRecord->setIcon(style()->standardIcon(QStyle::SP_MediaPlay));
    btnPause = new QPushButton("暂停");
    btnPause->setIcon(style()->standardIcon(QStyle::SP_MediaPause));
    btnStop = new QPushButton("停止");
    btnStop->setIcon(style()->standardIcon(QStyle::SP_MediaStop));
    btnExit = new QPushButton("退出");
    btnExit->setIcon(style()->standardIcon(QStyle::SP_DialogCloseButton));
    hbox1->addWidget(btnRecord);
    hbox1->addWidget(btnPause);
    hbox1->addWidget(btnStop);
    hbox1->addWidget(btnExit);
    //创建水平布局对象,添加两个标签控件、1个单行文本输入框
    hbox2 = new QHBoxLayout();
    labelTip = new QLabel("输出文件: ");
    linePath = new QLineEdit();
    labelTime = new QLabel("已录制 0s");
    hbox2->addWidget(labelTip);
    hbox2->addWidget(linePath);
    hbox2->addWidget(labelTime);
    //创建垂直布局,并添加其他布局
    vbox = new QVBoxLayout(this);
    vbox->addLayout(hbox1);
```

```cpp
    vbox->addLayout(hbox2);
    //使用信号/槽
    connect(btnRecord,SIGNAL(clicked()),this,SLOT(btn_record()));
    connect(btnStop,SIGNAL(clicked()),this,SLOT(btn_stop()));
    connect(recorder,SIGNAL(durationChanged(qint64)),this,SLOT(duration_changed(qint64)));
    connect(btnPause,SIGNAL(clicked()),this,SLOT(btn_pause()));
    connect(btnExit,SIGNAL(clicked()),this,SLOT(close()));
}

Widget::~Widget() {}
//开始录制
void Widget::btn_record(){
    QString pathName = linePath->text();
    if(pathName == "")
        return;
    if(QFile::exists(pathName))
        QFile::remove(pathName);
    //设置输出文件
    recorder->setOutputLocation(QUrl::fromLocalFile(pathName));
    QMediaFormat format1(QMediaFormat::WMA);
    format1.setAudioCodec(QMediaFormat::AudioCodec::WMA);
    recorder->setMediaFormat(format1);                      //设置媒体文件格式
    recorder->setAudioSampleRate(16000);                    //设置音频采样频率
    recorder->setAudioChannelCount(1);                      //设置音频通道数
    recorder->setAudioBitRate(32000);                       //设置音频比特率
    recorder->setQuality(QMediaRecorder::HighQuality);
    //设置编码模式
    recorder->setEncodingMode(QMediaRecorder::ConstantBitRateEncoding);
    recorder->record();
    qDebug()<< recorder->recorderState();                   //打印录制状态
    btnRecord->setEnabled(false);
}
//停止录制
void Widget::btn_stop(){
    recorder->stop();
    btnRecord->setEnabled(true);
}
//显示录制文件的持续时间
void Widget::duration_changed(qint64 duration){
    int time1 = duration/1000;
    QString str1 = "已录制" + QString::number(time1) + "秒";
    labelTime->setText(str1);
}
//暂停录制
void Widget::btn_pause(){
    QMediaRecorder::RecorderState state = recorder->recorderState();
    if(state == QMediaRecorder::RecordingState){
        recorder->pause();
        btnRecord->setEnabled(true);
    }
}
```

(5) 其他文件保持不变，运行结果如图 9-7 所示。

图 9-7 项目 demo4 的运行结果

注意： 如果在创建音频录制器程序时出现异常，则可以使用 QMediaRecorder 类的 errorString() 方法找出异常原因；同样可以使用 recorderState() 方法获取录制状态。使用 QMediaFormat 类可设置音频文件的格式，QMediaFormat 类的介绍可参考后续 9.5.5 节。

9.4 播放视频

在 Qt 6 中，使用 QMediaPlayer 类不仅可以播放音频文件，也可以播放视频文件。如果使用 QMediaPlayer 类播放视频文件，则需要使用 QVideoWidget 类显示视频帧，或者使用 QGraphicsVideoItem 类显示视频帧。本节将介绍 QVideoWidget 类和 QGraphicsVideoItem 类的用法。

9.4.1 使用 QVideoWidget 类播放视频

在 Qt 6 中，使用 QVideoWidegt 类可以显示视频画面。QVideoWidget 类的继承关系如图 9-8 所示。

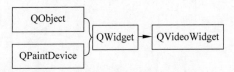

图 9-8 QVideoWidget 类的继承关系

QVideoWidget 类位于 QtMultimediaWidgets 子模块下，其构造函数如下：

QVideoWidget(QWidget * parent = nullptr)

其中，parent 表示 QWidget 类及其子类创建的对象指针。

QVideoWidget 类的常用方法见表 9-15。

表 9-15 QVideoWidget 类的常用方法

方法及参数类型	说 明	返回值的类型
[slot]setAspectRadioMode(Qt::AspectRadioMode mode)	设置视频宽高比的缩放模式	
[slot]setFullScreen(bool fullScreen)	设置是否全屏显示	
aspectRatioMode()	获取视频的宽高比的缩放模式	Qt::AspectRatioMode

续表

方法及参数类型	说明	返回值的类型
isFullScreen()	获取是否全屏显示	bool
videoSink()	获取视频中的单帧数据对象	QVideoSink *

QVideoWidget 类的信号见表 9-16。

表 9-16　QVideoWidget 类的信号

信号及参数类型	说明
aspectRatioModeChanged(Qt::AspectRatioMode mode)	当视频宽高比的缩放模式发生改变时发送信号
fullScreenChanged(bool fullScreen)	当视频的全屏状态发生改变时发送信号

【**实例 9-5**】　使用 QVideoWidget 类、QMediaPlayer 类创建一个视频播放器，使用该播放器可播放 MP4、WMV 等格式的视频文件，操作步骤如下：

(1) 使用 Qt Creator 创建一个模板为 Qt Widgets Application 的项目，将该项目命名为 demo5，并保存在 D 盘的 Chapter9 文件夹下；在向导对话框中选择基类 QWidget，不勾选 Generate form 复选框。

(2) 在项目的配置文件 demo5.pro 中添加下面的语句：

```
QT += multimedia
QT += multimediawidgets
```

(3) 编写 widget.h 文件中的代码，代码如下：

```
/* 第9章 demo5 widget.h */
#ifndef WIDGET_H
#define WIDGET_H

#include <QWidget>
#include <QtMultimedia>
#include <QtMultimediaWidgets>
#include <QHBoxLayout>
#include <QVBoxLayout>
#include <QPushButton>
#include <QLabel>
#include <QSlider>
#include <QFileDialog>
#include <QStyle>
#include <QUrl>

class Widget : public QWidget
{
    Q_OBJECT
public:
    Widget(QWidget *parent = nullptr);
    ~Widget();
private:
    QMediaPlayer *player;                              //对象指针
```

```cpp
    QAudioOutput * audioOutput;
    QVideoWidget * videoWidget;
    QHBoxLayout * hbox;                                    //水平布局指针
    QVBoxLayout * vbox;                                    //垂直布局指针
    QPushButton * btnOpen, * btnPlay, * btnPause, * btnStop;  //按钮指针
    QLabel * labelTime;                                    //标签指针
    QSlider * slider;                                      //滑块指针
    QString durationTime;                                  //视频文件的持续时间
    QString positionTime;                                  //视频文件播放的时间
private slots:
    void btn_open();
    void btn_play();
    void btn_pause();
    void btn_stop();
    void position_changed(qint64 position);
    void duration_changed(qint64 duration);
    void set_position(int pos);
};
#endif //WIDGET_H
```

(4) 编写 widget.cpp 文件中的代码,代码如下:

```cpp
/* 第 9 章 demo5 widget.cpp */
#include "widget.h"

Widget::Widget(QWidget * parent):QWidget(parent)
{
    setGeometry(300,300,580,280);
    setWindowTitle("QVideoWidget、QMediaPlayer");
    player = new QMediaPlayer();
    audioOutput = new QAudioOutput();
    player->setAudioOutput(audioOutput);  //设置音频输出设备
    videoWidget = new QVideoWidget();
    player->setVideoOutput(videoWidget);  //设置显示视频帧的控件
    //创建水平布局对象,添加 4 个按钮、1 个标签、1 个滑块控件
    hbox = new QHBoxLayout();
    btnOpen = new QPushButton();
    btnOpen->setIcon(style()->standardIcon(QStyle::SP_DialogOpenButton));
    btnPlay = new QPushButton();
    btnPlay->setIcon(style()->standardIcon(QStyle::SP_MediaPlay));
    btnPause = new QPushButton();
    btnPause->setIcon(style()->standardIcon(QStyle::SP_MediaPause));
    btnStop = new QPushButton();
    btnStop->setIcon(style()->standardIcon(QStyle::SP_MediaStop));
    slider = new QSlider(Qt::Horizontal);
    slider->setRange(0,0);
    labelTime = new QLabel();
    hbox->addWidget(btnOpen);
    hbox->addWidget(btnPlay);
    hbox->addWidget(btnPause);
    hbox->addWidget(btnStop);
    hbox->addWidget(labelTime);
```

```cpp
    hbox->addWidget(slider);
    //创建垂直布局对象,并添加其他布局、控件
    vbox = new QVBoxLayout(this);
    vbox->addWidget(videoWidget);
    vbox->addLayout(hbox);
    //使用信号/槽
    connect(btnOpen,SIGNAL(clicked()),this,SLOT(btn_open()));
    connect(btnPlay,SIGNAL(clicked()),this,SLOT(btn_play()));
    connect(player,SIGNAL(positionChanged(qint64)),this,SLOT(position_changed(qint64)));
    connect(player,SIGNAL(durationChanged(qint64)),this,SLOT(duration_changed(qint64)));
    connect(slider,SIGNAL(sliderMoved(int)),this,SLOT(set_position(int)));
    connect(btnPause,SIGNAL(clicked()),this,SLOT(btn_pause()));
    connect(btnStop,SIGNAL(clicked()),this,SLOT(btn_stop()));
}

Widget::~Widget() {}
//打开视频文件
void Widget::btn_open(){
    QString curPath = QDir::currentPath();              //获取程序当前目录
    QString filter = "视频文件(*.mp4 *.wmv);;所有文件(*.*)";
    QString title = "打开视频文件";                      //文件对话框的标题
    QString fileName = QFileDialog::getOpenFileName(this,title,curPath,filter);
    if(fileName.isEmpty())
        return;
    player->setSource(QUrl::fromLocalFile(fileName));
    int duration = player->duration();
    int secs = duration/1000;
    int mins = secs/60;
    secs = secs % 60;
    durationTime = QString::number(mins) + ":" + QString::number(secs);
}
//播放视频
void Widget::btn_play(){
    if(player->isPlaying() == false){
        player->play();
    }
    else{
        return;
    }
}
//暂停播放
void Widget::btn_pause(){
    if(player->isPlaying() == true){
        player->pause();
    }
    else{
        return;
    }
}
//停止播放
void Widget::btn_stop(){
```

```
    player->stop();
    slider->setSliderPosition(0);
}
//当视频播放位置发生改变时连接的槽函数
void Widget::position_changed(qint64 position){
    slider->setSliderPosition(position);
    int secs = position/1000;
    int mins = secs/60;
    secs = secs % 60;
    positionTime = QString::number(mins) + ":" + QString::number(secs);
    labelTime->setText(positionTime + "/" + durationTime);
}
//当视频文件的持续时间发生改变时连接的槽函数
void Widget::duration_changed(qint64 duration){
    slider->setMaximum(duration);
    int secs = duration/1000;
    int mins = secs/60;
    secs = secs % 60;
    durationTime = QString::number(mins) + ":" + QString::number(secs);
}
//当滑块的位置发生改变时连接的槽函数
void Widget::set_position(int pos){
    slider->setSliderPosition(pos);
    player->setPosition(pos);
}
```

(5) 其他文件保持不变,运行结果如图 9-9 所示。

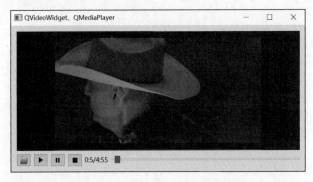

图 9-9　项目 demo5 的运行结果

9.4.2　使用 QGraphicsVideoItem 类播放视频

在 Qt 6 中,使用 QGraphicsVideoItem 类可以显示视频画面。QGraphicsVideoItem 类是适用于 Graphics/View 框架的视频输出控件。当使用 QGraphicsVideoItem 类显示视频时,可以在显示场景中和其他图形项组合显示,也可以实现放大、缩小、拖放、旋转等功能(继承自 QGraphicsItem 类)。

QGraphicsVideoItem 类的继承关系如图 9-10 所示。

第9章 多媒体

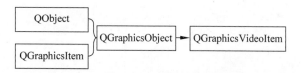

图 9-10　QGraphicsVideoItem 类的继承关系

QGraphicsVideoItem 类位于 QtMultimediaWidgets 子模块下，其构造函数如下：

```
QGraphicsVideoItem(QGraphicsItem * parent = nullptr)
```

其中，parent 表示 QGraphicsItem 类及其子类创建的对象指针。

QGraphicsVideoItem 类的常用方法见表 9-17。

表 9-17　QGraphicsVideoItem 类的常用方法

方法及参数类型	说　　明	返回值的类型
aspectRatioMode()	获取视频宽高比的缩放模式	Qt::AspectRatioMode
setAspectRatioMode(Qt::AspectRatioMode m)	设置视频宽高比的缩放模式	
nativeSize()	视频的原尺寸	QSizeF
offset()	获取视频项的偏移量	QPointF
setOffset(QPointF &offset)	设置视频项的偏移量	
setSize(QSizeF &size)	设置视频项的宽和高	
size()	获取视频项的宽和高	QSizeF
videoSink()	获取视频预览	QVideoSink *
boundingRect()	获取边界矩形	QRectF

QGraphicsVideoItem 类的独有信号只有一个 nativeSizeChanged(QSizeF &size)，当视频的原尺寸发生改变时发送信号。

【实例 9-6】　使用 QGraphicsVideoItem 类、QMediaPlayer 类创建一个视频播放器，使用该播放器可播放 MP4、WMV 等格式的视频文件。要求具有放大和缩小视频画面的功能，操作步骤如下：

（1）使用 Qt Creator 创建一个模板为 Qt Widgets Application 的项目，将该项目命名为 demo6，并保存在 D 盘的 Chapter9 文件夹下；在向导对话框中选择基类 QWidget，不勾选 Generate form 复选框。

（2）在项目的配置文件 demo6.pro 中添加下面的语句：

```
QT += multimedia
QT += multimediawidgets
```

（3）编写 widget.h 文件中的代码，代码如下：

```
/* 第 9 章 demo6 widget.h */
#ifndef WIDGET_H
#define WIDGET_H

#include <QWidget>
#include <QtMultimedia>
```

```cpp
#include <QtMultimediaWidgets>
#include <QHBoxLayout>
#include <QVBoxLayout>
#include <QPushButton>
#include <QLabel>
#include <QSlider>
#include <QFileDialog>
#include <QStyle>
#include <QGraphicsView>
#include <QGraphicsScene>
#include <QGraphicsItem>
#include <QUrl>
#include <QSizeF>
#include <QIcon>

class Widget : public QWidget
{
    Q_OBJECT
public:
    Widget(QWidget * parent = nullptr);
    ~Widget();
private:
    QMediaPlayer * player;                              //对象指针
    QAudioOutput * audioOutput;
    QGraphicsView * videoView;
    QGraphicsScene * scene;
    QGraphicsVideoItem * videoItem;                     //视频项指针
    QHBoxLayout * hbox;                                 //水平布局指针
    QVBoxLayout * vbox;                                 //垂直布局指针
    QPushButton * btnOpen, * btnPlay, * btnPause, * btnStop;  //按钮指针
    QPushButton * btnZoomIn, * btnZoomOut;              //按钮指针
    QLabel * labelTime;                                 //标签指针
    QSlider * slider;                                   //滑块指针
    QString durationTime;                               //视频文件的持续时间
    QString positionTime;                               //视频文件播放的时间
private slots:
    void btn_open();
    void btn_play();
    void btn_pause();
    void btn_stop();
    void position_changed(qint64 position);
    void duration_changed(qint64 duration);
    void set_position(int pos);
    void btn_zoomIn();
    void btn_zoomOut();
};
#endif //WIDGET_H
```

(4) 编写 widget.cpp 文件中的代码,代码如下:

```cpp
/* 第 9 章 demo6 widget.cpp */
#include "widget.h"
```

```cpp
Widget::Widget(QWidget *parent):QWidget(parent)
{
    setGeometry(300,300,580,280);
    setWindowTitle("QGraphicsVideoItem、QMediaPlayer");
    //创建 QMediaPlayer 对象,设置音频输出设备
    player = new QMediaPlayer();
    audioOutput = new QAudioOutput();
    player->setAudioOutput(audioOutput);          //设置音频输出设备
    //创建视图控件、场景控件
    videoView = new QGraphicsView();
    scene = new QGraphicsScene();
    videoView->setScene(scene);
    //创建视频项对象
    videoItem = new QGraphicsVideoItem();
    videoItem->setSize(QSizeF(360,230));
    videoItem->setFlags(QGraphicsItem::ItemIsMovable|QGraphicsItem::ItemIsSelectable);
    scene->addItem(videoItem);                    //向场景中加入视频项
    player->setVideoOutput(videoItem);            //设置显示视频帧的控件
    //创建水平布局对象,添加 4 个按钮、1 个标签、1 个滑块控件
    hbox = new QHBoxLayout();
    btnOpen = new QPushButton();
    btnOpen->setIcon(style()->standardIcon(QStyle::SP_DialogOpenButton));
    btnPlay = new QPushButton();
    btnPlay->setIcon(style()->standardIcon(QStyle::SP_MediaPlay));
    btnPause = new QPushButton();
    btnPause->setIcon(style()->standardIcon(QStyle::SP_MediaPause));
    btnStop = new QPushButton();
    btnStop->setIcon(style()->standardIcon(QStyle::SP_MediaStop));
    btnZoomIn = new QPushButton();
    btnZoomIn->setIcon(QIcon("D:\\Chapter9\\放大.png"));
    btnZoomOut = new QPushButton();
    btnZoomOut->setIcon(QIcon("D:\\Chapter9\\缩小.png"));
    slider = new QSlider(Qt::Horizontal);
    slider->setRange(0,0);
    labelTime = new QLabel();
    hbox->addWidget(btnOpen);
    hbox->addWidget(btnPlay);
    hbox->addWidget(btnPause);
    hbox->addWidget(btnStop);
    hbox->addWidget(btnZoomIn);
    hbox->addWidget(btnZoomOut);
    hbox->addWidget(labelTime);
    hbox->addWidget(slider);
    //创建垂直布局对象,并添加其他布局、控件
    vbox = new QVBoxLayout(this);
    vbox->addWidget(videoView);
    vbox->addLayout(hbox);
    //使用信号/槽
    connect(btnOpen,SIGNAL(clicked()),this,SLOT(btn_open()));
```

```cpp
        connect(btnPlay,SIGNAL(clicked()),this,SLOT(btn_play()));
        connect(player,SIGNAL(positionChanged(qint64)),this,SLOT(position_changed(qint64)));
        connect(player,SIGNAL(durationChanged(qint64)),this,SLOT(duration_changed(qint64)));
        connect(slider,SIGNAL(sliderMoved(int)),this,SLOT(set_position(int)));
        connect(btnPause,SIGNAL(clicked()),this,SLOT(btn_pause()));
        connect(btnStop,SIGNAL(clicked()),this,SLOT(btn_stop()));
        connect(btnZoomIn,SIGNAL(clicked()),this,SLOT(btn_zoomIn()));
        connect(btnZoomOut,SIGNAL(clicked()),this,SLOT(btn_zoomOut()));
}

Widget::~Widget() {}
//打开视频文件
void Widget::btn_open(){
    QString curPath = QDir::currentPath();          //获取程序当前目录
    QString filter = "视频文件(*.mp4 *.wmv);;所有文件(*.*)";
    QString title = "打开视频文件";                  //文件对话框的标题
    QString fileName = QFileDialog::getOpenFileName(this,title,curPath,filter);
    if(fileName.isEmpty())
        return;
    player->setSource(QUrl::fromLocalFile(fileName));
    int duration = player->duration();
    int secs = duration/1000;
    int mins = secs/60;
    secs = secs % 60;
    durationTime = QString::number(mins) + ":" + QString::number(secs);
}
//播放视频
void Widget::btn_play(){
    if(player->isPlaying() == false){
        player->play();
    }
    else{
        return;
    }
}
//暂停播放
void Widget::btn_pause(){
    if(player->isPlaying() == true){
        player->pause();
    }
    else{
        return;
    }
}
//停止播放
void Widget::btn_stop(){
    player->stop();
    slider->setSliderPosition(0);
}
//当视频播放位置发生改变时连接的槽函数
void Widget::position_changed(qint64 position){
    slider->setSliderPosition(position);
```

```cpp
        int secs = position/1000;
        int mins = secs/60;
        secs = secs % 60;
        positionTime = QString::number(mins) + ":" + QString::number(secs);
        labelTime -> setText(positionTime + "/" + durationTime);
}
//当视频文件的持续时间发生改变时连接的槽函数
void Widget::duration_changed(qint64 duration){
        slider -> setMaximum(duration);
        int secs = duration/1000;
        int mins = secs/60;
        secs = secs % 60;
        durationTime = QString::number(mins) + ":" + QString::number(secs);
}
//当滑块的位置发生改变时连接的槽函数
void Widget::set_position(int pos){
        slider -> setSliderPosition(pos);
        player -> setPosition(pos);
}
//放大功能
void Widget::btn_zoomIn(){
        float factor = videoItem -> scale();
        videoItem -> setScale(factor + 0.1);
}
//缩小功能
void Widget::btn_zoomOut(){
        float factor = videoItem -> scale();
        videoItem -> setScale(factor - 0.1);
}
```

(5) 其他文件保持不变, 运行结果如图9-11所示。

图 9-11 项目 demo6 的运行结果

注意: 在项目 demo6 中有场景对象, 开发者可向场景中添加其他图形项。

9.5 应用摄像头

如果开发者要使用计算机的摄像头进行录像和拍照, 则需要使用 QMediaCaptureSession 类、QMediaRecorder 类、QCameraDevice 类、QCamera 类、QImageCapture 类。已在前面的

章节中介绍了媒体捕获器类 QMediaCaptureSession 和媒体录制器类 QMediaRecorder 的用法。本节将介绍 QCameraDevice 类、QCamera 类、QImageCapture 类、QMediaFormat 类的用法,以及其实例。

9.5.1 摄像头设备类 QCameraDevice

在 Qt 6 中,使用 QCameraDevice 类可以设置一个摄像头作为视频输出设备。QCameraDevice 类位于 QtMultimedia 子模块下,其构造函数如下:

```
QCameraDevice()
QCameraDevice(const QCameraDevice &other)
```

其中,other 表示 QCamera 类创建的实例对象。

1. QCameraDevice 类的常用方法

QCameraDevice 类的常用方法见表 9-18。

表 9-18 QCameraDevice 类的常用方法

方法及参数类型	说　明	返回值的类型
description()	获取描述摄像头的字符串	QString
id()	获取摄像头的 ID	QByteArray
isDefault()	获取是否为系统默认的摄像头	bool
isNull()	获取设备是否有效	bool
photoResolutions()	获取支持的拍照分辨率列表	QList＜QSize＞
position()	获取摄像头的位置	QCameraDevice::Position
videoFormats()	获取支持的视频格式列表	QList＜QCameraFormat＞

在表 9-18 中,QCameraDevice::Position 的枚举常量为 QCameraDevice::BackFace(后置摄像头)、QCameraDevice::FrontFace(前置摄像头)、QCameraDevice::UnspecifiedPosition(位置不确定)。

2. QMediaDevices 类的方法和信号

在 Qt 6 中,使用 QMediaDevices 类可获取系统中多媒体输入和输出设备的信息。QMediaDevices 的继承关系如图 9-12 所示。

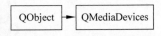

图 9-12 QMediaDevices 类的继承关系

QMediaDevices 类位于 QtMultimedia 子模块下,其构造函数如下:

```
QMediaDevices(QObject *parent = nullptr)
```

其中,parent 表示指向父对象的指针。

QMediaDevices 类的常用方法见表 9-19。

表 9-19 QMediaDevices 类的常用方法

方法及参数类型	说　明	返回值的类型
[static]audioInputs()	获取系统的音频输入设备列表	QList＜QAudioDevice＞
[static]audioOutputs()	获取系统的音频输出设备列表	QList＜QAudioDevice＞

续表

方法及参数类型	说　　明	返回值的类型
[static]defaultAudioInput()	获取系统的默认音频输入设备	QAudioDevice
[static]defaultAudioOutput()	获取系统的默认音频输出设备	QAudioDevice
[static]defaultVideoInput()	获取系统的默认视频输入设备	QCameraDevice
[static]videoInputs()	获取系统的视频输入设备列表	QList<QCameraDevice>

QMediaDevices 类的信号见表 9-20。

表 9-20　QMediaDevices 类的信号

信号及参数类型	说　　明
audioInputsChanged()	当音频输入设备发生改变时发送信号
audioOutputsChanged()	当音频输出设备发生改变时发送信号
videoInputsChanged()	当视频输入设备发生改变时发送信号

【实例 9-7】　创建一个包含 3 个按钮、1 个多行纯文本输入框的窗口程序。使用这 3 个按钮分别显示系统的摄像头、音频输入设备、视频输出设备的相关信息,操作步骤如下:

(1) 使用 Qt Creator 创建一个模板为 Qt Widgets Application 的项目,将该项目命名为 demo7,并保存在 D 盘的 Chapter9 文件夹下;在向导对话框中选择基类 QWidget,不勾选 Generate form 复选框。

(2) 在项目的配置文件 demo7.pro 中添加下面的语句:

```
QT += multimedia
```

(3) 编写 widget.h 文件中的代码,代码如下:

```
/* 第 9 章 demo7 widget.h */
#ifndef WIDGET_H
#define WIDGET_H

#include <QWidget>
#include <QtMultimedia>
#include <QHBoxLayout>
#include <QVBoxLayout>
#include <QPushButton>
#include <QPlainTextEdit>

class Widget : public QWidget
{
    Q_OBJECT
public:
    Widget(QWidget * parent = nullptr);
    ~Widget();
private:
    QHBoxLayout * hbox;                              //水平布局指针
    QVBoxLayout * vbox;                              //垂直布局指针
    QPushButton * btnCamera, * btnInputs, * btnOutputs;   //按钮指针
    QPlainTextEdit * textEdit;                       //多行纯文本框指针
```

```cpp
private slots:
    void btn_camera();
    void btn_inputs();
    void btn_outputs();
};
#endif //WIDGET_H
```

(4) 编写 widget.cpp 文件中的代码,代码如下:

```cpp
/* 第 9 章 demo7 widget.cpp */
#include "widget.h"

Widget::Widget(QWidget *parent):QWidget(parent)
{
    setGeometry(300,300,580,230);
    setWindowTitle("QMediaDevices");
    //创建水平布局对象,添加3个按钮
    hbox = new QHBoxLayout();
    btnCamera = new QPushButton("摄像头信息");
    btnInputs = new QPushButton("音频输入设备信息");
    btnOutputs = new QPushButton("音频输出设备信息");
    hbox->addWidget(btnCamera);
    hbox->addWidget(btnInputs);
    hbox->addWidget(btnOutputs);
    //创建纯文本输入控件
    textEdit = new QPlainTextEdit();
    //创建垂直布局对象,添加其他布局、控件
    vbox = new QVBoxLayout(this);
    vbox->addLayout(hbox);
    vbox->addWidget(textEdit);
    //使用信号/槽
    connect(btnCamera,SIGNAL(clicked()),this,SLOT(btn_camera()));
    connect(btnInputs,SIGNAL(clicked()),this,SLOT(btn_inputs()));
    connect(btnOutputs,SIGNAL(clicked()),this,SLOT(btn_outputs()));
}

Widget::~Widget() {}

void Widget::btn_camera(){
    QList<QCameraDevice> cList = QMediaDevices::videoInputs();
    for(int i=0;i<cList.size();i++){
        textEdit->appendPlainText("摄像头: " + cList[i].description());
    }
}

void Widget::btn_inputs(){
    QList<QAudioDevice> iList = QMediaDevices::audioInputs();
    for(int i=0;i<iList.size();i++){
        textEdit->appendPlainText("音频输入设备: " + iList[i].description());
    }
}
```

```
void Widget::btn_outputs(){
    QList<QAudioDevice> oList = QMediaDevices::audioOutputs();
    for(int i = 0;i < oList.size();i++){
        textEdit->appendPlainText("音频输出设备："+oList[i].description());
    }
}
```

（5）其他文件保持不变，运行结果如图 9-13 所示。

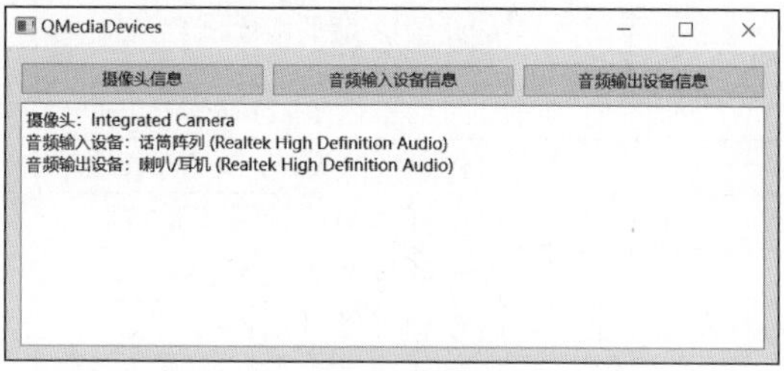

图 9-13　项目 demo7 的运行结果

9.5.2　摄像头控制接口类 QCamera

在 Qt 6 中，使用 QCamera 类可以设置摄像头的控制接口，包括调焦、曝光补偿、色温调节等功能（如果摄像头支持这些功能）。如果使用 QCamera 类设置摄像头的控制接口，则首先要设置一个具体的摄像头对象（QCameraDevice）。

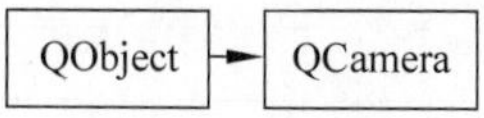

图 9-14　QCamera 类的继承关系

QCamera 类的继承关系如图 9-14 所示。

QCamera 类位于 QtMultimedia 子模块下，其构造函数如下：

```
QCamera(QObject *parent = nullptr)
QCamera(const QCameraDevice &cameraDevice,QObject *parent = nullptr)
QCamera(QCameraDevice::Position position,QObject *parent = nullptr)
```

其中，parent 表示 QObject 类及其子类创建的对象指针；cameraDevice 表示 QCameraDevice 类创建的实例对象。

QCamera 类的常用方法见表 9-21。

表 9-21　QCamera 类的常用方法

方法及参数类型	说　　明	返回值的类型
[slot]setActive(bool active)	设置是否为活跃状态	
[slot]setAutoExposureTime()	设置自动计算曝光时间	
[slot]setAutoIsoSensitivity()	根据曝光值开启自动选择 ISO 感光度	
[slot]setColorTemperature(int colorTemperature)	设置色温	
[slot]setExposureCompensation(float ev)	设置曝光补偿	
[slot]setExposureMode(QCamera::ExposureMode)	设置曝光模式	

续表

方法及参数类型	说　　明	返回值的类型
[slot]setFlashMode(QCamera::FlashMode)	设置快闪模式	
[slot]setManualExposureTime(float seconds)	设置自定义曝光时间	
[slot]setManualIsoSensitivity(int iso)	设置自定义 ISO 感光度	
[slot]setTorchMode(QCamera::TorchMode m)	设置辅助光源模式	
[slot]setWhiteBalanceMode(QCamera::WhiteBalanceMode m)	设置白光平衡模式	
[slot]start()	启动摄像头，与 SetActive(true) 相同	
[slot]stop()	停止摄像头，与 SetActive(false) 相同	
[slot]zoomTo(float factor, float rate)	根据速率设置缩放系数	
cameraDevice()	获取摄像头设备	QCameraDevice
setCameraDevice(QCameraDevice &cameraDevice)	设置摄像头设备	
cameraFormat()	获取摄像头当前的格式	QCameraFormat
setCameraFormat(QCameraFormat &format)	设置摄像头当前的格式	
captureSession()	获取关联的媒体捕获器	QMediaCaptureSession *
colorTemperature()	获取色温	int
error()	获取发生的错误类型	QCamera::Error
errorString()	获取描述错误的字符串	QString
exposureCompensation()	获取曝光补偿	float
exposureMode()	获取曝光模式	QCamera::ExposureMode
exposureTime()	获取曝光时间(秒)	float
flashMode()	获取快闪模式	QCamera::FlashMode
focusDistance()	获取焦距	float
setFocusDistance(float d)	设置焦距	
focusMode()	获取对焦模式	QCamera::FocusMode
setFocusMode(QCamera::FocusMode mode)	设置对焦模式	
focusPoint()	获取焦点	QPointF
isActive()	获取摄像头是否处于活跃状态	bool
isAvailable()	获取摄像头是否有效	bool
isExposureModeSupported(QCamera::ExposureMode mode)	获取是否支持指定的曝光模式	bool
isFlashModeSupported(QCamera::FlashMode m)	获取是否支持指定的快闪模式	bool
isFlashReady()	获取是否可以使用快闪模式	bool
isFocusModeSupported(QCamera::FocusMode m)	获取是否支持指定的对焦模式	bool
isTorchModeSupported(QCamera::TorchMode m)	获取是否支持指定的辅助光源模式	bool

续表

方法及参数类型	说明	返回值的类型
isWhiteBalanceModeSupported(QCamera::WhiteBalanceMode mode)	获取是否支持指定的白光平衡模式	bool
isoSensitivity()	获取传感器 ISO 的感光度	int
manualExposureTime()	获取自定义曝光时间(秒),如果相机使用自动曝光时间,则返回-1	float
manualIsoSensitivity()	获取自定义设置的 ISO 感光度	int
maximumExposureTime()	获取最大曝光时间(秒)	float
maximumIsoSensitivity()	获取最大 ISO 感光度	int
maximumZoomFactor()	获取最大缩放系数	float
minimumExposureTime()	获取最小曝光时间(秒)	float
minimumIsoSensitivity()	获取最小 ISO 感光度	int
minimumZoomFactor()	获取最小缩放系数	float
customFocusPoint()	获取自定义焦点在相对帧坐标中的位置：QPointF(0,0)指向左顶部帧点,QPointF(0.5,0.5)指向帧中心	QPointF
setCustomFocusPoint(QPointF &point)	设置自定义焦点的位置	
zoomFactor()	获取当前的缩放系数	float
setZoomFactor(float factor)	设置缩放系数	
supportedFeatures()	返回该摄像头支持的特性	QCamera::Features
torchMode()	获取辅助光源模式	QCamera::TorchMode
whiteBalanceMode()	获取白光平衡模式	QCamera::WhiteBalanceMode

在表 9-21 中,QCamera::Torch 的枚举常量为 QCamera::TorchOff、QCamera::TorchOn、QCamera::TorchAuto。

在表 9-21 中,QCamera::ExposureMode 的枚举常量见表 9-22。

表 9-22　QCamera::ExposureMode 的枚举常量

枚 举 常 量	说明	枚 举 常 量	说明
QCamera::ExposureAuto	自动	QCamera::ExposureNightPortrait	夜晚人物
QCamera::ExposureManual	手动	QCamera::ExposureTheatre	剧院
QCamera::ExposurePortrait	人物	QCamera::ExposureSunset	傍晚
QCamera::ExposureNight	夜晚	QCamera::ExposureSteadyPhoto	固定
QCamera::ExposureSports	运动	QCamera::ExposureFireworks	烟花
QCamera::ExposureSnow	雪景	QCamera::ExposureParty	宴会
QCamera::ExposureBeach	海景	QCamera::ExposureCandlelight	烛光
QCamera::ExposureAction	动作	QCamera::ExposureBarcode	条码
QCamera::ExposureLandscape	风景		

在表 9-21 中，QCamera∷FocusMode 的枚举常量见表 9-23。

表 9-23　QCamera∷FocusMode 的枚举常量

枚 举 常 量	说　　明
QCamera∷FocusModeAuto	连续自动的对焦模式
QCamera∷FocusModeAutoNear	对近处物体连续自动的对焦模式
QCamera∷FocusModeAutoFar	对远处物体连续自动的对焦模式
QCamera∷FocusModeHyperfocal	对超过焦距距离范围的物体采用最大景深值
QCamera∷FocusModeInfinity	对无限远的对焦模式
QCamera∷FocusModeManual	手动或固定的对焦模式

在表 9-21 中，QCamera∷WhiteBalanceMode 的枚举常量见表 9-24。

表 9-24　QCamera∷WhiteBalanceMode 的枚举常量

枚 举 常 量	说 明	枚 举 常 量	说 明
QCamera∷WhiteBalanceAuto	自动	QCamera∷WhiteBalanceSunlight	阳光
QCamera∷WhiteBalanceManual	手动	QCamera∷WhiteBalanceCloudy	云
QCamera∷WhiteBalanceShade	阴影	QCamera∷WhiteBalanceFlash	快闪
QCamera∷WhiteBalanceTungsten	钨灯	QCamera∷WhiteBalanceSunset	日落
QCamera∷WhiteBalanceFluorescent	荧光灯		

在表 9-21 中，QCamera∷Features 的枚举常量见表 9-25。

表 9-25　QCamera∷Features 的枚举常量

枚 举 常 量	说　　明
QCamera∷Feature∷ColorTemperature	支持色温
QCamera∷Feature∷ExposureCompensation	支持曝光补偿
QCamera∷Feature∷IsoSensitivity	支持自定义光敏感值，即支持自定义 ISO 感光度
QCamera∷Feature∷ManualExposureTime	支持自定义曝光时间
QCamera∷Feature∷CustomFocusPoint	支持自定义焦点
QCamera∷Feature∷FocusDistance	支持自定义焦距

QCamera 类的信号见表 9-26。

表 9-26　QCamera 类的信号

信号及参数类型	说　　明
activeChanged(bool)	当活动状态发生改变时发送信号
cameraDeviceChanged()	当具体的摄像头发生改变时发送信号
cameraFormatChanged()	当格式发生改变时发送信号
colorTemperatureChanged()	当色温发生改变时发送信号
contrastChanged()	当对比度发生改变时发送信号
customFocusPointChanged()	当自定义焦点的位置发生改变时发送信号
errorChanged()	当错误状态发生改变时发送信号

续表

信号及参数类型	说明
errorOccurred(QCamera::Error error,QString &errorString)	当发生错误时发送信号
exposureCompensationChanged(float value)	当曝光补偿发生改变时发送信号
exposureModeChanged()	当曝光模式发生改变时发送信号
exposureTimeChanged(float speed)	当曝光时间发生改变时发送信号
flashModeChanged()	当快闪模式发生改变时发送信号
flashReady(bool ready)	当可以进行快闪时发送信号
focusDistanceChanged(float distance)	当焦距发生改变时发送信号
focusModeChanged()	当对焦模式发生改变时发送信号
focusPointChanged()	当自动对焦系统的焦点发生改变时发送信号
hueChanged()	当色度发生改变时发送信号
isoSensitivityChanged(int value)	当ISO感光度发生改变时发送信号
manualExposureTimeChanged(float speed)	当自定义曝光时间发生改变时发送信号
manualIsoSensitivityChanged(int)	当自定义ISO感光度发生改变时发送信号
maxiumnZoomFactorChanged(float)	当最大缩放系数发生改变时发送信号
minimumZoomFactorChanged(float)	当最小缩放系数发生改变时发送信号
saturationChanged()	当饱和度发生改变时发送信号
supportedFeaturesChanged()	当支持的特征发生改变时发送信号
torchModeChanged()	当辅助光源模式发生改变时发送信号
whiteBalanceModeChanged()	当白光平衡模式发生改变时发送信号
zoomFactorChanged(float)	当缩放系数发生改变时发送信号

【实例9-8】 创建一个包含1个按钮、1个多行纯文本输入框的窗口程序。单击按钮可获得摄像头的特性,操作步骤如下:

(1) 使用Qt Creator创建一个模板为Qt Widgets Application的项目,将该项目命名为demo8,并保存在D盘的Chapter9文件夹下;在向导对话框中选择基类QWidget,不勾选Generate form复选框。

(2) 在项目的配置文件demo8.pro中添加下面的语句:

```
QT += multimedia
```

(3) 编写widget.h文件中的代码,代码如下:

```
/* 第9章 demo8 widget.h */
#ifndef WIDGET_H
#define WIDGET_H

#include <QWidget>
#include <QtMultimedia>
#include <QVBoxLayout>
#include <QPlainTextEdit>
#include <QPushButton>
#include <QMetaEnum>
```

```cpp
class Widget : public QWidget
{
    Q_OBJECT
public:
    Widget(QWidget * parent = nullptr);
    ~Widget();
private:
    QVBoxLayout * vbox;                    //垂直布局指针
    QPushButton * btnGet;                  //按钮指针
    QPlainTextEdit * plainText;            //多行纯文本框指针
private slots:
    void btn_get();
};
#endif //WIDGET_H
```

(4) 编写 widget.cpp 文件中的代码,代码如下:

```cpp
/* 第 9 章 demo8 widget.cpp */
#include "widget.h"

Widget::Widget(QWidget * parent):QWidget(parent)
{
    setGeometry(300,300,580,260);
    setWindowTitle("QMediaDevices、QCamera");
    //创建垂直布局对象,添加 1 个按钮、1 个纯文本框
    vbox = new QVBoxLayout(this);
    btnGet = new QPushButton("获取摄像头的特性");
    plainText = new QPlainTextEdit();
    vbox -> addWidget(btnGet);
    vbox -> addWidget(plainText);
    //使用信号/槽
    connect(btnGet,SIGNAL(clicked()),this,SLOT(btn_get()));
}

Widget::~Widget() {}

void Widget::btn_get(){
    QList < QCameraDevice > cList = QMediaDevices::videoInputs();
    QCamera camera(cList[0]);
    QMetaEnum enum1 = QMetaEnum::fromType < QCamera::FlashMode >();
    QString str1 = enum1.valueToKey(camera.flashMode());
    plainText -> appendPlainText("闪光模式: " + str1);
    QMetaEnum enum2 = QMetaEnum::fromType < QCamera::ExposureMode >();
    QString str2 = enum2.valueToKey(camera.exposureMode());
    plainText -> appendPlainText("曝光模式: " + str2);
    QString str3 = QString::number(camera.exposureCompensation());
    plainText -> appendPlainText("曝光补偿: " + str3);

    QString str4 = QString::number(camera.colorTemperature());
    plainText -> appendPlainText("色温: " + str4);
    QMetaEnum enum5 = QMetaEnum::fromType < QCamera::FocusMode >();
    QString str5 = enum5.valueToKey(camera.focusMode());
```

```
    plainText->appendPlainText("对焦模式: " + str5);
    bool isActive = camera.isActive();
    QString str6 = QString(isActive?"true":"false");
    plainText->appendPlainText("活跃状态: " + str6);
}
```

(5) 其他文件保持不变,运行结果如图 9-15 所示。

图 9-15　项目 demo8 的运行结果

9.5.3　摄像头拍照类 QImageCapture

在 Qt 6 中,使用 QImageCapture 类可以通过摄像头拍摄照片,并设置照片的分辨率、格式、编码的质量。QImageCapture 类的继承关系如图 9-16 所示。

图 9-16　QImageCapture 类的继承关系

QImageCapture 类位于 QtMultimedia 子模块下,其构造函数如下:

```
QImageCapture(QObject * parent = nullptr)
```

其中,parent 表示 QObject 类及其子类创建的对象指针。

QImageCapture 类的常用方法见表 9-27。

表 9-27　QImageCapture 类的常用方法

方法及参数类型	说　　明	返回值的类型
[static]fileFormatDescription(QImageCapture::FileFormat f)	获取指定文件格式的描述信息	QString
[static] fileFormatName (QImageCapture::FileFormat f)	获取指定格式的名称	QString
[static]supportedFormats()	获取支持的文件格式列表	QList<QImageCapture::FileFormat>
[slot]capture()	捕获图像并保存为 QImage 文件。该操作在大多数情况下是异步的,后面跟着信号 imageExposed()、imageCaptured()或 error()	int

续表

方法及参数类型	说　明	返回值的类型
[slot]captureToFile(QString &file)	捕获图像并保存图像文件	int
addMetaData(QMediaMetaData &metaData)	向拍摄的照片中添加元数据	
captureSession()	获取相机关联的媒体捕获器	QMediaCaptureSession *
error()	获取错误状态	QImageCapture::Error
errorString()	获取描述错误的字符串	QString
fileFormat()	获取照片的格式	QImageCapture::FileFormat
isAvailable()	获取相机是否可用	bool
isReadyForCapture()	获取相机是否准备好拍摄照片	bool
metaData()	获取元数据	QMediaMetaData
quality()	获取照片的品质	QImageCapture::Quality
resolution()	获取照片的分辨率	QSize
setFileFormat(QImageCapture::FileFormat f)	设置照片的格式	
setMetaData(QMediaMetaData &metaData)	设置照片的元数据	
setQuality(QImageCapture::Quality q)	设置照片的品质	
setResolution(QSize &res)	设置照片的分辨率	
setResolution(int width, int height)	设置照片的分辨率	

在表 9-27 中，QImageCapture::FileFormat 的枚举常量为 QImageCapture::UnspecifiedFormat、QImageCapture::JPEG（后缀名为 .jpg 或 .jpeg）、QImageCapture::PNG、QImageCapture::WebP、QImageCapture::Tiff。

QCameraImage 类的信号见表 9-28。

表 9-28　QCameraImage 类的信号

信号及参数类型	说　明
errorChanged()	当错误状态发生改变时发送信号
errorOccurred(int id, QImageCapture::Error error, QString &errorString)	当发生错误时发送信号
fileFormatChanged()	当文件格式发生改变时发送信号
imageAvailable(int id, QVideoFrame &frame)	当可以捕获图像时发送信号
imageCaptured(int id, QImage &preview)	当捕获到图像时发送信号
imageExposed(int id)	当图像曝光时发送信号
imageMetadataAvailable(int id, QMediaMetaData &data)	当带有 id 标识的图像具有元数据时发送信号
imageSaved(int id, QString &fileName)	当保存图像时发送信号
metaDataChanged()	当元数据更改时发送信号
qualityChanged()	当照片品质更改时发送信息
readyForCaptureChanged(bool ready)	当相机的准备状态发生改变时发送信号
resolutionChange()	当照片的分辨率发生改变时发送信号

9.5.4 应用摄像头拍照

【实例9-9】 创建一个窗口程序。使用该窗口可以打开摄像头、关闭摄像头,以及使用摄像头拍摄照片,操作步骤如下:

(1) 使用 Qt Creator 创建一个模板为 Qt Widgets Application 的项目,将该项目命名为 demo9,并保存在 D 盘的 Chapter9 文件夹下;在向导对话框中选择基类 QWidget,不勾选 Generate form 复选框。

(2) 在项目的配置文件 demo9.pro 中添加下面的语句:

```
QT += multimedia
QT += multimediawidgets
```

(3) 编写 widget.h 文件中的代码,代码如下:

```cpp
/* 第9章 demo9 widget.h */
#ifndef WIDGET_H
#define WIDGET_H

#include <QWidget>
#include <QtMultimedia>
#include <QtMultimediaWidgets>
#include <QVBoxLayout>
#include <QHBoxLayout>
#include <QPushButton>
#include <QLabel>

class Widget : public QWidget
{
    Q_OBJECT
public:
    Widget(QWidget *parent = nullptr);
    ~Widget();
private:
    QMediaCaptureSession *session;          //对象指针
    QVideoWidget *videoWidget;
    QCamera *camera;
    QImageCapture *imageCapture;
    QHBoxLayout *hbox;
    QVBoxLayout *vbox;
    QPushButton *btnStart, *btnClose, *btnCapture, *btnExit;
    QLabel *labelTip;
private slots:
    void btn_start();
    void btn_close();
    void btn_capture();
    void do_imageSaved(int id, QString fileName);
};
#endif //WIDGET_H
```

(4) 编写 widget.cpp 文件中的代码,代码如下:

```cpp
/* 第 9 章 demo9 widget.cpp */
#include "widget.h"

Widget::Widget(QWidget *parent):QWidget(parent)
{
    setGeometry(300,300,580,300);
    setWindowTitle("QCamera、QImageCapture");
    //创建媒体捕获器对象
    session = new QMediaCaptureSession(this);
    //创建显示视频的控件
    videoWidget = new QVideoWidget();
    session->setVideoOutput(videoWidget);       //设置显示视频的控件

    QList<QCameraDevice> cList = QMediaDevices::videoInputs();
    camera = new QCamera(cList[0]);
    session->setCamera(camera);

    imageCapture = new QImageCapture(this);      //创建摄像头拍照对象
    imageCapture->setQuality(QImageCapture::HighQuality);
    session->setImageCapture(imageCapture);

    //创建水平布局对象,添加 4 个按钮
    hbox = new QHBoxLayout();
    btnStart = new QPushButton("开启摄像头");
    btnClose = new QPushButton("关闭摄像头");
    btnCapture = new QPushButton("拍摄照片");
    btnExit = new QPushButton("退出");
    hbox->addWidget(btnStart);
    hbox->addWidget(btnClose);
    hbox->addWidget(btnCapture);
    hbox->addWidget(btnExit);
    //创建底部的标签控件
    labelTip = new QLabel();
    labelTip->setFixedHeight(10);
    //创建垂直布局,并添加其他布局、控件
    vbox = new QVBoxLayout(this);
    vbox->addLayout(hbox);
    vbox->addWidget(videoWidget);
    vbox->addWidget(labelTip);
    //使用信号/槽
    connect(btnStart,SIGNAL(clicked()),this,SLOT(btn_start()));
    connect(btnClose,SIGNAL(clicked()),this,SLOT(btn_close()));
    connect(btnCapture,SIGNAL(clicked()),this,SLOT(btn_capture()));
    connect(imageCapture,SIGNAL(imageSaved(int,QString)),this,SLOT(do_imageSaved(int,QString)));
    connect(btnExit,SIGNAL(clicked()),this,SLOT(close()));
}

Widget::~Widget() {}
//打开摄像头
```

```
void Widget::btn_start(){
    camera->start();
}
//关闭摄像头
void Widget::btn_close(){
    camera->stop();
}
//拍摄照片
void Widget::btn_capture(){
    if(imageCapture->isReadyForCapture()){
        imageCapture->captureToFile();
    }
    else{
        return;
    }
}
//保存图片时连接的槽函数
void Widget::do_imageSaved(int id, QString fileName){
    QString str1 = "保存图片为" + fileName;
    labelTip->setText(str1);
    Q_UNUSED(id);              //没有使用参数 id
}
```

(5) 其他文件保持不变,运行结果如图 9-17 所示。

图 9-17 项目 demo9 的运行结果

9.5.5 媒体格式类 QMediaFormat

在 Qt 6 中,使用 QMediaFormat 类可以设置录制的多媒体文件的格式,包括音频文件和视频文件。

QMediaFormat 类位于 QtMultimedia 子模块下,其构造函数如下:

```
QMediaFormat(QMediaFormat::FileFormat f = QMediaFormat::UnspecifiedFormat)
QMediaFormat(const QMediaFormat &other)
```

其中,other 表示 QMediaFormat 类及创建的实例对象。

QMediaFormat 类的常用方法见表 9-29。

表 9-29　QMediaFormat 类的常用方法

方法及参数类型	说　　明	返回值的类型
[static]fileFormatDescription(QMediaFormat::FileFormat f)	获取文件格式信息	QString
[static] fileFormatName(QMediaFormat::FileFormat f)	获取文件格式名称	QString
[static]audioCodecDescription(QMediaFormat::AudioCodec c)	获取音频格式信息	QString
[static] videoCodecDescription(QMediaFormat::VideoCodec f)	获取视频格式信息	QString
[static] audioCodecName(QMediaFormat::AudioCodec c)	获取音频格式名称	QString
[static] videoCodecName(QMediaFormat::VideoCodec c)	获取视频格式名称	QString
setFileFormat(QMediaFormat::FileFormat f)	设置文件格式	
fileFormat()	获取文件格式	QMediaFormat::FileFormat
setAudioCodec(QMediaFormat::AudioCodec c)	设置音频编码格式	
audioCodec()	获取音频编码格式	QMediaFormat::AudioCodec
setVideoCodec(QMediaFormat::AudioCodec c)	设置视频编码格式	
videoCodec()	获取视频编码格式	QMediaFormat::VideoCodec
supportedFileFormats(QMediaFormat::ConversionMode m)	获取支持的文件格式	QList<QMediaFormat::FileFormat>
supportedAudioCodec(QMediaFormat::ConversionMode m)	获取支持的音频编码列表	QList<QMediaFormat::AudioCodec>
supportedVideoCodec(QMediaFormat::ConversionMode m)	获取支持的视频编码格式	QList<QMediaFormat::AudioCodec>
isSupported(QMediaFormat::ConversionMode m)	获取是否可以对某种格式进行编码或解码	bool

在表 9-29 中，QMediaFormat::FileFormat 的枚举常量见表 9-30。

表 9-30　QMediaFormat::FileFormat 的枚举常量

枚 举 常 量	枚 举 常 量	枚 举 常 量
QMediaFormat::WMA	QMediaFormat::Wave	QMediaFormat::QuickTime
QMediaFormat::AAC	QMediaFormat::Ogg	QMediaFormat::WebM
QMediaFormat::Matroska	QMediaFormat::MPEG4	QMediaFormat::Mpeg4Audio
QMediaFormat::WMV	QMediaFormat::AVI	QMediaFormat::FLAC
QMediaFormat::MP3	QMediaFormat::UnspecifiedFormat	

在表 9-29 中，QMediaFormat∷AudioCodec 的枚举常量见表 9-31。

表 9-31　QMediaFormat∷AudioCodec 的枚举常量

枚 举 常 量	枚 举 常 量	枚 举 常 量
QMediaFormat∷AudioCodec∷WMA	QMediaFormat∷AudioCodec∷DolbyTrueHD	QMediaFormat∷AudioCodec∷Unspecified
QMediaFormat∷AudioCodec∷AC3	QMediaFormat∷AudioCodec∷EAC3	QMediaFormat∷AudioCodec∷Vobis
QMediaFormat∷AudioCodec∷AAC	QMediaFormat∷AudioCodec∷MP3	QMediaFormat∷AudioCodec∷FLAC
QMediaFormat∷AudioCodec∷ALAC	QMediaFormat∷AudioCodec∷Wave	QMediaFormat∷AudioCodec∷Opus

在表 9-29 中，QMediaFormat∷VideoCodec 的枚举常量见表 9-32。

表 9-32　QMediaFormat∷VideoCodec 的枚举常量

枚 举 常 量	枚 举 常 量	枚 举 常 量
QMediaFormat∷VideoCodec∷Theora	QMediaFormat∷VideoCodec∷Unspecified	QMediaFormat∷VideoCodec∷MotionJPEG
QMediaFormat∷VideoCodec∷MPEG2	QMediaFormat∷VideoCodec∷H265	QMediaFormat∷VideoCodec∷WMV
QMediaFormat∷VideoCodec∷MPEG1	QMediaFormat∷VideoCodec∷H264	QMediaFormat∷VideoCodec∷VP8
QMediaFormat∷VideoCodec∷MPEG4	QMediaFormat∷VideoCodec∷AVI	QMediaFormat∷VideoCodec∷VP9

9.5.6　应用摄像头录像

【实例 9-10】　创建一个窗口程序。使用该窗口可以开启摄像头、关闭摄像头，以及使用摄像头录像，操作步骤如下：

（1）使用 Qt Creator 创建一个模板为 Qt Widgets Application 的项目，将该项目命名为 demo10，并保存在 D 盘的 Chapter9 文件夹下；在向导对话框中选择基类 QWidget，不勾选 Generate form 复选框。

（2）在项目的配置文件 demo10.pro 中添加下面的语句：

```
QT += multimedia
QT += multimediawidgets
```

（3）编写 widget.h 文件中的代码，代码如下：

```
/* 第 9 章 demo10 widget.h */
#ifndef WIDGET_H
#define WIDGET_H
```

```cpp
#include <QWidget>
#include <QtMultimedia>
#include <QtMultimediaWidgets>
#include <QVBoxLayout>
#include <QHBoxLayout>
#include <QPushButton>
#include <QLabel>
#include <QUrl>
#include <QFile>

class Widget : public QWidget
{
    Q_OBJECT
public:
    Widget(QWidget * parent = nullptr);
    ~Widget();
private:
    QMediaCaptureSession * session;          //对象指针
    QVideoWidget * videoWidget;
    QAudioInput * audioInput;
    QCamera * camera;
    QMediaRecorder * recorder;
    QHBoxLayout * hbox1, * hbox2;
    QVBoxLayout * vbox;
    QPushButton * btnStart, * btnClose, * btnExit;
    QPushButton * btnStartRecord, * btnStopRecord;
    QLineEdit * line;
    QLabel * labelTip, * labelTitle;
private slots:
    void btn_start();
    void btn_close();
    void start_record();
    void do_durationChanged(qint64 duration);
    void stop_record();
};
#endif //WIDGET_H
```

(4) 编写 widget.cpp 文件中的代码，代码如下：

```cpp
/* 第9章 demo10 widget.cpp */
#include "widget.h"

Widget::Widget(QWidget * parent):QWidget(parent)
{
    setGeometry(300,300,580,300);
    setWindowTitle("QCamera、QMediaRecorder");
    //创建媒体捕获器对象
    session = new QMediaCaptureSession(this);
    //创建显示视频的控件
    videoWidget = new QVideoWidget();
    session->setVideoOutput(videoWidget);          //设置显示视频的控件
```

```cpp
    audioInput = new QAudioInput(this);
    session->setAudioInput(audioInput);            //设置音频输入设备

    QList<QCameraDevice> cList = QMediaDevices::videoInputs();
    camera = new QCamera(cList[0]);
    session->setCamera(camera);                    //设置摄像头

    recorder = new QMediaRecorder(this);           //创建 QMediaRecorder 对象,用于录像
    recorder->setQuality(QMediaRecorder::HighQuality);
    session->setRecorder(recorder);

    //创建水平布局对象,添加 3 个按钮
    hbox1 = new QHBoxLayout();
    btnStart = new QPushButton("开启摄像头");
    btnClose = new QPushButton("关闭摄像头");
    btnClose->setEnabled(false);
    btnExit = new QPushButton("退出");
    hbox1->addWidget(btnStart);
    hbox1->addWidget(btnClose);
    hbox1->addWidget(btnExit);
    //创建水平布局对象,添加标签、单行文本输入框、两个按钮
    hbox2 = new QHBoxLayout();
    labelTitle = new QLabel("保存的文件: ");
    line = new QLineEdit();
    btnStartRecord = new QPushButton("开始录像");
    btnStartRecord->setEnabled(false);
    btnStopRecord = new QPushButton("停止录像");
    btnStopRecord->setEnabled(false);
    hbox2->addWidget(labelTitle);
    hbox2->addWidget(line);
    hbox2->addWidget(btnStartRecord);
    hbox2->addWidget(btnStopRecord);
    //创建底部的标签控件
    labelTip = new QLabel();
    labelTip->setFixedHeight(10);
    //创建垂直布局对象,并添加其他布局、控件
    vbox = new QVBoxLayout(this);
    vbox->addLayout(hbox1);
    vbox->addLayout(hbox2);
    vbox->addWidget(videoWidget);
    vbox->addWidget(labelTip);
    //使用信号/槽
    connect(btnStart,SIGNAL(clicked()),this,SLOT(btn_start()));
    connect(btnClose,SIGNAL(clicked()),this,SLOT(btn_close()));
    connect(btnExit,SIGNAL(clicked()),this,SLOT(close()));
    connect(btnStartRecord,SIGNAL(clicked()),this,SLOT(start_record()));
    connect(recorder,SIGNAL(durationChanged(qint64)),this,SLOT(do_durationChanged(qint64)));
    connect(btnStopRecord,SIGNAL(clicked()),this,SLOT(stop_record()));
}
```

```cpp
Widget::~Widget() {}
//打开摄像头
void Widget::btn_start(){
    camera->start();
    btnClose->setEnabled(true);
    btnStartRecord->setEnabled(true);
    btnStopRecord->setEnabled(true);
}
//关闭摄像头
void Widget::btn_close(){
    stop_record();
    camera->stop();
    btnClose->setEnabled(false);
    btnStartRecord->setEnabled(false);
    btnStopRecord->setEnabled(false);
}
//开始录制
void Widget::start_record(){
    QString pathName = line->text();
    if(pathName == "")
        return;
    if(QFile::exists(pathName))
        QFile::remove(pathName);
    QMediaFormat mediaFormat;                   //创建媒体格式对象
    mediaFormat.setVideoCodec(QMediaFormat::VideoCodec::MPEG4);
    mediaFormat.setFileFormat(QMediaFormat::MPEG4);
    recorder->setMediaFormat(mediaFormat);
    recorder->setOutputLocation(QUrl::fromLocalFile(pathName));
    recorder->record();
    qDebug()<< recorder->errorString();
}
//停止录制
void Widget::stop_record(){
    if(recorder->recorderState() == QMediaRecorder::RecordingState){
        recorder->stop();
    }
    else{
        return;
    }
}
//当录制时间发生变化时连接的槽函数
void Widget::do_durationChanged(qint64 duration){
    double dura = static_cast<double>(duration);
    double time = dura/1000;
    QString str1 = "录制时间: " + QString::number(time,'g',3) + "秒";
    labelTip->setText(str1);
}
```

（5）其他文件保持不变，运行结果如图 9-18 所示。

图 9-18　项目 demo10 的运行结果

9.6　小结

本章首先介绍了 Qt 6 的多媒体模块及其功能。多媒体模块包括 QtMultimedia 子模块（二级子模块）、QtMultimediaWidgets 子模块（二级子模块）。

其次介绍了使用 QMediaPlayer 类、QAudioOutput 类、QSoundEffect 类创建音频播放器的方法，以及使用 QMediaCaptureSession 类、QMediaRecorder 类创建音频录制器的方法。

然后分别介绍了使用 QVideoWidget 类、QGraphicsVideoItem 类创建视频播放器的方法。

最后介绍了应用摄像头的方法，包括使用 QCamera 类、QImageCamera 类拍摄照片的方法，以及使用 QCamera 类、QMediaRecorder 类拍摄录制的方法。

第 10 章 应用打印机

在 Qt 6 中,提供了可以应用打印机的 Qt Print Support 子模块。应用 Qt Print Support 子模块提供的方法可以识别系统中已经安装的打印机,可以驱动打印机进行工作,也可以对打印机进行预览。打印文件时经常会用到 PDF 格式的文档,Qt 6 也提供了将 QPainter 绘制的图像、文字转换成 PDF 文档的方法。

10.1 打印机信息与打印机

开发者如果要使用 Qt Print Support 子模块中的类,则需要在项目的配置文件中添加下面的语句:

```
QT += printsupport
```

在 Qt 6 中,可以使用 QPrinterInfo 类获取本机连接的打印机信息;可以使用 QPrinter 类将 QPainter 绘制的图形、文字用打印机输出,并保存到纸张上。

10.1.1 打印机信息类 QPrinterInfo

如果计算机连接了一台可以使用的打印机,则可以使用 QPrinterInfo 类获取打印机的参数。QPrinterInfo 类位于 Qt Print Support 子模块下,其构造函数如下:

```
QPrinterInfo()
QPrinterInfo(const QPrinter &printer)
QPrinterInfo(const QPrinterInfo &other)
```

其中,printer 表示 QPrinter 类创建的实例对象;other 表示 QPrinterInfo 类创建的实例对象。

QPrinterInfo 类的常用方法见表 10-1。

表 10-1　QPrinterInfo 类的常用方法

方法及参数类型	说　　明	返回值的类型
[static]availablePrinterNames()	获取可用的打印机名称列表	QStringList
[static]availablePrinters()	获取可用的打印机列表	QList＜QPrinterInfo＞
[static]defaultPrinter()	获取当前默认的打印机信息	QPrinterInfo

续表

方法及参数类型	说明	返回值的类型
[static]defaultPrinterNames()	获取当前默认的打印机名称	QString
[static]printerInfo(QString &printerName)	根据打印机名称获取打印机	QPrinterInfo
isDefault()	获取是否为默认的打印机	bool
isNull()	获取是否不包含打印机信息	bool
isRemote()	获取是否为远程网络打印机	bool
defaultColorMode()	获取打印机默认的颜色模式	QPrinter::ColorMode
defaultDuplexMode()	获取打印机默认的双面打印模式	QPrinter::DuplexMode
description()	获取打印机的描述信息	QString
location()	获取打印机的位置信息	QString
makeAndModel()	获取打印机的制造商和型号	QString
defaultPageSize()	获取默认的打印纸张尺寸	QPageSize
maximumPhysicalPageSize()	获取支持的最大打印纸张尺寸	QPageSize
minimumPhysicalPageSize()	获取支持的最小打印纸张尺寸	QPageSize
printerName()	获取打印机的名称	QString
state()	获取打印机的状态	QPrinter::PrinterState
supportedColorModes()	获取打印机支持的颜色模式	QList<QPrinter::ColorMode>
supportedDuplexModes()	获取打印机支持的双面模式	QList<QPrinter::DuplexMode>
supportedPageSizes()	获取打印机支持的打印纸张尺寸	QList<QPageSize>
supportedResolutions()	获取打印机支持的打印质量	QList<int>
supportsCustomPageSizes()	获取打印机是否支持自定义打印纸张尺寸	bool

【实例 10-1】 创建包含 1 个按压按钮、1 个多行纯文本框的窗口程序,单击按钮可获取本机连接的打印机,操作步骤如下:

(1) 使用 Qt Creator 创建一个模板为 Qt Widgets Application 的项目,将该项目命名为 demo1,并保存在 D 盘的 Chapter10 文件夹下;在向导对话框中选择基类 QWidget,不勾选 Generate form 复选框。

(2) 在项目的配置文件 demo1.pro 中添加下面的语句:

```
QT += printsupport
```

(3) 编写 widget.h 文件中的代码,代码如下:

```
/* 第10章 demo1 widget.h */
#ifndef WIDGET_H
#define WIDGET_H

#include <QWidget>
#include <QtPrintSupport>
#include <QVBoxLayout>
```

```cpp
#include <QPushButton>
#include <QPlainTextEdit>

class Widget : public QWidget
{
    Q_OBJECT
public:
    Widget(QWidget *parent = nullptr);
    ~Widget();
private:
    QVBoxLayout *vbox;              //对象指针
    QPushButton *btnShow;
    QPlainTextEdit *textEdit;
private slots:
    void btn_show();
};
#endif //WIDGET_H
```

(4) 编写 widget.cpp 文件中的代码,代码如下:

```cpp
/* 第10章 demo1 widget.cpp */
#include "widget.h"

Widget::Widget(QWidget *parent):QWidget(parent)
{
    setGeometry(300,300,580,230);
    setWindowTitle("QPrinterInfo");
    btnShow = new QPushButton("显示打印机信息");
    textEdit = new QPlainTextEdit();
    vbox = new QVBoxLayout(this);
    vbox->addWidget(btnShow);
    vbox->addWidget(textEdit);
    connect(btnShow,SIGNAL(clicked()),this,SLOT(btn_show()));
}

Widget::~Widget() {}

void Widget::btn_show(){
    QStringList names = QPrinterInfo::availablePrinterNames();
    for(int i = 0;i < names.size();i++)
        textEdit->appendPlainText(names[i]);
}
```

(5) 其他文件保持不变,运行结果如图 10-1 所示。

图 10-1　项目 demo1 的运行结果

10.1.2 打印机类 QPrinter

在 Qt 6 中，QPrinter 类表示绘图设备、打印的纸张，使用 QPainter 类可以在 QPrinter 对象上绘制图形、文字等内容。QPrinter 类的继承关系如图 10-2 所示。

图 10-2　QPrinter 类的继承关系

QPrinter 类位于 Qt Print Support 子模块下，其构造函数如下：

```
QPrinter(QPrinter::PrinterMode mode = QPrinter::ScreenResolution)
QPrinter(const QPrinterInfo &printer, QPrinter::PrinterMode mode = QPrinter::ScreenResolution)
```

其中，mode 表示打印模式，是一个参数值为 QPrinter::PrinterMode 的枚举常量；printer 表示 QPrinterInfo 类创建的实例对象。

QPrinter 类的常用方法见表 10-2。

表 10-2　QPrinter 类的常用方法

方法及参数类型	说　明	返回值的类型
printerName()	获取打印机名称	QString
setPrinterName(QString &name)	设置打印机名称	
outputFileName()	获取打印文件名	QString
setOutputFileName(QString &fileName)	设置打印文件名	
fullPage()	获取是否为整页模式	bool
setFullPage(bool)	设置是否为整页模式	
setPageMargins(QMargins &margins, QPageLayout::Unit units=QPageLayout::Millimeter)	设置打印页边距	bool
copyCount()	获取打印页数	int
setCopyCount(int)	设置打印页数	
collateCopies()	获取是否校对打印	bool
setCollateCopies(bool collate)	设置是否校对打印	
setFromTo(int from, int to)	设置打印页数的范围	
fromPage()	获取打印范围的起始页	int
toPage()	获取打印范围的结束页	int
pageOrder()	获取打印顺序	QPrinter::PageOrder
setPageOrder(QPrinter::PageOrder p)	设置打印顺序	
resolution()	获取打印精度	int
setResolution(int dpi)	设置打印精度	
setPageOrientation(QPageLayout::Orientation)	设置打印方向	bool
newPage()	生成新页	bool
abort()	取消正在打印的文档	bool
isValid()	获取打印机是否有效	bool

续表

方法及参数类型	说明	返回值的类型
paperRect(QPrinter::Unit unit)	获取纸张范围	QRectF
printRange()	获取打印范围的模式	QPrinter::PrintRange
setPrintRange(QPrinter::PrintRange range)	设置打印范围的模式	
printerState()	获取打印状态	QPrinter::PrinterState
colorMode()	获取颜色模式	QPrinter::ColorMode
setColorMode(QPrinter::ColorMode mode)	设置颜色模式	
docName()	获取文档名	QString
setDocName(QString &name)	设置打印的文档名	
duplex()	获取双面模式	QPrinter::DuplexMode
setDuplex(QPrinter::DuplexMode duplex)	设置双面模式	
fontEmbeddingEnabled()	获取是否启用内置字体	bool
setFontEmbeddingEnabled(bool enable)	设置是否启用内置字体	
setPageSize(QPageSize &pageSize)	设置打印纸张的尺寸	bool
pageRect(QPrinter::Unit unit)	获取打印区域	QRectF
setPaperSource(QPrinter::PaperSource source)	设置纸张来源	
paperSource()	获取纸张来源	QPrinter::PaperSource
supportedPaperSources()	获取支持的纸张来源列表	QList < QPrinter::PaperSource >
setPdfVersion(QPagedPaintDevice::PdfVersion version)	设置 PDF 文档的版本	
setPageRanges(QPageRange &ranges)	设置选中的页数	
pageRanges()	获取选中的页数对象	QPageRanges
setPageLayout(pageLayout:QPageLayout)	设置页面布局	bool
pageLayout()	获取页面布局对象	QPageLayout
supportedResolutions()	获取打印机支持的分辨率列表	QList < int >
supportedMultipleCopies()	获取是否支持多份打印	bool

在表 10-2 中，QPageLayout::Orientation 的枚举常量为 QPageLayout::Portrait（纵向）、QPageLayout::Landscape（横向）。QPrinter::PageOrder 的枚举常量为 QPrinter::FirstPageFirst（正向顺序）、QPrinter::LastPageFirst（反向顺序）。

在表 10-2 中，使用 setPageMargins(QMarginF &m,QPageLayout::Unit unit)可以设置打印页边距；QPageLayout::Unit 的枚举常量为 QPageLayout::Millimeter、QPageLayout::Point（＝inch/72）、QPageLayout::Inch、QPageLayout::Pica（＝inch/6）、QPageLayout::Didot（＝0.375mm）、QPageLayout::Cicero（＝4.5mm）。

在表 10-2 中，使用 paperRect(QPrinter::Unit uint)方法获取纸张的矩形区域，使用 pageRect(QPrinter::Unit uint)方法获取打印区的矩形区域。QPrinter::Unit 的枚举常量为 QPrinter::Millimeter、QPrinter::Point、QPrinter::Inch、QPrinter::Pica、QPrinter::

Didot、QPrinter::Cicero、QPrinter::DevicePixel。

在表 10-2 中，使用 setPrintRange(QPrinter::PrintRange range)方法设置打印范围的模式。QPrinter::PrintRange 的枚举常量为 QPrinter::Allpages(打印所有页)、QPrinter::Selection(打印选中的页)、QPrinter::PageRange(打印指定范围的页)、QPrinter::CurrentPage(打印当前页)。

在表 10-2 中，使用 setMode(QPageLayout::Mode mode)设置布局模式，QPageLayout::Mode 的枚举常量为 QPageLayout::StandardMode(打印范围包含页边距)、QPageLayout::FullPageMode(打印范围不包含页边距)。

在表 10-2 中，QPrinter::PaperSource 的枚举常量见表 10-3。

表 10-3 QPrinter::PaperSource 的枚举常量

枚举常量	枚举常量	枚举常量
QPrinter::Auto	QPrinter::Lower	QPrinter::Upper
QPrinter::Cassette	QPrinter::MaxPageSource	QPrinter::CustomSource
QPrinter::Envelope	QPrinter::Middle	QPrinter::LastPaperSource
QPrinter::EnvelopeManual	QPrinter::Manual	QPrinter::LargeFormat
QPrinter::FormSource	QPrinter::Tractor	QPrinter::SmallFormat
QPrinter::LargeCapacity	QPrinter::OnlyOne	

在表 10-2 中，QPageSize 类的构造函数为 QPageSize(QPageSize::PageSizeId pageSize)，其中 QPageSize::PageSizeId 的枚举常量见表 10-4。

表 10-4 QPageSize::PageSizeId 的枚举常量

枚举常量	尺寸/(mm×mm)	枚举常量	尺寸/(mm×mm)
QPageSize::Letter	215.9×279.4	QPageSize::B2	500×707
QPageSize::Legal	215.9×355.6	QPageSize::B3	353×500
QPageSize::Executive	190.5×254	QPageSize::B4	250×353
QPageSize::A0	841×1189	QPageSize::B5	176×250
QPageSize::A1	594×841	QPageSize::B6	125×176
QPageSize::A2	420×594	QPageSize::B7	88×125
QPageSize::A3	297×420	QPageSize::B8	62×88
QPageSize::A4	210×297	QPageSize::B9	44×62
QPageSize::A5	148×210	QPageSize::B10	31×44
QPageSize::A6	105×148	QPageSize::C5E	163×229
QPageSize::A7	74×105	QPageSize::Co10E	105×241
QPageSize::A8	52×74	QPageSize::DLE	110×220
QPageSize::A9	37×52	QPageSize::Folio	210×330
QPageSize::B0	1000×1414	QPageSize::Ledger	431.8×279.5
QPageSize::B1	707×1000	QPageSize::Tabloid	279.4×431.8

【实例 10-2】 创建 1 个窗口程序,使用该窗口程序可以选择打印机,设置打印份数,选择打印到文件。单击按钮后开始打印,并在每页上打印一个矩形,操作步骤如下:

(1) 使用 Qt Creator 创建一个模板为 Qt Widgets Application 的项目,将该项目命名为 demo2,并保存在 D 盘的 Chapter10 文件夹下;在向导对话框中选择基类 QWidget,不勾选 Generate form 复选框。

(2) 在项目的配置文件 demo2.pro 中添加下面的语句:

```
QT += printsupport
```

(3) 编写 widget.h 文件中的代码,代码如下:

```
/* 第 10 章 demo2 widget.h */
#ifndef WIDGET_H
#define WIDGET_H

#include <QWidget>
#include <QtPrintSupport>
#include <QFormLayout>
#include <QComboBox>
#include <QSpinBox>
#include <QLineEdit>
#include <QPushButton>
#include <QCheckBox>
#include <QPainter>
#include <QPageSize>
#include <QPageLayout>

class Widget : public QWidget
{
    Q_OBJECT
public:
    Widget(QWidget *parent = nullptr);
    ~Widget();
private:
    QComboBox *comboBox;        //对象指针
    QSpinBox *spinNum;
    QCheckBox *checkBox;
    QLineEdit *lineFile;
    QPushButton *btnPrinter;
    QFormLayout *formLayout;
    QPrinter *printer;
private slots:
    void do_currentText(QString text);
    void do_clicked(bool checked);
    void btn_printer();
};
#endif //WIDGET_H
```

(4) 编写 widget.cpp 文件中的代码,代码如下:

```
/* 第 10 章 demo2 widget.cpp */
#include "widget.h"
```

```cpp
Widget::Widget(QWidget *parent):QWidget(parent)
{
    setGeometry(300,300,580,230);
    setWindowTitle("QPrinter");
    //创建下拉列表,并添加选项
    comboBox = new QComboBox();
    QStringList printerNames = QPrinterInfo::availablePrinterNames();
    comboBox->addItems(printerNames);
    comboBox->setCurrentText(QPrinterInfo::defaultPrinterName());
    //创建数字输入框
    spinNum = new QSpinBox();
    spinNum->setRange(1,100);
    //创建复选框
    checkBox = new QCheckBox("输出到文件");
    //创建单行输入框
    lineFile = new QLineEdit();
    lineFile->setText("D:\\test.pdf");
    lineFile->setEnabled(checkBox->isChecked());
    //创建按钮
    btnPrinter = new QPushButton("打印");
    //将主窗口的布局设置为表单布局
    formLayout = new QFormLayout(this);
    formLayout->addRow("请选择打印机: ",comboBox);
    formLayout->addRow("请设置打印份数: ",spinNum);
    formLayout->addRow(checkBox,lineFile);
    formLayout->addRow(btnPrinter);
    //创建打印机对象
    printer = new QPrinter(QPrinterInfo::defaultPrinter());
    //使用信号/槽
    connect(comboBox,SIGNAL(currentTextChanged(QString)),this,SLOT(do_currentText(QString)));
    connect(checkBox,SIGNAL(clicked(bool)),this,SLOT(do_clicked(bool)));
    connect(btnPrinter,SIGNAL(clicked()),this,SLOT(btn_printer()));
}

Widget::~Widget() {}

void Widget::do_currentText(QString text){
    QPrinterInfo printInfo = QPrinterInfo::printerInfo(text);
    printer = new QPrinter(printInfo);                          //创建打印机对象
    printer->setPageOrientation(QPageLayout::Portrait);         //设置打印顺序
    printer->setFullPage(false);                                //设置是否为整页模式
    printer->setPageSize(QPageSize::A4);                        //设置打印纸张的尺寸
    printer->setColorMode(QPrinter::GrayScale);                 //设置颜色模式
}

void Widget::do_clicked(bool checked){
    lineFile->setEnabled(checked);
}

void Widget::btn_printer(){
```

```cpp
    printer->setOutputFileName("");
    if(checkBox->isChecked())
        printer->setOutputFileName(lineFile->text());        //设置打印文件
    if(printer->isValid() == false)
        return;
    QPainter painter;
    if(painter.begin(printer)){                              //绘图设备为打印机的纸张
        QPen pen;                                            //创建钢笔
        pen.setWidth(3);                                     //设置线条宽度
        painter.setPen(pen);                                 //设置钢笔
        int num = spinNum->value();
        for(int i = 1; i < num + 1; i++){
            painter.drawRect(80,30,300,100);                 //绘制矩形
            qDebug()<<"正在提交第" + QString::number(i) + ",共" + QString::number(num) + "页";
            if(i!= num)
                printer->newPage();
        }
        painter.end();
    }
}
```

(5) 其他文件保持不变,运行结果如图 10-3 所示。

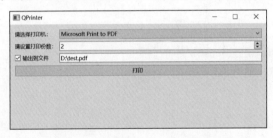

图 10-3　项目 demo2 的运行结果

10.1.3　打印窗口界面

在 Qt 6 中,可以使用 QWidget 类的 render()方法将窗口界面或控件区域打印到纸张或文件中,render()的格式如下:

```
render(QPaintDevice * target,QPoint &targetOffset,QRegion &sourceRegion,QWidget::
    RenderFlags renderFlags = RenderFlags(DrawWindowBackground|DrawChildren))
```

其中,target 表示存储绘图设备的对象指针,即 QPaintDevice 类及其子类创建的对象指针；targetOffset 表示在纸张或文件中的偏移量；sourceRegion 表示窗口或控件的区域；renderFlags 表示 QWidget::RenderFlag 枚举常量的组合。

QWidget::RenderFlag 的枚举常量为 QWidget::DrawWindowBackground(打印背景)、QWidget::DrawChildren(打印子控件)、QWidget::IgnoreMask(忽略 mask()方法)。

【实例 10-3】　创建 1 个窗口程序,使用该窗口程序可以选择打印机,设置打印份数,以及选择打印到文件。单击按钮后开始打印,并将窗口界面打印出来,操作步骤如下:

（1）使用 Qt Creator 创建一个模板为 Qt Widgets Application 的项目，将该项目命名为 demo3，并保存在 D 盘的 Chapter10 文件夹下；在向导对话框中选择基类 QWidget，不勾选 Generate form 复选框。

（2）在项目的配置文件 demo3.pro 中添加下面的语句：

```
QT += printsupport
```

（3）编写 widget.h 文件中的代码，代码如下：

```
/* 第10章 demo3 widget.h */
#ifndef WIDGET_H
#define WIDGET_H

#include <QWidget>
#include <QtPrintSupport>
#include <QFormLayout>
#include <QComboBox>
#include <QSpinBox>
#include <QLineEdit>
#include <QPushButton>
#include <QCheckBox>
#include <QPainter>
#include <QPageSize>
#include <QPageLayout>
#include <QPoint>

class Widget : public QWidget
{
    Q_OBJECT
public:
    Widget(QWidget *parent = nullptr);
    ~Widget();
private:
    QComboBox *comboBox;        //对象指针
    QSpinBox *spinNum;
    QCheckBox *checkBox;
    QLineEdit *lineFile;
    QPushButton *btnPrinter;
    QFormLayout *formLayout;
    QPrinter *printer;
private slots:
    void do_currentText(QString text);
    void do_clicked(bool checked);
    void btn_printer();
};
#endif //WIDGET_H
```

（4）编写 widget.cpp 文件中的代码，代码如下：

```
/* 第10章 demo3 widget.cpp */
#include "widget.h"
```

```cpp
Widget::Widget(QWidget *parent):QWidget(parent)
{
    setGeometry(300,300,580,230);
    setWindowTitle("QPrinter");
    //创建下拉列表,并添加选项
    comboBox = new QComboBox();
    QStringList printerNames = QPrinterInfo::availablePrinterNames();
    comboBox->addItems(printerNames);
    comboBox->setCurrentText(QPrinterInfo::defaultPrinterName());
    //创建数字输入框
    spinNum = new QSpinBox();
    spinNum->setRange(1,100);
    //创建复选框
    checkBox = new QCheckBox("输出到文件");
    //创建单行输入框
    lineFile = new QLineEdit();
    lineFile->setText("D:\\test11.pdf");
    lineFile->setEnabled(checkBox->isChecked());
    //创建按钮
    btnPrinter = new QPushButton("打印");
    //将主窗口的布局设置为表单布局
    formLayout = new QFormLayout(this);
    formLayout->addRow("请选择打印机: ",comboBox);
    formLayout->addRow("请设置打印份数: ",spinNum);
    formLayout->addRow(checkBox,lineFile);
    formLayout->addRow(btnPrinter);
    //创建打印机对象
    printer = new QPrinter(QPrinterInfo::defaultPrinter());
    //使用信号/槽
    connect(comboBox,SIGNAL(currentTextChanged(QString)),this,SLOT(do_currentText(QString)));
    connect(checkBox,SIGNAL(clicked(bool)),this,SLOT(do_clicked(bool)));
    connect(btnPrinter,SIGNAL(clicked()),this,SLOT(btn_printer()));
}

Widget::~Widget() {}

void Widget::do_currentText(QString text){
    QPrinterInfo printInfo = QPrinterInfo::printerInfo(text);
    printer = new QPrinter(printInfo);                          //创建打印机对象
    printer->setPageOrientation(QPageLayout::Portrait);         //设置打印顺序
    printer->setFullPage(false);                                //设置是否为整页模式
    printer->setPageSize(QPageSize::A4);                        //设置打印纸张的尺寸
    printer->setColorMode(QPrinter::GrayScale);                 //设置颜色模式
}

void Widget::do_clicked(bool checked){
    lineFile->setEnabled(checked);
}

void Widget::btn_printer(){
    printer->setOutputFileName("");
```

```
    if(checkBox->isChecked())
        printer->setOutputFileName(lineFile->text());        //设置打印文件
    if(printer->isValid()==false)
        return;
    QPainter painter;
    if(painter.begin(printer)){                               //绘图设备为打印机的纸张
        QPoint pt(100,0);
        render(&painter,pt);
        painter.end();
    }
}
```

（5）运行项目 demo3，单击"打印"后的打印结果如图 10-4 所示。

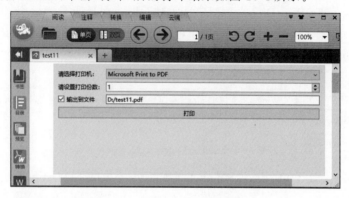

图 10-4　项目 demo3 的运行结果

10.1.4　打印控件内容

在 Qt 6 中，可以向多行文本控件（QTextEdit）中输入图像、文本、表格等内容。如果要把控件中的内容打印出来，则需要该控件提供的打印函数。能够打印控件内容的控件及其打印方法见表 10-5。

表 10-5　能够打印控件内容的控件及其打印方法

控　　件	打 印 方 法	打印设备
QTextEdit	print(QPagedPaintDevice * printer)	QPrinter
QTextLine	draw(QPainter * painter, QPointF &position)	QPrinter
QTextLayout	draw(QPainter * p, QPointF &pos, QList<QTextLayout::FormatRange> &selections=QList<FormatRange>(), QRectF &clip)	QPrinter
QGraphicsView	render(QPainter * painter, QRectF &target, QRect &source, Qt::AspectRatioMode aspectRatioMode=Qt::KeepAspectRatio)	QPrinter
QWebEngineView	print(QPrinter * printer)	QPrinter
QSvgWidget	render(QPaintDevice * target, QPoint &targetOffset, QRegion &sourceRegion, QWidget::RenderFlags renderFlags=RenderFlags(DrawWindowBackground|DrawChildren)	QPrinter

10.2 打印对话框、打印预览对话框、打印预览控件

在 Qt 6 中,可以使用打印机类 QPrinter 进行打印,也可以使用打印对话框类 QPrintDialog 进行设置、打印。如果要查看打印预览,则可以使用打印预览对话框类 QPrintPreviewDialog 或打印预览控件类 QPrintPreviewWidget。

本节将介绍 QPrintDialog 类、QPrintPreviewDialog 类、QPrintPreviewWidget 类的用法。

10.2.1 打印对话框类 QPrintDialog

在 Qt 6 中,使用 QPrintDialog 类创建打印对话框。在打印对话框中,可以设置打印机的各种参数,例如选择打印机、打印方向、颜色模式、打印份数、页边距。QPrintDialog 类的继承关系如图 10-5 所示。

图 10-5　QPrintDialog 类的继承关系

QPrintDialog 类位于 Qt Print Support 子模块下,其构造函数如下:

```
QPrintDialog(QWidget *parent = nullptr)
QPrintDialog(QPrinter *printer, QWidget *parent = nullptr)
```

其中,parent 表示指向父窗口或父控件的对象指针;printer 表示指向打印机的对象指针,即 QPrinter 类创建的对象指针,如果没有提供 QPrinter 对象指针,则使用系统默认的打印机。

QPrintDialog 类的常用方法见表 10-6。

表 10-6　QPrintDialog 类的常用方法

方法及参数类型	说　　明	返回值的类型
exec()	模式显示对话框	int
printer()	获取打印机	QPrinter *
setVisible(bool visible)	显示打印对话框	
setOption(QAbstractPrintDialog::PrintDialogOption option, bool on=true)	设置可选项	
setOptions(QAbstractPrintDialog::PrintDialogOptions options)	设置多个可选项	
testOption(QAbstractPrintDialog::PrintDialogOption option)	测试是否设置了某种选项	bool
setPrintRange(QAbstractPrintDialog::PrintRange)	设置打印范围选项	
setFromTo(int from, int to)	设置打印页数范围	
setMinMax(int min, int max)	设置打印页数的最小值和最大值	

QPrintDialog 类只有一个信号 accepted(QPrinter * printer)：当在打印对话框中单击"打印"按钮时发送信号，参数为 QPrinter 对象指针。

【实例 10-4】 创建一个窗口程序。该窗口包含 1 个按钮，若单击该按钮，则显示打印对话框，操作步骤如下：

(1) 使用 Qt Creator 创建一个模板为 Qt Widgets Application 的项目，将该项目命名为 demo4，并保存在 D 盘的 Chapter10 文件夹下；在向导对话框中选择基类 QWidget，不勾选 Generate form 复选框。

(2) 在项目的配置文件 demo4.pro 中添加下面的语句：

```
QT += printsupport
```

(3) 编写 widget.h 文件中的代码，代码如下：

```
/* 第10章 demo4 widget.h */
#ifndef WIDGET_H
#define WIDGET_H

#include <QWidget>
#include <QtPrintSupport>
#include <QVBoxLayout>
#include <QPushButton>
#include <QPen>
#include <QPainter>

class Widget : public QWidget
{
    Q_OBJECT
public:
    Widget(QWidget * parent = nullptr);
    ~Widget();
private:
    QPushButton * btnPrinter;      //对象指针
    QVBoxLayout * vbox;
    QPrintDialog * printDialog;
private slots:
    void btn_printer();
    void printDialog_accepted(QPrinter * printer);
};
#endif //WIDGET_H
```

(4) 编写 widget.cpp 文件中的代码，代码如下：

```
/* 第10章 demo4 widget.cpp */
#include "widget.h"

Widget::Widget(QWidget * parent):QWidget(parent)
{
    setGeometry(200,200,580,230);
    setWindowTitle("QPrintDialog");
    //创建按钮
```

```cpp
    btnPrinter = new QPushButton("显示打印对话框",this);
    vbox = new QVBoxLayout(this);
    vbox->addWidget(btnPrinter);
    //创建打印对话框对象
    printDialog = new QPrintDialog(this);
    //使用信号/槽
    connect(btnPrinter,SIGNAL(clicked()),this,SLOT(btn_printer()));
    connect(printDialog,SIGNAL(accepted(QPrinter*)),this,SLOT(printDialog_accepted(QPrinter*)));
}

Widget::~Widget(){}

void Widget::btn_printer(){
    printDialog->exec();
}

void Widget::printDialog_accepted(QPrinter *printer){
    if(printer->isValid() == false)
        return;
    QPainter painter;
    if(painter.begin(printer)){
        QPen pen;                                //钢笔
        pen.setWidth(3);                         //线条宽度
        painter.setPen(pen);                     //设置钢笔
        painter.drawRect(80,30,300,100);         //绘制矩形
        painter.end();
    }
}
```

(5) 其他文件保持不变,运行结果如图 10-6 所示。

图 10-6 项目 demo4 的运行结果

10.2.2　打印预览对话框类 QPrintPreviewDialog

在 Qt 6 中，使用 QPrintPreviewDialog 类创建打印预览对话框，并查看打印预览效果。QPrintPreviewDialog 类的继承关系如图 10-7 所示。

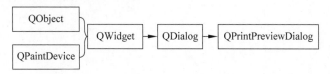

图 10-7　QPrintPreviewDialog 类的继承关系

QPrintPreviewDialog 类位于 Qt Print Support 子模块下，其构造函数如下：

```
QPrintPreviewDialog(QPrinter * printer,QWidget * parent = nullptr,Qt::WindowFlags flags)
QPrintPreviewDialog(QWidget * parent = nullptr,Qt::WindowFlags flags)
```

其中，parent 表示存储父窗口或父控件的对象指针；printer 表示存储打印机的对象指针，即 QPrinter 类创建的对象指针，如果没有提供 QPrinter 对象指针，则使用系统默认的打印机。

QPrintPreviewDialog 类的常用方法见表 10-7。

表 10-7　QPrintPreviewDialog 类的常用方法

方法及参数类型	说　明	返回值的类型
exec()	显示模式对话框	int
setVisible(bool visible)	显示打印对话框	
printer()	获取打印机	QPrinter *

QPrintPreviewDialog 类有一个信号 paintRequested(QPrinter * printer)：在显示对话框之前发送信号。

【实例 10-5】　创建一个窗口程序。该窗口包含 1 个菜单栏，菜单栏上有"打印预览"选项。如果选择"打印预览"选项，则显示打印预览对话框，操作步骤如下：

（1）使用 Qt Creator 创建一个模板为 Qt Widgets Application 的项目，将该项目命名为 demo5，并保存在 D 盘的 Chapter10 文件夹下；在向导对话框中选择基类 QWidget，不勾选 Generate form 复选框。

（2）在项目的配置文件 demo5.pro 中添加下面的语句：

```
QT += printsupport
```

（3）编写 widget.h 文件中的代码，代码如下：

```
/* 第 10 章 demo5 widget.h */
#ifndef WIDGET_H
#define WIDGET_H

#include <QWidget>
#include <QtPrintSupport>
#include <QMenuBar>
#include <QMenu>
```

```cpp
#include <QAction>
#include <QVBoxLayout>

class Widget : public QWidget
{
    Q_OBJECT
public:
    Widget(QWidget *parent = nullptr);
    ~Widget();
private:
    QMenuBar *menuBar;            //对象指针
    QMenu *fileMenu;
    QAction *openAction, *previewAction, *printAction, *exitAction;
    QTextEdit *textEdit;
    QVBoxLayout *vbox;
    QPrinter *printer;
    QPrintPreviewDialog *previewDialog;
    QPrintDialog *printDialog;
private slots:
    void open_action();
    void preview_action();
    void print_action();
    void preview_paintRequested(QPrinter *printer);
    void printDialog_accepted(QPrinter *printer);
};
#endif //WIDGET_H
```

(4) 编写 widget.cpp 文件中的代码,代码如下:

```cpp
/* 第10章 demo5 widget.cpp */
#include "widget.h"

Widget::Widget(QWidget *parent):QWidget(parent)
{
    setWindowTitle("QPrintPreviewDialog");
    showMaximized();
    //创建菜单栏,添加菜单、动作
    menuBar = new QMenuBar();
    fileMenu = menuBar->addMenu("文件");
    openAction = fileMenu->addAction("显示内容");
    previewAction = fileMenu->addAction("打印预览");
    printAction = fileMenu->addAction("打印");
    fileMenu->addSeparator();
    exitAction = fileMenu->addAction("退出");
    //创建多行文本控件
    textEdit = new QTextEdit();
    //创建垂直布局控件,并添加控件
    vbox = new QVBoxLayout(this);
    vbox->addWidget(menuBar);
    vbox->addWidget(textEdit);
    //使用信号/槽
    connect(openAction,SIGNAL(triggered()),this,SLOT(open_action()));
```

```cpp
    connect(previewAction,SIGNAL(triggered()),this,SLOT(preview_action()));
    connect(printAction,SIGNAL(triggered()),this,SLOT(print_action()));
    connect(exitAction,SIGNAL(triggered()),this,SLOT(close()));
}

Widget::~Widget() {}
//向多行文本框中添加文本
void Widget::open_action(){
    QFont font = textEdit->font();
    font.setPointSize(30);
    font.setFamily("楷体");
    textEdit->setFont(font);
    for(int i = 0;i < 2;i++){
        textEdit->append("温故而知新,可以为师矣。");
        textEdit->append("学而时习之,不亦说乎!");
        textEdit->append("学而不思则罔,思而不学则殆。");
        textEdit->append("逝者如斯夫,不舍昼夜。");
        textEdit->append("知之为知之,不知为不知,是知也。");
        textEdit->append("吾十有五而志于学,三十而立,四十而不惑,五十而知天命,六十而耳顺,七十而从心所欲不逾矩。");
        textEdit->append("知人者智,自知者明。胜人者有力,自胜者强。知足者富。强行者有志。");
    }
}
//显示打印预览对话框
void Widget::preview_action(){
    previewDialog = new QPrintPreviewDialog(this,Qt::WindowMinimizeButtonHint|Qt::WindowMaximizeButtonHint|Qt::WindowCloseButtonHint);
    //使用信号/槽
    connect(previewDialog,SIGNAL(paintRequested(QPrinter*)),this,SLOT(preview_paintRequested(QPrinter*)));
    previewDialog->exec();
    printer = previewDialog->printer();
}
//与信号连接槽函数
void Widget::preview_paintRequested(QPrinter * printer){
    textEdit->print(printer);        //打印多行文本框的内容
}
//显示打印对话框
void Widget::print_action(){
    printDialog = new QPrintDialog(printer);
    //使用信号/槽
    connect(printDialog,SIGNAL(accepted(QPrinter*)),this,SLOT(printDialog_accepted(QPrinter*)));
    printDialog->exec();
}
//与信号连接的槽函数
void Widget::printDialog_accepted(QPrinter * printer){
    textEdit->print(printer);        //打印多行文本框的内容
}
```

(5) 其他文件保持不变,运行结果如图 10-8 所示。

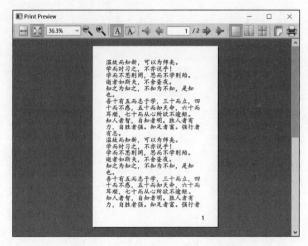

图 10-8　项目 demo5 的运行结果

注意:如果要在打印预览对话框中执行打印操作,则可以单击对话框中的打印机图标按钮,该图标按钮在对话框的右上角。

10.2.3　打印预览控件类 QPrintPreviewWidget

在 Qt 6 中,使用 QPrintPreviewWidget 类创建打印预览控件。10.2.1 节介绍的打印预览对话框类 QPrintPreviewDialog 实际上包含了一个打印预览控件。QPrintPreviewWidget 类的继承关系如图 10-9 所示。

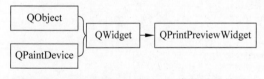

图 10-9　QPrintPreviewWidget 类的继承关系

QPrintPreviewWidget 类位于 Qt Print Support 子模块下,其构造函数如下:

```
QPrintPreviewWidget(QWidget * parent = nullptr,Qt::WindowFlags flags)
QPrintPreviewWidget(QPrinter * printer, QWidget * parent = nullptr,Qt::WindowFlags flags)
```

其中,parent 表示指向父窗口或父控件的对象指针;printer 表示指向打印机的对象指针,即 QPrinter 类创建的对象指针,如果没有提供 QPrinter 对象指针,则使用系统默认的打印机。

QPrintPreviewWidget 类的常用方法见表 10-8。

表 10-8　QPrintPreviewWidget 类的常用方法

方法及参数类型	说　　明	返回值的类型
[slot]updatePreview()	更新预览,发送 paintRequested (QPrinter * p)信号	
[slot]print()	使用管理的 QPrinter 对象指针进行打印	

续表

方法及参数类型	说　明	返回值的类型
[slot]setCurrentPage(int page)	设置当前预览的页码	
[slot]setOrientation(QPageLayout::Orientation orientation)	设置预览方向	
[slot]setLandscapeOrientation()	设置横向预览	
[slot]setPortraitOrientation()	设置纵向预览	
[slot]setViewMode(QPrintPreviewWidget::ViewMode mode)	设置视图模式	
[slot]setSinglePageViewMode()	以单页视图模式预览	
[slot]setFacingPagesViewMode()	以左右两页的视图模式预览	
[slot]setAllPagesViewMode()	以显示所有页的视图模式预览	
[slot]setZoomMode(QPrintPreviewWidget::ZoomModel mode)	设置缩放模式	
[slot]fitToWidth()	以最大宽度方式显示当前页	
[slot]fitInView()	以最大适合方式显示当前页	
[slot]setZoomFactor(float factor)	设置缩放系数	
[slot]zoomIn(float factor=1.1)	放大显示	
[slot]zoomOut(float factor=1.1)	缩小显示	
currentPage()	获取当前预览的页码	int
orientation()	获取当前预览的方向	QPageLayout::Orientation
pageCount()	获取页数	int
viewMode()	获取当前的视图模式	QPrintPreviewWidget::ViewMode
zoomFactor()	获取当前视图的缩放系数	float
zoomMode()	获取当前的缩放模式	QPrintPreviewWidget::ZoomMode

在表 10-8 中，QPrintPreviewWidget::ViewMode 的枚举常量为 QPrintPreviewWidget::SinglePageView（显示单页）、QPrintPreviewWidget::FacingPagesView（显示双页）、QPrintPreviewWidget::AllPagesView（显示全部页）。

在表 10-8 中，QPrintPreviewWidget::ZoomMode 的枚举常量为 QPrintPreviewWidget::CustomZoom、QPrintPreviewWidget::FitToWidth、QPrintPreviewWidget::FitInView。

QPrintPreviewWidget 类的信号见表 10-9。

表 10-9　QPrintPreviewWidget 类的信号

信号及参数类型	说　明
paintRequested(QPrinter * printer)	当显示打印预览控件或更新预览控件时发送信号
previewChanged()	当打印预览控件的内部状态发生改变时发送信号

10.3 PDF 文档生成器

在 Qt 6 中，如果要将 QPainter 绘制的图形、文字转换成 PDF 文档，则需要使用 PDF 文档生成器类 QPdfWriter。QPdfWriter 类的继承关系如图 10-10 所示。

图 10-10　QPdfWriter 类的继承关系

QPdfWriter 类位于 Qt 6 的 Qt GUI 子模块下，其构造函数如下：

```
QPdfWriter(const QString &filename)
QPdfWriter(QIODevice *device)
```

其中，filename 表示路径名和文件名；device 表示 QIODevice 及其子类创建的对象指针。

QPdfWriter 类的常用方法见表 10-10。

表 10-10　QPdfWriter 类的常用方法

方法及参数类型	说　　明	返回值的类型
addFileAttachment(QString &fileName, QByteArray &data, QString &mimeType)	向 PDF 文档中添加数据，data 包含要嵌入 PDF 文档中的原始文件数据	bool
setCreator(QString &creator)	设置 PDF 文档的创建者	
creator()	获取 PDF 文档的创建者	QString
setPdfVersion(QPagedPaintDevice::PdfVersion version)	设置版本号	
setResolution(int resolution)	设置分辨率（单位为 dpi）	
resolution()	获取分辨率	int
setTitle(QString &title)	设置 PDF 文档的标题	
title()	获取 PDF 文档的标题	QString
setPageLayout(QPageLayout &layout)	设置布局	
pageLayout()	获取布局	QPageLayout
setPageMargins(QMarginsF &margins, QPageLayout::Unit units=QPageLayout::Millimeter)	设置页边距	bool
setPageOrientation(QPageLayout::Orientation)	设置文档方向	bool
setPageRanges(QPageRanges &ranges)	设置页数范围	
pageRanges()	获取页数范围	QPageRanges
setPageSize(QPageSize &pageSize)	设置页面尺寸	bool

【实例 10-6】创建一个窗口程序。该窗口包含 1 个按压按钮，如果单击该按钮，则创建两页 PDF，并绘制矩形和文字，操作步骤如下：

(1) 使用 Qt Creator 创建一个模板为 Qt Widgets Application 的项目，将该项目命名为 demo6，并保存在 D 盘的 Chapter10 文件夹下；在向导对话框中选择基类 QWidget，不勾选 Generate form 复选框。

（2）编写 widget.h 文件中的代码，代码如下：

```cpp
/* 第10章 demo6 widget.h */
#ifndef WIDGET_H
#define WIDGET_H

#include <QWidget>
#include <QPushButton>
#include <QVBoxLayout>
#include <QPdfWriter>
#include <QPainter>
#include <QPageSize>
#include <QPen>

class Widget : public QWidget
{
    Q_OBJECT
public:
    Widget(QWidget *parent = nullptr);
    ~Widget();
private:
    QVBoxLayout *vbox;        //对象指针
    QPushButton *btn;
    QPdfWriter *pdfWriter;
private slots:
    void btn_clicked();
};
#endif //WIDGET_H
```

（3）编写 widget.cpp 文件中的代码，代码如下：

```cpp
/* 第10章 demo6 widget.cpp */
#include "widget.h"

Widget::Widget(QWidget *parent):QWidget(parent)
{
    setGeometry(300,300,580,230);
    setWindowTitle("QPdfWriter");
    //创建按钮控件
    btn = new QPushButton("创建 PDF 文档");
    //创建垂直布局对象，并添加控件
    vbox = new QVBoxLayout(this);
    vbox->addWidget(btn);
    //使用信号/槽
    connect(btn,SIGNAL(clicked()),this,SLOT(btn_clicked()));
}

Widget::~Widget() {}

void Widget::btn_clicked(){
    pdfWriter = new QPdfWriter("D:\\Chapter10\\test.pdf");    //创建 PDF 文档生成器
    QPageSize pageSize(QPageSize::A4);                        //纸张尺寸
```

```cpp
    pdfWriter->setPageSize(pageSize);                              //设置纸张尺寸
    pdfWriter->setPdfVersion(QPdfWriter::PdfVersion_1_6);          //设置版本号
    QPainter painter;
    if(painter.begin(pdfWriter)){
        QPen pen;                                                  //钢笔
        pen.setWidth(3);                                           //线条宽度
        painter.setPen(pen);                                       //设置钢笔
        int pageCopies = 2;                                        //页数
        for(int i = 1; i < pageCopies + 1; i++){
            painter.drawRect(90,30,3000,1000);                     //绘制矩形
            painter.drawText(50,30,"空山新雨后,天气晚来秋。");
            qDebug()<<"正在打印第" + QString::number(i) + "页,共" + QString::number(pageCopies) + "页";
            if(i!= pageCopies)
                pdfWriter->newPage();
        }
        painter.end();
    }
}
```

(4)其他文件保持不变,运行结果如图 10-11 所示。

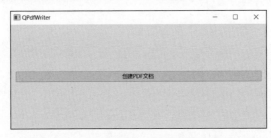

图 10-11 项目 demo6 的运行结果

10.4 小结

本章首先介绍了 QPrinterInfo 类和 QPrinter 类。使用 QPrinterInfo 类可以获取本机连接的打印机信息。使用 QPrinter 类可以将 QPainter 绘制的图形、文字用打印机输出,并保存到纸张上。

然后介绍了 QPrintDialog 类和 QPrintPreviewDialog 类。使用 QPrintDialog 类可创建打印对话框,使用 QPrintPreviewDialog 类可创建打印预览对话框。

最后介绍了 QPdfWriter 类。使用 QPdfWriter 类可以将 QPainter 绘制的图形、文字转换成 PDF 文档。

第 11 章 其他类和技术

在 Qt 6 中，提供了可以操作 Office 的 Active Qt 子模块。应用 Active Qt 子模块提供的方法可以读写 Word 文件、Excel 文件。Qt 6 提供了可生成随机数的 QRandomGenerator 类，提供了创建多语言界面的技术，还提供了进行串口编程的相关类。

11.1 QAxObject 类

COM 组件即 Windows 系统中的 COM 组件对象模型，COM 是一个独立于平台的分布式面向对象的系统，用于创建可以交互的二进制软件组件。COM 是 Microsoft 的 OLE（复合文档的基础技术）和 ActiveX（支持 Internet 的组件）技术。可以使用各种编程语言创建 COM 对象。面向对象的语言（如 C++）提供了简化 COM 对象的实现的编程机制。这些对象可以位于单个进程中或位于其他进程中，甚至在远程计算机上也是如此。

在 Qt6 中，开发者可以使用 QAxObject 类，这个类是对 COM 组件对象的封装，使用该类可创建 COM 接口对象，从而实现与 Word 文件、Excel 文件的交互。QAxObject 类的继承关系如图 11-1 所示。

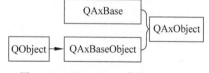

图 11-1　QAxObject 类的继承关系

Active Qt 子模块是附加模块，安装该模块的方法可参考本书 2.4.1 节的介绍。

11.1.1 常用方法

QAxObject 类位于 Active Qt 子模块下，其构造方法如下：

```
QAxObject(QObject * parent = nullptr)
QAxObject(const QString &c,QObject * parent = nullptr)
QAxObject(IUnknown * iface,QObject * parent = nullptr)
```

其中，parent 表示指向父对象的指针，即 QObject 及其子类创建的对象指针。

开发者如果要使用 Active Qt 模块下的 QAxObject 类，则需要在配置文件（后缀名为 .pro）中添加下面一行语句：

```
QT += axcontainer
```

QAxObject 类的常用方法见表 11-1。

表 11-1 QAxObject 类的常用方法

方法及参数类型	说　　明	返回值的类型
asVariant()	将 COM 对象转换为 QVariant 对象	QVariant
dynamicCall(char * function, QVariant &var1, QVariant &var2, QVariant var3, …)	调用 COM 对象的方法，var1、var2、var3 表示传递的参数	QVariant
dynamicCall(char * function, QList<QVariant> &vars)	调用 COM 对象的方法，vars 表示传递的参数	QVariant
querySubObject(char * name, QVariant &var1, QVariant &var2, QVariant var3, …)	获取 COM 对象的子对象，var1、var2、var3 表示传递的参数	QAxObject *
querySubObject(char * name, QList<QVariant> &vars)	获取 COM 对象的子对象，vars 表示传递的参数	QAxObject *
isNull()	是否为空	bool
generateDocumentation()	获取封装在 COM 对象下的富文本	QString

11.1.2 读写 Word 文件

在 Qt 6 中，可以使用 QAxObject 类来读写 Word 文件。Word 文件中有 5 个层次的 COM 对象，这 5 个层次的对象分别为 Word 应用程序对象(Word.Application)、文档集对象(Documents)、文档对象(Document)、段落对象(Paragraph)、文本块对象(Range)，其中，文本块表示格式相同的一段文本。这 5 个层次对象的关系如图 11-2 所示。

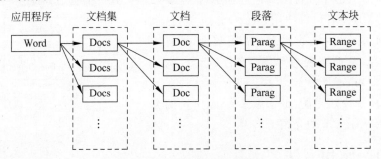

图 11-2 5 个层次对象的关系

在实际开发中，开发者可根据 Word 应用程序对象创建多个 Documents 对象，可根据 Documents 对象创建多个 Document 对象，可根据 Document 对象创建多个 Paragraph 对象，可根据 Paragraph 对象创建多个 Range 对象。

使用 QAxObject 类操作 Word 文档的基本流程如下。

(1) 创建 Word 应用程序对象，创建文档集对象，打开 Word 文件，获取当前活跃的文档，代码如下：

```
//创建 Word 应用程序
QAxObject * wordApp = new QAxObject("Word.Application");
```

```
//设置是否可见
QAxObject * wordApp->setProperty("Visible",true);
//创建文档集
QAxObject * docs = wordApp->querySubObject("Documents");
//打开 Word 文件,fileName 表示 Word 文件的路径和名称
QAxObject * docs->dynamicCall("Open(const QString&)",fileName);
//当前活跃文档
QAxObject * doc = wordApp->querySubObject("ActiveDocument");
```

(2) 执行对 Word 文档的操作。

(3) 关闭文档,退出 Word 应用程序,代码如下:

```
doc->dynamicCall("Close()");           //关闭文档
wordApp->dynamicCall("Quit()");        //退出 Word 应用程序
```

【实例 11-1】 创建一个窗口,该窗口包含两个按压按钮、1 个多行纯文本输入框。一个按钮可读取 Word 文件中的文本,另一个按钮可将多行纯文本框中的文本保存在 Word 文件中,操作步骤如下:

(1) 使用 Qt Creator 创建一个模板为 Qt Widgets Application 的项目,将该项目命名为 demo1,并保存在 D 盘的 Chapter11 文件夹下;在向导对话框中选择基类 QWidget,不勾选 Generate form 复选框。

(2) 在项目的配置文件 demo1.pro 中添加下面一行语句:

```
QT += axcontainer
```

(3) 编写 widget.h 文件中的代码,代码如下:

```
/* 第 11 章 demo1 widget.h */
#ifndef WIDGET_H
#define WIDGET_H

#include <QWidget>
#include <QHBoxLayout>
#include <QVBoxLayout>
#include <QPushButton>
#include <QPlainTextEdit>
#include <QFileDialog>
#include <QMessageBox>
#include <QAxObject>

class Widget : public QWidget
{
    Q_OBJECT
public:
    Widget(QWidget * parent = nullptr);
    ~Widget();
private:
    QHBoxLayout * hbox;                //对象指针
    QVBoxLayout * vbox;
    QPushButton * btnOpen, * btnSave;
```

```cpp
    QPlainTextEdit * textEdit;
    QAxObject * wordApp;              //Word 应用程序对象指针
    QAxObject * docs;                 //文档集指针
    QAxObject * doc;                  //文档指针
private slots:
    void btn_open();
    void btn_save();
};
#endif //WIDGET_H
```

(4) 编写 widget.cpp 文件中的代码，代码如下：

```cpp
/* 第 11 章 demo1 widget.cpp */
#include "widget.h"

Widget::Widget(QWidget * parent):QWidget(parent)
{
    setGeometry(300,300,580,280);
    setWindowTitle("操作 Word 文件");
    //创建水平布局对象,并添加两个按钮
    hbox = new QHBoxLayout();
    btnOpen = new QPushButton("打开 Word 文件");
    btnSave = new QPushButton("保存 Word 文件");
    hbox->addWidget(btnOpen);
    hbox->addWidget(btnSave);
    //创建垂直布局对象,并添加其他布局、控件
    vbox = new QVBoxLayout(this);
    textEdit = new QPlainTextEdit();
    vbox->addLayout(hbox);
    vbox->addWidget(textEdit);
    //使用信号/槽
    connect(btnOpen,SIGNAL(clicked()),this,SLOT(btn_open()));
    connect(btnSave,SIGNAL(clicked()),this,SLOT(btn_save()));
}

Widget::~Widget() {}

void Widget::btn_open(){
    QString curPath = QDir::currentPath();  //获取程序当前目录
    QString filter = "Word 文件(*.docx *.doc);;所有文件(*.*)";
    QString title = "打开 Word 文件";        //文件对话框的标题
    QString fileName = QFileDialog::getOpenFileName(this,title,curPath,filter);
    if(fileName.isEmpty())
        return;
    fileName.replace('/','\\');              //将字符串中的/替换为\\
    //清空多行纯文本框中的内容
    textEdit->clear();
    //创建 Word 应用程序
    wordApp = new QAxObject("Word.Application");
    //设置可见
```

```cpp
    wordApp->setProperty("Visible",true);
    //创建文档集
    docs = wordApp->querySubObject("Documents");
    //打开 Word 文件
    docs->dynamicCall("Open(const QString&)",fileName);
    //当前活跃文档
    doc = wordApp->querySubObject("ActiveDocument");
    //所有的段落
    QAxObject *paragraphs = doc->querySubObject("Paragraphs");
    if(!paragraphs)
        return;
    int num = paragraphs->property("Count").toInt();
    //显示所有段落中的文本块
    for(int i=1;i<num+1;i++){
        QAxObject *paragraph = paragraphs->querySubObject("Item(int)",i);
        if(paragraph){
            QAxObject *range = paragraph->querySubObject("Range");    //段落中的文本块
            QVariant strV = range->property("Text");
            QString str = strV.toString();
            textEdit->appendPlainText(str);
        }
    }
    doc->dynamicCall("Close()");                                      //关闭文档
    wordApp->dynamicCall("Quit()");                                   //退出 Word 应用程序
}

void Widget::btn_save(){
    QString curPath = QDir::currentPath();                            //获取程序当前目录
    QString filter = "Word 文件(*.docx);;所有文件(*.*)";
    QString title = "保存 Excel 文件";                                 //文件对话框的标题
    QString fileName = QFileDialog::getSaveFileName(this,title,curPath,filter);
    if(fileName.isEmpty())
        return;
    fileName.replace('/','\\');                                       //将字符串中的/替换为\\
    //创建 Word 应用程序
    wordApp = new QAxObject("Word.Application");
    //设置可见
    wordApp->setProperty("Visible",true);
    //创建文档集
    docs = wordApp->querySubObject("Documents");
    //打开 Word 文件
    docs->dynamicCall("Open(const QString&)",fileName);
    //创建一个新文档
    doc = docs->querySubObject("Add()");
    //获取多行纯文本框中的文本
    QString text = textEdit->toPlainText();
    //创建文本块对象
    QAxObject *range = doc->querySubObject("Range()");
    //插入文本
```

```
range->dynamicCall("InsertAfter(const QString&)",text);
//保存 Word 文件
doc->dynamicCall("SaveAs(const QString&)",fileName);
QMessageBox::information(this,"提示消息","文件保存成功!");
doc->dynamicCall("Close()");                    //关闭文档
wordApp->dynamicCall("Quit()");                 //退出 Word 应用程序
}
```

(5) 其他文件保持不变,运行结果如图 11-3 所示。

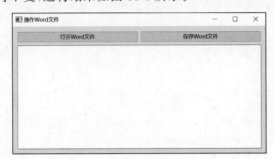

图 11-3　项目 demo1 的运行结果

注意：在实例 11-1 中,没有涉及 Word 文件中的表格、图片、格式。开发者如果要使用 QAxObject 实现更复杂的功能,则需要查阅 COM 组件对象模型的知识和技术。

11.1.3　读写 Excel 文件

在 Qt 6 中,可以使用 QAxObject 类来读写 Excel 文件。Excel 文件中有 5 个层次的 COM 对象,这 5 个层次的对象分别为 Excel 应用程序对象(Excel.Application)、工作簿集对象(WorkBooks)、工作簿对象(WorkBook)、工作表对象(WorkSheet)、单元格对象(Cell),这 5 个层次对象的关系如图 11-4 所示。

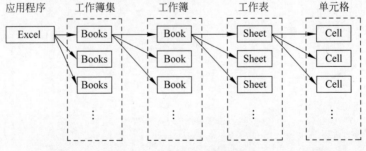

图 11-4　5 个层次对象的关系

在实际开发者,开发者可根据 Excel 应用程序对象创建多个 WorkBooks 对象,可根据 WorkBooks 对象创建多个 WorkBook 对象,可根据 WorkBook 对象创建多个 WorkSheet 对象,可根据 WorkSheet 对象创建多个 Cell 对象。

使用 QAxObject 类操作 Excel 文件的基本流程如下。

（1）创建 Excel 应用程序对象，获取工作簿集对象，打开 Excel 文件，获取当前活跃的工作簿，获取指定的工作表，代码如下：

```
//创建 Excel 应用程序对象
QAxObject * excel = new QAxObject("Excel.Application");
//打开工作簿集
QAxObject * workbooks = excel->querySubObject("WorkBooks");
//打开 Excel 文件，fileName 表示 Excel 文件的路径和名称
workbooks->dynamicCall("Open(const QString&)",fileName);
//获取活跃的工作簿
QAxObject * workbook = excel->querySubObject("ActiveWorkBook");
//获取工作表集
QAxObject * sheets = workbook->querySubObject("WorkSheets");
//获取指定的工作表
QAxObject * sheet = workbook->querySubObject("Sheets(int)",1);
```

（2）操作单元格及其数据。

（3）关闭工作簿集对象，退出 Excel 应用程序，代码如下：

```
workbooks->dynamicCall("Close()");          //关闭工作簿集
excel->dynamicCall("Quit()");               //关闭 Excel 应用程序
```

使用 QAxObject 类读写 Excel 文件的实例，读者可参考本书实例 2-11。

11.2 QAxWidget 类

在 Qt 6 中，可使用 QAxWidget 类显示 Office 文档的内容，QAxWidget 类位于 Active Qt 子模块下，其继承关系如图 11-5 所示。

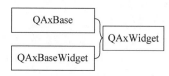

图 11-5　QAxWidget 类的继承关系

11.2.1　常用方法

在 Qt 6 中，QAxWidget 类的构造函数如下：

```
QAxWidget(QWidget * parent = nullptr,Qt::WindowFlags f)
QAxWidget(const QString &c,QWidget * parent = nullptr,Qt::WindowFlags f)
QAxWidget(IUnknown * iface,QWidget * parent = nullptr,Qt::WindowFlags f)
```

其中，parent 表示指向父窗口或父控件的对象指针，即 QWidget 及其子类创建的对象指针。

开发者如果要使用 Active Qt 模块下的 QAxWidget 类，则需要在配置文件（后缀名为.pro）中添加一行语句，该代码如下：

```
QT += axcontainer
```

QAxWidget 类的常用方法见表 11-2。

表 11-2　QAxWidget 类的常用方法

方法及参数类型	说　　明	返回值的类型
asVariant()	将 COM 对象转换为 QVariant 对象	QVariant
dynamicCall(char * function, QVariant &var1, QVariant &var2, QVariant var3, …)	调用 COM 对象的方法，var1、var2、var3 表示传递的参数	QVariant
dynamicCall(char * function, QList<QVariant> &vars)	调用 COM 对象的方法，vars 表示传递的参数	QVariant
querySubObject(char * name, QVariant &var1, QVariant &var2, QVariant var3, …)	获取 COM 对象的子对象，var1、var2、var3 表示传递的参数	QAxObject *
querySubObject(char * name, QList<QVariant> &vars)	获取 COM 对象的子对象，vars 表示传递的参数	QAxObject *
isNull()	是否为空	bool
generateDocumentation()	获取封装在 COM 对象下的富文本	QString
setGeometry(int x, int y, int w, int h)	设置矩形范围	
setControl(QString &str)	设置要打开的文件名	bool
show()	显示内容	

11.2.2　典型应用

使用 QAxWidget 类显示 Office 文档的机制是：通过设置父窗口的方法，将程序界面上的某个控件（例如标签控件）重新包装为显示 Office 文档的 QAxWidget 对象，然后使用该对象与程序中启动的 Office 进程相关联，调用 COM 对象模型。

【实例 11-2】　创建一个窗口，该窗口包含 1 个按压按钮、1 个标签控件、1 个 QAxWidget 控件。使用这个按钮可打开 Excel 文件，操作步骤如下：

（1）使用 Qt Creator 创建一个模板为 Qt Widgets Application 的项目，将该项目命名为 demo2，并保存在 D 盘的 Chapter11 文件夹下；在向导对话框中选择基类 QWidget，不勾选 Generate form 复选框。

（2）在项目的配置文件 demo2.pro 中，添加下面一行语句：

```
QT += axcontainer
```

（3）编写 widget.h 文件中的代码，代码如下：

```
/* 第 11 章 demo2 widget.h */
#ifndef WIDGET_H
#define WIDGET_H

#include <QWidget>
#include <QVBoxLayout>
#include <QPushButton>
#include <QLabel>
#include <QAxWidget>
#include <QFileDialog>
```

```cpp
class Widget : public QWidget
{
    Q_OBJECT
public:
    Widget(QWidget * parent = nullptr);
    ~Widget();
private:
    QVBoxLayout * vbox;      //对象指针
    QPushButton * btn;
    QLabel * label;
    QAxWidget * mywidget;
private slots:
    void btn_open();
};
#endif //WIDGET_H
```

(4) 编写 widget.cpp 文件中的代码,代码如下:

```cpp
/* 第11章 demo2 widget.cpp */
#include "widget.h"

Widget::Widget(QWidget * parent):QWidget(parent)
{
    setGeometry(300,300,580,280);
    setWindowTitle("QAxWidget");
    //创建垂直布局,并添加其他控件
    vbox = new QVBoxLayout(this);
    btn = new QPushButton("打开 Excel 文件");
    label = new QLabel();
    vbox->addWidget(btn);
    vbox->addWidget(label);
    //创建 QAxWidget 控件,父窗口为标签控件
    mywidget = new QAxWidget("Excel.Application",label);
    //使用信号/槽
    connect(btn,SIGNAL(clicked()),this,SLOT(btn_open()));
}

Widget::~Widget() {}

void Widget::btn_open(){
    QString curPath = QDir::currentPath(); //获取程序当前目录
    QString filter = "Excel 文件(*.xlsx);;所有文件(*.*)";
    QString title = "打开 Excel 文件";      //文件对话框的标题
    QString fileName = QFileDialog::getOpenFileName(this,title,curPath,filter);
    if(fileName.isEmpty())
        return;
    fileName.replace('/','\\');              //将字符串中的/替换为\\
    //不显示 Office 窗体
    mywidget->dynamicCall("SetVisible(bool Visible)",false);
    //屏蔽 Office 的警告消息框
    mywidget->setProperty("DispalyAlerts",false);
```

```
    //设置显示区的范围
    mywidget->setGeometry(0,0,label->geometry().width(),label->geometry().height());
    mywidget->setControl(fileName);     //打开指定的文件
    mywidget->show();                   //显示内容
}
```

(5) 其他文件保持不变,运行结果如图 11-6 所示。

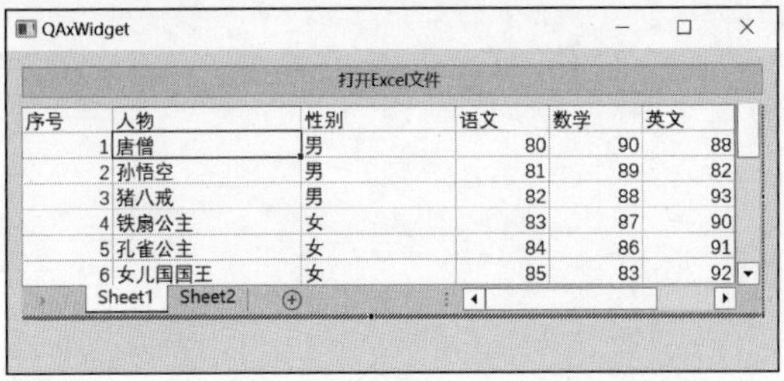

图 11-6 项目 demo2 的运行结果

11.3 QRandomGenerator 类

4min

在 Qt 6 中,可以使用 QRandomGenerator 类生成随机数,QRandomGenerator 对象也称为随机数发生器。

QRandomGenerator 类位于 Qt Core 子模块下,其构造函数如下:

```
QRandomGenerator(quint32 seedValue = 1)
```

其中,seedValue 表示随机数种子。如果创建两个随机数种子相同的随机数发生器,则产生的随机数序列是相同的,因此,通常要确保随机数种子是不同的,保持随机数种子有随机性。

QRandomGenerator 类的常用方法见表 11-3。

表 11-3 QRandomGenerator 类的常用方法

方法及参数类型	说　明	返回值的类型
[static]system()	返回系统随机数发生器,利用操作系统的特性产生随机数,无须初始化随机数种子	QRandomGenerator *
[static]global()	返回全局随机数发生器,使用了 securelySeeded()设置种子初始化	QRandomGenerator *
[static]securelySeeded()	设置种子初始化	QRandomGenerator
generate()	生成 32 位随机数	quint32
generate64()	生成 64 位随机数	quint64
generateDouble()	生成[0,1)区间内的随机浮点数	double
bounded(double highest)	生成[0,highest)区间内的随机浮点数	double
bounded(quint32 highest)	生成[0,highest)区间内的随机数	quint32
bounded(quint32 lowest,quint32 highest)	生成[lowest,highest)区间内的随机数	quint32
bounded(int highest)	生成[0,highest)区间内的随机数	int
bounded(int lowest,int highest)	生成[lowest,highest)区间内的随机数	int

第11章 其他类和技术

续表

方法及参数类型	说明	返回值的类型
bounded(quint64 highest)	生成[0,highest)区间内的随机数	quint64
bounded(quint64 lowest,quint64 highest)	生成[lowest,highest)区间内的随机数	quint64
bounded(qint64 highest)	生成[0,highest)区间内的随机数	qint64
bounded(qint64 lowest,qint64 highest)	生成[lowest,highest)区间内的随机数	qint64
fillRange(UInt * buffer,int count)	将生成的随机数序列填充到数组或列表中	
fillRange(UInt (&)[N] buffer=N)	同上	

开发者如果要根据时间戳来产生随机数,则产生的随机数是不同的,因为当前时间一直在变化,示例代码如下:

```
QRandomGenerator * rand1 = new QRandomGenerator(QDateTime::
currentMSecsSinceEpoch());
QRandomGenerator * rand2 = new QRandomGenerator(QDateTime::
currentMSecsSinceEpoch());
for(int i = 0;i < 10;i++)
    qDebug("r1 = % u, r2 = % u",rand1 -> generate(),rand2 -> generate());
```

开发者如果要使用 fillRange()方法生成一组随机数,并将其填充到列表或数组中,则示例代码如下:

```
QList < quint64 > list;
list.resize(10); //设置列表的长度
//生成随机数并将其填充到列表中
QRandomGeneratro::global() -> fillRange(list.data(),list.size())
quint32 array[10];
//生成随机数并将其填充到数组中
QRandomGeneratro::global() -> fillRange(array);
```

开发者如果要生成[80,100)区间内的浮点数,则示例代码如下:

```
QRandomGenerator random;
for(int i = 0;i < 10;i++){
    double num = 80 + 20 * random.genetatoDouble();
    qDebug()<< num;
}
```

对于 QRandomGenerator 的应用实例,读者可参考本书的实例 6-11。

11.4 多语言界面

在实际开发中,有的软件需要开发多语言界面版本,例如中文版和英文版。针对这一需求,Qt 6 的元对象系统为开发多语言界面提供了很好的支持。应用 Qt 6 的一些规则和工具,开发者可以方便地开发具有多语言界面的应用程序。

14min

11.4.1 基本步骤

使用 Qt 6 开发多语言界面应用程序,主要有下面几个步骤。

(1) 在编写代码时,使用 tr() 方法封装用户可见的字符串,这样便于 Qt 提取界面字符串用于生成翻译资源文件。用 Qt Designer 设计程序界面时,使用一种语言,例如中文。

(2) 在项目配置文件(后缀名为.pro)中设置需要导出的翻译文件名称(后缀名为.ts),使用 Qt Creator 的工具软件 lupdate 扫描项目中所有需要翻译的字符串,生成翻译文件。

(3) 使用 Qt 的工具软件 Linguist 打开生成的翻译文件,将程序中的字符串翻译为需要的语言版本,例如将所有的中文字符串翻译为英文字符串。

(4) 使用 Qt Creator 的工具软件 lrelease 编译已经翻译好的翻译文件,生成更为紧凑的.qm 文件。

(5) 在应用程序中用 QTranslator 加载不同的.qm 文件,实现不同的语言界面。

11.4.2 静态方法 tr() 的应用

为了使 Qt 能自动提取代码中用户可见的字符串,开发者需要使用 tr() 方法封装每个字符串。tr() 是 QObject 类的一个静态方法,在插入了 Q_OBJECT 宏的类或 QObject 的子类中都可以直接使用 tr() 方法。

如果一个类不是 QObject 类的子类,则既可以使用 QObject::tr() 调用该方法,也可以在这个类定义的最上方插入宏 Q_DECLARE_TR_FUNCTIONS,然后就可以在这个类中直接使用 tr() 方法。使用宏 Q_DECLARE_TR_FUNCTIONS 的示例代码如下:

```
class MyClass
{
    Q_DECLARE_TR_FUNCTIONS(MyClass)          //为这个类提供 tr()方法
public:
    MyClass();
    …
};
```

在 Qt 6 中,静态方法 QObject::tr() 的定义如下:

```
QString QObject::tr(const char * sourceText, const char * disambiguation = nullptr, int n = -1)
```

其中,sourceText 表示源字符串;disambiguation 表示为翻译者提供额外信息的字符串,用于对一些容易混淆的内容进行说明,示例代码如下:

```
QLabel * label = new QLabel(tr("请输入名字: "),this);
QMessageBox::information(this,tr("信息"),tr("提示信息"),QMessageBox::Yes);
QString str1 = tr("朝阳", "早晨的太阳");
QString str2 = tr("朝阳", "北京市的一个地名");
```

开发者在使用 tr() 方法时,需要注意下面的事项。

(1) 尽量使用字符串常量,不要使用字符串变量,即 tr() 方法的参数为字符串常量。如果使用了字符串变量,则 Qt Creator 的工具软件 lupdate 不能提取项目中的字符串,示例代码如下:

```
QString str3 = tr("朝阳", "辽宁省的一个地名");        //正确
char * errorStr =  "不能提取的字符串";
QString str4 = tr(errorStr);                          //错误
```

(2) 如果要在 tr() 中使用字符串变量,则需要使用宏 QT_TR_NOOP 进行标记,示例代码如下:

```
const char * cities[4] = {QT_TR_NOOP("北京"),QT_TR_NOOP("天津"),QT_TR_NOOP("上海"),QT_TR_NOOP("重庆")};
for(int i = 0;i < 4;i++)
    comboBox->addItem(cities[i]);
```

当初始化 QStringList 的内容时,可以直接使用 tr() 方法,示例代码如下:

```
QStringList strs;
strs << tr("哈尔滨") << tr("喀什") << tr("海口");
```

(3) tr() 方法中不能使用拼接的动态字符串,示例代码如下:

```
//错误用法
label->setText(tr("第" + QString::numner(index.column()) + "列"));
//正确用法
label->setText(tr("第 %1 列").arg(index.column()));
```

(4) 如果开发者在编写代码时忘记对某个字符串使用 tr() 方法,则 Qt Creator 的工具软件 lupdate 生成的翻译资源文件会遗漏这个字符串。为了避免这种情况,可以在项目的配置文件中(后缀名为.pro)添加下面的语句:

```
DEFINES += QT_NO_CAST_FROM_ASCII
```

这样在构建项目时,编译器便会禁止从 const char * 到 QString 的隐式变换,强制每个字符串都必须使用 tr() 或 QLatin1String() 封装,避免出现遗漏未翻译字符串的情况。

11.4.3 典型应用

【实例 11-3】 创建一个窗口,该窗口包含 10 个按压按钮。要求既有中文界面,也有英文界面,操作步骤如下:

(1) 使用 Qt Creator 创建一个模板为 Qt Widgets Application 的项目,将该项目命名为 demo3,并保存在 D 盘的 Chapter11 文件夹下;在向导对话框中选择基类 QWidget,不勾选 Generate form 复选框。

(2) 在项目的配置文件 demo3.pro 中添加下面两行语句:

```
TRANSLATIONS = demo3_cn.ts\
               demo3_en.ts
```

(3) 编写 widget.h 文件中的代码,代码如下:

```
/* 第 11 章 demo3 widget.h */
#ifndef WIDGET_H
#define WIDGET_H

#include <QWidget>
#include <QPushButton>
#include <QGridLayout>

class Widget : public QWidget
```

```cpp
{
    Q_OBJECT
public:
    Widget(QWidget *parent = nullptr);
    ~Widget();
private:
    QPushButton * btnChinese, * btnEnglish;    //对象指针
    QPushButton * btnOne, * btnTwo, * btnThree, * btnFile;
    QPushButton * btnEdit, * btnCopy, * btnCut, * btnPaste;
    QGridLayout * layout;
};
#endif //WIDGET_H
```

(4) 编写 widget.cpp 文件中的代码,代码如下:

```cpp
/* 第11章 demo3 widget.cpp */
#include "widget.h"

Widget::Widget(QWidget * parent):QWidget(parent)
{
    setWindowTitle(tr("多语言界面"));
    setGeometry(300,300,560,220);
    layout = new QGridLayout(this);
    btnChinese = new QPushButton(tr("中文"));
    btnEnglish = new QPushButton(tr("英文"));
    btnOne = new QPushButton(tr("一"));
    btnTwo = new QPushButton(tr("二"));
    btnThree = new QPushButton(tr("三"));
    btnFile = new QPushButton(tr("文件"));
    btnEdit = new QPushButton(tr("编辑"));
    btnCopy = new QPushButton(tr("复制"));
    btnCut = new QPushButton(tr("剪切"));
    btnPaste = new QPushButton(tr("粘贴"));
    layout->addWidget(btnChinese,0,0);
    layout->addWidget(btnEnglish,0,1);
    layout->addWidget(btnOne,0,2);
    layout->addWidget(btnTwo,0,3);
    layout->addWidget(btnThree,0,4);
    layout->addWidget(btnFile,1,0);
    layout->addWidget(btnEdit,1,1);
    layout->addWidget(btnCopy,1,2);
    layout->addWidget(btnCut,1,3);
    layout->addWidget(btnPaste,1,4);
}

Widget::~Widget() {}
```

(5) 选中 Qt Creator 菜单栏的工具→外部→Linguist→Update Translations(lupdate),使用 lupdate 工具软件生成或更新翻译软件,如图 11-7 和图 11-8 所示。

(6) 使用 Qt 软件 Linguist 翻译后缀名为.ts 的文件,即使用 Linguist 打开后缀名为.ts 的文件,设置目标语言和所在国家/地区,其中 demo3_cn.ts 文件是中文界面的翻译文件,

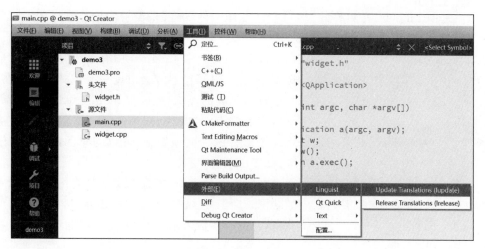

图 11-7 使用 lupdate

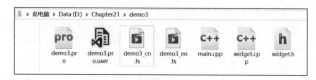

图 11-8 生成的翻译软件

demo3_en.ts 是英文界面的翻译文件，由于源程序的界面是中文的，因此无须再翻译 demo3_cn.ts 文件，只需翻译 demo3_en.ts 文件。

使用 Linguist 打开 demo3_en.ts 文件，如图 11-9 所示。

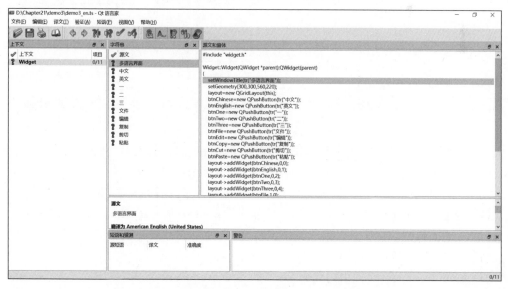

图 11-9 打开 demo3_en.ts 文件后的 Linguist 软件界面

然后选中 Linguist 菜单栏的"编辑"→"翻译文件设置"来设置源语言和国家/地区、目标语言和国家/地区，如图 11-10 所示。

设置完成后，在 Linguist 中有一个"字符串"列表，选中一条源文后，在下方会出现一个编辑框，在此处填写字符串对应的英文译文。Linguist 可以同时打开多个后缀名为.ts 的文件，选中一条源文后，在下方会出现多个语言的译文编辑框，可以同时翻译多个语言版本，如图 11-11 所示。

在字符串列表中，每条源文前都有图标，表示源文的状态，其中，深绿色问号图标表示还没有翻译的源文，黄色问号图标表示已经有译文的图标，亮绿色构型表示已完成翻译的源文。

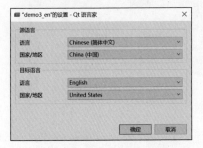

图 11-10　设置语言和国家/地区的对话框

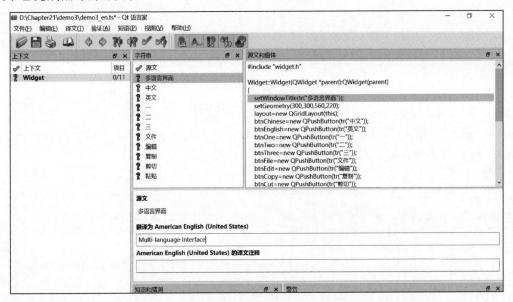

图 11-11　翻译源文

如果翻译一条源文后，则需要单击工具栏上的按钮（图标为对号）将其标记为已完成。"字符串"列表框中可能会出现灰色的源文图标，这表示无效的源文。

逐条翻译所有源文，并将其标记为已完成，然后保存修改后的文件，如图 11-12 所示。

（7）选中 Qt Creator 菜单栏的工具→外部→Linguist→Release Translations(lrelease)，使用 lrelease 工具软件将项目源程序目录下的.ts 文件生成对应的.qm 文件，后缀名为.qm 的文件表示更为紧凑的翻译文件，如图 11-13 和图 11-14 所示。

（8）编写 main.cpp 文件中的代码，需要创建 QTranslator 对象，并应用了 QTranslator 对象的 load()方法加载后缀名为.qm 的翻译文件，代码如下：

第11章 其他类和技术

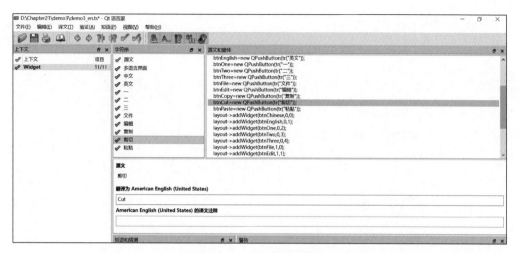

图 11-12 全部翻译的源文

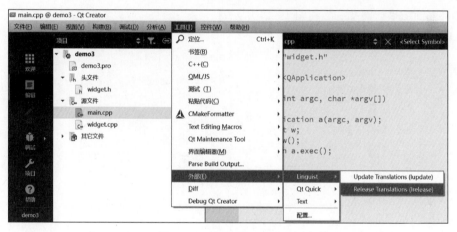

图 11-13 应用 lrelease 工具

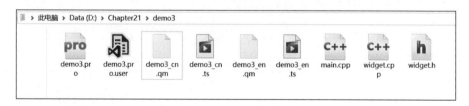

图 11-14 生成的后缀名为 .qm 的文件

```
/* 第 11 章 demo3 main.cpp */
#include "widget.h"
#include <QApplication>
#include <QTranslator>

QTranslator * trans = new QTranslator();        //创建翻译器对象
```

```
int main(int argc, char *argv[])
{
    QApplication a(argc, argv);
    //设置显示中文或英文界面,EN 表示英文界面,CN 表示中文界面
    QString curlang = "EN";
    bool isLoad = false;
    if(curlang == "EN")
        isLoad = trans->load("D:\\Chapter11\\demo3\\demo3_en.qm");
    else
        isLoad = trans->load("D:\\Chapter11\\demo3\\demo3_cn.qm");
    if(isLoad)
        a.installTranslator(trans);              //加载翻译器
    Widget w;
    w.show();
    return a.exec();
}
```

(9) 运行结果如图 11-15 和图 11-16 所示。

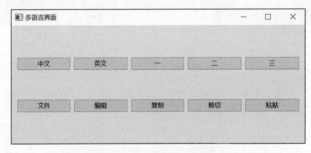

图 11-15 项目 demo3 的中文窗口界面

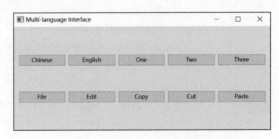

图 11-16 项目 demo3 的英文窗口界面

在 Qt 6 中,也可以为 Qt Designer(或 Qt Creator 的设计模式)设计的用户界面创建多语言界面。

【实例 11-4】 使用 Qt Creator 的设计模式创建窗口,该窗口包含两个按压按钮、两个标签。单击第 1 个按钮显示中文界面,单击第 2 个按钮显示英文界面,操作步骤如下:

(1) 使用 Qt Creator 创建一个模板为 Qt Widgets Application 的项目,将该项目命名为 demo4,并保存在 D 盘的 Chapter11 文件夹下;在向导对话框中选择基类 QWidget,勾选

Generate form 复选框。

（2）在项目的配置文件 demo4.pro 中添加下面两行语句：

```
TRANSLATIONS = demo4_cn.ts\
               demo4_en.ts
```

（3）双击项目目录树中的 widget.ui，进入 Qt Creator 的设计模式，设计窗口界面。窗口中的两个按钮的对象名分别为 btnChinese、btnEnglish，两个标签的对象名分别为 label_1、label_2，设计的窗口如图 11-17 所示。

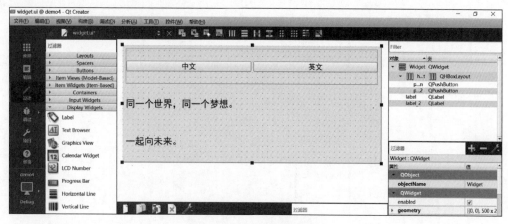

图 11-17　设计的窗口界面

（4）使用 Qt Creator 的工具软件 lupdate 生成或更新翻译文件（后缀名为.ts）。

（5）使用 Qt 的 Linguist 软件翻译后缀名为.ts 的文件，操作过程如图 11-18 所示。

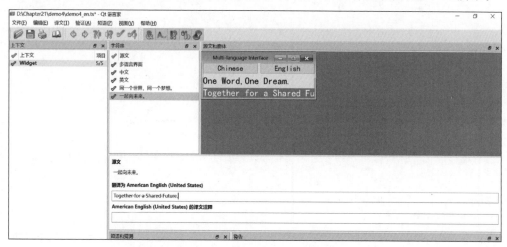

图 11-18　翻译后缀名为.ts 的文件

（6）使用 Qt Creator 的工具软件 lrelease 生成与.ts 文件对应的.qm 文件，生成的.qm 文件就在项目的目录下，如图 11-19 所示。

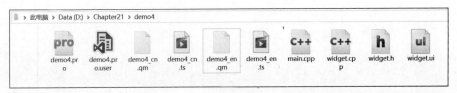

图 11-19　生成的.qm 文件

(7) 编写 widget.h 文件中的代码,代码如下：

```
/* 第 11 章 demo4 widget.h */
#ifndef WIDGET_H
#define WIDGET_H

#include <QWidget>
#include <QSettings>
#include <QTranslator>

QT_BEGIN_NAMESPACE
namespace Ui {
class Widget;
}
QT_END_NAMESPACE

class Widget : public QWidget
{
    Q_OBJECT
public:
    Widget(QWidget *parent = nullptr);
    ~Widget();
private:
    Ui::Widget *ui;
private slots:
    void btn_chinese();
    void btn_english();
};
#endif //WIDGET_H
```

(8) 编写 widget.cpp 文件中的代码,代码如下：

```
/* 第 11 章 demo4 widget.cpp */
#include "widget.h"
#include "ui_widget.h"

Widget::Widget(QWidget *parent):QWidget(parent)
    , ui(new Ui::Widget)
{
    ui->setupUi(this);
    //使用信号/槽
    connect(ui->btnChinese,SIGNAL(clicked()),this,SLOT(btn_chinese()));
    connect(ui->btnEnglish,SIGNAL(clicked()),this,SLOT(btn_english()));
}
```

```
Widget::~Widget()
{
    delete ui;
}
extern QTranslator trans;                        //声明外部变量
void Widget::btn_chinese(){
    if(trans.load("D:\\Chapter11\\demo4\\demo4_cn.qm")){
        ui->retranslateUi(this);                 //重新翻译界面文字
        QSettings settings;
        settings.setValue("Language","CN");
    }
}

void Widget::btn_english(){
    if(trans.load("D:\\Chapter11\\demo4\\demo4_en.qm")){
        ui->retranslateUi(this);                 //重新翻译界面文字
        QSettings settings;
        settings.setValue("Language","EN");
    }
}
```

（9）编写 main.cpp 文件中的代码，代码如下：

```
/* 第11章 demo4 main.cpp */
#include "widget.h"
#include <QApplication>

QTranslator trans;                               //全局变量
int main(int argc, char *argv[])
{
    QApplication a(argc, argv);
    QSettings settings;
    //设置读取注册表,EN 表示英文界面,CN 表示中文界面
    QString curlang = settings.value("Language","CN").toString();
    bool isLoad = false;
    if(curlang == "EN")
        isLoad = trans.load("D:\\Chapter21\\demo4\\demo4_en.qm");
    else
        isLoad = trans.load("D:\\Chapter21\\demo4\\demo4_cn.qm");
    if(isLoad)
        a.installTranslator(&trans);             //加载翻译器
    Widget w;
    w.show();
    return a.exec();
}
```

（10）运行结果如图 11-20 和图 11-21 所示。

注意：在项目 demo4 中，使用了注册表类 QSetting，用法比较简单，有兴趣的读者可查看其帮助文档。

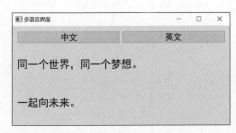

图 11-20 项目 demo4 的中文窗口界面

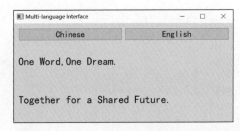

图 11-21 项目 demo4 的英文窗口界面

11.5 串口编程

在 Qt 6 中，Qt Serial Port 子模块提供了访问串口的基本功能，包括串口通信参数配置和数据读写。由于 Qt Serial Port 是附加模块，因此首先要安装该模块，安装方法可参考本书 2.4.1 节的介绍，安装过程如图 11-22 所示。

图 11-22 安装 Qt Serial Port 模块

使用 Qt Serial Port 模块提供的类可以方便地写具有串口通信功能的上位机程序，该模块下只有两个类：QSerialPortInfo 和 QSerialPort。

开发者如果要使用 Qt Serial Port 子模块中的类，则需要在项目的配置文件中加入下面的语句：

```
QT += serialport
```

11.5.1 QSerialPortInfo 类

在 Qt 6 中，可以使用 QSerialPortInfo 类获取串口信息，QSerialPortInfo 类的构造函数如下：

```
QSerialPortInfo()
QSerialPortInfo(const QSerialPort &port)
QSerialPortInfo(const QString &name)
```

其中，port 表示串口；name 表示串口的名称。

QSerialPortInfo 类的常用方法见表 11-4。

表 11-4　QSerialPortInfo 类的常用方法

方法及参数类型	说　　明	返回值的类型
[static]availablePorts()	获取系统中的串口信息列表	QList < QSerialPortInfo >
[static]standardBaudRates()	获取系统支持的串口通信波特率列表	QList < qint32 >
description()	获取串口的文字描述	QString
portName()	获取串口名称，例如 COM1、COM2	QString
isNull()	获取串口是否为空	bool
manufacturer()	获取制造商	QString
productIdentifier()	获取产品 ID	qint16
serialNumber()	获取序列号	QString

11.5.2　QSerialPort 类

在 Qt 6 中，可以使用 QSerialPort 类访问某个具体的串口，并设置串口通信的参数。QSerialPort 类是 QIODevice 类的子类，其构造函数如下：

```
QSerialPort(QObject * parent = nullptr)
QSerialPort(const QString &name, QObject * parent = nullptr)
QSerialPort(const SerialPortInfo &serialPortInfo, QObject * parent = nullptr)
```

其中，parent 表示指向父对象的指针；name 表示串口的名称；serialPortInfo 表示串口信息。

QSerialPort 类的常用方法见表 11-5。

表 11-5　QSerialPort 类的常用方法

方法及参数类型	说　　明	返回值的类型
setBaudRate（qint32 baudRate，QSerialPort::Direction directions = AllDirections)	设置波特率	bool
baudRate(QSerialPort::direction directions = AllDirections)	获取波特率	qint32
setDataBits(QSerialPort::DataBits dataBits)	设置数据位个数	bool
dataBits()	获取数据位个数	QSerialPort::DataBits
setStopBits(QSerialPort::StopBits stopBits)	设置停止位个数	bool
stopBits()	获取停止位个数	QSerialPort::StopBits
setParity(QSerialPort::Parity parity)	设置奇偶校验位	bool

续表

方法及参数类型	说明	返回值的类型
parity()	获取奇偶校验位	QSerialPort::Parity
setPort(QSerialPortInfo &serialPortInfo)	设置串口	
setPortName(QString &name)	设置串口名称	
open(QIODeviceBase::OpenMode mode)	打开串口	bool
close()	关闭串口	
bytesAvailable()	获取缓冲区等待读取的数据字节数	qint64
read(qint64 maxSize)	读取 maxSize 字节的数据	QByteArray
readAll()	读取缓冲区内的全部数据	QByteArray
canReadLine()	是否有可以按行读取的数据	bool
readLine(qint64 maxSize=0)	读取一行数据,最多读取 maxSize 字节,行数据以换行符结束	QByteArray
write(char * data,qint64 maxSize)	将缓冲区的数据写入串口,最多写入 maxSize 字节	qint64
write(char * data)	将缓冲区数据写入串口,以\0 为结束	qint64
write(QByteArray &data)	将字节数组的内容写入串口	qint64
waitForByteWritten(int msecs=30000)	最多等待 msec 毫秒,直到串口数据发送结束	bool
waitForReadyRead(int msecs=30000)	最多等待 msecs 毫秒,直到串口接收到一批数据	bool

QSerialPort 类的常用信号见表 11-6。

表 11-6　QSerialPort 类的常用信号

信号及参数类型	说明
readyRead()	当缓冲区有待读数据时发送信号
bytesWritten(qint64 bytes)	当缓冲区的数据写入串口后发送信号
baudRateChanged(qint32 baudRate,QSerialPort::Directions d)	当波特率发生改变时发送信号
dataBitsChanged(QSerialPort::DataBits dataBits)	当数据位发生改变时发送信号
errorOccurred(QSerialPort::SerialPortErroe error)	当发生错误时发送信号
parityChanged(QSerialPort::Parity parity)	当奇偶校检位发生改变时发送信号
stopBitsChanged(QSerialPort::StopBits stopBits)	当停止位个数发生改变时发送信号

11.6　小结

本章首先介绍了 QAxObject 类、QAxWidget 类的用法,使用 QAxObject 类可以读写 Office 文件,使用 QAxWideget 类可以显示 Office 文件。

其次介绍了 QRandomGenerator 类的用法,使用该类可产生随机数序列。

然后介绍了创建多语言界面的方法,包括 tr()方法、工具软件 lupdate、工具软件 lrelease、Qt 软件 Linguist 的用法。

最后介绍了串口编程的相关类,包括 QSerialPortInfo 类、QSerialPort 类。

第 五 部 分

第 12 章 QML 与 Qt Quick

在 Qt 6 中，可以使用 Qt Quick 建窗口界面。Qt Quick 使用一种名称为 QML 的声明式语言，QML 用于创建应用程序的表示层，不再需要额外的原型。QML 被应用在屏幕设备上，使用 QML 可以创建流畅的界面，使手势交互变得简单。Qt Quick 为 QML 提供了一套类库。

12.1　QML 与 Qt Quick 的关系

Qt 6 包含两种用户界面技术：Qt Widgets 和 Qt Quick。Qt Widgets 用于创建复杂的桌面应用程序，前面的章节主要介绍了 Qt Widgets 技术。Qt Quick 用于创建触摸屏界面，可创建流程的、动态的界面。

Qt Quick 最早出现在 Qt 4.7 版本，被作为一种全新的用户界面引入，其目的是适用于现代化的移动触摸屏界面。经过不断的发展和优化，直到 Qt 5 版本，Qt Quick 才真正发展壮大，能够与 Qt Widgets 不相上下。Qt Widgets 可使用 C++/Python 进行开发，而 Qt Quick 使用一种称为 QML 的声明式语言构建用户界面，并使用 JavaScript 实现逻辑。

12.1.1　QML 简介

QML 的全称为 Qt Meta-Object Language，即 Qt 元对象语言。QML 是一种可以创建用户界面的声明式语言。QML 主要使用一些可视控件及这些控件之间的交互、关联来创建程序界面。

开发者可使用 QML 创建高性能、流程的应用程序。QML 的语法与 JSON 的声明式语法类似，并提供了必要的 JavaScript 语句和动态属性绑定的支持。使用 QML 创建的程序代码具有极高的可读性。

QML 语言和引擎架构由 Qt QML 模块提供。Qt QML 模块为 QML 语言开发程序提供了一个框架和引擎架构，并提供了接口，该接口允许开发者以自定义类型或继承 JavaScript、C++、Python 代码的方式扩展 QML 语言。

12.1.2　Qt Quick 简介

Qt Quick 是提供 QML 控件类型和功能的标准库，并且提供了可视化、交互、Model/

View、粒子特效、渲染特效。在 QML 文件中，可通过 import 语句引入 Qt Quick 模块提供的所有功能。Qt Quick 模块提供了创建程序界面所需要的所有基本类型，即 Qt Quick 模块提供了可视容器，以及各种可视化控件，并能创建 Model/View、生成动画效果。

从 Qt 5.7 版本开始，Qt Quick 提供了一组界面控件，使用这些控件可以更简单地创建程序界面，这些控件被包含在 QtQuick.Controls 子模块中，例如各种窗口控件、对话框。

12.1.3　Qt Quick 和 Qt Widgets 的窗口界面对比

Qt Widgets 用于创建复杂的桌面应用程序，Qt Quick 用于创建触摸屏界面。使用 Qt Quick 和 Qt Widgets 创建的窗口界面的对比见表 12-1。

表 12-1　使用 Qt Quick 与 Qt Widgets 创建的窗口界面的对比

对比内容	Qt Quick QtQuick.Controls	Qt Widgets	说　　明
原生外观	√	√	Qt Widgets 和 QtQuick.Controls 在目标平台上都支持原生外观
自定义样式	√	√	Qt Widgets 可以通过 QSS 样式表来自定义样式，QtQuick.Controls 具有可定义样式的选择
流程的动画 UI	√	×	Qt Widgets 不能很好地通过缩放实现动画；Qt Quick 可以通过声明的方式实现自然的动画
触摸屏支持	√	×	Qt Widgets 通常使用鼠标来进行交互，Qt Quick 可实现触摸屏交互
标准行业控件	×	√	Qt Widgets 提供了构建标准行业类型的应用程序所需要的控件和功能
Model/View 编程	√	√	Qt Quick 提供了方便的视图(View)，而 Qt Widgets 提供了更方便和完整的 Model/View 框架
快速 UI 开发	√	√	Qt Widgets 和 Qt Quick 在目标平台上都可以进行快速 UI 开发
硬件图形加速	√	×	Qt Quick 具有完整的硬件加速功能，而 Qt Widgets 通过软件进行渲染
图形效果	√	√	Qt Widgets 和 Qt Quick 在目标平台上都可以实现图形效果
富文本处理	√	√	QtWidgets 和 Qt Quick 在目标平台上都可以进行富文本处理，但 Qt Widgets 提供了更加全面的支持

12.2　应用 QML

在 Qt 6 中，开发者可以引入 QML 语言创建的代码文件(后缀名为.qml)。本节将编写简单的 QML 代码，并使用 C++语言运行 QML 代码。

12.2.1 使用 Python 调用 QML 文件

【实例 12-1】 使用 QML 创建一个简单的窗口程序,要求设置窗口的宽、高和标题,操作步骤如下:

(1) 打开 Qt Creator 软件,单击"创建项目",在弹出的对话框中选择的模板为 Qt Quick Application,如图 12-1 所示。

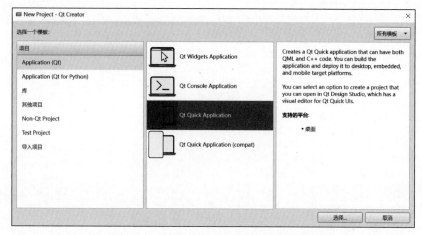

图 12-1　选择 Qt Quick Application 模板

(2) 单击"选择"按钮,进入 Project Location 对话框,将该项目命名为 demo1,并保存在 D 盘的 Chapter12 文件夹下,如图 12-2 所示。

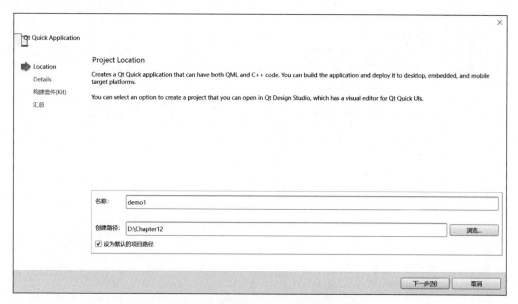

图 12-2　设置项目名称和保存路径

(3) 单击"下一步"按钮,进入 Define Project Details 对话框,选择最低适应的 Qt 版本为 Qt 6.4,如图 12-3 所示。

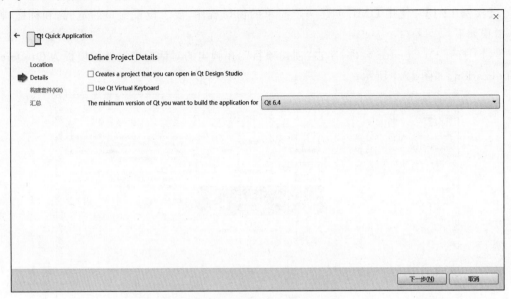

图 12-3　选择最低适应的 Qt 版本

(4) 单击"下一步"按钮,进入"选择构建套件"对话框,选择构建套件为 Desktop Qt 6.6.1 MinGW 64-bit,如图 12-4 所示。

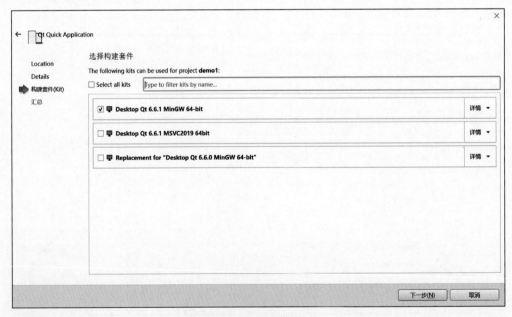

图 12-4　选择构建套件

(5) 单击"下一步"按钮,进入 Project Management 对话框,保持不变,然后单击"完成"按钮,如图 12-5 所示。

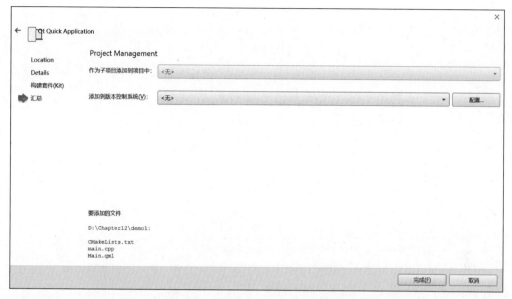

图 12-5 Project Management 对话框

(6) 在项目 demo1 的目录树下有两个文件:CMakeLists.txt 是 CMake 项目的配置文件,Main.qml 是项目的 QML 文件,开发者可在此文件中编写 QML 代码,项目 demo1 的目录树如图 12-6 所示。

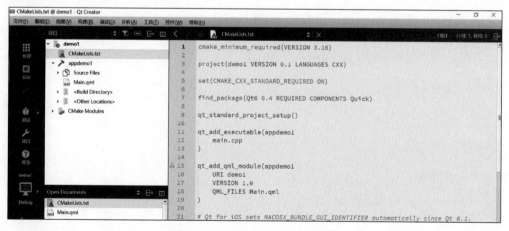

图 12-6 项目 demo1 的目录树

(7) 编写 Main.qml 文件中的代码,代码如下:

```
/* 第 12 章 demo1 Main.qml */
import QtQuick
```

```
    import QtQuick.Controls

    Window {
        width: 560
        height: 220
        visible: true
        title: qsTr("使用 QML 创建窗口程序")
    }
```

(8) 其他文件保持不变,运行结果如图 12-7 所示。

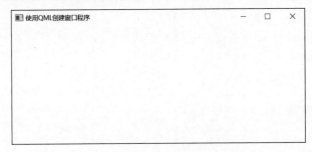

图 12-7　项目 demo1 的运行结果

从项目 demo1 的 Main.qml 文件中可得知 QML 代码使用了类 JSON 语法,创建了一个对象 Window,Window 的属性值被包含在花括号中的"名称:值"对中。QML 代码就是一个 QML 对象树,下面的实例将在 QML 代码中创建两个对象。

【实例 12-2】　使用 QML 创建一个包含按钮的窗口程序,如果单击该按钮,则关闭窗口程序,操作步骤如下:

(1) 使用 Qt Creator 创建一个模板为 Qt Quick Application 的项目,将该项目命名为 demo2,并保存在 D 盘的 Chapter12 文件夹下。

(2) 编写 Main.qml 文件中的代码,代码如下:

```
/* 第 12 章 demo2 Main.qml */
import QtQuick
import QtQuick.Controls

Window {
    width: 560
    height: 220
    visible: true
    title: qsTr("Hello World")
    Button{
        text:"单击我"
        id:myButton
        y:60
        x:60
        onClicked: close()
    }
}
```

(3)其他文件保持不变,运行结果如图12-8所示。

图 12-8　项目 demo2 的运行结果

QML 文件的注释与 C/C++、JavaScript 代码的注释是一样的:
(1)单行注释使用"//"开始,在行的末尾结束。
(2)多行注释使用"/*"开始,使用"*/"结束。

12.2.2　QML 的事件处理

在 QML 文件中,使用 QML 中的动态属性进行事件处理。

【实例 12-3】　使用 QML 创建包含一个按钮、一个标签的窗口程序。如果单击该按钮,则更改标签中的文字。要求使用 QML 的动态属性,操作步骤如下:

(1)使用 Qt Creator 创建一个模板为 Qt Quick Application 的项目,将该项目命名为 demo3,并保存在 D 盘的 Chapter12 文件夹下。

(2)编写 Main.qml 文件中的代码,代码如下:

```
/* 第 12 章 demo3 Main.qml */
import QtQuick
import QtQuick.Controls

Window {
    width: 560
    height: 220
    visible: true
    title: qsTr("事件处理")
    Column{
        spacing: 30
        anchors.centerIn: parent
        Label{
            id:myLabel
            text:"这是一个标签"
            font.pixelSize: 22
            font.italic: true
            font.bold: true
            font.underline: true
        }
        Button{
            text: "单击我"
            width: 100
```

```
            height: 40
            onClicked: {
                myLabel.text = "千山鸟飞绝,万径人踪灭。"
            }
        }
    }
}
```

(3) 其他文件保持不变,运行结果如图 12-9 所示。

图 12-9　项目 demo3 的运行结果

12.3　小结

本章首先介绍了 QML 与 Qt Quick,并对比了使用 Qt Quick 和 Qt Widgets 创建程序窗口的不同之处。

其次介绍了编写 QML 代码的方法,以及 QML 的处理事件的方法。

附录 A　根据可执行文件制作程序安装包

在实际应用中，可以根据可执行文件制作程序安装包，这需要使用安装包制作软件。目前市面上比较流行的安装包制作软件见表 A-1。

表 A-1　比较流行的安装包制作软件

软件名称	足够成熟	自定义界面	脚本源码	二次开发	简易使用	数据统计	自动升级	防解压
Inno Setup	√	×	√	√	×	×	×	×
NSIS	√	×	√	√	×	×	×	×
Advanced Installer	√	√	√	√	×	×	√	×
HofoSetup	√	√	×	×	√	×	×	√
Setup Factory	√	×	×	×	×	×	×	×
Tarma InstallMate	√	×	×	×	×	×	×	×
NSetup	√	√	√	√	√	√	√	√
兮米安装包制作	√	√	×	×	×	×	×	×
小兵安装包制作工具	√	×	×	×	√	×	×	×

开发者可根据自己的需求选择使用安装包制作软件。选择安装包制作软件时要查看最新更新日期，因为软件产品要持续更新迭代，而且操作系统（例如 Windows）经常更新。如果安装包制作软件不持续更新，则可能导致软件制作出的安装包有兼容性问题，并且没有一些新功能。

下面以 Inno Setup 为例，讲解根据可执行文件制作软件安装包的流程。如果读者选择使用 Inno Setup 中文版，则自行下载中文版 Inno Setup 软件。使用 Inno Setup 制作软件安装包的操作过程如下：

（1）登录网址 https://jrsoftware.org/isinfo.php 下载 Inno Setup 软件安装包，下载网址如图 A-1 和图 A-2 所示。

（2）双击下载的安装包文件，安装 Inno Setup 软件。安装完成后，打开 Inno Setup 软件，如图 A-3 所示。

（3）单击 File，在弹出的菜单中选择 New，此时会弹出 Inno Setup 脚本向导对话框，如图 A-4 和图 A-5 所示。

图 A-1 下载网址(1)

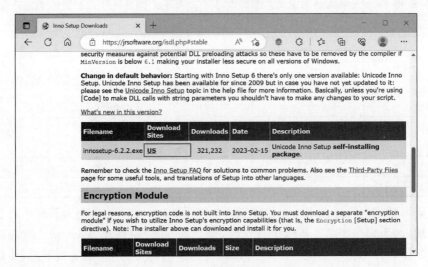

图 A-2 下载网址(2)

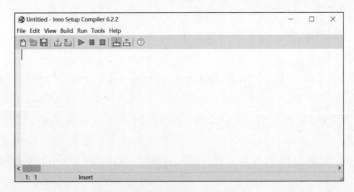

图 A-3 Inno Setup 的窗口

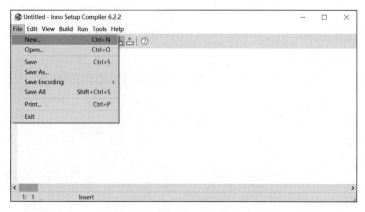

图 A-4 单击 File

（4）单击 Next 按钮，此时会弹出应用信息对话框。在该对话框中，填写软件名称和版本等信息，如图 A-6 所示。

图 A-5 Inno Setup 脚本向导对话框

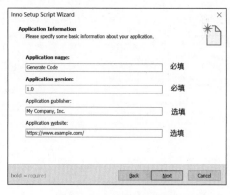

图 A-6 应用信息对话框

（5）单击 Next 按钮后会进入应用文件夹对话框，保持默认状态，然后单击 Next 按钮，这样就进入了应用文件对话框。在应用文件对话框中，单击 Browser 按钮，添加可执行文件 demo1.exe（位于 D 盘的 Appendix 文件夹下），然后单击 Add Folder 按钮，添加封装文件夹，如图 A-7 所示。

（6）单击 Next 按钮后进入 Application File Associate 对话框。保持默认状态，单击 Next 按钮后进入 Application Shortcuts 应用对话框，如图 A-8 所示。

（7）在 Application Shortcuts 对话框中，可设置是否添加快捷方式。保持默认状态，单击 Next 按钮后进入 Application Documentation 对话框，如图 A-9 所示。

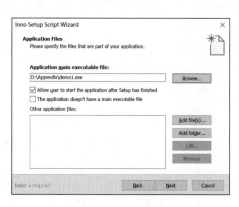

图 A-7 应用文件对话框

图 A-8　Application Shortcuts 对话框

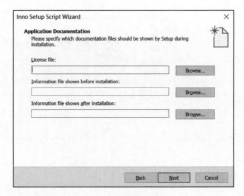

图 A-9　Application Documentation 对话框

（8）在 Application Documentation 对话框中，输入框可以为空，单击 Next 按钮后进入 Setup Install Mode 对话框，如图 A-10 所示。

（9）在 Setup Install Mode 对话框中，可以选择安装模式。保持默认状态，单击 Next 按钮后进入 Setup Languages 对话框，如图 A-11 所示。

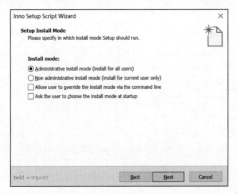

图 A-10　Setup Install Mode 对话框

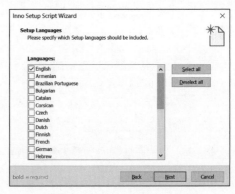

图 A-11　Setup Languages 对话框

（10）在 Setup Languages 对话框中，可以选择安装语言。保持默认状态，单击 Next 按钮后进入 Compiler Settings 对话框。在该对话框中，可设置自定义编译设置，如图 A-12 所示。

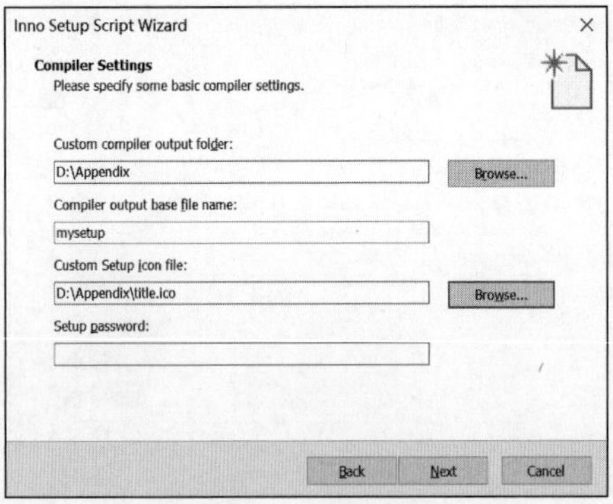

（11）单击 Next 按钮后进入 Inno Setup Preprocessor 对话框。保持默认状态，单击 Next 按钮后进入完成安装向导对话框，如图 A-13 所示。

（12）单击 Finish 按钮会弹出是否编译对话框，如图 A-14 所示。

（13）单击"是"按钮后会弹出是否保存脚本对话框，如图 A-15 所示。

图 A-12　Compiler Settings 对话框

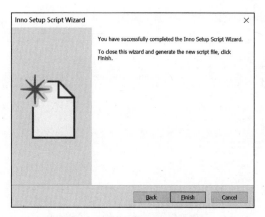

图 A-13　完成安装向导对话框

图 A-14　是否编译对话框

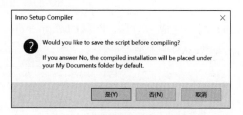

图 A-15　是否保存脚本对话框

（14）单击"是"按钮后会弹出保存文件对话框，将脚本文件命名为 MyScript，并保存在 D 盘的 Appendix 文件夹下，如图 A-16 所示。

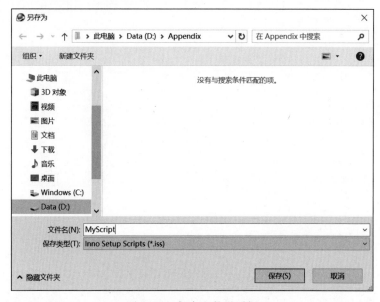

图 A-16　保存文件对话框

(15) 单击"保存"按钮后便会开始编译,如图 A-17 所示。

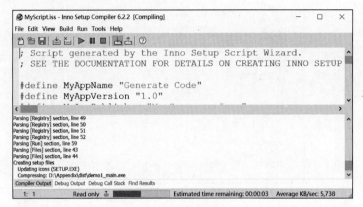

图 A-17 编译的窗口

(16) 编译完成后,可在 D 盘的 Appendix 文件夹下查看程序安装包 mysetup.exe 和脚本文件,如图 A-18 所示。

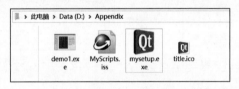

图 A-18 程序安装包和脚本文件

附录 B QApplication 类的常用方法

在 Qt 6 中，QApplication 类的常用方法见表 B-1。

表 B-1　QApplication 类的常用方法

方法及参数类型	说　明	返回值的类型
[static]activeModalWidget()	获取活跃的模式对话框	QWidget *
[static]activePopupWidget()	获取活跃的菜单	QWidget *
[static]activeWindow()	获取能接受键盘输入的顶层窗口	QWidget *
[static]alert(QWidget * w, int msec=0)	使非活跃的窗口发出预警，并持续指定的时间(毫秒)。如果持续时间为 0，则一直发出预警，直到窗口变成活跃窗口	
[static]allWidgets()	获取所有窗口和控件列表	QList < QWidget * >
[static]beep()	发出铃响	
[static]closeAllWindows()	关闭所有窗口	
[static]setCursorFlashTime(int)	设置光标闪烁时间(毫秒)	
[static]cursorFlashTime()	获取光标闪烁时间(毫秒)	int
[static]exec()	进入消息循环，直到遇到 exit() 命令	int
[static]quit()	退出程序	
[static]exit(int returnCode=0)	退出程序，返回值为 returnCode	
[static]setQuitOnLastWindowClosed(bool)	当最后一个窗口关闭时，设置程序是否退出，参数的默认值为 true	
[static]setDoubleClickInterval(int)	设置鼠标双击时间间隔(毫秒)，用来区分双击和两次单击	
[static]doubleClickInterval()	获取鼠标双击时间间隔(毫秒)	int
[static]focusWidget()	获取接受键盘输入焦点的控件	QWidget *
[static]setFont(QFont &font, char * className=nullptr)	设置程序默认字体	
[static]font()	获取程序默认字体	QFont

续表

方法及参数类型	说 明	返回值的类型
[static]setEffectEnabled(Qt::UIEffect, bool enable=true)	设置界面特效,Qt::UIEffect 的枚举常量为 Qt::UI_AnimateMenu、Qt::UI_FadeMenu、Qt::UI_AnimateCombo、Qt::UI_AnimateTooltip、Qt::UI_FadeTooltip、Qt::UI_AnimateToolBox	
[static]isEffectEnabled(Qt::UIEffect)	获取窗口界面是否有某种特效	bool
[static]setKeyboardInputInterval(int)	设置区分键盘两次输入的时间间隔	
[static]keyboardInputInterval()	获取区分键盘两次输入的时间间隔	int
[static] setPalette(QPalette &palette, char * className)	设置程序默认的调色板或颜色	
[static]palette()	获取程序默认的调色板	QPalette
[static] palette(QWidget * w)	获取指定控件的调色板	QPalette
[static]setStartDragDistance(int)	当拖曳动作开始时,设置光标的移动距离(像素),默认值为 10	
[static]startDragDistance()	当拖曳动作开始时,获取光标的移动距离(像素)	int
[static] setStartDragTime (int)	设置鼠标从按下到拖曳动作开始的时间(毫秒),默认值为 500	
[static]startDragTime()	获取鼠标从按下到拖曳动作开始的时间(毫秒)	int
[static]setStyle(QString &style)	设置程序的风格	
[static]style()	获取程序的风格	QStyle *
[static]setWheelScrollLines(int)	当转动滚轮时,设置界面控件移动的行数,默认值为 3	
[static]topLevelAt(QPoint &point)	获取指定位置的顶层窗口	QWidget *
[static]topLevelAt(int x,int y)	获取指定位置的顶层窗口	QWidget *
[static]topLevelWidgets()	获取顶层窗口列表	QList< QWidget * >
[static]widgetAt(QPoint)	获取指定位置的窗口	QWidget *
[static]widgetAt(int x,int y)	获取指定位置的窗口	QWidget *
[static]setApplicationDisplayName(QString &name)	设置程序中所有窗口标题栏上显示的名称	
[static]setLayoutDirection(Qt::LayoutDirection direction)	设置程序中控件的布局方向,Qt::LayoutDirection 的枚举常量为 Qt::LeftToRight、Qt::RightToLeft、Qt::LayoutDirectionAuto	
[static]setOverrideCursor(QCursor &cursor)	设置应用程序当前的光标	
[static]overrideCursor()	获取当前的光标	QCursor *

续表

方法及参数类型	说明	返回值的类型
[static]restoreOverrideCursor()	恢复setOverrideCursor()之前的光标设置,可以恢复多次	
[static]setWindowIcon(QIcon &icon)	为整个应用程序设置图标	
[static]windowIcon()	获取图标	QIcon
[static]setApplicationName(QString &app)	设置应用程序名称	
[static]setApplicationVersion(QString &v)	设置应用程序的版本	
[static]translate(char * context,char * sourceText,char * disambiguation=nullptr,int n=-1)	字符串解码,本地化字符串	QString
[static]postEvent(QObject * receiver,QEvent * event,Qt::EventPriority priority)	将事件放入消息队列的尾端,然后立即返回,不保证事件立即得到处理	
[static] sendEvent(QObject * receiver,QEvent * event)	使用notify()方法将事件直接派发给接收者进行处理,返回事件处理情况	bool
[static]sendPostedEvents(QObject * receiver=nullptr,int event_type=0)	在事件队列中,将postEvent()方法放入的事件立即分发	
[static]sync()	处理事件使程序与窗口系统同步	
[slot]setAutoSipEnabled(bool)	对于可接受键盘输入的控件,设置是否自动弹出软件输入面板(Software Input Panel),仅对要输入面板的系统起作用	
[slot]setStyleSheet(QString &sheet)	设置样式表	
autoSipEnabled()	获取是否自动弹出软件输入面板	bool
styleSheet()	获取样式表	QString
notify(QObject * receiver,QEvent * e)	把事件信号发送给接收者,返回接收者的event()函数的处理结果	bool
event(QEvent * e)	重写该方法,处理事件	bool

图 书 推 荐

书 名	作 者
仓颉语言实战（微课视频版）	张磊
仓颉语言核心编程——入门、进阶与实战	徐礼文
仓颉语言程序设计	董昱
仓颉程序设计语言	刘安战
仓颉语言元编程	张磊
仓颉语言极速入门——UI 全场景实战	张云波
HarmonyOS 移动应用开发（ArkTS 版）	刘安战、余雨萍、陈争艳 等
公有云安全实践（AWS 版·微课视频版）	陈涛、陈庭暄
虚拟化 KVM 极速入门	陈涛
虚拟化 KVM 进阶实践	陈涛
移动 GIS 开发与应用——基于 ArcGIS Maps SDK for Kotlin	董昱
Vue＋Spring Boot 前后端分离开发实战（第 2 版·微课视频版）	贾志杰
前端工程化——体系架构与基础建设（微课视频版）	李恒谦
TypeScript 框架开发实践（微课视频版）	曾振中
精讲 MySQL 复杂查询	张方兴
Kubernetes API Server 源码分析与扩展开发（微课视频版）	张海龙
编译器之旅——打造自己的编程语言（微课视频版）	于东亮
全栈接口自动化测试实践	胡胜强、单镜石、李睿
Spring Boot＋Vue.js＋uni-app 全栈开发	夏运虎、姚晓峰
Selenium 3 自动化测试——从 Python 基础到框架封装实战（微课视频版）	栗任龙
Unity 编辑器开发与拓展	张寿昆
跟我一起学 uni-app——从零基础到项目上线（微课视频版）	陈斯佳
Python Streamlit 从入门到实战——快速构建机器学习和数据科学 Web 应用（微课视频版）	王鑫
Java 项目实战——深入理解大型互联网企业通用技术（基础篇）	廖志伟
Java 项目实战——深入理解大型互联网企业通用技术（进阶篇）	廖志伟
深度探索 Vue.js——原理剖析与实战应用	张云鹏
前端三剑客——HTML5＋CSS3＋JavaScript 从入门到实战	贾志杰
剑指大前端全栈工程师	贾志杰、史广、赵东彦
JavaScript 修炼之路	张云鹏、戚爱斌
Flink 原理深入与编程实战——Scala＋Java（微课视频版）	辛立伟
Spark 原理深入与编程实战（微课视频版）	辛立伟、张帆、张会娟
PySpark 原理深入与编程实战（微课视频版）	辛立伟、辛雨桐
HarmonyOS 原子化服务卡片原理与实战	李洋
鸿蒙应用程序开发	董昱
HarmonyOS App 开发从 0 到 1	张诏添、李凯杰
Android Runtime 源码解析	史宁宁
恶意代码逆向分析基础详解	刘晓阳
网络攻防中的匿名链路设计与实现	杨昌家
深度探索 Go 语言——对象模型与 runtime 的原理、特性及应用	封幼林
深入理解 Go 语言	刘丹冰
Spring Boot 3.0 开发实战	李西明、陈立为

续表

书　名	作　者
全解深度学习——九大核心算法	于浩文
HuggingFace 自然语言处理详解——基于 BERT 中文模型的任务实战	李福林
动手学推荐系统——基于 PyTorch 的算法实现(微课视频版)	於方仁
深度学习——从零基础快速入门到项目实践	文青山
LangChain 与新时代生产力——AI 应用开发之路	陆梦阳、朱剑、孙罗庚、韩中俊
图像识别——深度学习模型理论与实战	于浩文
编程改变生活——用 PySide6/PyQt6 创建 GUI 程序(基础篇·微课视频版)	邢世通
编程改变生活——用 PySide6/PyQt6 创建 GUI 程序(进阶篇·微课视频版)	邢世通
编程改变生活——用 Python 提升你的能力(基础篇·微课视频版)	邢世通
编程改变生活——用 Python 提升你的能力(进阶篇·微课视频版)	邢世通
Python 量化交易实战——使用 vn.py 构建交易系统	欧阳鹏程
Python 从入门到全栈开发	钱超
Python 全栈开发——基础入门	夏正东
Python 全栈开发——高阶编程	夏正东
Python 全栈开发——数据分析	夏正东
Python 编程与科学计算(微课视频版)	李志远、黄化人、姚明菊 等
Python 数据分析实战——从 Excel 轻松入门 Pandas	曾贤志
Python 概率统计	李爽
Python 数据分析从 0 到 1	邓立文、俞心宇、牛瑶
Python 游戏编程项目开发实战	李志远
Java 多线程并发体系实战(微课视频版)	刘宁萌
从数据科学看懂数字化转型——数据如何改变世界	刘通
Dart 语言实战——基于 Flutter 框架的程序开发(第 2 版)	亢少军
Dart 语言实战——基于 Angular 框架的 Web 开发	刘仕文
FFmpeg 入门详解——音视频原理及应用	梅会东
FFmpeg 入门详解——SDK 二次开发与直播美颜原理及应用	梅会东
FFmpeg 入门详解——流媒体直播原理及应用	梅会东
FFmpeg 入门详解——命令行与音视频特效原理及应用	梅会东
FFmpeg 入门详解——音视频流媒体播放器原理及应用	梅会东
FFmpeg 入门详解——视频监控与 ONVIF+GB28181 原理及应用	梅会东
Python 玩转数学问题——轻松学习 NumPy、SciPy 和 Matplotlib	张骞
Pandas 通关实战	黄福星
深入浅出 Power Query M 语言	黄福星
深入浅出 DAX——Excel Power Pivot 和 Power BI 高效数据分析	黄福星
从 Excel 到 Python 数据分析：Pandas、xlwings、openpyxl、Matplotlib 的交互与应用	黄福星
云原生开发实践	高尚衡
云计算管理配置与实战	杨昌家
HarmonyOS 从入门到精通 40 例	戈帅
OpenHarmony 轻量系统从入门到精通 50 例	戈帅
AR Foundation 增强现实开发实战(ARKit 版)	汪祥春
AR Foundation 增强现实开发实战(ARCore 版)	汪祥春